北京理工大学“双一流”建设精品出版工程

Introduction to Inorganic Chemistry of Energetic Materials
(2nd Edition)

含能材料无机化学基础
（第2版）

任慧　刘洁　马帅◎主编

U0234906

北京理工大学出版社
BEIJING INSTITUTE OF TECHNOLOGY PRESS

版权专有　侵权必究

图书在版编目（CIP）数据

含能材料无机化学基础 / 任慧，刘洁，马帅主编. —2 版. —北京：北京理工大学出版社，2020.3（2024.8重印）

ISBN 978-7-5682-8085-3

Ⅰ. ①含…　Ⅱ. ①任…②刘…③马…　Ⅲ. ①功能材料-无机化学　Ⅳ. ①TB34

中国版本图书馆 CIP 数据核字（2020）第 009672 号

出版发行 / 北京理工大学出版社有限责任公司
社　　址 / 北京市海淀区中关村南大街 5 号
邮　　编 / 100081
电　　话 / (010)68914775(总编室)
(010)82562903(教材售后服务热线)
(010)68948351(其他图书服务热线)
网　　址 / http://www.bitpress.com.cn
经　　销 / 全国各地新华书店
印　　刷 / 廊坊市印艺阁数字科技有限公司
开　　本 / 787 毫米×1092 毫米　1/16
印　　张 / 19.75
彩　　插 / 8
字　　数 / 464 千字
版　　次 / 2020 年 3 月第 2 版　2024 年 8 月第 2 次印刷
定　　价 / 58.00 元

责任编辑 / 王玲玲
文案编辑 / 王玲玲
责任校对 / 周瑞红
责任印制 / 王美丽

图书出现印装质量问题，请拨打售后服务热线，本社负责调换

第2版前言

随着时代进步、技术的发展，国防专业知识教育也面临着新的挑战。党的二十大报告中指出，实现建军一百年奋斗目标，开创国防和军队现代化新局面。强国强军先强教育，国防军工行业创新型人才是火炸药、武器装备、航天航空等国防军工领域核心技术发展的中坚力量，需要具备丰富的理论知识和突出的创新能力。本书旨在夯实国防专业非化学化工类学生的基础知识，以含能材料研究为导向，从基本的化学理论和实验分析入手，循序渐进，逐步深化，使学生认识到含能材料化学的特殊性，掌握化学基础知识的精髓，熟悉仪器和操作方法，培养专业技能。

本书注重化学基础理论与含能材料新技术的相互交融，内容主要分化学理论和化学实验两大部分，化学理论主要包括原子与元素周期律、化学键与物质结构、酸碱平衡、沉淀平衡、原电池和氧化还原反应、配位平衡以及部分金属元素与非金属元素的选述，并在其中贯穿介绍了含能材料的相关知识；化学实验主要包括无机化学实验的基础、基本操作、实验数据处理以及与含能材料有关的部分试验细则等。为方便读者掌握实验操作技能，本书增加了数字化功能，通过扫描二维码，可以观看实验视频，详细介绍了实验步骤以及安全注意事项。书中大量引用国内外公开发表的相关学术成果，有针对性地面向特种能源与工程、弹药与爆破工程、安全工程、航空宇航推进理论与工程等国防专业学生，可作为相关专业的本科生和研究生教材，也可为从事火炸药、武器装备工作的工程技术人员提供帮助和参考。

第1版前言

本书旨在夯实国防专业非化学化工类学生的基础知识，内容主要分化学理论和化学实验两大部分，化学理论主要包括原子与元素周期律、化学键与物质结构、酸和碱、配位平衡、沉淀平衡、原电池和氧化还原反应以及部分金属元素与非金属元素的选述，并在其中贯穿介绍了含能材料的相关知识；化学实验主要包括无机化学实验的基础、基本操作、实验数据处理以及与含能材料有关的部分试验细则等。

本书以含能材料研究为导向，从基本的化学理论和实验分析入手，循序渐进，逐步深化，使学生认识到含能材料化学的特殊性，掌握无机化学基础知识的精髓，熟悉仪器和操作方法，培养专业技能。本书注重传统化学理论与含能材料技术的相互交融，并大量引用国内外公开发表的相关学术成果，有针对性地面向特种能源与工程、弹药与爆破工程、安全工程、航空宇航推进理论与工程等国防专业学生，也可为从事火炸药、武器装备工作的工程技术人员提供帮助和参考。

编　者

目 录
CONTENTS

引　言

Introductions

含能材料是武器系统的重要化学能源，是完成推进、发射和毁伤等作战功能的基础。在含能材料设计、制造、生产、评估和应用等诸多环节中，需要运用大量的化学知识和理论，因此，化学基础知识的掌握是必不可少的。含能材料特别是复合型含能材料的种类和数量非常繁杂，大都含有三种以上组分，而且结合方式、分散形式、相分布、理化属性等变化多端。本书剥茧抽丝，从基本的化学知识和实验操作入手，将与含能材料密切相关的化学理论汲取出来进行详细讲述。结合这些理论书中给出一些国内外相关的研究成果。系统地学习和掌握含能材料化学基础对于配方设计、原料遴选、生产工艺以及安全性评估等都起到辅助和参考作用。

虽然国内关于普通化学和大学化学实验的书籍很多，但是内容大都雷同，它们从基础化学角度出发，主要讲述化学中常用的传统理论和基本方法，或者简单描述实验原理和基本操作。再者，目前市面上出版的普通化学教材大都面向化学、化工或材料专业人员的教育培训，不适用于国防特色专业本科生、研究生的知识学习，因此，编者编写了这本《含能材料无机化学基础》，本书既有鲜明的工程背景，又结合当代含能材料发展趋势，有针对性地面向特种能源与工程、弹药与爆破工程、安全工程、航空宇航推进理论与工程等国防专业学生，也可为从事火炸药、武器装备工作的工程技术人员提供帮助和参考。

第1章

含能材料简述

Introduction of Energetic Materials

含能材料（俗称“火炸药”）是一类化学能源材料，主要用于军事，以完成推进、炸毁、抛射等作战目的。它是陆、海、空军武器的能源，也是某些驱动装置与爆炸装置的能源。组分中含有氧化剂和可燃物，被激发后在没有外界物质参与下能进行剧烈的化学反应，并在短时间内释放出巨大的能量。

1.1 含能材料的基本特点 Basic Characters of Energetic Materials

含能材料是一种亚稳态物质，大多由 C、H、O、N 等元素组成，其主要特征为：

① 含有基团，如 $\equiv C-NO_2$、$=N-NO_2$、$-N_3$、$-N=N-$等，或含有氧化剂、可燃物的混合物。

② 主要化学反应是燃烧和爆炸，具有高速、高压、高温反应特征和瞬间一次性效应特点，并释放大量的热和气体。

③ 化学反应不需要外界供氧，可在隔绝大气条件下进行。

能独立进行化学反应并输出能量，是含能材料的重要特征。同时，其能量释放必须是有规律和可控制的。实际应用的含能材料大多数既含有氧化性基团，又含有可燃性基团。两类基团存在于同一化合物的物质也称为爆炸性化合物。大部分爆炸化合物既是氧化剂又是可燃物。

含能材料的组分有单一组分和复合组分两种类型。最基本和最传统的含能材料是发射药（gunpowder）、推进剂（propellants）和炸药（explosive），如图 1-1 所示。

虽然发射药、推进剂和炸药都是含能材料，但是，它们在组成结构、应用场所和反应过程等方面还存在着明显的差别。炸药被激发后发生爆炸反应，反应在数微秒内完成，并以极高的功率对外做功，使周围介质受到强烈的冲击，并发生变形或破碎。发射药主要用于枪炮弹丸的发射，推进剂主要用于火箭和导弹的推进。发射药和推进剂是以燃烧的方式释放能量，燃烧波的传播速度为几毫米每秒至几十毫米每秒。

由于含能材料的化学反应可以在隔绝大气的条件下进行，能在瞬间输出巨大的功率，反应过程可以控制，所以采用该能源的装置，其结构简单、轻便，适合运输和储存。发射药被广泛用于压力推进，如抛射枪炮弹丸、水雷和鱼雷；推进剂主要用于反作用推进，如发射火箭和导弹，或用作某些驱动装置的能源；炸药可以作为炮弹、导弹、地雷等的爆炸装药。含

图 1-1　含能材料及其军事应用

(a) 发射药；(b) 坦克火炮弹药的发射；(c) 推进剂；(d) 火箭的发射；(e) 炸药药柱；(f) 炸药爆轰

能材料还可以用于采矿、工程爆破、金属加工和地质勘探等技术领域。作为能源材料，它服务于我国国防和国民经济事业，尤其在兵器装备中，它是不可缺少的组成部分。含能材料技术是决定武器威力和射程的关键技术。

含能材料技术所涉及的基础理论有无机、有机、分析、物化、高分子等化学，涉及化工领域的合成、工艺、分析检测以及生产过程和设备。

1.2　含能材料的用途 Applications of Energetic Materials

1.2.1　军事用途

含能材料作为一种特殊的能源，在军事、民用等多个领域有着广阔的应用前景。随着我国国防事业和经济建设的发展，对含能材料领域人才的需求量越来越大。一个国家对含能材料的研究水平将在很大程度上关系到该国的国防力量、军事结构调节，也同时体现出一个国家的科技水平。

含能材料是武器系统完成发射弹丸、运载火箭导弹、战斗部毁伤目标的能源，是实现远程发射、精确打击、高效毁伤的基础。武器装备离开了含能材料无法形成战斗力。该技术无法从国外引进。

含能材料的发展和武器装备的发展密切相关并相互促进。武器装备的发展对火炸药提出新的要求，促进火炸药技术的发展，新型火炸药的出现又推动着武器装备的发展。例如黑火药的发明，使人类从大刀长矛的冷兵器时代进入用枪、炮对阵的热兵器时代。现代火炸药的发展推动了武器装备向轻型化、自动化、高威力的方向发展。

火炸药作为军用含能材料，在今后相当长的时间内，还无法被其他能源所替代，其他如核能、激光、微波、电热-化学、电磁等能源，可以在部分武器中使用，但它们在武器化方面有困难，如武器的小型化、轻型化和适应性问题，都难以解决。因此，可以说，含能材料学掌握着国家军事工程的命脉。

1.2.2 在民用领域的应用

含能材料对常规兵器乃至整个国防工业和国民经济的发展都具有十分重要的地位。它作为民用爆破的主要能源，应用面广、用量大，无论现在和将来都在矿业、冶金、建筑、石油等行业发挥重要作用。

民用爆破简称民爆，指负责民用爆破拆除工作的相关工程单位，其行为大体有城市规划定向定点爆破、矿业工程爆破和烟花爆竹生产等。在该领域，目前较为热门的方向有定点爆破与新能源研发。定点爆破主要为矿业服务，其下还有爆破设计、传爆技术等多个系属学科。

下面列出了含能材料在民用领域的典型应用：

① 利用爆炸作用进行机械加工和工程施工。利用炸药爆炸释放的能量做功已成为一种特殊的工业加工方法。如用于爆炸拆除、爆炸切割、爆炸成型、爆炸硬化、粉末压实、消除应力、爆炸铆接和焊接等，如图 1-2 所示。

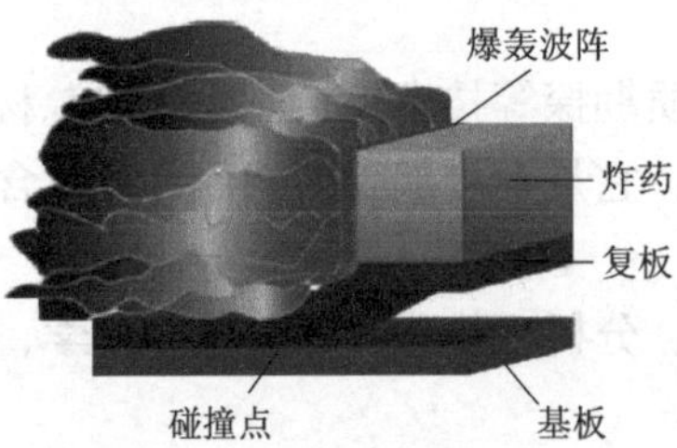

(a)

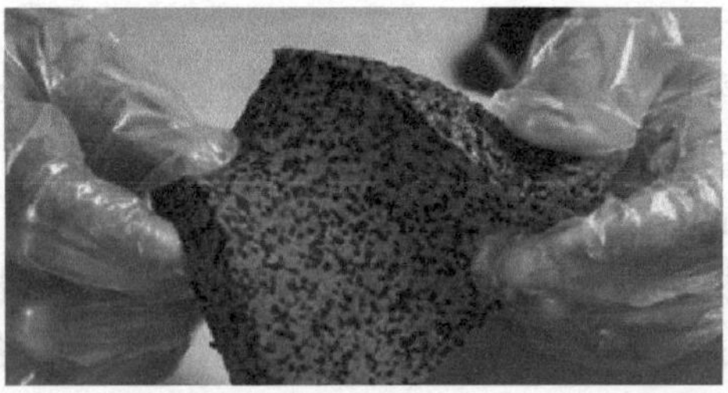

(b)

图 1-2 爆炸焊接和挠性炸药

特种炸药如塑形炸药、黏性炸药、橡皮炸药、挠性炸药、低密度泡沫炸药和耐热炸药等，分别使用于外型复杂、运动中、水下和水上、矿井下等多种环境的爆破。工业炸药在地质勘探中也有重要的作用，如用于产生地质震动波的震源弹药。

② 利用化学能做推进功。以火炸药为能源的压力推进器，依靠火炸药燃烧产生的高压气体推动做功。

一种形式是通过驱动器将载荷（活塞）推送到一定的位置，或借助于连杆机构完成一次性的打开、关闭或位移等指定动作。如用来发射人工降雨火箭、打开或关闭宇航装置的舱盖、打开安全通道、将重要的部件或人员推送到安全位置等（如飞机上的弹射座椅），见图 1-3。

（a）　　（b）

图 1-3　飞机解体瞬间座椅的弹射（a）和射钉弹（b）

另一种形式是通过抛射器远距离运送物质，如在人员受阻或机械难以到达之处，进行山地架线、海上抛缆、森林和高层建筑灭火、发射麻醉弹药等。

火炸药产生的高压气体可以直接做功，将推动力作用于载荷的深处和内部，作用范围大，特别适合对大批量物质进行分割和松动。如以火药为能源的油井岩石压裂装置，可明显增加石油产量。

③ 应用于气体发生器。含能材料燃烧时释放出大量的热和气体，它的反应速度非常快，是一般气体发生剂所不能代替的。用它制造的气体发生器，充气时间短，适合在紧急条件下以及人员不易接近的场所使用。如用于汽车安全气囊（图 1-4）、海上自动充气救生装置等。

④ 利用热能和声、光、烟效应。火炸药化学反应的热效应高，反应启动快、放热快，方便在特殊场所应用。如作为燃烧剂，纵火烧毁难以燃烧的废弃物料；用于电力装置的自动熔断器；作为发声剂、发光剂、发烟剂应用于运动界和影视界等。

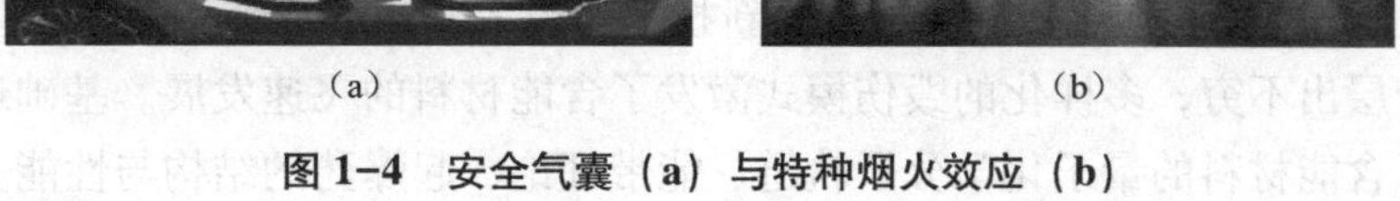

（a）　　（b）

图 1-4　安全气囊（a）与特种烟火效应（b）

1.3　含能材料的发展历史 Histories of Energetic Materials

含能材料的历史大体可以分为三个阶段。

第一阶段：以黑火药为代表的简单火工药剂时期。据历史记载，最早的火工药剂就是黑火药（Black Powder，BP）（图1-5），黑火药作为火药最早出现在10世纪；18世纪被应用于引火索、传火管等火工品中。18世纪末，法国化学家伯瑟勒特（Berthollet）发现氯酸盐可与可燃物混合，且易受撞击而发火爆炸，从而出现了氯酸盐类火工药剂，象征着非火焰刺激引爆类含能材料的出现。

（a） （b）

图1-5　古代火工品（a）与黑火药（b）

第二阶段：1630年，科学家将硝酸汞和乙醇混合，得到了白色高爆炸性沉淀雷酸汞（$Hg(ONC)_2$）。1864年，瑞典著名科学家诺贝尔（图1-6（a）），将雷酸汞装入铜管，使其成为激发体系，可以成功地使代那迈特炸药（三硝酸丙三酯被硅藻土吸收钝化后的含能混合物）爆轰，象征着开创了用起爆药引爆猛炸药的新时代，此项发明为之后含能材料的研究做出了巨大的贡献。1890年，T. 库尔齐乌斯将由亚硝酸乙酯分解得到的叠氮化钠与硝酸铅进行简单离子反应，得到了高爆起爆药叠氮化铅（LA）（图1-6（b））。之后的众多新起爆药发现热潮的兴起与世界大战的历史背景，都使得含能材料学处于高速发展的状态。

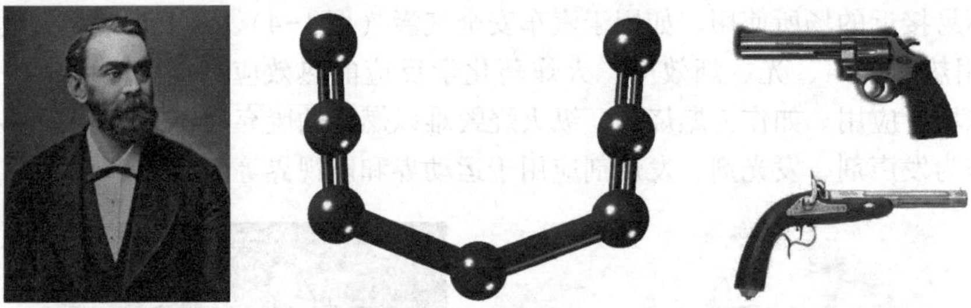

（a） （b） （c）

图1-6　含能材料发展里程碑

（a）诺贝尔；（b）叠氮化铅；（c）枪械的出现

第三阶段：20世纪80年代后，随着高新技术的引入和现代化武器系统的发展，新型推进、发射平台层出不穷，多样化的毁伤模式激发了含能材料的飞速发展。基础理论研究方面提出或假设了含能材料的量子化学分子轨道、能带理论、起爆药的结构与性能关系、起爆药爆燃转爆轰（DDT）理论、低能量刺激敏感型火工药剂的钝感化理论。在晶体学方面，形成了含能材料晶形控制技术、晶体形态球形化理论以及混合药剂共沉淀原理和技术等诸多科研成果。混合炸药方面，追求高爆速、高爆热或高爆压的新配方，不仅催生了大量新型高能量密度化合物的合成，也极大地促进了装药新工艺、新技术的发展。推进剂方面，含能黏合剂、含能增塑剂的应用，各类高能、高燃速推进剂竞相问世。总之，随着先进的武器系统的发展，含能材料学已逐步形成具有理论和实际意义的学科。

1.4 含能材料与化学 Energetic Materials and Chemistry

化学是一门以实验为主的自然科学，在分子、原子层次上研究物质性质、组成、结构与变化规律，创造新物质的科学。世界由物质组成，化学则是人类用以认识和改造物质世界的主要方法和手段之一。它是一门历史悠久而又富有活力的学科，它的成就是社会文明的重要标志。

纵观化学发展史，我们发现化学学科的重大进展总是与含能材料休戚相关的，二者相互促进，相辅相成。古时候，原始人类为了他们的生存，在与自然界的种种灾难进行抗争中，发现和利用了火。原始人类从用火之时开始，由野蛮进入文明，同时也就开始了用化学方法认识和改造天然物质。燃烧就是一种化学现象。含能材料最初始的认知就是从燃烧现象开始的。燃烧是含能材料的重要化学反应形式。火的发现和利用，改善了人类生存的条件，并使人类变得聪明而强大。掌握了火以后，人类开始食用熟食；继而人类又陆续发现了一些物质的变化，如发现在翠绿色的孔雀石等铜矿石上面燃烧炭火，会有红色的铜生成。在中国，春秋战国由青铜社会开始转型，铁器牛耕引发的社会变革推动了化学的发展。人类逐步学会了制陶、冶炼，以后又懂得了酿造、染色等。这些由天然物质加工改造而成的制品，成为古代文明的标志。在这些生产实践的基础上，古人对化学有了粗浅的认识。

约从公元前 1500 年到公元 1650 年，为求得可以使人长生不老的仙丹或象征富贵的黄金，炼丹家和炼金术士们开始了最早的化学实验，而后记载、总结炼丹术的书籍也相继出现。虽然炼丹家、炼金术士们都以失败而告终，但他们在炼制长生不老药的过程中，在探索“点石成金”的方法过程中，实现了物质间用人工方法进行相互转变，积累了许多物质发生化学变化的条件和现象，为化学的发展积累了丰富的实践经验。炼丹家在实验过程中发明了火药，发现了若干元素，制成了某些合金，还制出和提纯了许多化合物，这些成果我们至今仍在利用。

1650—1775 年，是近代化学的孕育时期。这一阶段开始的标志是英国化学家波义耳为化学元素指明科学的概念。在元素的科学概念建立后，通过对燃烧现象的精密实验研究，建立了科学的氧化理论和质量守恒定律，随后又建立了定比定律、倍比定律和化合量定律，为化学进一步科学地发展奠定了基础。

1775—1900 年，是近代化学发展的时期。1775 年前后，拉瓦锡用定量化学实验阐述了燃烧的氧化学说，开创了定量化学时期，使化学沿着正确的轨道发展。19 世纪初，英国化学家道尔顿提出近代原子学说，突出地强调了各种元素的原子的质量为其最基本的特征，其中量的概念的引入，是与古代原子论的一个主要区别。近代原子论使当时的化学知识和理论得到了合理的解释，成为说明化学现象的统一理论。接着意大利科学家阿伏伽德罗提出分子概念。自从用原子-分子论来研究化学，化学才真正被确立为一门学科。这一时期，建立了不少化学基本定律。俄国化学家门捷列夫发现元素周期律，德国化学家李比希和维勒发展了有机结构理论，这些都使化学成为一门系统的学科，也为现代化学的发展奠定了基础。

19 世纪下半叶，热力学等物理学理论引入化学之后，不仅澄清了化学平衡和反应速率的概念，而且可以定量地判断化学反应中物质转化的方向和条件，相继建立了溶液理论、电离理论、电化学和化学动力学的理论基础。物理化学的诞生，把化学从理论上提高到一个新的水平。进入20世纪以后，由于受到自然科学其他学科发展的影响，并广泛地应用了当代科学的理论、技术和方法，化学在认识物质的组成、结构、合成和测试等方面都有了长足的进展，而且在理论方面取得了许多重要成果。

化学在发展过程中，依照所研究的分子类别和研究手段、目的、任务的不同，派生出不同层次的许多分支。在20世纪20年代以前，化学传统地分为无机化学、有机化学、物理化学和分析化学四个分支。20年代以后，由于世界经济的高速发展，化学键的电子理论和量子力学的诞生、电子技术和计算机技术的兴起，化学研究在理论上和实验技术上都获得了新的手段，导致这门学科从30年代开始飞跃发展，出现了崭新的面貌。化学内容一般分为生物化学、有机化学、高分子化学、应用化学、化学工程、物理化学、无机化学等七大类共80项，实际包括了七大分支学科。

本书主要讲授与含能材料学科相关的无机化学部分，系统阐述基础化学理论和基本实验方法。本书主要是面向国防特色专业的本科生教材，在进行基础知识灌输的同时，注重结合含能材料生产实践中的化学问题进行讨论，同时，本书对经典化学理论，如重要定义、定律、知识点等进行英文注释。

第 2 章

原子结构和元素周期表

Structure of the Atom and the Periodic Table

2.1 原子的基本构成 Fundmental Parts of the Atom

早在 2 000 多年前，古希腊自然派哲学家德谟克利特（Democritus，公元前 460 年—公元前 370 年或公元前 356 年）（图 2-1）就认为万物的本源是“原子”与虚空。原子是一种最后的不可分的物质微粒。宇宙的一切事物都是由在虚空中运动着的原子构成的。原子是不可再分的物质微粒，虚空是原子运动的场所。德谟克利特认为原子是最小的、不可分割的物质粒子。原子之间存在着虚空，无数原子从古以来就存在于虚空之中，既不能创生，也不能毁灭，它们在无限的虚空中运动着构成万物。当然，德谟克利特的原子论不是科学理论，而只是哲学推测。直到 2 000 年后的 19 世纪，才创建了科学原子论。

英国科学家道尔顿（John Dalton，1766—1844）（图 2-2）是科学原子论的创始人。1803 年 12 月与 1804 年 1 月，道尔顿在英国皇家学会作关于原子论的演讲中全面阐释了他的原子论思想：

所有物质都是由微小的、不可分割的、被称为“原子”的微粒所组成；原子既不能创生，也不能毁灭。

同一元素的所有原子，在所有性质上都相同；不同元素的原子，在性质上都不相同。

化学反应是原子按照简单整数比从一种组合到另一种组合的简单重排。

图 2-1 德谟克利特

图 2-2 道尔顿

在这里，道尔顿所说的原子已不再是哲学术语，而是实实在在的组成物质的基本单元。

图 2-3　J. J. 汤姆逊

在此之前，道尔顿还根据实验观察，提出了“倍比定律”（Law of Multiple Proportions）①。道尔顿于 1803 年首次提出他观察到的这个现象。这对于他之后提出的原子论有深远的影响，并且奠定了后世使用化学式的基础。

1897 年，英国剑桥大学卡文迪许实验室（Cavendish Laboratory）教授 J. J. 汤姆逊（J. J. Thomson，1856—1940）（图 2-3）利用当时最先进的真空技术研究阴极射线，使阴极射线在电场中发生稳定的电偏转，从偏转方向证明阴极射线确为带负电粒子。他利用电场和磁场巧妙而精确地测量了阴极射线粒子的电荷与质量之比（charge to mass ration），简称“荷质比”。

通过进一步的实验，J. J. 汤姆逊发现当改变阴极材料的种类或者改变阴极射线管内气体的种类时，测得的荷质比 e/m 保持不变。e/m 值比电解质中氢离子的比值（这是当时已知的最大量）还要大得多。说明这种粒子的质量比氢原子的质量要小得多。J. J. 汤姆逊认为这种粒子是各种材料中的普适成分（fundamental part of matter）。他冲破了道尔顿“原子不可分割”的束缚，认为这种粒子是原子的组成部分。J. J. 汤姆逊采用 1891 年乔治·斯托尼（George Johnstone Stoney）所起的名字——电子（electron）来称呼这种粒子。电子是第一个被发现的微观粒子，电子的发现，对我们了解原子组成起了极为重要的作用，因为它是构成所有物质的普适成分。正由于电子的发现，J. J. 汤姆逊被后人誉为“最先打开通向基本粒子物理学大门的伟人”。J. J. 汤姆逊荣获了 1906 年诺贝尔物理学奖。

随后，不少科学家不断努力，希望精确测量电子的电荷值，其中最有代表性的是美国科学家密立根（Robert Andrews Millikan，1868—1953）（图 2-4（a）），他以严谨的科学态度和追求精确测量的精神受到了人们的称赞。密立根因而获得 1923 年的诺贝尔物理学奖。密立根油滴实验（Oil Drop Experiment）（图 2-4（b））的目的是测量单一电子的电荷。实验方法主要是通过调节电压平衡重力与电力，使油滴悬浮于两片金属电极之间，并根据已知的

（a）

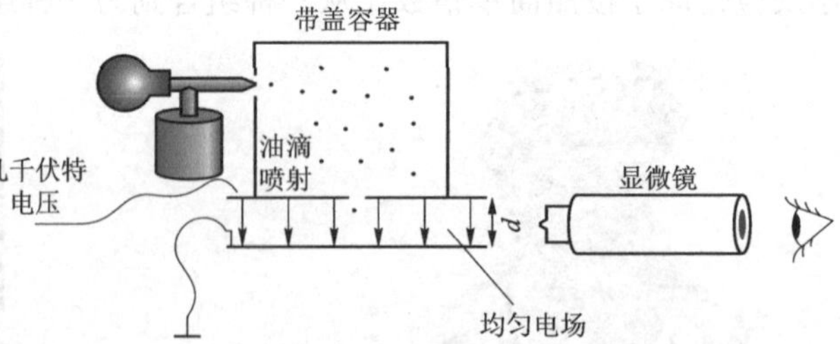

（b）

图 2-4　密立根及其油滴实验

（a）密立根；（b）密立根油滴实验

① 倍比定律：若两元素可以生成两种或两种以上的化合物，在这些化合物中，一元素质量固定，则另一元素的质量成简单整数比。如一氧化碳（CO）和二氧化碳（CO_2）同是碳的氧化物。100 g 的碳和 133 g 的氧反应生成一氧化碳，和 266 g 氧反应生成二氧化碳。因此，可以和 100 g 碳反应生成这两种碳氧化物所需氧的质量之比是 1∶2（133∶266），为简单整数比。

电场强度，计算出整颗油滴的总电荷量。重复对许多油滴进行实验之后，密立根发现所有油滴的总电荷值皆为同一数字的倍数，因此，认定此数值为单一电子的电荷 e，e 为 1.592×10^{-19} C。到 2006 年，已知基本电荷值为 $1.602\,176\,53\times10^{-19}$ C。

J. J. 汤姆逊发现电子后，人们马上想到电中性的原子很可能是由带负电的电子和带正电荷的部分所组成。1919 年，J. J. 汤姆逊的学生，英国剑桥大学卡文迪许实验室教授，新西兰著名物理学家，被称为核物理之父的卢瑟福（Ernest Rutherford，1871—1937）（图 2-5）利用 α 粒子轰击氮原子，发现闪光探测器记录到氢核的迹象。卢瑟福认识到这些氢核唯一可能的来源是氮原子，因此氮原子必含有氢核。因此，卢瑟福建议原子序数为 1 的氢原子核是一个基本粒子，即质子（proton）。卢瑟福发现质子以后，又预言了不带电的中子（neutron）存在。

作为卢瑟福的学生，查德威克（James Chadwick，1891—1974）（图 2-6）经过更仔细的实验研究，宣布发现了一种新的粒子——中子（neutron）。查德威克为此荣获了 1935 年诺贝尔物理学奖。

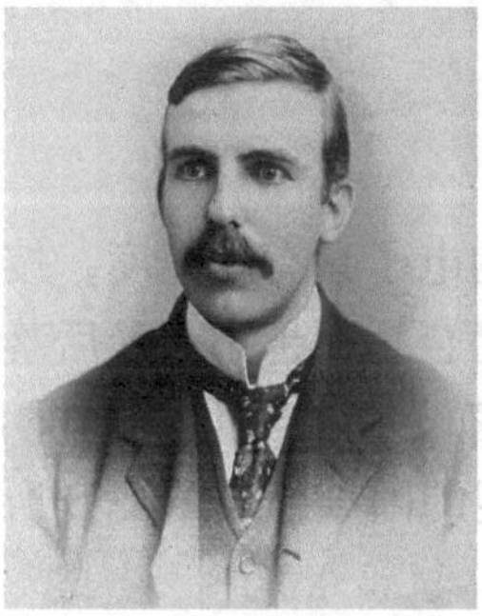

图 2-5　卢瑟福

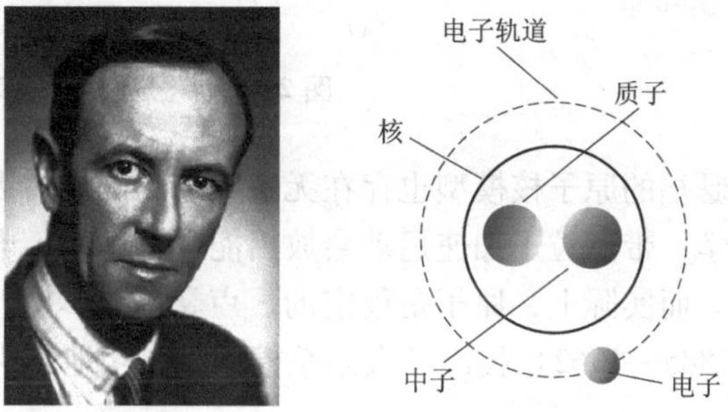

（a）　（b）

图 2-6　查德威克中子的发现

（a）查德威克；（b）中子的发现

中子的发现具有划时代的意义，是原子核物理发展史上的一个里程碑。由于中子不带电，用它来轰击其他原子核时，不受静电作用，有更多机会与靶核碰撞，为原子核物理研究开辟了新的道路，也为后来核能的利用打下了基础，表 2-1 列出了原子的基本构成。

表 2-1　原子的基本构成

粒子名称	符号	电量/C	质量/g	相对电量	相对质量/u
电子	e	-1.602×10^{-19}	9.109×10^{-28}	−1	5.486×10^{-4}
质子	p	$+1.602\times10^{-19}$	1.673×10^{-21}	+1	1.007 3
中子	n	0	1.675×10^{-21}	0	1.008 7

2.2　原子结构 Atom Structure

原子是由电子、质子和中子组成的。那么它的结构又是怎样的呢？

1909 年，卢瑟福在英国曼彻斯特大学和他的学生 Johannes Geiger 及 Emest Marsden 在做用 α 粒子轰击薄金箔时，发现大部分的 α 粒子都能通过金箔，但有 1/8 000 的粒子居然被反弹回来。他根据实验事实，提出了原子核模型（Nuclear Model），认为原子大部分空间是空的，所有正电荷和原子质量都集中在原子中心的一个非常小的体积内，即原子核；电子围绕原子核旋转。1911 年 3 月，卢瑟福在曼彻斯特文学与哲学学会的会议上宣布他的意外发现。这就是著名的卢瑟福的金箔实验，如图 2-7 所示。

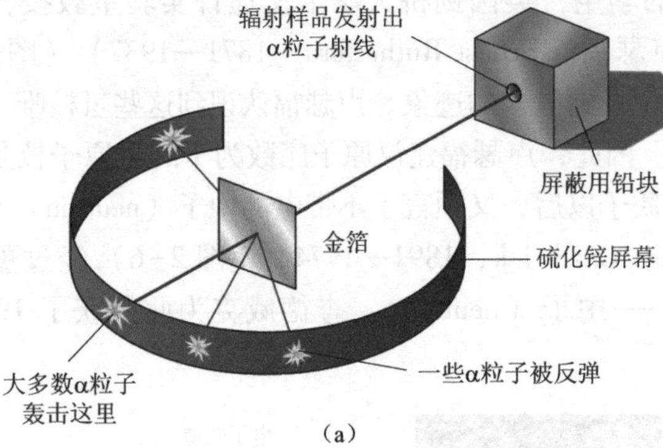

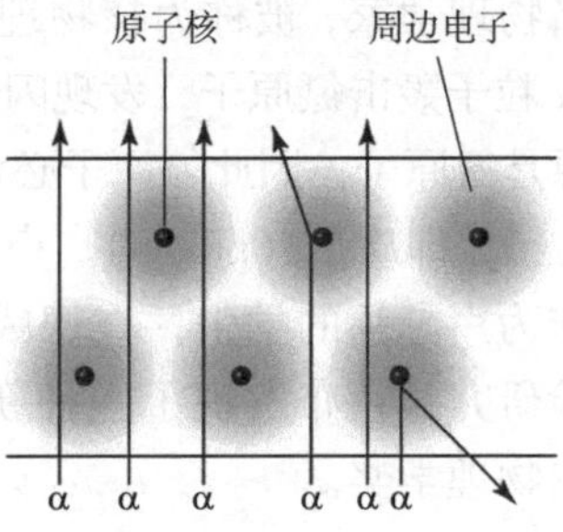

图 2-7　卢瑟福的金箔实验示意图

卢瑟福的原子核模型也存在无法解决的困难：因为绕核旋转的电子具有加速度，按照经典动力学，带点粒子加速运动会放出能量，这样，电子的轨道半径会越来越小，最后落在原子核上。而实际上，原子是稳定的。卢瑟福的学生，丹麦物理学家玻尔（Niels Henrik David Bohr，1885—1962）提出了太阳系模型，成功地解决了卢瑟福模型的困难，如图 2-8 所示。

(a)

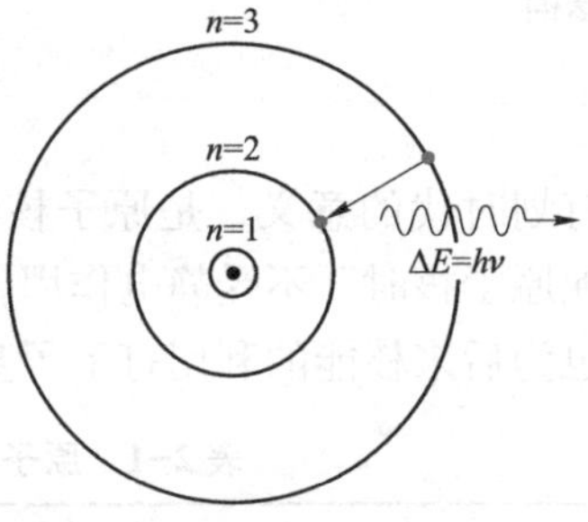

图 2-8　玻尔半径的提出

(a) 波尔；(b) 太阳系模型

在普朗克和爱因斯坦的量子化概念以及里德伯实验公式的启发下，玻尔将量子概念应用于卢瑟福原子模型中，将原子结构和光谱联系起来，提出了玻尔模型（Bohr Model）。其基本思想是：氢原子中的一个电子绕核做圆周运动，电子只能处于一些分立的“允许轨道”（allowed orbits）上；每一个允许轨道对应一个确定的分立能级 E_n；电子在这些确定的轨道上运动时不会损失能量；当电子从一个“允许轨道”跃迁到另一个“允许轨道”时，会以电磁波的形式放出或吸收能量，电磁波的频率由两个轨道的能级差来确定。

玻尔模型对于氢原子光谱的解释：氢原子光谱的产生是由于氢原子对外发射光能，这表明激发使原子中的电子从高能量轨道掉落入低能量轨道。玻尔第一个将量子概念用到原子有核模型中，成功地给出了氢原子结构的描述，揭开了令人费解的氢光谱之谜，对量子论和原子物理的发展做出了重大贡献。1922 年，玻尔荣获诺贝尔物理学奖。

玻尔模型将经典力学的规律应用于微观的电子，不可避免地存在一系列困难。根据经典动力学，做加速运动的电子会辐射出电磁波，致使能量不断损失，而玻尔模型无法解释为什么处于定态的电子不发出电磁辐射。玻尔模型对跃迁的过程描述含糊。因此，玻尔模型提出后，遭到了包括卢瑟福、薛定谔在内的诸多物理学家的质疑。玻尔曾经的导师、剑桥大学的 J. J. 汤姆逊拒绝对其发表评论。此外，玻尔模型无法揭示氢原子光谱的强度和精细结构，也无法解释稍微复杂一些的氦原子的光谱，以及更复杂原子的光谱。因此，玻尔在领取 1922 年诺贝尔物理学奖时称："这一理论还是十分初步的，许多基本问题还有待解决。"玻尔模型引入了量子化的条件，但它仍然是一个"半经典半量子"的模型。

2.3　量子力学模型 Quantum Mechanics Model

2.3.1　波粒二象性

光是电磁波，用波长、频率等物理量来描述其波动性；同时光又具有粒子性（光子），具有能量和动量。因此，我们说光具有波粒二象性（Duality of Wave-Particles）。与光的传播有关的各种现象（衍射、干涉和偏振），更多体现光的波动性；与光和实物相互作用有关的各种现象（原子光谱、光电效应、吸收光谱、康普顿效应等），更多体现光的微粒性。

法国物理学家德布罗意（L. de Broglie，1892—1987）将波粒二象性推广到所有的实物粒子。1924 年，在他的博士论文中提出了"任何物体伴随着波，不可能将物体的运动和波的传播分开"的基本假设，指出实物粒子（电子、质子、中子、原子等）也具有波动性，称为德布罗意波。德布罗意认为联系光的波动性和粒子性的关系式也适用于实物粒子，即

$$E=h\nu \tag{2.1}$$

$$p=h/\lambda \tag{2.2}$$

这样，实物粒子在以速度 v 运动时，伴随有波长为 λ 的波：

$$\lambda=h/p \tag{2.3}$$

此即著名的德布罗意关系式。式中，p 为粒子的动量（momentum）；λ 为德布罗意波波长。

1927 年，电子的波动性得到了实验的证实。英国物理学家 G. P. 汤姆逊（George Paget Thomson，1892—1975，电子发现者 J. J. 汤姆逊的儿子）（图 2-9）利用高能电子打到多晶体的金属薄膜上，在薄膜后面观察到同心圆构成的衍射图像，与光通过小孔所得到的衍射图像非常相似。此后，人们相继采用中子、质子、氢原子和氦原子等粒子流，也同样观察到衍射现象，充分证明了实物粒子的波动性。电子显微镜、中子衍射等现代检测设备是实物粒子波动性的实际应用。

图 2-9　德布罗意

1929 年，德布罗意荣获诺贝尔物理学奖；1937 年，

G·P·汤姆逊（图2-10）荣获诺贝尔物理学奖。

图2-10　G.P. 汤姆逊

波粒二象性导致了在原子中的电子不可能是在经典的、确定的轨道上运动，而是以一定的概率出现在原子空间的不同地方。电子的运动要用量子力学来描述。量子力学的基本原理是由许多科学家，如薛定谔（Erwin Schrödinger，1887—1961）、海森堡（Werner Heisenberg，1901—1976）、伯恩（Max Born，1882—1970）、狄拉克（Paul Dirac，1902—1984）等人，经过大量工作总结出来的，是自然界的基本规律之一。

2.3.2　薛定谔方程

怎样才能将核外电子的运动状态完美地表述出来呢？1926年，奥地利物理学家薛定谔（Schrödinger）根据德布罗意的微观粒子具有波粒二象性的假设，把体现微观粒子的粒子性特征值（m、E、V）与波动性特征值（ψ）有机地融合在一起，给原子核外电子的运动建立了著名的运动方程——薛定谔方程。

$$\frac{\partial^2\psi}{\partial x^2}+\frac{\partial^2\psi}{\partial y^2}+\frac{\partial^2\psi}{\partial z^2}+\frac{8\pi^2 m}{h^2}(E-V)\psi=0 \tag{2.4}$$

薛定谔方程是量子力学的基本方程，真实地反映了微观粒子的运动状态。式（2.4）中的ψ称为波函数（wave function），m为电子的质量，π和h是常数，V为势能，E为系统的总能量，x、y、z是三维空间坐标。

薛定谔方程的物理意义是：对于一个质量为m，在势能为V的势能场中运动的微观粒子（如电子），其定态时的运动可以用波函数ψ来描述。

在薛定谔方程中有两个未知数，一个是能量E，一个是波函数ψ。这个方程的引出和求解涉及较深的数理基础，此处只讨论这个方程的解。薛定谔方程的每一个合理的解表示电子运动的某一定态，与该解相应的能量值即为该定态所对应的能级。也就是说，在量子力学中是用波函数和与其相对应的能量来描述微观粒子的运动状态。对氢原子系统来说，波函数ψ是描述核外电子运动状态的数学表示式。量子力学借用经典力学中描述物体运动的“轨道”概念，将波函数的空间图像叫作原子轨道（atomic orbital）。必须注意，这里原子轨道的含义既不同于宏观物体的运动轨道，也不同于玻尔理论中的固定轨道，它所指的是电子的一种运动状态。

2.3.3　核外电子运动状态的描述

n、l、m是在解薛定谔方程的过程中很自然地引入的参数，称为量子数（quantum number）。量子数是量子力学（quantum mechanics）用来描述核外电子运动状态的一些数字。通过变量的分离可分别解出n、l、m取值一定时，波函数的径向分布函数和角度分布函数。原子核外电子的运动状态需用n、l、m和m_s 4个量子数来描述，其中n、l、m是描述原子轨道具体特征的量子数，m_s是描述电子自旋运动特征的量子数。这里分别简述4个量子数的基本含义和取值范围。

1. 主量子数 n

主量子数（principle quantum number）表示原子核外电子到原子核之间的平均距离，还表示电子层数（electronic shell number）。主量子数 n 的取值为1、2、3等正整数，在光谱学上也常用大写字母 K、L、M、N、…对应地表示 $n=1$、2、3、4、…电子层数，如图2-11所示。例如 $n=1$ 代表电子离核的平均距离最近的一层，即第一电子层；$n=2$ 代表电子离核的平均距离比第一层稍远的一层，即第二电子层；依此类推。可见 n 值越大，表示电子离核的平均距离越远。

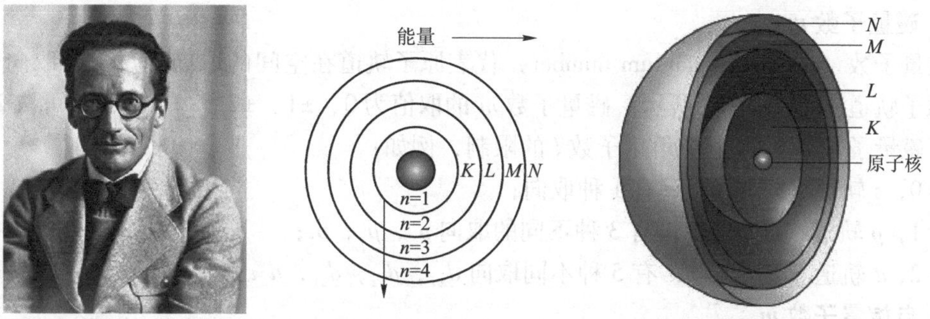

（a）　（b）　（c）

图2-11　主量子数的含义

（a）薛定谔；（b）主量子数；（c）电子层数

主量子数 n 是决定电子能量的主要因素。当主量子数增加时，原子轨道变大，原子的外层电子将处于更高的能量值（能量值只能取确定的、分离的值，这些能量值称为能级），因此受到原子核的束缚更小。对单电子原子（或离子）来说，电子的能量高低只与主量子数 n 有关。

2. 角量子数 l

角量子数（azimuthal quantum number）代表原子轨道的形状，是决定原子中电子能量的一个次要因素。角量子数的取值受主量子数 n 的限制，l 的取值为0、1、2、…、$(n-1)$ 的正整数，一共可取 n 个值，其最大值比 n 小1，l 数值不同，轨道形状也不同。角量子数 l 也表示电子所在的电子亚层（subelectronic shell），同一电子层中可有不同的亚层，l 值相同的原子轨道属同一电子亚层。与 l 值对应电子亚层符号和原子轨道形状如图2-12和表2-2所示。

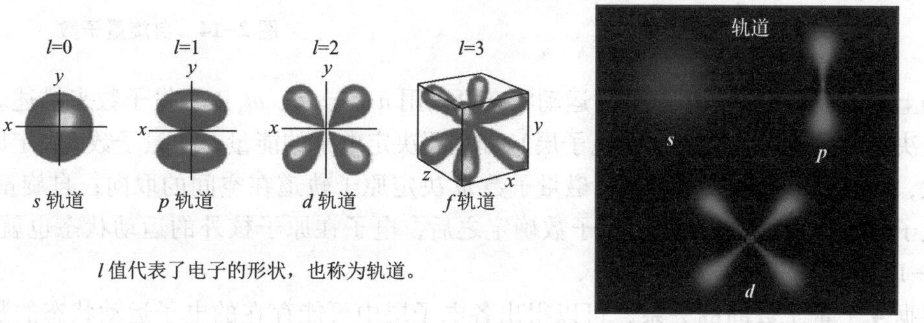

（a）　（b）

图2-12　角量子数

表 2-2 角量子数对应的亚层符号及轨道形状

角量子数	0	1	2	3	…
电子亚层符号	*s*	*p*	*d*	*f*	…
原子轨道形状	球形	哑铃形	花瓣形	复杂	…

3. 磁量子数 *m*

磁量子数（magnetic quantum number）代表原子轨道在空间的取向，每一种取向代表着一条原子轨道。如图 2-13 所示。磁量子数 m 的取值为 0、±1、±2、…、$\pm l$，共可取 $2l+1$ 个数值。磁量子数 m 的取值受角量子数 l 的限制，例如：

$l=0$，s 轨道（球形），只有 1 种取向；

$l=1$，p 轨道（哑铃形），有 3 种不同的取向 p_x，p_y，p_z；

$l=2$，d 轨道（花瓣形），有 5 种不同取向 d_{xy}，d_{yz}，d_{zx}，$d_{x^2-y^2}$，d_{z^2}。

4. 自旋量子数 m_s

原子核外的电子除绕核做高速运动外，还有自身旋转运动，如同地球除绕太阳公转外，本身还有自转一样。

自旋量子数（spin quantum number）的取值只有两个，即 $m_s=\pm 1/2$。如图 2-14 所示。这说明电子的自旋有两个方向，即顺时针方向和逆时针方向，一般用向上和向下的箭头“↑”和“↓”来表示。

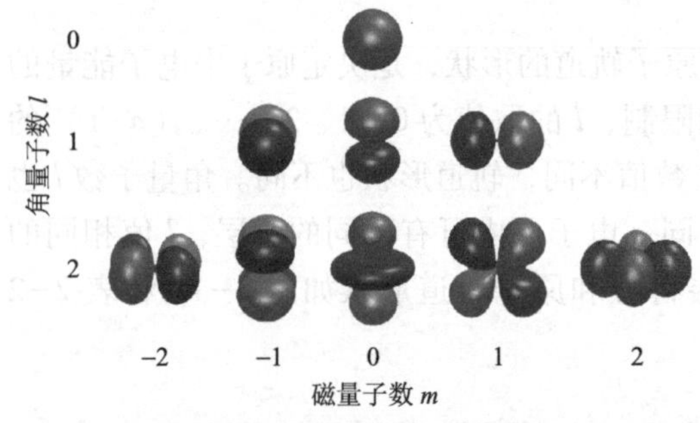

图 2-13 磁量子数

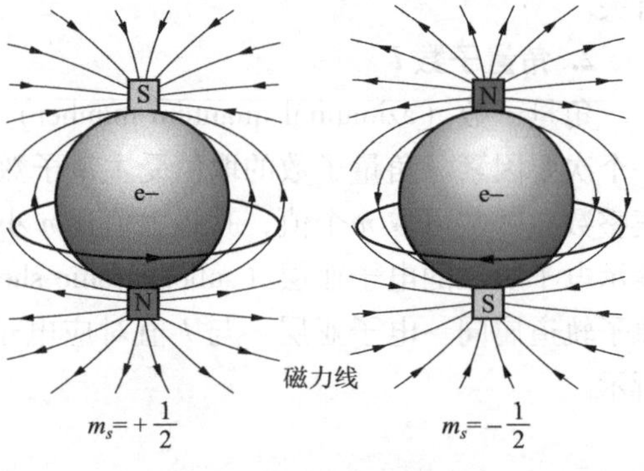

图 2-14 自旋量子数

如上所述，原子中每个电子的运动状态可以用 n、l、m、m_s 4 个量子数来描述。即主量子数 n 决定原子轨道的能级（即电子层）和主要决定电子的能量；角量子数 l 决定原子轨道的形状，同时也影响电子的能量；磁量子数 m 决定原子轨道在空间的取向；自旋量子数 m_s 决定电子自旋方向。因此，4 个量子数确定之后，电子在原子核外的运动状态也就确定了。如图 2-15 所示。

根据 4 个量子数间的关系，可以得出各电子层中可能存在的电子运动状态的数目，见表 2-3。

表 2-3 核外电子可能存在的状态数

电子层	*K* $n=1$	*L* $n=2$	*M* $n=3$	*N* $n=4$	n
原子轨道符号	1*s*	2*s*，2*p*	3*s*，3*p*，3*d*	4*s*，4*p*，4*d*，4*f*	…
原子轨道数	1	1，3	1，3，5	1，3，5，7	…
电子运动状态数	2	8	18	32	$2n^2$

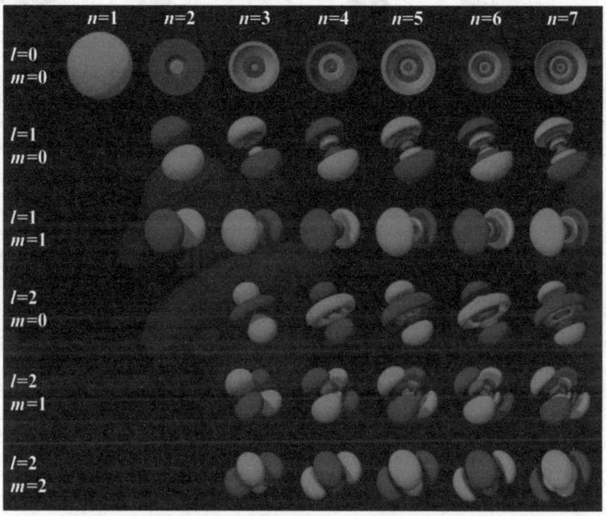

图 2-15 核外电子的运动状态

2.3.4 轨道形状

原子轨道（atomic orbital）这个新概念不同于古典物理学中的轨道想法，1932 年，美国化学家罗伯特 · 马 · 利肯（Robert Sanderson Mulliken，1896—1986）提出以“轨道（orbital）”取代“轨道（orbit）”一词。所以，讲玻尔轨道时，用 orbit；量子力学中的原子轨道用 orbital。原子轨道有不同的形状和空间取向，如图 2-16 所示。

电子在原子核外很小的空间内做高速运动，其运动规律跟一般物体不同，它没有明确的轨道。根据量子力学中的测不准原理（Heisenberg Uncertainty Principle），我们不可能同时准确地测定出电子在某一时刻所处的位置和运动速度，也不能描画出它的运动轨迹。电子的运动符合薛定谔方程，而薛定谔的解称为“波函数”，波函数就是原子轨道。波函数绝对值的平方表示电子在核外空间各处出现的概率密度。密度大的地方，表明电子在核外空间出现的概率大；反之，则表明电子出现的概率小。它代表核外空间某处电子出现的概率，即概率密度（probability density）。概率密度是指电子在核外空间某处微体积元内出现的概率，概率密度与该区域微体积元的乘积 $\psi^2 \cdot d\tau$ 等于电子在核外某区域中出现的概率。若以小黑点的疏密程度表示核外空间各点概率密度的大小，则 ψ^2 大的地方，小黑点较密集，表示电子出现的概率密度较大；ψ^2 小的地方，小黑点较稀疏，表示电子出现的概率密度较小。这种以小

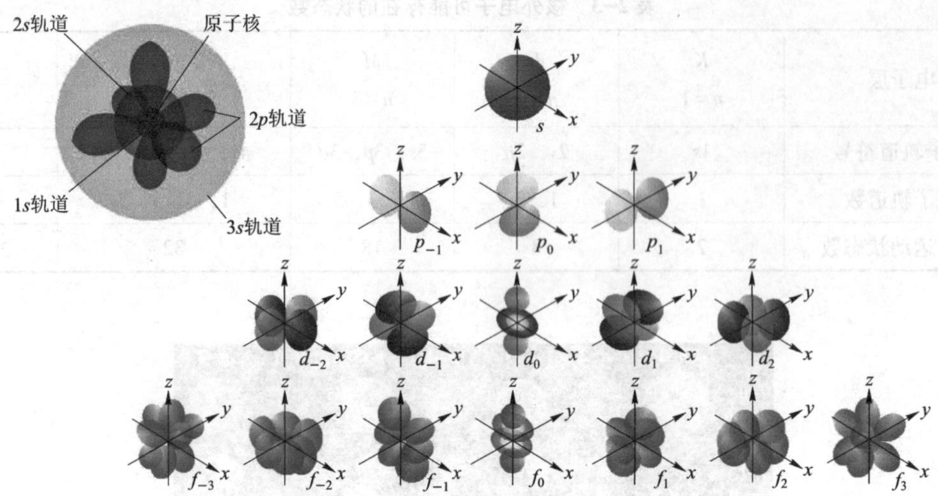

图 2-16　原子轨道的形状和空间取向

黑点的疏密表示概率密度分布的图形称为电子云（electron cloud）。因此，电子云就是从统计概念出发对核外电子出现的概率密度 ψ^2 形象化的图示。

图 2-17（a）所示为氢原子的 1s 电子云。图 2-17（b）为电子在核外空间出现的概率密度。原子核附近处 ψ^2 较大，而离原子核越远，ψ^2 就越小。从量子力学可以了解到，电子云是没有边界的，即使在离核很远的地方，电子仍有可能出现，只是出现的概率很小，可以忽略而已。

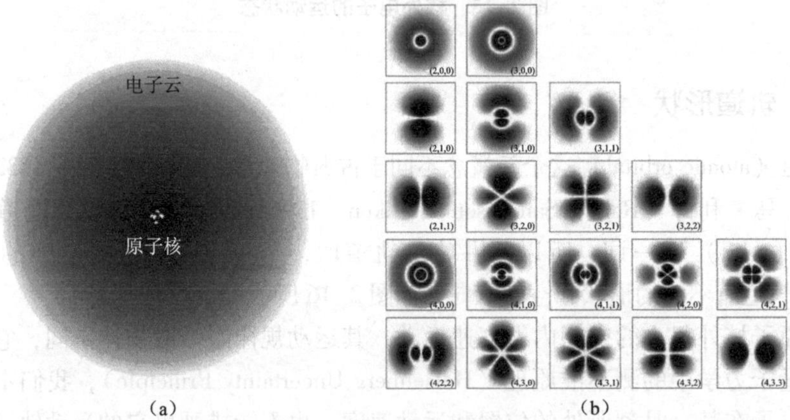

图 2-17　波函数的解

（a）氢原子电子云；（b）核外电子概率密度的二维图

2.4　多电子原子结构 Atom Structure with Many Electrons

除氢原子以外，其他元素原子的核外电子都多于一个，这些原子称为多电子原子。多电子原子的能级与氢原子的不同，除与主量子数 n 有关外，还与角量子数 l 有关。因此，讨论多电子原子结构，需要先了解多电子原子的能级。

2.4.1　多电子原子的能级

美国化学家莱纳斯·卡尔·鲍林（Linus Carl Pauling，1901—1994）根据光谱实验结果提出的多电子原子的原子轨道近似能级图（approximate energy level diagram）如图 2-18 所示。图中的能级顺序是原子核外电子排布的顺序，即核外电子按照原子轨道能量由低到高的次序填充。要特别注意的是，填充完 3*p* 轨道之后不是填充 3*d* 轨道，而是 4*s*，因为 4*s* 的能级略低于 3*d*。另外，原子轨道能级的高低也可用公式（$n+0.7l$）的数值大小来推算。

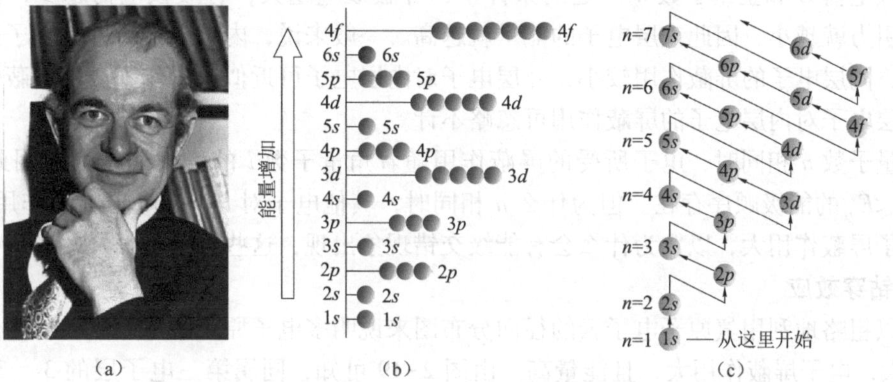

图 2-18　鲍林近似能级图

(a) 鲍林；(b) 轨道能级；(c) 电子填充顺序

鲍林近似能级图中的每横行代表一个能级组（group of energy），对应于周期表中的一个周期。能级组内各能级的能量差别不大，组与组之间能级的能量差别较大。能级组的数量就是元素周期表中对应的周期数，每个周期应有元素的数目取决于该能级组中原子轨道所能容纳的电子总数。每个圆圈代表一个原子轨道。*p* 亚层中有 3 个圆圈，表示此亚层有 3 个原子轨道。这 3 个 *p* 轨道能量相等、形状相同，只是空间取向不同，这种 *n*、*l* 相同，*m* 不同，能量相等的轨道称为简并轨道（degenerate orbital）或等价轨道（equivalent orbital）。因此，3 个 *p* 轨道是三重简并轨道。同理，同一亚层的 5 个 *d* 轨道（d_{xy}，d_{yz}，d_{zx}，$d_{x^2-y^2}$，d_{z^2}）是五重简并轨道。

由鲍林近似能级图可以看出：

① 角量子数 *l* 相同的轨道，其能级由主量子数 *n* 决定。*n* 越大，电子离核的平均距离越远，轨道能量越高。例如：$E_{1s}<E_{2s}<E_{3s}<E_{4s}$。

② 主量子数 *n* 相同的轨道，其能级由角量子数 *l* 决定。*l* 越大，轨道能量越高。例如：$E_{3s}<E_{3p}<E_{3d}$，$E_{4s}<E_{4p}<E_{4d}<E_{4f}$。

③ 主量子数 *n* 和角量子数 *l* 都不相同的轨道，出现主量子数小的原子轨道能级高于主量子数大的原子轨道能级的现象。这种现象称为能级交错（energy level overlap effect）。例如：$E_{4s}<E_{3d}<E_{4p}$，$E_{5s}<E_{4d}<E_{5p}$，$E_{6s}<E_{4f}<E_{5d}<E_{6p}$。

鲍林近似能级图中的能级顺序与徐光宪能级规律（$n+0.7l$）是一致的。上述能级顺序可分别用屏蔽效应（screening effect）和钻穿效应（penetration effect）来解释。

1. 屏蔽效应

氢原子的核电荷 $Z=1$，核外只有一个电子，这个电子只受到原子核的吸引，电子的能量只与主量子数 n 有关。而多电子原子与氢原子的情况不同，在多电子原子中，原子核外的电子除了受到原子核的引力外，还存在着电子之间的排斥力。这种排斥力的存在抵消了一部分核电荷，因此引起了有效核电荷（effective nucleus charge）的降低，削弱了核对该电子的吸引。这种作用称为屏蔽效应。例如锂原子核外有 3 个电子，第一电子层有 2 个电子，第二电子层有 1 个电子。对于第二层的电子来讲，除了受到原子核的引力外，还受到内层两个电子的排斥力。这种排斥力抵消（或屏蔽）了一部分原子核的正电荷，相当于有效电荷数减少。

在核电荷 Z 和主量子数 n 一定的条件下，屏蔽效应越大，有效核电荷越少，核对该电子的吸引力就越小，因此该层电子的能量就越高。一般来说，内层电子对外层电子的屏蔽作用较大，同层电子的屏蔽作用较小，外层电子对内层电子可近似地看作不产生屏蔽作用，或者说外层电子对内层电子的屏蔽作用可忽略不计。

主量子数 n 相同时，电子所受的屏蔽作用随着角量子数 l 的增大而增大，因此有 $E_{ns}<E_{np}<E_{nd}<E_{nf}$的能级顺序存在。但为什么 n 相同时，其他电子对 l 小的电子屏蔽作用小，对 l 大的电子屏蔽作用大，以及为什么会有能级交错现象出现，这些可通过钻穿效应进行解释。

2. 钻穿效应

可以粗略地利用氢原子电子云的径向分布图来说明多电子原子中 n 相同时，为何角量子数 l 越大，电子屏蔽作用大，且能量高。由图 2-19 可知，同属第三电子层的 3*s*、3*p*、3*d* 轨道，其径向分布有很大的不同。3*s* 有 3 个峰，这表明 3*s* 电子除有较多的机会出现在离核较远的区域以外，它还可能钻到（或渗入）内部空间而靠近原子核。像这种外层电子钻到内部空间而靠近原子核的现象，通常称为钻穿效应，也称穿透效应（penetration effect）。3*p* 有 2 个峰，这表明 3*p* 电子虽然也有钻穿作用，但小于 3*s*。3*d* 有 1 个峰，几乎不存在钻穿作用。由此可见，4*s*、4*p*、4*d*、4*f* 各轨道上电子的钻穿作用依次减弱。钻穿效应的大小对轨道的能量有明显的影响。电子钻得越深，受其他电子的屏蔽作用就越小，受核的引力就越大，因此能量越低。

同样，能级交错也可以用钻穿效应来解释。参考氢原子的 3*d* 和 4*s* 电子云径向分布图（图 2-20）可以看出，虽然 4*s* 的最大峰比 3*d* 离核远得多，但由于它有小峰钻到离核很近的地方，对轨道能量的降低有很大的贡献，因而 4*s* 比 3*d* 的能量要低。

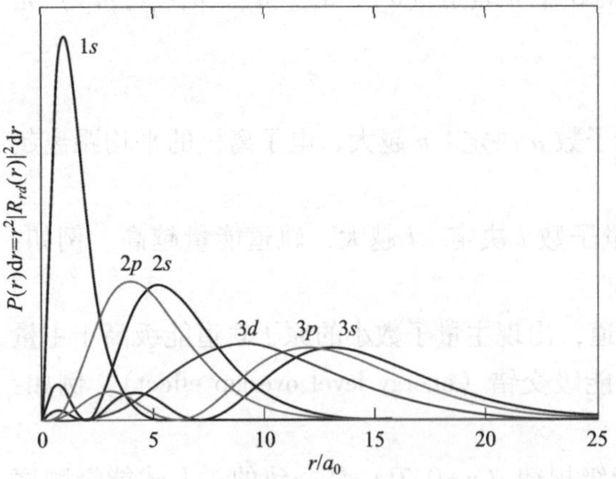

图 2-19　轨道电子云径向分布图

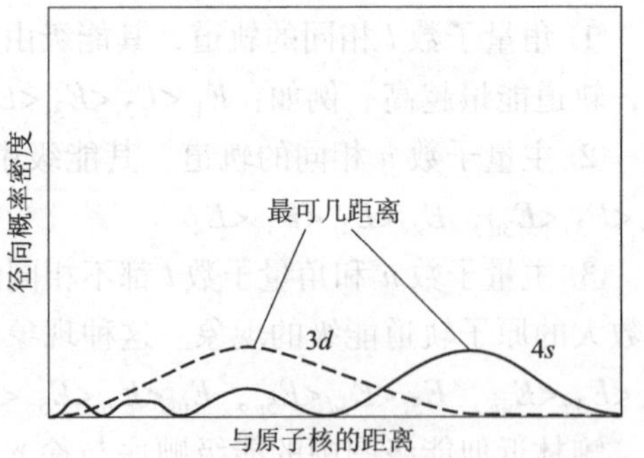

图 2-20　钻穿效应

通过上面的讨论可以看出，屏蔽效应与钻穿效应是两种相反的作用，某电子的钻穿作用不仅是对其他电子屏蔽作用的反屏蔽，而且会反过来对其他电子造成屏蔽作用。原子能够稳定存在的原因正是这种屏蔽与反屏蔽的作用，使得各电子在核外不断地运动，电子不可能落到核上，也不可能远离核。

3. 科顿原子轨道能级图

鲍林近似能级图假定所有元素原子的轨道能级高低顺序都是相同的，但实际上并非如此。1962 年，美国化学家科顿（F. A. Cotton）提出了原子轨道的能量与原子序数的关系图。

科顿原子轨道能级图（图 2–21）概括了理论和实验的结果，反映出原子序数为 1 的 H 元素，其主量子数（n）相同的原子轨道（如 $3s$、$3p$、$3d$）的能量相等。随着原子序数的增大，各原子轨道的能量逐渐降低（如 Na 原子的 $3s$ 轨道能量低于 H 原子的 $3s$ 轨道能量），而且不同元素的轨道能量降低程度不同，因此轨道的能量曲线产生了相交现象。例如 $3d$ 与 $4s$ 轨道的能量高低关系：原子序数为 15～20 的元素，$E_{4s}<E_{3d}$；原子序数大于 21 的元素，$E_{3d}<E_{4s}$。科顿的原子轨道能级图主要解决电子的丢失顺序问题。

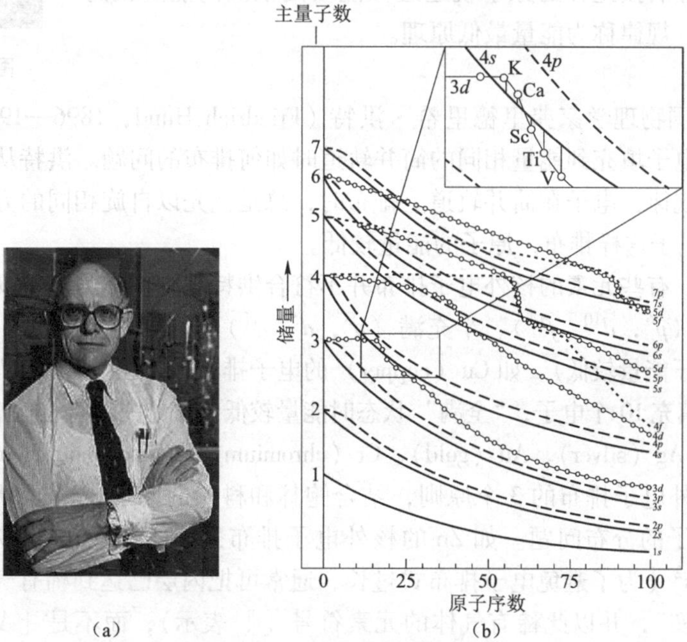

（a）　　　　　　　　（b）

图 2–21　科顿原子轨道能级图

（a）科顿；（b）科顿原子轨道能级图

2.4.2　原子核外电子的排布

原子核外电子的排布情况，通常称为电子层结构（electron configuration of layer），简称电子构型（electron configuration）。在化学中常用两种方法表示原子的电子构型。一种是形象直观的轨道表示式：用一个小圆圈（或方框）代表一个原子轨道，圆圈（或方框）内用箭头（↑或↓）表示电子的自旋方向，圆圈（或方框）下面标出该轨道的符号；另一种是简单方便的电子排布式：在原子轨道的右上角用数字注明所排列的电子数。

了解原子核外电子的排布，可以从原子结构的观点认识元素性质变化的周期性的本质。原子核外电子的排布遵循泡利不相容原理（Pauli exclusion principle）、能量最低原理（Lowest energy principle）和洪特规则（Hund's rule）3 个原则。

1. 泡利不相容原理

泡利不相容原理简称泡利原理。即在同一原子中不可能存在 4 个量子数完全相同的电子，或者说在同一原子中没有运动状态完全相同的电子。也可表述为任何一个原子轨道最多能容纳 2 个自旋方向相反的电子。泡利不相容原理是核外电子填充时必须遵守的基本法则。按照泡利不相容原理，s 轨道最多可填充 2 个电子，p 轨道最多可填充 6 个电子，d 轨道最多可填充 10 个电子，f 轨道最多可填充 14 个电子。

奥地利物理学家泡利（Wolfgang Pauli，1900—1958）（图 2-22）在 1924 年提出来的。

图 2-22　泡利

2. 能量最低原理

在不违反泡利不相容原理的前提下，电子总是尽可能分布到能量最低的轨道，然后按鲍林的原子轨道近似能级图依次向能量较高的能级分布，这一规律称为能量最低原理。

3. 洪特规则

1925 年，德国物理学家弗里德里希·洪特（Friedrich Hund，1896—1997）提出洪特规则，用来解决当电子填充到能量相同的简并轨道时如何排布的问题。洪特从大量光谱实验数据中总结出来的规律：电子在简并轨道上排布时，总是优先以自旋相同的方向，单独占据能量相同的轨道，电子这样排布，原子的能量较低。

在周期表中，有些元素的核外电子排布并不符合洪特规则，作为洪特规则的特例，简并轨道处于全充满（p^6，d^{10}，f^{14}）、半充满（p^3，d^5，f^7）或全空（p^0，d^0，f^0）的状态是比较稳定的（即原子能量较低）。如 Cu（copper）的电子排布最外层是 $4s^1 3d^{10}$，而不是 $4s^2 3d^9$，就是因为 d 轨道填充 10 个电子，"全满"状态时能量较低。常见的不符合构造原理的元素主要有 Cu（copper）、Ag（silver）、Au（gold）、Cr（chromium）和 Mo（molybdenum）等。

根据原子核外电子排布的 3 个原则，结合鲍林和科顿的原子轨道近似能级图，基本上可以解决核外电子的分布问题。如 Zn 的核外电子排布式为 $1s^2 2s^2 2p^6 3s^2 3p^6 3d^{10} 4s^2$，可简写为 [Ar]$3d^{10} 4s^2$（为了避免电子排布式过长，通常可把内层已达到稀有气体电子层结构的部分写成"原子实"，并以此稀有气体的元素符号 [ ] 表示），而不是 [Ar]$4s^2 3d^{10}$；Cr 的核外电子排布式为 $1s^2 2s^2 2p^6 3s^2 3p^6 3d^5 4s^1$，可简写为 [Ar]$3d^5 4s^1$，而不是 [Ar]$3d^5 4s^2$ 或 [Ar]$4s^1 3d^5$。

应该指出，核外电子排布的 3 个原则只是一般规律。随着原子序数的增大、核外电子数目的增多和原子中电子之间相互作用的增强，核外电子排布常常出现例外的情况。因此某一具体元素原子的电子排布情况，还应尊重实验事实，结合实验的结果加以判断。

2.5　元素周期表 The Periodic Table

元素周期表（The Periodic Table）的确立在化学发展史上具有里程碑意义。1869 年 3 月，俄罗斯化学教授德米特里·门捷列夫（Mendeleev，1834—1907）（图 2-23）在题为

《元素性质与原子量的关系》的论文中首次提出了元素周期律，发表了第一张元素周期表。这个表包括了当时科学家们已知的 63 种元素，表中共有 67 个位置，尚有 4 个空位只有相对原子质量而没有元素名称，他是第一位通过周期表中的趋势预测未知元素（如镓和锗）特性的人。在对元素的相对原子质量进行审定之后，于 1871 年 12 月发表了他的第二个元素周期表。与他的第一张元素周期表相比，第二个元素周期表更完备、更精确、更系统。

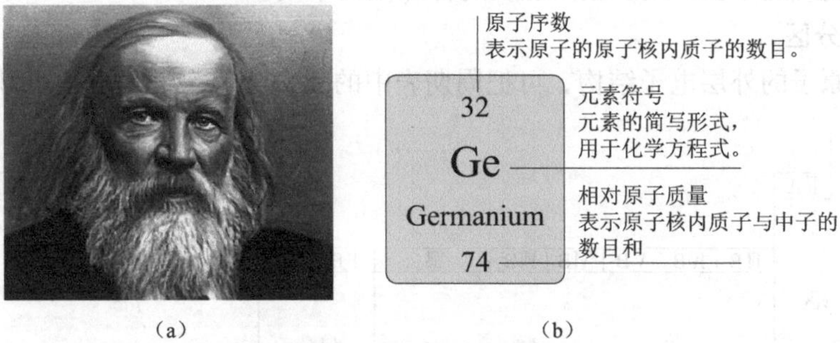

图 2-23　门捷列夫

（a）门捷列夫；（b）Ge 元素

元素周期表是元素周期律（periodic rule of elements）的表现形式，元素周期律是元素的性质随着原子序数的递增呈现周期性变化的规律。

1. 元素的周期

元素周期表共有 7 个横行，每一横行为一个周期，所以元素周期表共有 7 个周期。第一周期是特短周期，有 2 种元素；第二、三周期是短周期，各有 8 种元素；第四、五周期是长周期，各有 18 种元素；第六周期是特长周期，有 32 种元素；第七周期也应为特长周期，有 32 种元素（87~118 号），但是直到 2003 年 8 月才发现第 116 号元素，因此为未完成周期。各周期所包含元素的数目恰好等于相应能级组中原子轨道所能容纳的电子总数。

从原子核外电子排布的规律可知，原子的电子层数与该元素所在的周期数是相对应的，并与原子核外电子填充的最高主量子数的值是一致的；而元素所在的周期数又是与各能级组相对应的，因此能级组的划分是导致周期表中各元素划分为周期的本质原因。

每一周期元素原子最外层上的电子数自 1 增到 8（第一周期除外），呈现出明显的周期性变化。所以每一周期元素都是从碱金属开始，以稀有气体元素结束。而每一次重复，都意味着一个新周期的开始，一个旧周期的结束。由于元素的性质主要是由原子的核外电子排布和最外层电子数决定的，因此，元素性质的周期性变化是原子核外电子排布周期性变化的反映。

2. 元素的族

元素周期表中共有 18 纵行，有关族的划分主要有两种方法。

一种划分方法是分为 16 个族，除了稀有气体（零族）和第Ⅷ族元素外，还有 7 个主族（main group）元素和 7 个副族（subsidiary group）元素。主族元素是指电子最后填充在 *s* 轨道和 *p* 轨道上的元素，用 A 表示。最外层电子数等于元素所处的族数。副族元素是指电子最后填充在 *d* 轨道和 *f* 轨道上的元素，用 B 表示。最外层电子排布为 $ns^{1\sim2}$，次外层电子排布为 $(n-1)d^{1\sim10}$，第三层电子排布是 $(n-2)f^{1\sim14}$。同族内各原子的主量子数不同，但都有相同的外层电子结构，因此，同族元素化学性质很相似。

另一种划分方法是 1986 年国际纯粹和应用化学联合会（IUPAC）推荐的，每一个纵行为一族，分为 18 个族，从左向右用阿拉伯数字 1~18 标明族数。

元素中能参与成键的电子称为价电子。主族元素指最外层的 *s* 电子和 *p* 电子，副族元素除最外层 *s* 电子外，还包括 $(n-1)d$ 电子和 $(n-2)f$ 电子。

位于周期表下面的镧系元素（lanthanide elements）和锕系元素（actinide elements），按其所在的族来说应属于ⅢB 族，但因性质的特殊性而单列。

3. 元素的分区

根据元素原子的外层电子结构，可把周期表中的元素分成 5 个区域，如图 2-24 所示。

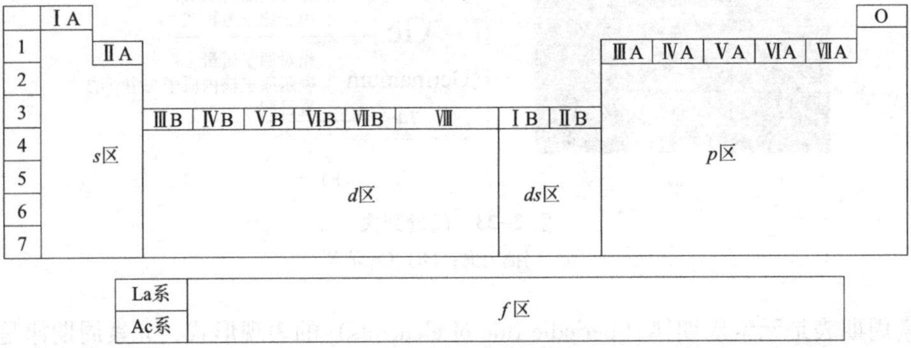

图 2-24　周期表的分区

① *s* 区元素（*s*-block element）：最后一个电子填充在 *s* 轨道上的元素称为 *s* 区元素。包括ⅠA 族碱金属元素和ⅡA 族碱土金属元素，原子的价层电子结构为 $ns^{1\sim2}$。这些元素是活泼金属，在化学反应中容易失去 1 个或 2 个电子形成 M^+ 或 M^{2+}。

② *p* 区元素（*p*-block element）：最后一个电子填充在 *p* 轨道上的元素称为 *p* 区元素。包括ⅢA~ⅦA 各族和零族元素。除氦元素外，原子的价层电子结构为 $ns^2np^{1\sim6}$。*p* 区里有最活泼的非金属和一般的非金属，也包括两性元素和活泼性较小的金属元素，稀有气体也在此区域里。

③ *d* 区元素（*d*-block element）：最后一个电子填充在 *d* 轨道上的元素称为 *d* 区元素。包括ⅢB~ⅦB 各副族和第Ⅷ族元素，原子的价层电子结构为 $(n-1)d^{1\sim9}ns^{1\sim2}$（有例外）。*d* 区里的元素都是金属元素，性质变化比较缓慢，一般多变价，为过渡元素（transition elements）。过渡元素是指电子进入 *d* 轨道上的一系列元素。

④ *ds* 区元素（*ds*-block element）：最后一个电子填充在 *d* 轨道上且达到 d^{10} 状态的元素称为 *ds* 区元素。包括ⅠB 族元素和ⅡB 族元素。原子的价层电子结构为 $(n-1)d^{10}ns^{1\sim2}$。在讨论元素性质时，常归为 *d* 区元素。

⑤ *f* 区元素（*f*-block element）：最后一个电子填充在 *f* 轨道上的元素称为 *f* 区元素。包括镧系（57~71）元素和锕系（89~103）元素，原子的价层电子结构为 $(n-2)f^{1\sim14}(n-1)d^{0\sim2}ns^2$（有例外）。*f* 区元素又称内过渡元素（inner transition elements），内过渡元素是指电子进入 *f* 轨道上的一系列元素，特点是化学性质非常相似。

s 区和 *p* 区元素称为主族元素（main group），共计 44 个元素。*d* 区元素称为过渡元素（transition elements）。ⅠA 族元素称为碱金属（alkali metals），ⅡA 族称为碱土金属（alkaline earth metals），ⅦA 族元素称卤素（halogens），ⅧA 族称为稀有气体（noble gases）。

常温常压条件下，周期表中只有两个元素是液体状态：汞（Hg）、溴（Br）；气体有：惰性气体、氢、氮、氧、氟、氯；其余都是固体。

2.6　元素性质的周期性 Periodic Properties of the Elements

由于原子核外电子排布的周期性，因此，与核外电子排布有关的元素的性质如原子半径（atomic radius）、电离能（ionization energy）、电子亲和能（electron affinity energy）、电负性（electronegativity）等，也呈现明显的周期性。

2.6.1　原子半径

原子半径可理解为原子核到最外层电子的平均距离。对于任何元素来说，原子总是以键合形式存在于单质或化合物中（稀有气体例外）。从量子力学观点考虑，原子在形成化学键时总是会发生一定程度的原子轨道重叠，因此，严格说来，原子半径有不确定的含义；而且要给出任何情况下均适用的原子半径是不可能的。通常所说的原子半径是指共价半径（covalent radii）、金属半径（metal radii）和范德华半径（Vander Waals radii），如图 2-25 所示。

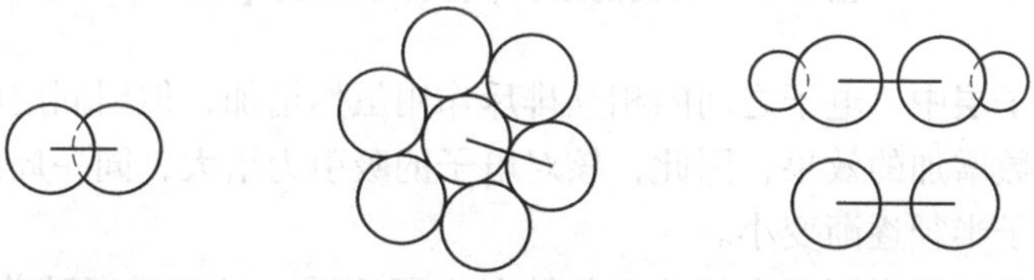

（a）　（b）　（c）

图 2-25　原子半径

（a）共价半径；（b）金属半径；（c）范德华半径

同种元素的两个原子以共价单键结合时（如 H_2、Cl_2等），它们核间距离的一半叫作原子的共价半径。如果把金属晶体看成是由球状的金属原子堆积而成，并假定相邻的两个原子彼此是互相接触的，则它们的核间距离的一半就是该原子的金属半径。在分子晶体中，两个分子之间是以范德华力（即分子间力）结合的，相邻分子间两个非键合原子核间距离的一半称为范德华半径。

由于原子之间形成共价键时，总是会发生原子轨道的重叠，所以原子的金属半径一般比共价半径要大些。例如，测得金属钠晶体中钠原子之间的核间距离 $d=372$ pm，所以钠原子的金属半径 $r_{Na}=d/2=186$ pm；钠原子在形成气态双原子分子时的共价半径为 154 pm。由于分子间作用力较小，分子间距离较大，因此范德华半径总是较大的。这就提示我们在比较原子半径大小时，应采用同一套数据。

在讨论原子半径的变化规律时，通常采用的是原子的共价半径，但稀有气体元素只能采用范德华半径。周期表中各元素的原子半径如图 2-26 所示。

原子半径的大小主要取决于原子的有效核电荷和核外电子的层数。周期表中的主族元素，从ⅠA 族到ⅦA 族，由于原子的核电荷数逐渐增加，电子层数保持不变，新增加的电子

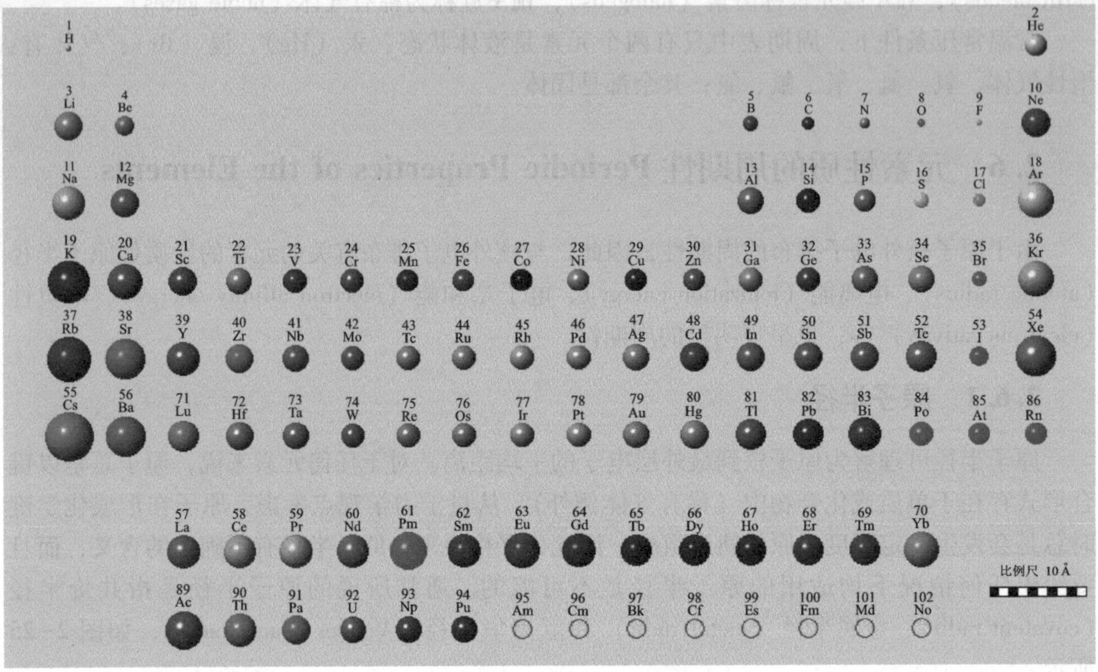

图 2-26　元素的原子半径表（单位：pm）

依次填充在同一电子层中。电子之间的相互排斥作用虽然增加，但因同层电子的排斥作用增加效果小于核电荷数增加的效果，因此，核对电子的吸引力增大，同一周期中，主族元素随着核电荷的增加原子半径逐渐变小。

过渡元素和内过渡元素原子半径的变化情况有所不同。过渡元素随着核电荷数的增加，原子核对外层电子的吸引增加缓慢，从而使原子半径的总体变化趋势是略有减小；当 *d* 轨道处于全充满时，原子半径要略大一些。对于电子最后填入 *f* 轨道的镧系和锕系元素，也有类似的情况。即总体趋势是原子半径随原子序数增加而减小，并在 *f* 轨道处于半充满、全充满时出现原子半径略有增大的情况。

由于镧系元素随着原子序数的增加，原子半径总体上减小，虽然相邻元素的原子半径减小幅度有限，但 10 多个元素的原子半径减小的累积效果，使其后的过渡元素的原子半径也因此而缩小，从而导致了第五周期过渡元素的原子半径与第六周期同族元素的原子半径非常接近，此现象称为镧系收缩（lanthanide contraction）。对同一族的过渡元素，因其价电子构型与原子半径都相似，使它们的化学、物理性质都基本一致。所以，这些元素呈现在自然界中的形式非常相似，并且分离困难。

在同一族中，自上而下，原子中的电子层数是逐渐增多的，其最外层电子的主量子数增大，离核平均距离也增大，因此，原子半径显著增大。其中主族元素的原子半径随周期数增大而增加的幅度较大；而副族元素的原子半径随周期而增加的趋势较小，尤其是第五周期和第六周期的同族元素，因镧系收缩的影响，原子半径非常接近。

2.6.2　电离能

原子失去电子的难易程度可用电离能（ionization energy）来衡量，结合电子的难易程度，可用电子亲和能进行定性比较。电离能和电子亲和能只表征孤立气态原子或离子得失电子的能力。

基态气态原子或离子失去电子的过程称为电离，完成这一过程所需要的能量称为电离能，常用符号 I 表示，单位为 $kJ \cdot mol^{-1}$。电离所需能量的多少反映了原子或离子失去电子的难易程度。

一个基态的气态原子失去一个电子形成+1 价气态阳离子所需的能量称为第一电离能（I_1），由+1 价气态阳离子再失去一个电子形成+2 价气态阳离子所需的能量称为该元素原子的第二电离能（I_2），依此类推，且 $I_1<I_2<I_3<\cdots$。例如：

$$Li(g)-e^- \rightarrow Li^+(g) \qquad I_1=520.2\ kJ \cdot mol^{-1}$$

$$Li^+(g)-e^- \rightarrow Li^{2+}(g) \qquad I_2=7\ 298.1\ kJ \cdot mol^{-1}$$

$$Li^{2+}(g)-e^- \rightarrow Li^{3+}(g) \qquad I_3=11\ 815\ kJ \cdot mol^{-1}$$

通常所说的电离能是指第一电离能。移去电子永远需要额外提供能量，因此，电离能永远是正值。电离能用来衡量一个原子或离子丢失电子的难易程度，具有明显的周期性。元素的电离能越小，原子越容易失去电子，元素的金属性就越强；反之，元素的电离能越大，原子越难失去电子，元素的金属性就越弱。图 2-27 列出了元素的第一电离能数据。

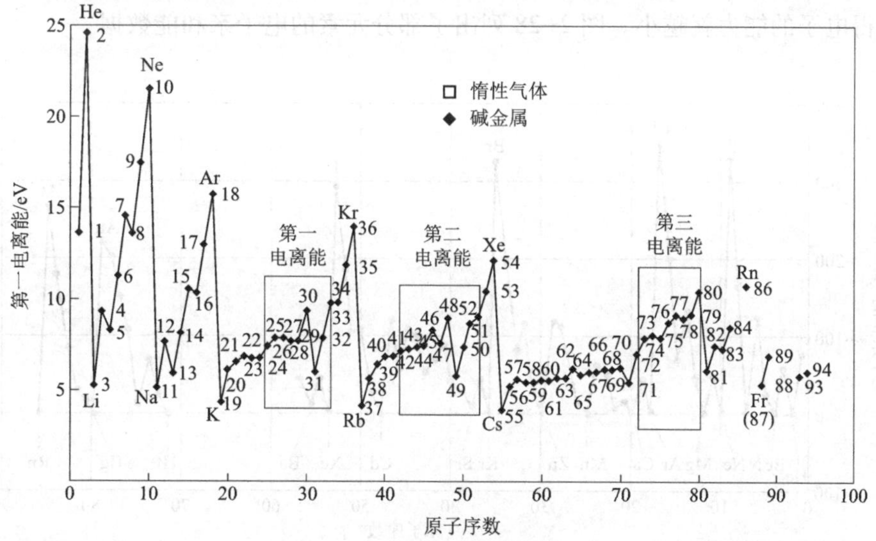

图 2-27　第一电离能数据图

从以上数据可以看出：

① 碱金属具有较小的第一电离能，容易失去 1 个电子；碱土金属较易失去 2 个电子；

② 稀有气体的第一电离能总是处于极大值，而碱金属处于极小值；

③ 除过渡金属外，同一周期元素的第一电离能基本上随着原子序数的增加而增加，而同一族元素随着原子序数的增加而减小。因此，周期表中左下角的碱金属的第一电离能最小，最容易失去电子变成正离子，金属性最强。周期表右上角的稀有气体元素第一电离能最大，最不容易丢失电子。

对于第二电离能而言，碱金属具有极大值，而碱土金属具有最小的第二电离能。同理，碱土金属元素具有最大的第三电离能。

同一周期从左到右，主族元素原子核作用在最外层电子上的有效核电荷逐渐增大，原子半径逐渐减小，原子核对最外层电子的吸引力逐渐增强，元素的电离能呈增大趋势；副族元素由于增加的电子排布在次外层的轨道上，有效核电荷增加不多，原子半径减小缓慢，电离能增加不显著，且没有规律。

同一族自上而下，主族元素原子核作用在最外层电子上的有效核电荷增加不多，而原子半径明显增大，致使原子核对外层电子的吸引力减弱，因此元素的电离能减小。

2.6.3 电子亲和能

基态的气态原子获得 1 个电子成为−1 价气态阴离子时所需要的能量称为第一电子亲和能（electron affinity）。电子亲和能的大小涉及核的吸引和核外电荷排斥两个因素。原子半径减小，核的吸引力增大；但电子云密度也大，电子间排斥力增强。在周期表中，电子亲和能没有周期性的变化规律，且电子亲和能可正可负。

$$F(g)+e^- \rightarrow F^-(g) \qquad E_1=-328\ kJ\cdot mol^{-1}$$

元素的第一电子亲和能除ⅡA 族和零族元素外，一般都为负值；所有元素的第二电子亲和能都是正值。元素的第一电子亲和能越小，原子就越容易得到电子；反之，电子亲和能越大，其获得电子的能力就越小。图 2−28 列出了部分元素的电子亲和能数据。

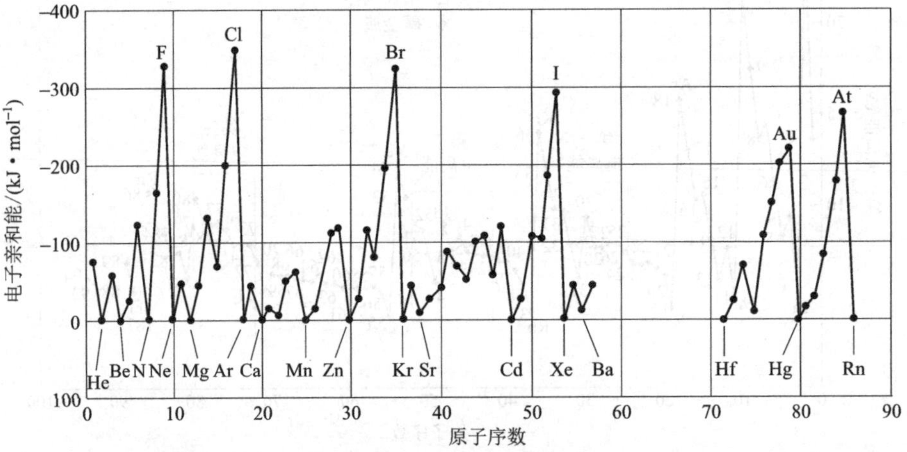

图 2−28 元素的电子亲和能

同一周期从左到右，随着元素原子的有效核电荷数增大，原子半径逐渐减小，核对外层电子的吸引力增强，因此，元素原子的电子亲和能的代数值总的变化趋势是减小，原子得到电子的能力增大。当原子核外电子的排布处于全充满、半充满或全空的较稳定状态时，若要得到一个电子，则就要破坏这种稳定排布，因此，ⅡA、ⅤA 族元素原子的第一电子亲和能大于其相邻元素原子的第一电子亲和能。若获得电子后，原子核外电子的排布达到半充满或全充满排布，则放出能量就多，电子亲和能代数值就小。

同一主族元素，自上而下，电子亲和能代数值总的趋势是逐渐增大，得到电子的能力降低。

2.6.4　电负性

电离能和电子亲和能从两个不同的侧面分别讨论了气态原子得失电子的能力。由于原子组成分子的过程是原子之间得失电子综合能力的全面体现，因此，单纯用得电子或失电子的能力大小来考察分子中各原子吸引电子的情况显然是不全面的。为了全面衡量分子中各原子吸引电子的能力，引入了电负性的概念。

电负性（electronegativity）概念由鲍林于 1932 年提出，用来量度原子对成键电子吸引能力的相对大小。他指定氟的电负性为 4.0，然后通过热化学方法计算得到其他元素的电负性。电负性可以看作是原子形成负离子倾向相对大小的量度。电负性这一概念简单、直观、物理意义明确并且不失准确性，一直获得广泛应用。电负性是描述元素化学性质的重要指标之一。图 2-29 列出了元素的电负性数值。

H 2.1																	He
Li 1.0	Be 1.5											B 2.0	C 2.5	N 3.0	O 3.5	F 4.0	Ne
Na 0.9	Mg 1.2											Al 1.5	Si 1.8	P 2.1	S 2.5	Cl 3.0	Ar
K 0.8	Ca 1.0	Sc 1.3	Ti 1.5	V 1.6	Cr 1.6	Mn 1.5	Fe 1.8	Co 1.8	Ni 1.8	Cu 1.9	Zn 1.6	Ga 1.6	Ge 1.8	As 2.0	Se 2.4	Br 2.8	Kr 3.0
Rb 0.8	Sr 1.0	Y 1.2	Zr 1.4	Nb 1.6	Mo 1.8	Tc 1.9	Ru 2.2	Rh 2.2	Pd 2.2	Ag 1.9	Cd 1.7	In 1.7	Sn 1.8	Sb 1.9	Te 2.1	I 2.5	Xe 2.6
Cs 0.7	Ba 0.9	La 1.1	Hf 1.3	Ta 1.5	W 1.7	Re 1.9	Os 2.2	Ir 2.2	Pt 2.2	Au 2.4	Hg 1.9	Ti 1.8	Pb 1.8	Bi 1.9	Po 2.0	At 2.2	Rn 2.4
Fr 0.7	Ra 0.7	Ac 1.1	Unq	Unp	Unh	Uns	Uno	Une									

Ce 1.1	Pr 1.1	Nd 1.1	Pm 1.1	Sm 1.1	Eu 1.1	Gd 1.1	Tb 1.1	Dy 1.1	Ho 1.1	Er 1.1	Tm 1.1	Yb 1.1	Lu 1.2
Th 1.3	Pa 1.5	U 1.7	Np 1.3	Pu 1.3	Am 1.3	Cm 1.3	Bk 1.3	Cf 1.3	Es 1.3	Fm 1.3	Md 1.3	No 1.3	Lr

图 2-29　元素电负性

元素的电负性越大，表示元素原子在分子中吸引电子的能力越强，生成阴离子的倾向越大，非金属性越强；反之，元素的电负性越小，表示元素原子在分子中吸引电子的能力越弱，生成阳离子的倾向越大，金属性越强。电负性为 2 可以近似看作是金属和非金属的分界点。一般来说，非金属元素的电负性大于金属元素的，非金属元素的电负性大多在 2.0 以上，而金属元素的电负性多数在 2.0 以下。

在元素周期表中，主族元素的电负性呈现周期性的变化规律。同一周期从左到右，电负性随着核电荷数的增加而增大，同一族自上而下，电负性随着电子层数的增加而减小。因此，除稀有气体外，电负性大的元素位于周期表的右上角，氟的电负性最大，非金属性最强；电负性小的元素位于周期表的左下角，铯的电负性最小，金属性最强。电负性差别大的元素间的化合物以离子键为主。电负性相近的非金属元素间的化合物以共价键为主。电负性相近的金属元素间的化合物以金属键为主。副族元素电负性的变化规律不明显。

2.6.5 元素的氧化数

元素的氧化数是指元素的原子得失或偏移电子的数目。氧化数主要在氧化还原反应中使用。确定元素氧化数的规则如下：

① 单质元素原子的氧化数为零。

② 在化合物中，氢的氧化数一般为+1（但在金属氢化物如 NaH、CaH_2中，氢的氧化数为-1），氧的氧化数一般为-2（但在过氧化物如 H_2O_2、Na_2O_2中，氧的氧化数为-1，在氧的氟化物如 OF_2和 O_2F_2中，氧的氧化数分别为+2 和+1）；在所有的氟化物中，氟的氧化数为-1。

③ 在中性分子中，各元素氧化数的代数和等于零。

④ 在单原子离子中，元素的氧化数等于离子所带的电荷数，如 Cu^{2+}、Cl^-、S^{2-}的氧化数分别为+2、-1、-2；在多原子离子中，各元素的氧化数的代数和等于该离子所带的电荷数。

⑤ 由于氢的氧化数是+1，氧的氧化数是-2，所以元素的氧化数可以是分数，如在 Fe_3O_4中铁的氧化数为$+\frac{8}{3}$。而且同一元素可以有不同的氧化数，如在 $S_2O_3^{2-}$、$S_4O_6^{2-}$、$S_2O_8^{2-}$中硫的氧化数分别为+2、$+\frac{5}{2}$、+7；在 CO、CO_2、CH_4、C_2H_5OH 中，碳的氧化数分别为+2、+4、-4、-2。

⑥ 元素的氧化数与原子的价电子数及其排布直接相关。主族元素与副族元素的价层电子排布不同，它们的氧化数变化情况也不一样。

⑦ 主族元素（F、O 除外）的最高氧化数等于该元素原子的价电子总数或族数，见表 2-4。即在同一周期中，主族元素的最高氧化数从左到右逐渐增加，呈现出周期性的变化规律。

表 2-4 主族元素的氧化数与价电子数的对应关系

族数	ⅠA	ⅡA	ⅢA	ⅣA	ⅤA	ⅥA	ⅦA
价层电子构型	ns^1	ns^2	ns^2np^1	ns^2np^2	ns^2np^3	ns^2np^4	ns^2np^5
价电子总数	1	2	3	4	5	6	7
主要氧化数	+1	+2	+3 （Tl 有+1）	+4，+2 （C 有-4）	+5，+3 （N、P 有-3， N 有+1，+2，+4）	+6，+4，-2 （O 主要为-1，-2）	+7，+5， -3，+1，-1 （F 只有-1）
最高氧化数	+1	+	2	+3	+4	+5	+6

⑧ 对于 *d* 区副族元素，从ⅢB 族到ⅦB 族元素的最高氧化数从+3 逐渐变为+7，与其族数相同；而第Ⅷ族元素中，只有第六周期中的 Os、Ru 达到+8 氧化数，第四、五周期的元素因有效核电荷较大，核对外层电子的吸引力强，使得次外层的 *d* 轨道不易全部参与形成化学键，因此，它们的最高氧化数在同周期中有随核电荷增加而减小的趋势。

⑨ *ds* 区（ⅠB、ⅡB 族）元素中，ⅡB 族元素的次外层排布较稳定，不能参与形成化学键，所以ⅡB 族元素的最高氧化数与其族数相同。但ⅠB 族元素的次外层 *d* 电子也能部分参

与成键，所以其最高氧化数与族数不同。

2.6.6　元素的金属性和非金属性

元素的金属性是指其原子在化学反应中失去电子成为正离子的性质；元素的非金属性是指其原子在化学反应中得到电子成为负离子的性质。元素的原子在化学反应中越易失去电子，其金属性越强；元素的原子在化学反应中越易得到电子，其非金属性越强。

元素金属性和非金属性的相对强弱可以用电离能、电子亲和能和电负性的相对大小来衡量。一般来说，元素原子的电离能或电负性越小，元素的金属性就越强；元素原子的电子亲和能越小或电负性越大，元素的非金属性就越强。图 2-30 列出了周期表中各元素的金属性与非金属性的递变。从图中以看出，*s* 区（除氢外）、*d* 区、*ds* 区和 *f* 区都是金属元素，*p* 区中一部分是金属元素，一部分是非金属元素。

需要注意的是，原子难以失去电子，不一定就容易得到电子。例如，稀有气体既难失去电子，又不易得到电子。

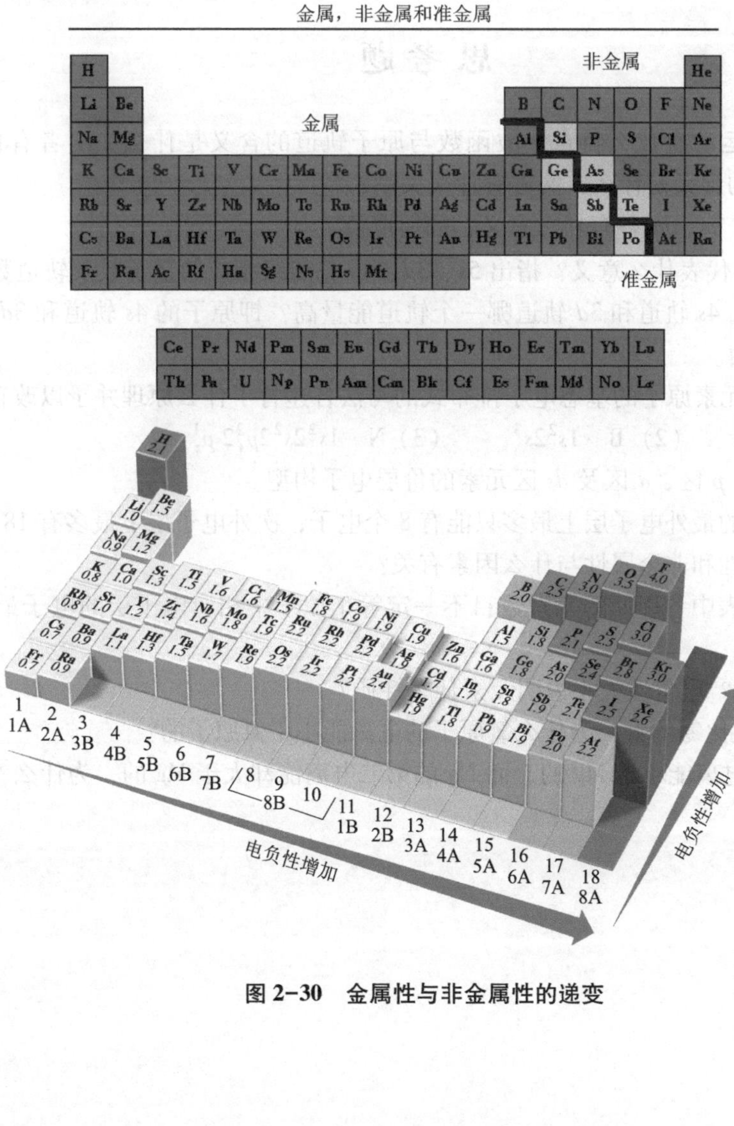

图 2-30　金属性与非金属性的递变

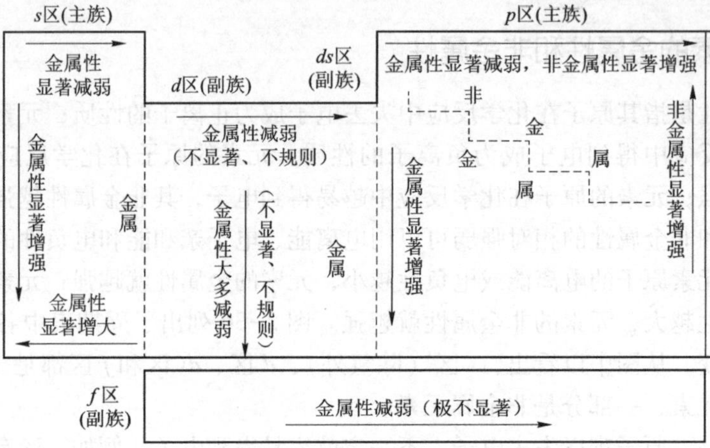

图 2-30　金属性与非金属性的递变（续）

思考题

1. 原子中电子运动有什么特点？波函数与原子轨道的含义是什么？两者有什么关系？概率密度和电子云的含义是什么？两者有什么关系？

2. 量子数 n、l、m、m_s 各有什么意义？如何取值？

3. s、$2s$、$2s^1$ 各代表什么意义？指出 $5s$、$3d$、$4p$ 各能级相应的量子数及轨道数。

4. 在氢原子中，$4s$ 轨道和 $3d$ 轨道哪一个轨道能量高？钾原子的 $4s$ 轨道和 $3d$ 轨道哪一个能量高？说明理由。

5. 指出下列各元素原子的基态电子排布式的写法各违背了什么原理并予以改正。

（1）Be　$1s^2 2p^2$　　（2）B　$1s^2 2s^3$　　（3）N　$1s^2 2s^2 2p_x^2 2p_z^1$

6. 试写出 s 区、p 区、d 区及 ds 区元素的价层电子构型。

7. 为什么原子的最外电子层上最多只能有 8 个电子，次外电子层上最多有 18 个电子？

8. 元素的金属性和非金属性与什么因素有关？

9. 为什么周期表中各周期的元素数目不一定等于原子中相应电子层的电子最大容量数（$2n^2$）？

10. 何为电负性？电负性大小说明元素什么性质？

11. 氧的电负性比氮的大，为什么氧原子的电离能小于氮原子的？

12. Na 的第一电离能小于 Mg 的，而 Na 的第二电离能却大于 Mg 的，为什么？

第3章

化学键与物质结构

Chemical Bond and Structure of Matter

化学键（chemical bond）讨论的是分子或晶体中相邻原子或离子之间的结合方式。根据分子或晶体中电子的运动方式不同，化学键分为离子键（ionic bond）、共价键（covalent bond）和金属键（metal bond）。

通过不同类型的化学键结合形成的物质结构不同，所表现出的各自特征和性质也不相同。物质是由分子组成的，分子是保持物质性质的最小微粒，也是物质参与化学反应的基本单元。因此，研究物质性质及其变化的根本原因，必须进一步研究物质的微观结构，研究物质的微观结构就是研究物质的分子结构。分子的结构通常包含以下几个方面：

① 分子中直接相邻的原子或离子间的强相互作用力，即化学键；

② 分子中的原子或离子在空间的排列，即空间构型（geometry configuration），也称几何构型（geometric configuration）；

③ 分子之间的弱相互作用力，包括范德华力（Vander Waals force）和氢键（hydrogen bond）的作用力；

④ 分子的结构与物质性质的联系。

本章将在原子结构的基础上，讨论上述4个方面所涉及的基本理论和基础知识，这对于掌握物质性质及其变化规律具有十分重要的意义。为了更好地理解物质结构，在这里，需要先介绍一些晶体的基本规律和知识。

物质通常有气、液、固三种聚集状态。其中固体物质可分为晶体（crystal）和非晶体（non-crystal）。晶体是指物质的内部质点（分子、原子或离子）在空间按一定规律周期性重复排列所构成的固态物质，如氯化钠、石英等。晶体又可分为单晶（single crystal）和多晶（polycrystal）：单晶是指整个晶体内部都按一定的规律排列；多晶是许多单晶的集合体（或聚集体）。非晶体又称为无定形体（amorphous solid），其内部质点的排列没有规律，如玻璃、松香、石蜡、沥青等均属非晶体。

与非晶体相比，晶体具有以下三个特征。

（1）有一定的几何外形

晶体在生长过程中，将自发地形成晶面。晶面相交形成晶棱，晶棱相会形成晶角，从而使形成的晶体一般都有一定的几何外形。非晶体，如玻璃、石蜡等没有一定的几何外形，称为无定形体。由极微小晶体组成的物质称为微晶体（micro crystal）。如炭墨和化学反应刚析出的沉淀等，从外观看不具有整齐的外形，但仍属晶体的范畴。

（2）有固定的熔点

在一定的压力下，将晶体加热，当达到某一温度（熔点）时，晶体开始熔化。在晶体没有完全熔化前，即使继续加热，晶体本身的温度也不会上升，而是保持恒定；只有当晶体完全熔化后，系统的温度才会重新上升。非晶体没有固定的熔点，只有一段软化的温度范围，如松香在 50 ℃~70 ℃之间软化。

（3）各向异性

晶体的某些性质，如光学性质、力学性质、导热导电性、溶解性等，从晶体的不同方向测定时，常常是不同的。晶体的这种性质称为各向异性（anisotropy）。造成晶体各向异性的原因是晶体内部微粒排列是有次序和有规律的，并按某些确定的规律重复地排列。

非晶体是各向同性的。因为非晶体内部微粒的排列是无次序的、不规律的。晶体的宏观性质是由其微观结构决定的，要了解晶体的性质，就必须了解它的微观结构。

晶体中规则排列的微粒，抽象为几何学中的点，称为结点（crunode），这些结点的总和称为空间点阵（lattice）。沿着一定的方向按某种规则把结点连接起来，得到的描述各种晶体内部结构的几何图像，称为晶格（crystal lattice）。晶格中，表现其结构一切特征的最小部分，称为晶胞（unit cell）。晶胞的大小和形状可用六面体中经过同一顶点的三个棱长 a、b、c 和通过同一顶点的三个棱的夹角 α、β、γ 6 个常数（参数）来描述，称为晶胞参数。晶胞参数可由 X 射线衍射法测得。晶胞在三维空间的无限重复就形成了晶格。

根据晶胞形状及晶胞参数的不同，可将晶体归结为 7 个晶系。表 3-1 列出了 7 个晶系的特征。7 个晶系按照带心形式分类，可分为 14 种布拉维（Bravais）晶格，如图 3-1 和图 3-2 所示。

表 3-1　7 个晶系的特征

晶系	晶轴	晶角	实例
立方晶系	$a=b=c$	$\alpha=\beta=\gamma=90°$	NaCl、ZnS
四方晶系	$a=b\neq c$	$\alpha=\beta=\gamma=90°$	SnO_2、Sn
正交晶系	$a\neq b\neq c$	$\alpha=\beta=\gamma=90°$	$BaCO_3$、$HgCl_2$
三方晶系	$a=b=c$	$\alpha=\beta=\gamma\neq 90°$	Al_2O_3、Bi
单斜晶系	$a\neq b\neq c$	$\alpha=\gamma=90°$，$\beta\neq 90°$	$KClO_3$、$Na_2B_4O_7$
三斜晶系	$a\neq b\neq c$	$\alpha\neq\beta\neq\gamma\neq 90°$	$CuSO_4\cdot 5H_2O$
六方晶系	$a=b\neq c$	$\alpha=\beta=90°$，$\gamma=120°$	SiO_2（石英）、AgI

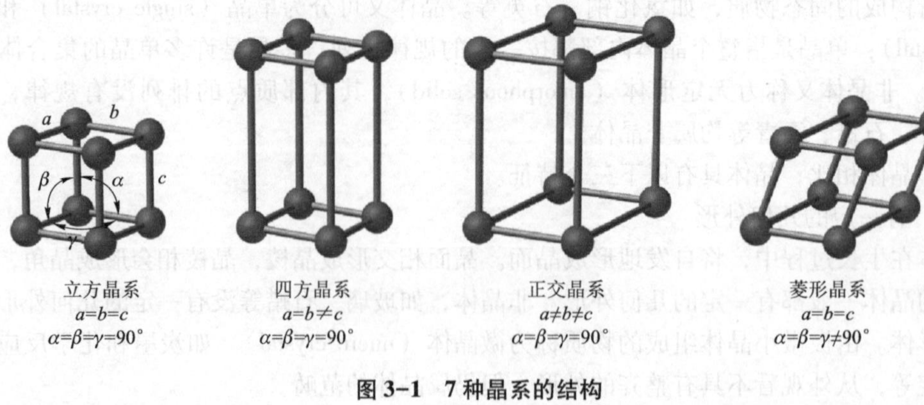

图 3-1　7 种晶系的结构

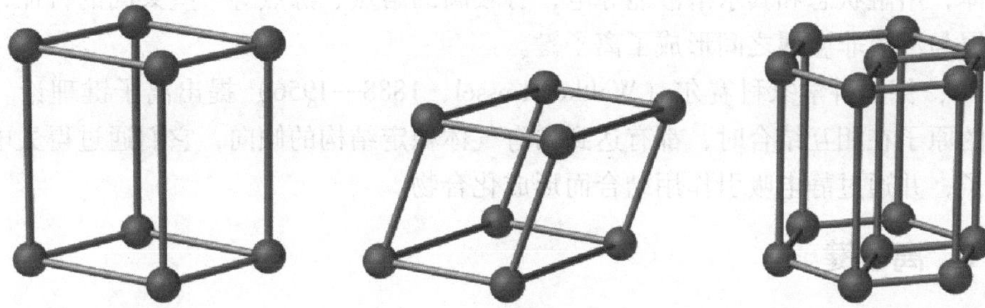

图 3-1　7 种晶系的结构（续）

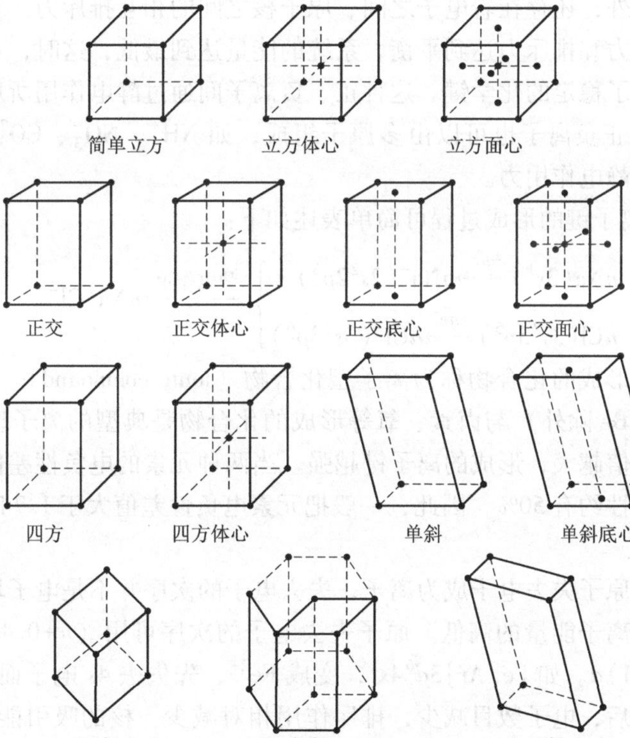

图 3-2　14 种布拉维晶格

按照晶格结点上粒子种类及粒子之间结合力的不同，晶体可分为离子晶体（ionic crystal）、共价晶体（covalent crystal）、分子晶体（molecular crystal）和金属晶体（metallic crystal）。

3.1　离子键和离子化合物 Ionic Bond and Ionic Compounds

活泼的金属原子与活泼的非金属原子结合形成的化合物，如 NaCl、MgO、CaO 等，具有结晶状固体，熔融状态和其水溶液能导电，有较高的熔点、沸点等一些共同的特征，其原因是活泼金属与活泼非金属之间形成了离子键。

1916 年，德国科学家科赛尔（Walther Kossel，1888—1956）提出离子键理论。他认为不同元素的原子在相互结合时，都有达到稀有气体稳定结构的倾向，它们通过得失电子形成正、负离子，并通过静电吸引作用结合而形成化合物。

3.1.1 离子键

1. 离子键的形成

当电负性较小的活泼金属原子与电负性较大的活泼非金属原子在一定条件下相互接近时，金属元素的原子容易失去最外层电子，形成具有稀有气体稳定电子结构的正离子；而非金属元素的原子容易得到电子，形成具有稀有气体稳定电子结构的负离子；正、负离子之间除了静电相互吸引力外，还存在着电子之间、原子核之间的相互排斥力。当正、负离子接近到一定距离时，吸引力和排斥力达到平衡，系统的能量达到最低，这时，正、负离子在平衡位置附近振动，形成了稳定的化学键。这种正、负离子间通过静电作用所形成的化学键称为离子键（ion bond）。正负离子也可以由多原子组成，如 NH_4^+、NO_3^-、CO_3^{2-} 等。离子键的本质是正、负离子间的静电作用力。

以 NaCl 为例，离子键的形成过程可简单表述如下：

$$\left.\begin{aligned} n\mathrm{Na}(3s^1) &\xrightarrow{-ne^-} n\mathrm{Na}^+(2s^22p^6) \\ n\mathrm{Cl}(3s^23p^5) &\xrightarrow{+ne^-} n\mathrm{Cl}^-(3s^23p^6) \end{aligned}\right\} \xrightarrow{\text{静电作用}} n\mathrm{Na}^+\mathrm{Cl}^-$$

由离子键结合所形成的化合物称为离子型化合物（ionic compound）。在元素周期表中，碱金属和碱土金属（Be 除外）与卤素、氧等形成的化合物是典型的离子型化合物。一般来说，元素的电负性差值越大，形成的离子键越强。当两种元素的电负性差值为 1.7 时，它们之间形成的单键离子性约有 50%，因此，一般把元素电负性差值大于 1.7 时形成的化学键看成是离子键。

需要说明的是，原子失去电子成为离子，失去电子的次序并不是电子填充原子次序的逆反，而是取决于整个离子能量的高低。原子失去电子的次序可用（n+0.4l）来估算，即 np 先于 ns，ns 先于$(n-1)d$。如 $Fe[Ar]3d^64s^2$，变成 Fe^{2+}，先失去 4s 电子而不是 3d 电子。这是由于原子失去电子后，电子数目减少，排斥作用相对减少，核的吸引能起主要支配作用，因此，主量子数作用显著，使 4s 能级高于 3d 能级，故先失去 4s 电子。

2. 离子键的特点

离子键的特征是无方向性（non-orientation）和无饱和性（non-saturation）。

离子键无方向性是说在离子型化合物中，一个正离子对它周围所有的负离子有相同的吸引力，同理，一个负离子对它周围所有的正离子也有相同的吸引力，并不存在某一方向上相反离子静电作用更大的问题。这是因为离子的电荷分布具有球形对称的结构，因此，正离子与负离子可以从各个方向相互接近而形成离子键。

离子键无饱和性是说在形成离子键时，只要空间条件允许，每一个离子可以吸引尽可能多的电荷相反的离子，并不受离子本身所带电荷的限制。一个离子周围到底能有多少带相反电荷的离子，受离子的半径、离子电荷数等多种因素影响。如 NaCl 晶体中，每个 Na^+ 周围有 6 个 Cl^-，同时，每个 Cl^-周围也有 6 个 Na^+。如图 3-3 所示。

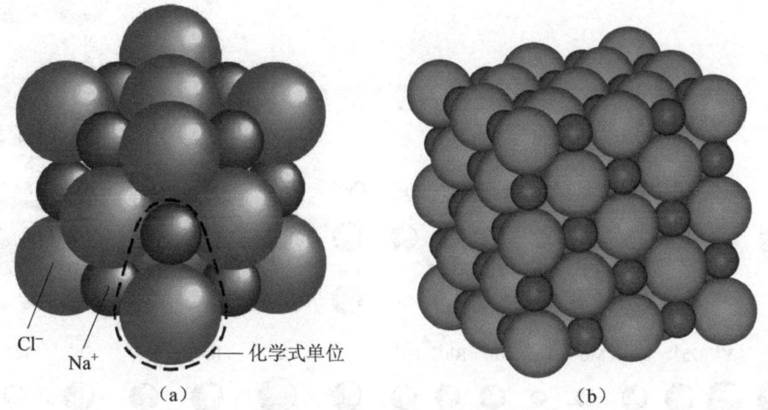

图 3-3 氯化钠晶体结构

基于离子键以上的特征，在离子晶体中无法分辨出一个个独立的“分子”，例如在 NaCl 晶体中，不存在所谓的 NaCl 分子。所以，NaCl 只是氯化钠的化学式，而不是分子式。

3. 离子的结构

离子的结构是指离子的电荷数、离子的半径和离子的电子构型。

（1）离子的电荷数

离子的电荷数与原子结构相关。在形成离子键时，原子在达到 8 电子（或 2 电子）结构、形成离子时失去或得到的电子数称为离子的电荷数。从离子键的形成过程可知，正离子的电荷数是原子失去相应电子达到 8 电子（或 2 电子）结构后形成的，而负离子的电荷数则是原子获得相应电子达到 8 电子（或 2 电子）结构后形成的。正、负离子的电荷数主要取决于相应原子的核外电子排布、电离能和电子亲和能等。

离子的电荷是影响离子化合物性质的重要因素。离子电荷越高，对相反电荷离子的静电引力越强，因而化合物的熔点就越高。如 CaO 的熔点（2 590 ℃）比 KF 的熔点（856 ℃）要高得多。

（2）离子半径

与原子一样，单个离子也不存在明确的界面。所谓离子半径，是根据晶体中相邻正、负离子的核间距（d）测出的，核间距可以看作正、负两个相邻离子的半径之和。

离子半径具有如下规律（图 3-4）：同一周期中，主族元素随着族数的增加，正离子的电荷数增大，核对外层电子的吸引作用增强，离子半径依次减小；同一主族元素，自上而下，因电子层数依次增加，所以具有相同电荷数的同族离子的半径依次增大；同一元素负离子半径大于原子半径，正离子半径小于原子半径；且正离子所带电荷数越多，离子半径越小；负离子所带电荷数越多，离子半径越大。

离子半径的大小直接影响离子间吸引作用的强弱，半径较小的离子所形成的离子键的核间距小，正、负离子的吸引作用大，形成的离子化合物的熔、沸点高，硬度大。

（3）离子的电子构型

所有简单负离子（如 F^-、Cl^-、S^{2-}）的最外电子层，都有 8 个电子（ns^2np^6）的稳定的稀有气体型结构。而正离子的情况比较复杂，其电子构型有以下几种：

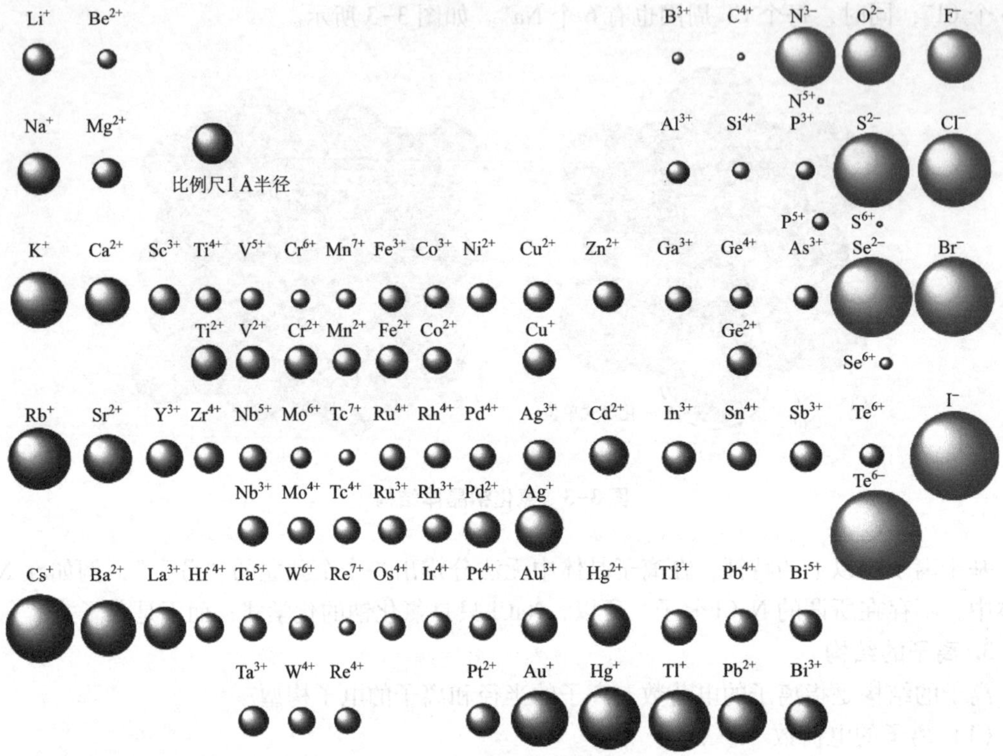

图 3-4　相对离子半径示意图

① 2 电子构型：最外层电子数为 2 个电子的离子（ns^2），如 Li^+、Be^{2+}等；

② 8 电子构型：最外层电子数为 8 个电子的离子（ns^2np^6），如 Na^+、Mg^{2+}、Al^{3+}等；

③ 18 电子构型：最外层电子数为 18 个电子的离子（$ns^2np^6nd^{10}$），如 Ag^+、Hg^{2+}等；

④ 18+2 电子构型：次外层电子数为 18 个电子，最外层为 2 个电子的离子[$(n-1)s^2(n-1)p^6(n-1)d^{10}ns^2$]，如 Pb^{2+}、Sn^{2+}、Bi^{3+}等。

⑤ 9~17 电子构型：最外层电子数在 9~17 之间，又称不饱和电子构型（$ns^2np^6nd^{1\sim9}$），如 Fe^{3+}、Mn^{2+}、Cu^{2+}等。

4. 离子键的强度

离子键的强度可以用离子键的键能（bond energy）来表示，也可以用离子晶体的晶格能（lattice energy）来表示。

（1）用离子键的键能表示

在 298.15 K 和标准态下，将 1 mol 气态离子化合物离子键断开，使其分解成气态中性原子（或原子团）时所需要的能量，称为该离子键的键能，用符号 E 表示，例如：

$$NaCl(g) = Na(g) + Cl(g) \qquad \Delta_r H_m^\ominus = 398\ kJ \cdot mol^{-1}$$

即键能 $E = 398\ kJ \cdot mol^{-1}$。离子键的键能越大，键的稳定性越高。

（2）用离子晶体的晶格能表示

离子晶体的晶格能的定义是：在标准态下，将 1 mol 离子型晶体（如 NaCl）拆分为 1 mol 气态正离子（Na^+）和 1 mol 气态负离子（Cl^-）所需要的能量，用符号 U 表示，单位为 $kJ \cdot mol^{-1}$。离子晶体的晶格能是衡量离子键强度的标志，晶格能越大，离子键越强，晶体越稳定；晶格能越大，熔化或破坏离子晶体时消耗的能量也就越多，晶体的熔点越高，硬度越大，热膨胀系数越小，压缩系数越小。

3.1.2 离子化合物

1. 离子晶体的形成

如果把离子看作是刚性的圆球，则离子在空间堆积时，它们之间的作用力会尽可能地使它们占有最小的空间，这就是密堆积原理。离子晶体的结构可以看作是离子的密堆积构成的，一般负离子半径较大，负离子密堆积，半径小的正离子填在负离子密堆积所形成的空隙里。

2. 离子晶体的性质

① 无确定的相对分子质量。离子晶体不存在分子，如 NaCl 晶体是由无数 Na^+ 和 Cl^- 组成的大分子，晶体中无单独的 NaCl 分子存在。NaCl 是分子式（最简式，empirical formula），因而 58.5 可以认为是摩尔质量，不是相对分子质量。

② 导电性。虽然离子化合物由带电粒子组成，但是在固态中，这些带电粒子的迁移率很小。因此，离子晶体是电的不良导体。水溶液或熔融态离子晶体可导电，是通过离子的定向迁移完成的，而不是通过电子流动导电的。

③ 熔点沸点较高。由于把离子晶体束缚在一起的静电引力相当大，因此，晶体的熔点和沸点都相当高。离子的电荷增加，熔点和沸点都增加。

④ 硬度高、延展性差。因离子键强度大，所以硬度高。但受到外力冲击时，易发生错位，导致破碎。受力时发生错位，使正正离子相切，负负离子相切，彼此排斥，离子键失去作用，故离子晶体无延展性。如 $CaCO_3$ 可用于雕刻，但不能用于锻造，因为 $CaCO_3$ 不具有延展性。

3. 离子晶体的最简单结构类型

离子晶体中，正、负离子在空间的排布情况不同，离子晶体的空间构型也不同。最简单的立方晶系 AB 型离子晶体的 3 种典型的结构类型及特征见表 3-2。同是离子晶体，具有不同的配位数，可用离子的堆积规则解释。

表 3-2 AB 型离子晶体的结构类型及特征

结构类型	NaCl 型	CsCl 型	ZnS 型	
配位数	6	8	4	
配位比	6∶6	8∶8	4∶4	
晶胞形状	正立方体	正立方体	正立方体（粒子排布复杂）	
晶格类型	面心立方	体心立方	立方 ZnS	六方 ZnS
实例	KI、NaBr、MgO	CsBr、CsI、TiCl	AgI、ZnS	AgI、ZnO
晶体结构	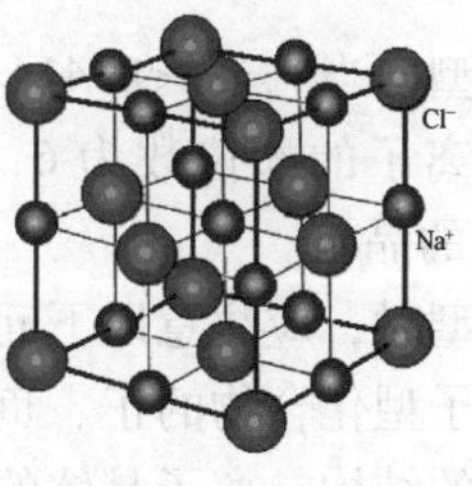	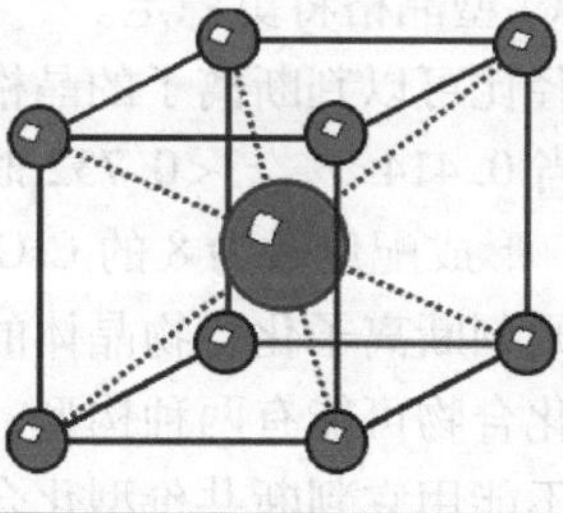	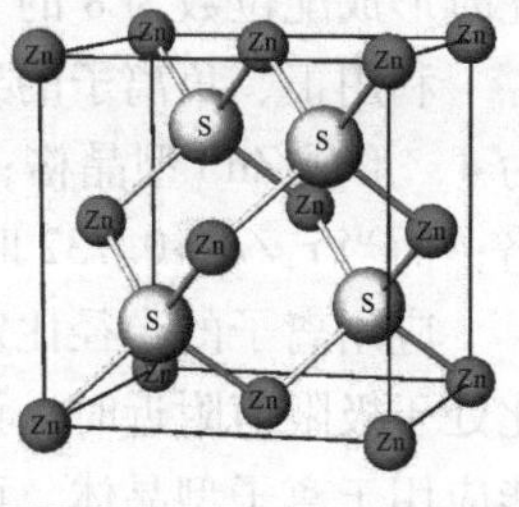	

4. 离子晶体的半径比定则

在 AB 型离子化合物中，离子晶体的结构类型与正、负离子的半径大小、离子的电荷及离子的价层电子构型有关。其中，与正、负离子半径的相对大小的关系最为密切，因为只有当正、负离子能紧密接触，同时，同性离子尽可能远离时，所形成的离子晶体的构型才是最稳定的。通常情况下，负离子因核外电子数多，电子间的排斥作用大，使得负离子的半径较大；而正离子因核外的电子数少，电子之间的排斥作用小，半径通常较小。在配位数为 6 的面心立方晶格中，某一层的离子如图 3-5 所示。

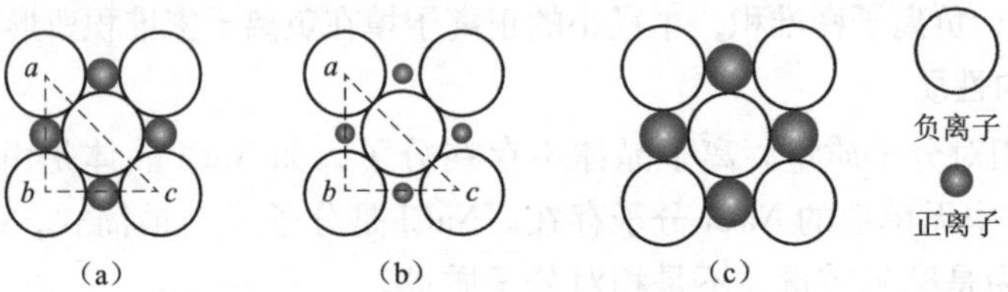

图 3-5　半径比与配位数的关系

图 3-5（a）中正、负离子相切，同时，负离子与负离子也相互接触。若负离子的半径为 r_-，正离子的半径为 r_+，则有

$$ab=bc=2r_++2r_- \tag{3.1}$$

$$ac=4r_- \tag{3.2}$$

$$(ac)^2=(ab)^2+(bc)^2 \tag{3.3}$$

因而

$$16=2(2r_++2r_-)^2 \tag{3.4}$$

所以

$$r_+/r_-=0.414$$

即当正、负离子半径的比值为 0.414 时，在同一平面中，负离子周围有 4 个正离子，另外，上、下两层各有 1 个正离子，所以，此时晶体中离子的配位数为 6。

当 $r_+/r_-<0.414$ 时（图 3-4（b）），负离子相互接触，而正、负离子分离。这时离子间的排斥力将大于吸引力，晶体不能稳定存在，此时晶体中的配位数将降低，即正离子周围的空间只能容纳 4 个负离子，即形成了 ZnS 型晶格的离子晶体。如再有负离子接近正离子，将使正、负离子之间的间距加大，晶体的能量升高。

当 $r_+/r_->0.414$ 时（图 3-4（c）），正、负离子相互接触，而负离子之间有一定的空隙，这种结构较为稳定，此时正、负离子的配位数为 6。当 r_+/r_- 增大时，正离子的半径相对增大，它周围的空间也随之增大，由于离子键没有饱和性，所以每个离子都有吸引更多异性离子的倾向。如 r_+/r_- 进一步增大到 0.732 以上时，正离子周围的空间足够容纳 8 个负离子，此时形成配位数为 8 的 CsCl 型晶格将更稳定。

利用正、负离子的半径比可以判断离子的晶格类型。当 $r_+/r_-<0.414$ 时，离子的配位数为 4，形成 ZnS 型晶格；当 $0.414<r_+/r_-<0.732$ 时，离子的配位数为 6，形成 NaCl 型的晶格；而当 $r_+/r_->0.732$ 时，形成配位数为 8 的 CsCl 型的晶格。

应用离子的半径比定则判断离子化合物晶体的构型时，应注意以下问题：当离子的半径比处于极限值附近时，该化合物可能有两种构型；离子型化合物的正、负离子半径比定则只能应用于离子型晶体，而不能用它判断共价型化合物的结构。离子晶体的构型除了与正、负离子的半径比有关外，还与离子的电子构型有关。离子的电子构型对离子晶体性质的影响，需从离子极化的角度来说明。

3.1.3 离子极化及其对物质性质的影响

离子的极化（Ionic polarization）由法扬斯（Fajans）首先提出。离子极化指的是在离子化合物中，正、负离子的电子云分布在对方离子的电场作用下，发生变形的现象。对孤立的简单离子来说，离子的电荷分布基本上是球形对称的，离子本身的正、负电荷中心是相互重合的，不存在偶极。当把离子置于电场中，离子中的原子核就会受到正电场的排斥和负电场的吸引，而离子中的电子则会受到正电场的吸引和负电场的排斥，从而使离子中的正、负电荷中心不重合，离子发生变形，产生诱导偶极，这个过程称为离子的极化。图 3-6 所示为离子极化过程。图中，d_0 表示初始的离子间距。

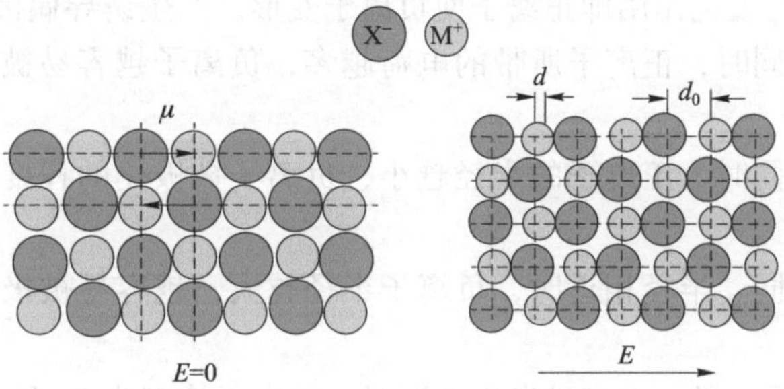

图 3-6 离子极化示意图

由于在离子晶体中，正、负离子本身带有电荷，也能产生电场，因此，离子在周围带相反电荷离子的作用下，原子核与电子发生相对位移，导致离子变形而产生诱导偶极。所以，在离子化合物中，每个离子都会发生极化现象。

离子极化的强弱取决于两个因素：离子极化力和离子的变形性。

1. 离子极化力（polarization force）

离子的极化力是指离子使带相反电荷离子极化而发生变形的能力。影响离子的极化力的因素有离子的半径、电荷数和电子构型。

① 离子的半径：当离子的电荷数和电子构型相同时，离子的半径越小，产生的电场越强，极化力越大，例如：$Mg^{2+}>Ba^{2+}$，$Na^+>K^+$。

② 离子的电荷数：当离子半径相近时，正离子的电荷数越高，产生的电场强度越大，极化力越强，例如：$Si^{4+}>Al^{3+}>Mg^{2+}>Na^+$。

③ 离子的电子构型：当离子电荷相同、半径相近时，离子的电子构型对离子的极化力就起决定性的影响。其强弱有下列关系：18+2，18，2 电子构型>9～17 电子构型>8 电子构型。

2. 离子的变形性（deformation of ions）

离子的变形性是指离子被相反电荷极化而发生变形的能力。离子变形性的大小取决于离子的半径、电荷数和电子构型。

① 离子的半径：当离子的电荷数和电子构型相同时，离子的半径越大，变形性越大，例如：$I^->Br^->Cl^->F^-$。

② 离子的电荷数：当离子的电子构型相同时，负离子的电荷数越高，变形性越大；而正离子的电荷数越高，变形性越小。如下列离子的变形性顺序为：O^{2-}>F^->（Ne）>Na^+>Mg^{2+}>Al^{3+}>Si^{4+}。

③ 离子的电子构型：当离子电荷相同、半径相近时，离子的电子构型对离子的变形性就起决定性的影响。其大小有下列关系：18+2，18，9~17 电子构型>8 电子构型。

总的来说，最容易变形的离子是体积大的负离子。18 或 18+2 电子构型以及不规则电子层的少电荷正离子的变形性也是相当大的。最不容易变形的离子是半径小、电荷高、外层电子少的正离子。

由于正离子的半径小、极化力大、变形性小，而负离子半径大、极化力小、变形性大，因此，在讨论离子极化时，主要考虑正离子的极化力和负离子的变形性。

3. 离子的极化规律

正离子对负离子的极化作用即正离子使负离子变形，产生诱导偶极的规律如下：

① 负离子半径相同时，正离子所带的电荷越多，负离子越容易被极化，产生的诱导偶极越大。

② 正离子电荷相同时，正离子的半径越小，负离子被极化的程度越大，产生的诱导偶极越大。

③ 正离子电荷相同、半径相近时，负离子半径越大，越容易被极化，产生的诱导偶极越大。

当正离子和负离子一样，也容易发生变形时，如电子构型为 18 和 18+2 的正离子，此时除要考虑正离子对负离子的极化外，还必须考虑负离子对正离子的极化作用，即附加极化。

4. 离子极化对物质的结构和性质的影响

（1）离子极化对化学键类型的影响

正离子与负离子之间如果完全没有极化作用，则所形成的化学键为离子键。但是，实际上正离子与负离子之间存在不同程度的极化作用。当极化力强、变形性又大的正离子与变形性大的负离子相互接触时，由于正、负离子相互极化作用显著，负离子的电子云将向正离子方面偏移，同时，正离子的电子云也会发生相应变形。结果使正、负离子之间的核间距减小，其外层轨道发生不同程度的重叠，键的极性减弱，从而使键型由离子键向共价键方向过渡。如图 3-7 所示。

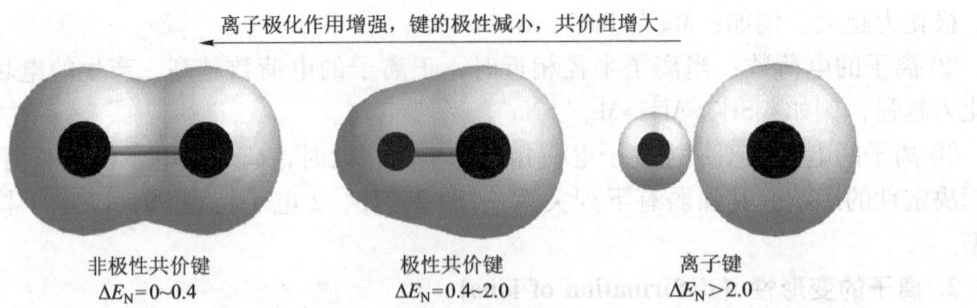

图 3-7　离子极化对键型的影响

离子极化导致键型的改变可以 AgX 为例加以说明。Ag^+为 18 电子构型，极化力和变形性都较大，而卤素离子从 F^-→I^-的半径逐渐增大，变形性增强。变形性较小的 F^-与 Ag^+形成的化学键是典型的离子键。随着卤素离子半径的加大，离子的变形性增加，受Ag^+的极化作用增强，形成的化学键的极性减弱。所以，AgCl、AgBr 中的化学键是兼有离子键和共价键性质的过渡键型，而 AgI 的化学键已是较典型的共价键了。表 3-3 中列出了卤化银键长、键型等数据。

表 3-3　卤化银的键型

卤化银	AgF	AgCl	AgBr	AgI
卤素离子的半径/pm	136	181	195	216
阳、阴离子半径之和/pm	246	277	288	299
键型	离子键	过渡键型	过渡键型	共价键

AgX 键型变化说明：离子键和共价键之间没有绝对的分界线，很多化学键中都含有部分离子键成分和部分共价键成分，只是含有这两种键的成分多少不同而已。即使是典型的离子键，也含有一定的共价键成分；同样，典型的共价键也含有部分的离子键成分。

(2) 离子极化对晶体构型的影响

晶体中的离子在其平衡位置附近不断地、有规律地振动着，当离子离开其正常位置而稍偏向某异电荷离子时，将会产生诱导偶极，导致以下两种结果：在正离子极化力不大，负离子的变形性也不大的情况下，由于极化作用不显著，在热运动的作用下，该离子将能回到原来的正常位置，离子晶体的晶体构型维持不变；如果正离子的极化力大，负离子的变形性也大时，正、负离子之间的强极化作用缩短了离子间的距离，使晶体向配位数减小的晶体构型转变。

表 3-4　卤化银的正、负离子半径比、晶型和配位数

化合物	AgF	AgCl	AgBr	AgI
r_+/r_-	0.85	0.63	0.57	0.51
晶型	NaCl 型	NaCl 型	NaCl 型	ZnS 型
配位数	6	6	6	4

由表 3-4 可知，AgF 的 r_+/r_-虽然大于 0.732，但因 Ag^+与 F^-之间有一定的极化作用，使其晶体构型不是 CsCl 型，而是 NaCl 型。AgI 的 r_+/r_-虽然大于 0.414，但由于 Ag^+的极化力大、I^-的变形性大，使得 AgI 的实际晶体结构为 ZnS 型，而不是 NaCl 型。

实际上，由于离子极化现象的普遍存在，典型的离子化合物并不太多，大多数所谓的离子化合物是介于离子键和共价键之间的过渡键型化合物。

(3) 离子极化对物质物理性质的影响

离子极化作用，使化学键由离子键向共价键过渡，引起晶格能降低，导致化合物的熔点和沸点降低。如 AgCl 和 NaCl，两者晶型相同，但 Ag^+的极化能力大于 Na^+的，导致键型不同，所以 AgCl 的熔点是 455 ℃，而 NaCl 的熔点是 801 ℃。又如 $HgCl_2$，Hg^{2+}是 18 电子构型，极化能力强，又有较大的变形性，Cl^-也具有一定的变形性，离子的相互极化作用使 $HgCl_2$的化学键有显著的共价性，因此，$HgCl_2$的熔点为 276 ℃，沸点为 304 ℃，都较低。

离子极化作用对物质的溶解度也会产生较大的影响，离子间的极化作用越强，化学键的共价成分越多，物质在水中的溶解度越小。例如，在银的卤化物中，由于F^-半径很小，不易发生变形，所以 AgF 是离子型化合物，它可溶于水。而对于 AgCl、AgBr 和 AgI，随着Cl^-、Br^-和I^-的半径依次增大，变形性也随之增大。Ag^+的极化能力很强，所以这三种化合物都具有较大的共价性。AgCl、AgBr 和 AgI 的共价程度依次增大，故溶解度依次减小。

离子极化作用也是影响化合物颜色的重要因素之一。一般情况下，如果组成化合物的两种离子都是无色的，那么这个化合物也无色，如 NaCl、$NaNO_3$等。如果其中一个离子是无色的，另一个离子有颜色，则这个离子的颜色就是该化合物的颜色，如K_2CrO_4呈黄色。但比较 AgI 和 KI 时发现，AgI 是黄色而不是无色。这显然与Ag^+具有较强的极化作用有关，因为极化作用导致 AgI 吸收部分可见光，从而呈现颜色。总之，极化作用越强，对于化合物的颜色影响越大，所以，AgCl、AgBr 和 AgI 随着正、负离子相互极化作用的增强，其颜色由白色到淡黄色再到黄色。

3.2 共价键与共价化合物 Covalent Bond and Covalent Compounds

两个原子结合，是以共价键形式还是以离子键形式，主要取决于两个原子的电负性差值。电负性差值很大的金属和非金属结合，以离子键为主；电负性差值小的两个非金属结合，以共价键为主。电负性差值为 1.7 时，共价键成分和离子键成分各占 50%。如果电负性差值大于 1.7，则以离子键为主；电负性差值小于 1.7，则以共价键为主。如两个 Cl 原子结合组成Cl_2分子，因为两个原子电负性相同，电负性差值为 0，是标准的共价键。组成共价键的一对电子均匀分布在两个原子中间。如果是一个 Cl 原子和一个 H 原子组成 HCl 分子，由于 Cl 的电负性大于 H 的，因此，成键的“电子对”偏向电负性较大的 Cl 原子，H—Cl 键含有一定的离子键成分。

共价键（covalent bond）是电负性相同或相差不大的两个元素的原子相互作用时，原子之间通过共用电子对所形成的化学键。为了阐明这一类型的化学键问题，早在 1916 年，美国化学家路易斯（Lewis）就提出了原子间共用电子对的共价键理论。这一理论认为，分子中的每个原子力图通过共用一对或几对电子使其达到相应稀有气体原子的电子结构。

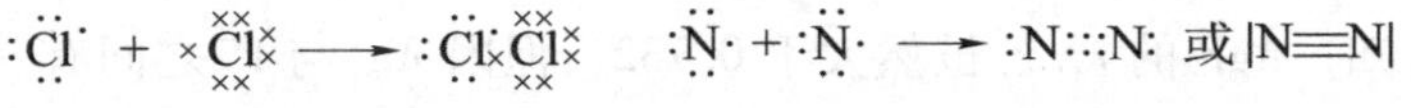

路易斯的经典共价键理论初步揭示了共价键与离子键的区别，但是无法阐明共价键的本质。它不能解释为什么两个带负电荷的电子不互相排斥而可以通过相互配对形成共价键，也不能说明为什么有些分子的中心原子最外层电子构型虽然不是稀有气体的 8 电子结构（如BF_3、PCl_5、SF_6等），但也能稳定存在的事实。

1927 年，海特勒（W. Heitler）和伦敦（F. London）把量子力学的成就应用于最简单的H_2结构中，使共价键的本质得到了初步的解答，从而建立了现代价键理论（valence bond theory）。

3.2.1 价键理论——电子配对理论

1. 共价键的形成

用量子力学处理 H 原子形成H_2分子系统时，发现有两种情况：其一，当两个 H 原子的未成对电子的自旋方向相同时，随着两氢原子的逐渐靠近，两核间电子出现的概率密度降低，两原子核的排斥力增大，使系统的能量升高，这种状态称为排斥态（exclude state）。处于排斥态的两个原子核及两个电子之间的排斥作用大于原子核对另一个 H 原子中电子的吸引作用，在这种状态下将不能生成 H_2 分子。其二，当两个氢原子的未成对电子的自旋方向相反时，随着两氢原子相互靠近，两核间形成一个电子概率密度较大的区域，使系统能量逐渐降低，两个原子的吸引作用要大于排斥作用，在核间距达到 R_0（平衡距离）时，系统能量最低，两个氢原子形成了稳定的氢分子，此种状态称为氢分子的基态（ground state）。当核间距小于平衡距离 R_0 时，系统的能量随核间距的减小又迅速升高。所以，两个氢原子在核间距达到平衡距离时形成稳定的 H_2 分子，即可以形成稳定的共价键。图 3-8 所示为核间距与系统能量的变化关系。

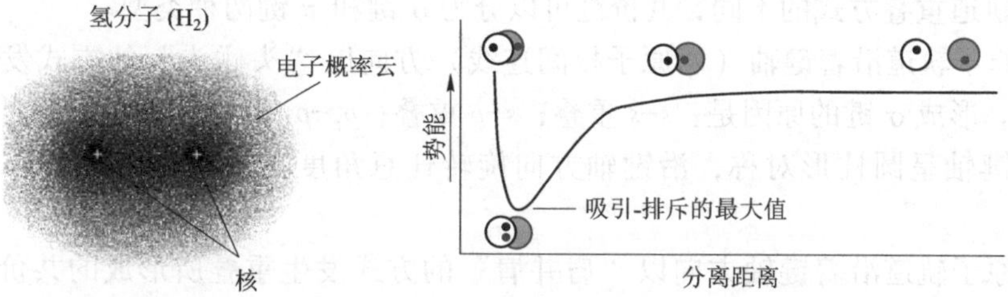

图 3-8 两个氢原子核间距变化引发的系统能量变化

将量子力学处理氢分子的方法推广到双原子分子或多原子分子系统，即可得到价键理论的基本要点：

① 两原子相互接近时，自旋反向的未成对电子可以配对形成共价键。

② 成键电子的原子轨道重叠越多，所形成的共价键越牢固，这就是最大重叠原理（biggest overlap theory）。

2. 共价键的特征

共价键的特征与前面讲的离子键特征恰好相反，共价键具有饱和性和方向性。

共价键具有饱和性（saturated covalent bond），是指已键合的电子不再形成新的共价键，即一个原子所能形成的共价键的数目是受未成对电子（包括原子在激发后形成的未成对电子）数限制的。共价键的饱和性是由于原子外层未成对电子及其占有的轨道数目有限而造成的，是由成键原子的价层电子结构决定的。两个原子之间如只有一对共用电子，形成的化学键称为单键；若两个原子间有两对共用电子对，就称为双键；若有三对共用电子对，就称为三键。

共价键具有方向性（directional covalent bond），是说共价键的形成在可能范围内，原子轨道的重叠一定采取电子云密度最大的方向。除 *s* 原子轨道外，*p*、*d* 原子轨道在空间都有自己特定的伸展方向，因此，在形成共价键时，只有沿着这些原子轨道的空间伸展方向重叠，才能达到最大程度的重叠，形成的共价键才能达到最稳定的状态，形成稳定的共价键。

例如，在形成 HCl 分子时（图 3-9），H 原子的 1*s* 轨道只有在沿着 Cl 原子的未成对电子所占的 *p* 轨道的空间伸展方向上接近 Cl 原子，才能达到最大程度的重叠，形成稳定的共价键。由于原子轨道具有一定的空间伸展方向，为了满足最大重叠原理，使得轨道重叠后所生成的共价键具有一定的方向性。共价键的方向性决定了共价化合物分子的空间构型，进而对分子的性质产生了重大的影响。

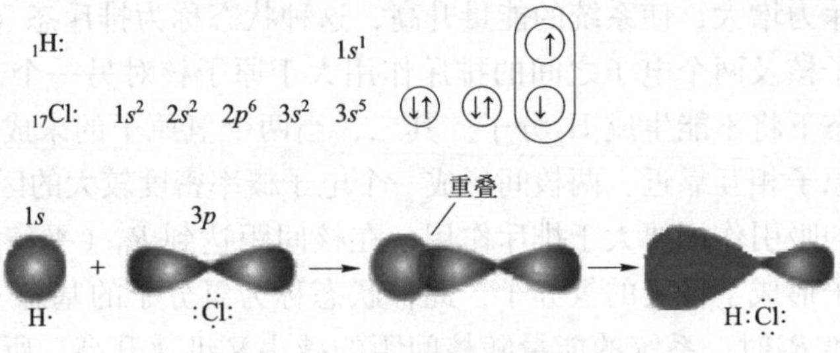

图 3-9 *s* 和 *p* 轨道的重叠形式

3. 共价键的类型

按原子轨道重叠方式的不同，共价键可以分为 σ 键和 π 键两种类型。

σ 键是原子轨道沿着键轴（两原子核间连线）方向以“头碰头”的方式发生重叠所形成的共价键。形成 σ 键的原因是：*s*–*s* 重叠；*s*–*p* 重叠；p_z–p_z 重叠。形成 σ 键时，轨道的重叠部分对于键轴呈圆柱形对称，沿键轴方向旋转任意角度，轨道的形状和符号均不发生改变。

π 键是原子轨道沿着键轴方向以“肩并肩”的方式发生重叠所形成的共价键。形成 π 键时，轨道的重叠部分对通过键轴的平面呈镜面反对称，如图 3-10 所示。

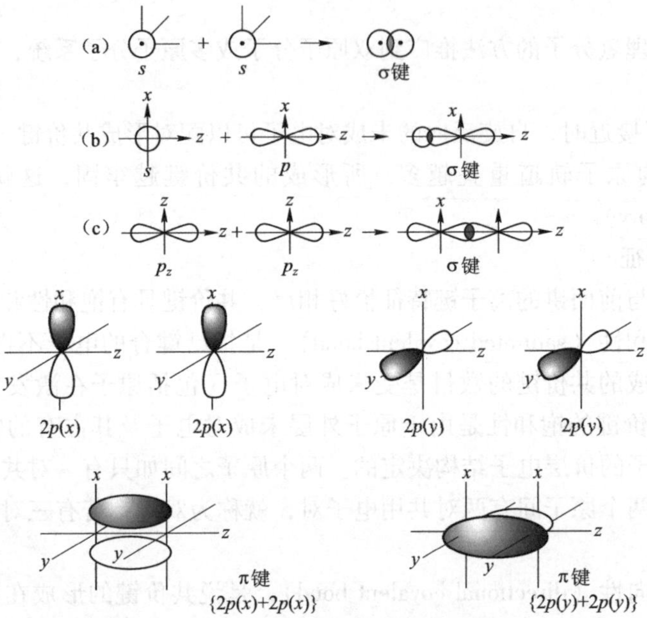

图 3-10 σ 键和 π 键

在两种重叠方式中，由于“头碰头”的重叠比“肩并肩”的重叠程度大，因此，σ 键的键能大，稳定性高；π 键的键能相对小，稳定性较低，是化学反应的积极参与者。

当两个原子形成共价单键时，原子轨道总是沿键轴方向达到最大程度重叠，所以单键都是 σ 键，形成共价双键时，有一个 σ 键和一个 π 键；形成共价三键时，有一个 σ 键和两个 π 键。例如 N_2分子，N 的价层电子构型为 $2s^22p^3$，有 3 个未成对的 *p* 电子（p_x^1、p_y^1、p_z^1）。

两个 N 原子沿键轴（x 轴）相互接近时，形成 $\sigma(p_x-p_x)$、$\pi(p_y-p_y)$ 和 $\pi(p_z-p_z)$ 3 个共价键（两个 π 键互相垂直），如图 3-11 所示。

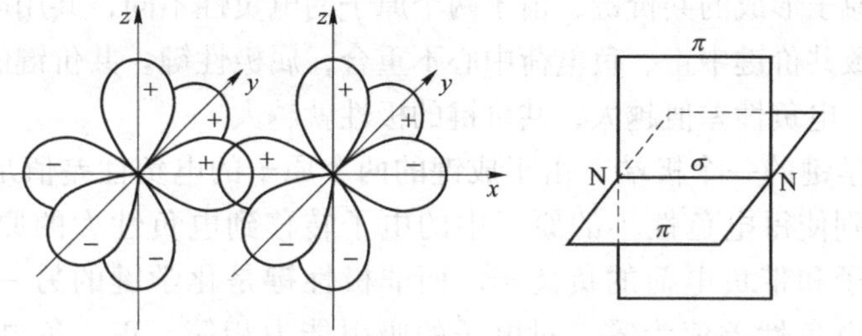

图 3-11 N_2的共价三键示意图

4. 共价键的参数

表征共价键特性的物理量称为共价键参数，简称键参数（bond parameter）。键参数通常指键能（bond energy）、键长（bond length）、键角（bond angle）和键的极性（bond polarity）等。

（1）键能

键能指气态分子断裂单位物质的量（1 mol）的某键时的焓变，如：

$$HCl(g) \xrightarrow{298.15\ K, 100\ kPa} H(g) + Cl(g) \qquad \Delta_r H_m^{\ominus} = 431\ kJ \cdot mol^{-1}$$

上式即表示 298.15 K、标准态下，H—Cl 键的键能 $E = 431\ kJ \cdot mol^{-1}$。

根据能量守恒定律：断裂化学键所需的能量=形成该键时释放出的能量。所以，键能可以作为衡量化学键牢固程度的键参数。键能越大，共价键越牢固，分子越稳定。对于双原子分子来说，键能（E）在数值上等于键的解离能（D）。对于多原子分子来说，键能（E）等于解离能（D）的平均值。

（2）键长

分子内成键两原子核间的平衡距离称为键长。键长越短，键的稳定性越高。几种键的键长和键能见表 3-5。

表 3-5 几种键的键长和键能

参数	C—C	C═C	C≡C	N—N	N═N	N≡N
键长/pm	154	134	120	146	125	109.8
键能/（$kJ \cdot mol^{-1}$）	356	598	813	160	418	946

双键键长是单键键长的 85%～90%，三键键长为单键键长的 75%～80%。

（3）键角

在分子中，键与键之间的夹角称为键角。键角是反映分子空间结构的一个重要因素。例如，H_2O 分子中两个 O—H 键之间的夹角为 104.5°，这就决定了 H_2O 分子的 V 形结构；NH_3 分子中 3 个 N—H 键之间的夹角为 107.3°，从而决定了 NH_3 分子的三角锥体结构。

（4）键的极性

按共用电子对是否发生偏移，共价键可分为非极性共价键（non-polar covalent bond）和极性共价键（polar covalent bond），简称非极性键和极性键。

同种元素的原子形成的共价键因两原子的电负性相同，正、负电荷中心重合，属非极性键。异种元素的原子形成的共价键，由于两个原子的电负性不同，共用电子对偏向于电负性较大的原子，导致共价键中正、负电荷中心不重合，属极性键。共价键的极性与成键原子的电负性差值有关，电负性差值越大，共价键的极性就越大。

离子键是化学键的一个极端，由于成键的两个原子的电负性差值足够大，它们对电子的吸引能力的差别使得电负性小的原子中的电子转移到电负性大的原子上，从而形成了带正电荷的正离子和带负电荷的负离子。而非极性键是化学键的另一个极端，组成化学键的两个原子的电负性差值为零，对电子的吸引能力相等，正、负电荷中心重合。在上述两者之间存在着一系列极性不同的共价键。共价键的极性对分子的物理、化学性质具有很大的影响。

3.2.2 杂化轨道理论

单纯用价键理论不能很好地解释分子的几何形状。如氧原子的基态电子排布为 $1s^2 2s^2 p_z^2 2p_x^{\prime} 2p_y^1$。两个 p 轨道上各有一个未成对的单电子，当与氢原子结合时，可以生成两个 O—H 共价键。但由于两个 p 轨道是相互垂直的，可以想象 H_2O 分子中 H—O—H 键角应该是 90°。但是实验测量结果表明，H_2O 分子中 H—O—H 键角实际是 104.5°。再比如甲烷（methane）分子 CH_4，其具有正四面体形状，4 个 C—H 共价键是完全等同的。为了较好地解释类似 CH_4、H_2O 这样的实验事实，1931 年，鲍林在价键理论的基础上提出了杂化轨道理论（hybrid orbital theory）。

原子在形成分子的过程中，中心原子在成键原子的作用下，其价层几个形状不同、能量相近的原子轨道改变原来状态，混合起来重新分配能量和调整伸展方向，组合成新的利于成键的轨道，这种原子轨道重新组合的过程就称为原子轨道的杂化（hybridization of atomic orbital），简称杂化。形成的新轨道称为杂化轨道（hybrid orbital）。杂化时，轨道的数目不变，轨道在空间的分布方向和分布情况改变，能级改变。组合得到的杂化轨道一般均和其他原子形成较强的 σ 键或在杂化轨道中安排孤对电子，而不会以空的杂化轨道形式存在。

杂化轨道的基本特点如下：原子轨道的杂化只发生在分子的形成过程中，是原子的外层轨道在原子核及键合原子的共同作用下发生的，孤立的原子不会发生杂化。杂化后，轨道在空间的分布使电子云更加集中，在与其他原子成键时重叠程度更大，成键能力更强，形成的分子更稳定。杂化轨道的数目和类型，取决于参加杂化的原子轨道的数目和种类，决定了杂化轨道分布的形状和所形成分子的空间构型。

1. 杂化类型与分子空间构型

在形成分子的过程中，通常存在着激发、杂化、轨道重叠等过程。根据参加杂化的原子轨道的种类和数目的不同，可以组成不同类型的杂化轨道，形成不同构型的分子。

（1）*sp* 杂化

中心原子的 1 个 ns 轨道和 1 个 np 轨道杂化形成 2 个 sp 杂化轨道，每个 sp 杂化轨道含有 $1/2s$ 成分和 $1/2p$ 成分，杂化轨道间的夹角为 180°，空间构型为直线形。

例如，气态的 $BeCl_2$ 分子中，Be 原子的基态价层电子构型为 $2s^2$。成键时，Be 原子的 1 个 $2s$ 电子激发到 $2p$ 轨道上，成为激发态 $2s^1 2p^1$。Be 原子的 1 个 $2s$ 轨道与 1 个有 1 个电子占据的 2*p* 轨道进行 *sp* 杂化，形成 2 个能量相等、形状相同、伸展方向不同的 *sp* 杂化轨道，如图 3-12 所示。

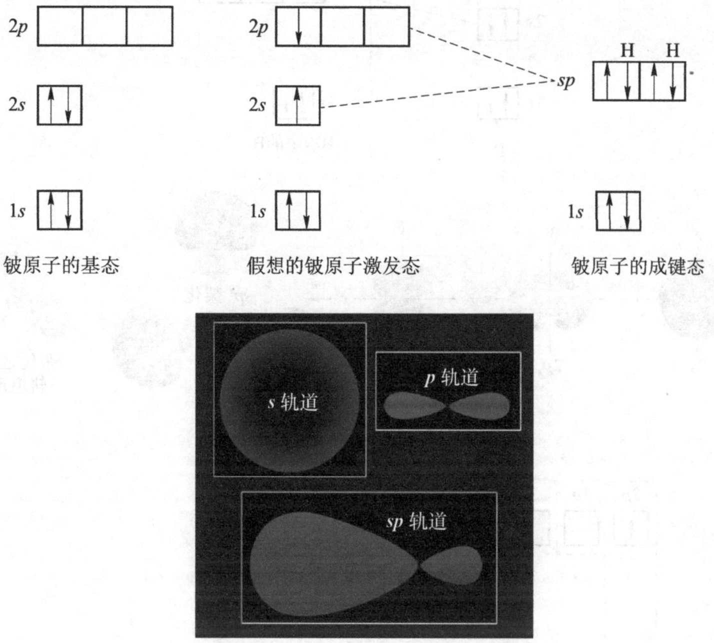

图 3-12 *sp* 杂化轨道的形成

2 个 *sp* 杂化轨道分别与 2 个 Cl 原子的 3*p* 轨道重叠，形成 2 个 *sp*-*p* 型的 σ 键，如图 3-13 所示。

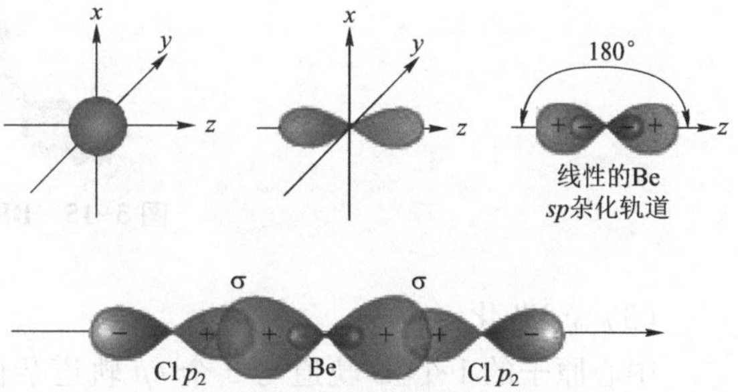

图 3-13 $BeCl_2$ 空间构型

由于 2 个 *sp* 杂化轨道的夹角为 180°，因此，形成的 $BeCl_2$ 分子的空间构型是直线形。杂化轨道理论对 $BeCl_2$ 分子结构的推测与实验测定的结果完全一致。

（2）sp^2 杂化

中心原子的 1 个 *ns* 轨道和 2 个 *np* 轨道杂化形成 3 个 sp^2 杂化轨道，每个 sp^2 杂化轨道含有 1/3*s* 成分和 2/3*p* 成分，杂化轨道间的夹角为 120°，空间构型为平面三角形。

例如，BF_3 分子中，B 原子的价层电子构型为 $2s^2 2p^1$，当 B 原子与 F 原子发生作用时，B 原子中的 1 个 2*s* 电子被激发到一个空的 2*p* 轨道中，成为激发态 $2s^1 2p_x^1 2p_y^1$，这 3 个含有未成对电子的轨道进行 sp^2 杂化，形成 3 个能量相等、形状相同、伸展方向不同的 sp^2 杂化轨道，如图 3-14 所示。

3 个 sp^2 杂化轨道分别与 3 个 F 原子的 2*p* 轨道重叠，形成 3 个 sp^2-*p* 型的 σ 键。因 3 个 sp^2 杂化轨道处于同一平面上，且轨道夹角为 120°，所以 BF_3 分子具有平面三角形的结构。杂化轨道理论对 BF_3 分子结构的推测与实验测定的结果完全一致。BF_3 分子的形成过程如图 3-15 所示。

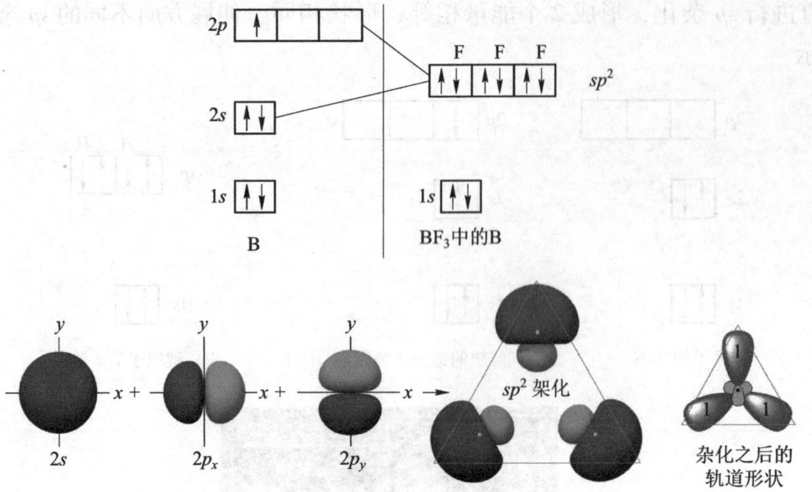

图 3-14　sp^2杂化轨道的形成

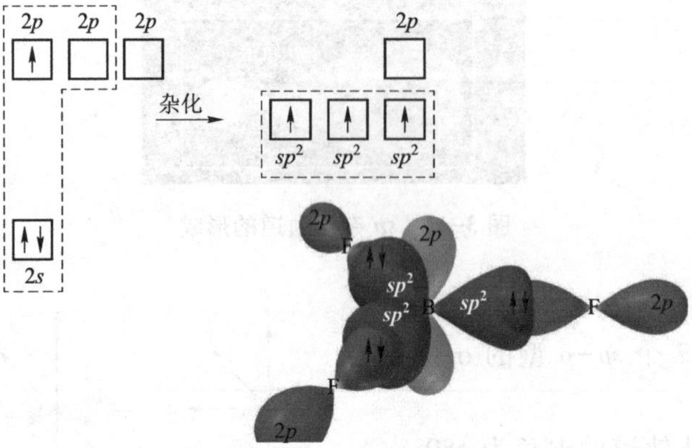

图 3-15　BF_3 分子构型

（3）sp^3杂化

中心原子的 1 个 ns 轨道与 3 个 np 轨道杂化形成 4 个 sp^3杂化轨道，每个 sp^3杂化轨道含有 1/4s 成分和 3/4p 成分，杂化轨道间的夹角为 109°28′，空间构型为正四面体。

例如，CH_4分子中，当 C 原子与 H 原子发生作用时，C 原子中的 1 个 2s 电子被激发到 $2p_x$轨道中，形成了 $2s^12p_x^12p_y^12p_z^1$ 的价层电子构型，成键时，C 的 1 个 2s 轨道和 3 个 2p 轨道进行 sp^3杂化，形成 4 个 sp^3杂化轨道，如图 3-16 所示。

4 个 sp^3杂化轨道分别与 4 个 H 原子的 1s 轨道重叠，形成 4 个 sp^3-s 型的 σ 键。按最大重叠原理，4 个 C—H 键分别指向正四面体的 4 个顶点，键角为 109°28′，与实验测定的结果相符。CH_4分子的形成过程如图 3-17 所示。

2. 等性杂化和不等性杂化

前面介绍的几种杂化轨道都是能量和空间占有体积完全相同的杂化轨道，这样的杂化称为等性杂化（even hybridization）。但在 H_2O 分子中，虽然中心 O 原子也采取 sp^3杂化，但有 2 个杂化轨道各含有 1 个未成对的电子，另外，2 个杂化轨道则各含有 1 对电子，因此，它们在能量和空间占有体积上有所不同，这样的杂化称为不等性杂化（uneven hybridization）。

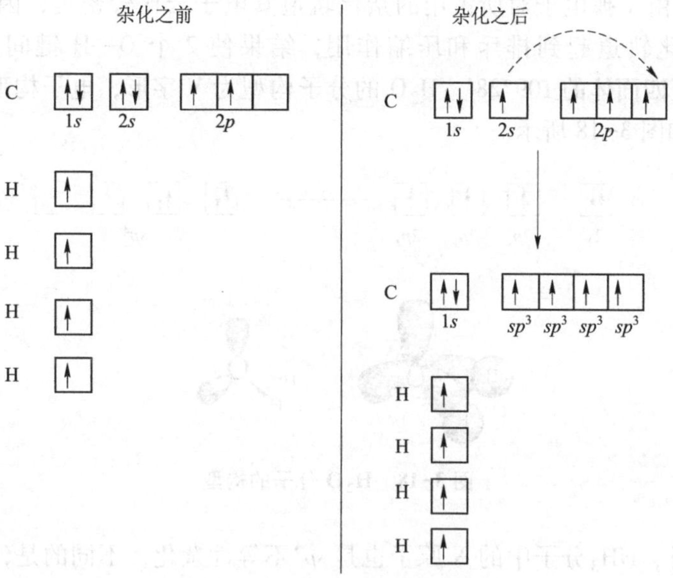

图 3-16 sp^3 杂化轨道的形成

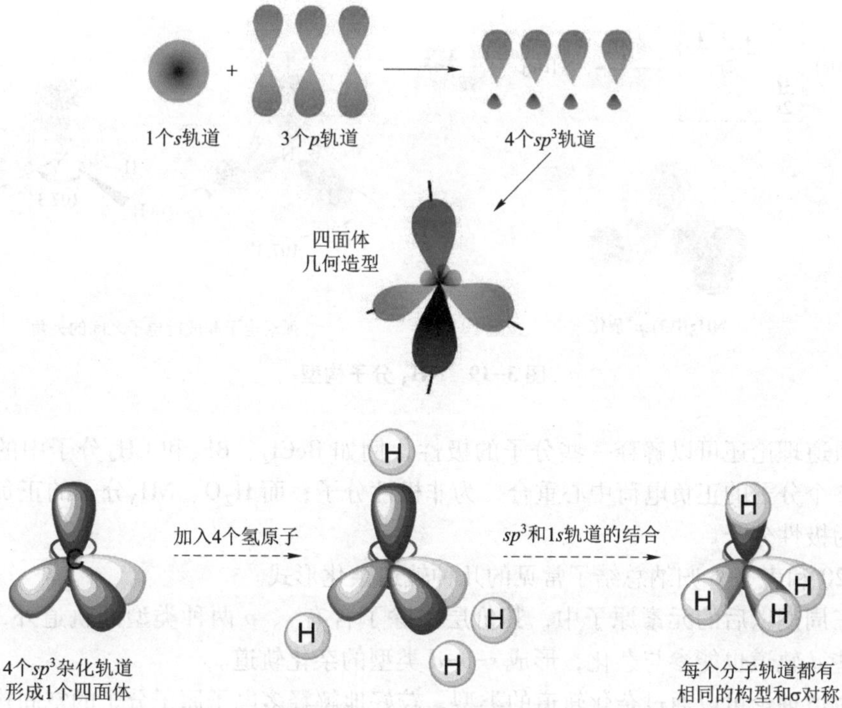

图 3-17 CH_4 的分子构型

O 原子的 2 个含有未成对电子的杂化轨道分别与 2 个 H 原子的 1*s* 轨道重叠形成 2 个 sp^3-s 型的 σ 键。由于孤电子对所占用的杂化轨道其电子云比较密集，因此，它对成键电子对所占用的杂化轨道起到排斥和压缩作用，结果使 2 个 O—H 键间的夹角被压缩成 104.5°，而不是正四面体的 109°28′，H_2O 的分子构型为 V 字形，电子构型为四面体。H_2O 分子的形成过程如图 3-18 所示。

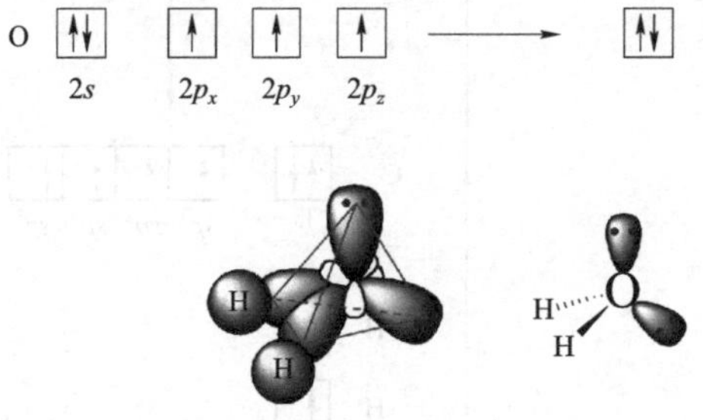

图 3-18　H_2O 分子的构型

除了水分子外，NH_3 分子中的 N 原子也是 sp^3 不等性杂化，不同的是，只有 1 个杂化轨道含有 1 对电子，其余 3 个杂化轨道各含有 1 个电子，可形成 3 个 σ 键。因 NH_3 分子中只有一对孤电子对，成键电子对所受的排斥和压缩作用小于水分子中的 O—H 键，所以 N—H 键之间的夹角为 107.3°，大于水分子中 O—H 键间的夹角，NH_3 的电子构型为四面体，分子构型为三角锥体。NH_3 分子的形成过程如图 3-19 所示。

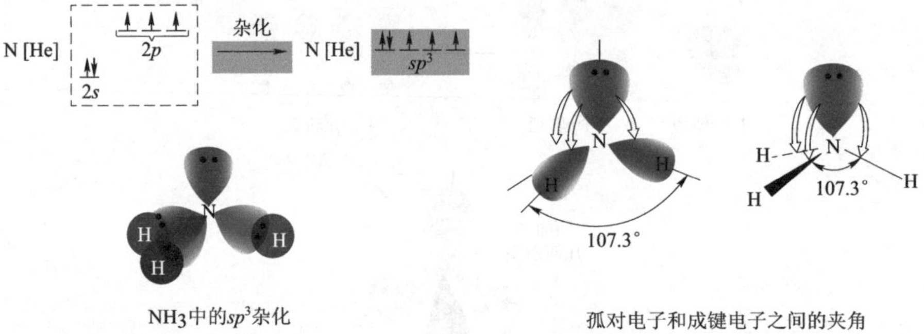

图 3-19　NH_3 分子构型

杂化轨道理论还可以解释一些分子的极性，例如 $BeCl_2$、BF_3 和 CH_4 分子中的键属于极性键，但整个分子的正负电荷中心重合，为非极性分子；而 H_2O、NH_3 分子的正负电荷中心不重合，为极性分子。

图 3-20 和表 3-6 归纳总结了常见的几种轨道杂化形式。

在第三周期以后的元素原子中，其价层中除了含有 *s*、*p* 两种类型的轨道外，还含有 *d* 轨道，这些 *d* 轨道也能参与杂化，形成 *s*-*p*-*d* 类型的杂化轨道。

杂化轨道理论可以通过杂化轨道的类型，较好地解释多电子原子分子的空间构型，帮助人们了解这些分子的空间结构，继而掌握分子的性质。但对于任意一个共价分子，有时难于预测中心原子究竟采用什么杂化方式成键，因而影响了该理论的广泛适用性。

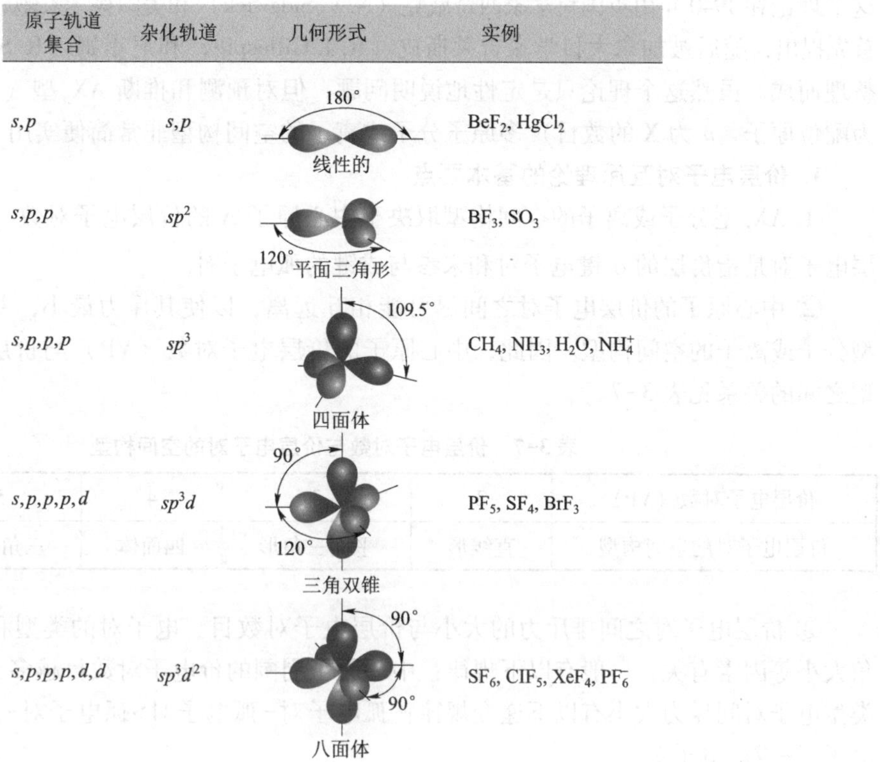
原子轨道集合
杂化轨道
几何形式
实例
s,p
s,p
180°
线性的
BeF_2, $HgCl_2$
s,p,p
sp^2
120°
平面三角形
BF_3, SO_3
s,p,p,p
sp^3
109.5°
四面体
CH_4, NH_3, H_2O, NH_4^+
s,p,p,p,d
sp^3d
90°
120°
三角双锥
PF_5, SF_4, BrF_3
s,p,p,p,d,d
sp^3d^2
90°
90°
八面体
SF_6, ClF_5, XeF_4, PF_6^-

图 3-20　常见的轨道杂化形式

表 3-6　*s-p* 杂化与分子构型

杂化类型	*sp*	sp^2	sp^3		
用于杂化的原子轨道	1 个 *s*，一个 *p*	1 个 *s*，2 个 *p*	1 个 *s*，3 个 *p*		
杂化轨道数	1 个 *sp* 杂化轨道	3 个 sp^2 杂化轨道	4 个 sp^3 杂化轨道		
杂化轨道空间形状	直线形	三角形	四面体	—	—
杂化轨道中孤电子对数	0	0	0	1	2
分子空间构型	直线形	正三角形	正四面体	三角锥体	折线（V）形
实例	$BeCl_2$、CO_2、$HgCl_2$、C_2H_2	BF_3、BCl_3、CO_3^{2-}、NO_3^-	CH_4、$SiCl_4$、SO_4^{2-}、CCl_4	NH_3	H_2O
键角	180°	120°	109°28′	107.3°	104.5°
分子极性	无	无	无	有	有

3.2.3　价层电子对互斥理论

价层电子对互斥理论（Valence Shell Electron Pair Repulsion Theory），简称 VSEPR 法。

这个理论在1940年由英国科学家西奇威克（N. V. Sidgwick）和美国科学家鲍威尔（H. M. Powell）首先提出，随后被加拿大科学家吉莱斯皮（R. J. Gillespie）和尼霍姆（R. S. Nyholm）进一步整理而成。虽然这个理论只是定性地说明问题，但对预测和推断AX_n型（A为中心原子，X为配位原子，n为X的数目）多原子分子或离子的空间构型非常简便实用。

1. 价层电子对互斥理论的基本要点

① AX_n型分子或离子的空间构型取决于中心原子A的价层电子对数。中心原子A的价层电子对是指价层的σ键电子对和未参与成键的孤电子对。

② 中心原子的价层电子对之间尽可能相互远离，以使其斥力最小，并由此决定了AX_n型分子或离子的空间构型。因此，中心原子的价层电子对数（VP）与价层电子对的空间构型之间的关系见表3-7。

表3-7　价层电子对数与价层电子对的空间构型

价层电子对数（VP）	2	3	4	5	6
价层电子对的空间构型	直线形	平面三角形	四面体	三角双锥	八面体

③ 价层电子对之间排斥力的大小与价层电子对数目、电子对的类型和电子对之间的夹角大小等因素有关，一般有以下规律：中心原子周围的价电子对数目越多，斥力越大。不同类型电子对间斥力大小有以下递变规律：孤电子对-孤电子对>孤电子对-成键电子对>成键电子对-成键电子对。

这是因为成键电子对受两个原子核的共同吸引，因此，它们离中心原子的平均距离较远，对中心原子周围的其他电子对的排斥作用小，而孤电子对因只受中心原子的原子核吸引，它的运动范围离中心原子的原子核近，在中心原子的原子核周围占据的空间大，从而对其他电子对的排斥作用强。这种斥力还与是否形成π键以及中心原子与配位原子之间的电负性有关，形成重键的数目不同，斥力也不同：三键>双键>单键。这是因为重键比单键所含电子数量多，对其他电子对的排斥作用强。电子对间夹角越小，斥力越大。一般，当电子对间夹角大于90°时，可不考虑电子对间斥力对分子空间结构的影响。

2. 推断分子或离子空间构型的步骤

根据VSEPR理论，可按以下步骤推断分子或离子的空间构型。

首先需要确定中心原子的价层电子对数VP，推断价层电子对的空间构型。

对于AX_n型分子或离子，其价层电子对数的确定方法为：

VP＝1/2（中心原子价电子数+配位原子提供的价电子数±离子电荷数）

计算VP时有如下规定：

① 中心原子价电子数等于该元素所处的族数。

② 氢和卤素作为配位原子时，每个原子提供1个价电子，氧族元素作为配位原子可认为不提供价电子。

③ 公式中的“±离子电荷数”，负离子取“+”号，正离子取“−”号。

④ 若计算价层电子对数的结果出现小数，则进为整数；双键、三键作为单键看待。

而后确定中心原子的孤电子对数LP、成键电子对数BP，推断分子或离子的空间构型。

若中心原子价层电子对数等于中心原子周围的配位原子数，则价层电子对都是成键电子对，价层电子对的空间构型就是该分子或离子的空间构型。如 BeH_2、BF_3、SO_4^{2-}、PCl_5、SF_6分别是直线形、平面三角形、四面体、三角双锥和八面体。

若中心原子价层电子对中有孤电子对，分子或离子的空间构型将不同于价层电子对的空间构型。这时需要确定中心原子的成键电子对数 BP、孤电子对数 LP，通过分析各电子对之间相互排斥作用的大小，推断分子或离子的空间构型。其中孤电子对数 LP 等于价层电子对数 VP 减去成键电子对数 BP，例如：NO_2分子中 N 的价层电子对数近似为 3，其中有两对是成键电子对，一个单电子当作一对孤对电子对，所以 NO_2 分子的空间构型为 V 字形，O—N—O 键角约为 120°。表 3-8 列出了价层电子对与空间构型的关系。

表 3-8　价层电子对与分子或离子空间构型的关系

价层电子对数（VP）	价层电子对空间构型	成键电子对数（BP）	孤电子对数（LP）	分子或离子空间构型	实例
2	直线形	2	0	直线形	$HgCl_2$、CO_2
3	平面三角形	3	0	平面三角形	BF_3、SO_3
		2	1	V 形	$PbCl_2$、SO_2
4	四面体	4	0	四面体	CH_4、SO_4^{2-}
		3	1	三角锥体	NH_3、SO_3^{2-}
		2	2	V 形	H_2O、ClO_2^-
5	三角双锥	5	0	三角双锥	PCl_5
		4	1	变形四面体	SF_4、$TeCl_4$
		3	2	T 形	ClF_3、BrF_3
		2	3	直线形	XeF_2、I_3^-
6	八面体	6	0	八面体	SF_6、$[AlF_6]^-$
		5	1	四方锥	IF_5、$[SbF_5]^{2-}$
		4	2	平面正方形	XeF_4、ICl_4^-

3. 影响键角的因素

价层电子对的空间构型既包括成键电子对，也包括孤电子对，而分子或离子的空间构型只考虑成键电子对数目以及周围的孤电子对对成键电子对空间结构的影响。如 NH_3分子价层电子对数为 4，价层电子对的空间构型为四面体，但由于四面体的一个顶角被 N 原子的一对孤电子对占据，对邻近的成键电子对有较大的排斥作用，使价电子对的理想排布发生变形，键角变小，形成三角锥形的空间构型，键角为 107.3°，小于 109°28′。又如 H_2O 分子，价层电子对的空间构型为四面体，而分子空间构型为 V 形，且键角由于受 2 对孤对电子影响而进一步被压缩为 104.5°。

对含有双键或三键的分子或离子的空间构型进行推测时，可把重键当作一个单键对待。由于重键电子云在中心原子周围占据的空间比单键电子云大些，使斥力大小次序为：三键>双键>单键。

若中心原子（A）相同，随着配位原子电负性的增大，成键电子对的电子云将远离中心原子，对其他电子对的排斥作用减弱，键角变小。例如：NH_3分子和NF_3分子，由于F原子的电负性（4.0）比H的电负性（2.1）大，吸引成键电子对的能力强，NF_3分子中成键电子对离N原子较远，因而NF_3分子中成键电子对的排斥力小于NH_3分子成键电子对的排斥力，所以NF_3分子的键角（102°6′）小于NH_3分子的键角（107°18′）。

若配位原子（X）相同，随着中心原子电负性的增大，成键电子对的电子云将靠近中心原子，对其他电子对的排斥作用增强，键角将变大。见表3-9。

表3-9　中心原子电负性与键角关系

分子	NH_3	PH_3	AsH_3	SbH_3
中心原子的电负性	3.0	2.1	2.0	1.9
键角	107°18′	93°20′	91°24′	91°18′

价层电子对互斥理论能成功地预测由第一、第二、第三周期元素所组成的多原子分子或离子的空间构型及键角变化等，但用此法判断含有d电子的过渡元素以及长周期主族元素形成的分子时常与实验结果有出入。同时，它也无法解释多原子分子中共价键的形成原因和相对稳定性。

以上讨论的价键理论、杂化轨道理论和价层电子对互斥理论，总的说来模型直观，比较好地解释了分子共价键的形成和分子的空间构型。但上述理论具有局限性，认为分子中的电子仍属于原来的原子，成键后的共用电子对只在两个成键原子之间的小区域内运动，没有把分子作为一个整体来全面考虑，因而遇到了不少困难。例如，按照价键理论，O_2分子中的两个氧原子之间形成了一个σ键和一个π键，分子中所有的电子均已配对。但从O_2分子的磁性实验可知，O_2分子具有磁性，易被磁场吸引，这就说明在O_2分子中含有未成对电子，这是价键理论无法解释的。又如，实验证明H_2^+可存在，即一个H原子和一个H^+共用一个未成对电子，形成一个单电子的共价键，这也与价键理论中认为共价键的形成需要电子配对的基础相矛盾。

3.2.4　分子轨道理论

1932年，美国化学家密立根（R. A. Millikan）和德国化学家洪特（F. Hund）提出了分子轨道理论（molecular orbital theory）。分子轨道理论着眼于分子的整体性，它把分子作为一个整体来考虑，比较全面地反映了分子内部电子的各种运动状态。分子轨道理论认为原子在形成分子时，所有电子对成键都有贡献，分子中的电子不再属于个别原子，而是在分子中运动。这样，对分子中的各种成键形式、成键过程的能量变化及分子的空间结构问题都能给出很好的解释。因此，分子轨道理论在共价键理论中占有非常重要的地位。

1. 分子轨道理论的基本要点

① 分子中的电子围绕整个分子运动，其运动状态可用分子轨道波函数ψ来描述，每个分子轨道都有相应的能量和形状。ψ^2是指分子中电子在各处出现的概率密度，或称为分子的电子云。

② 分子轨道由组成分子的各原子轨道组合而成。n个原子轨道可以组成n个分子轨道，

其中有 $n/2$ 个分子轨道的能量低于原来原子轨道的能量，叫成键分子轨道（bonding molecular orbital）；$n/2$ 个分子轨道的能量高于原来原子轨道的能量，叫反键分子轨道（antibonding molecular orbital）。可用图 3-21 表示如下。

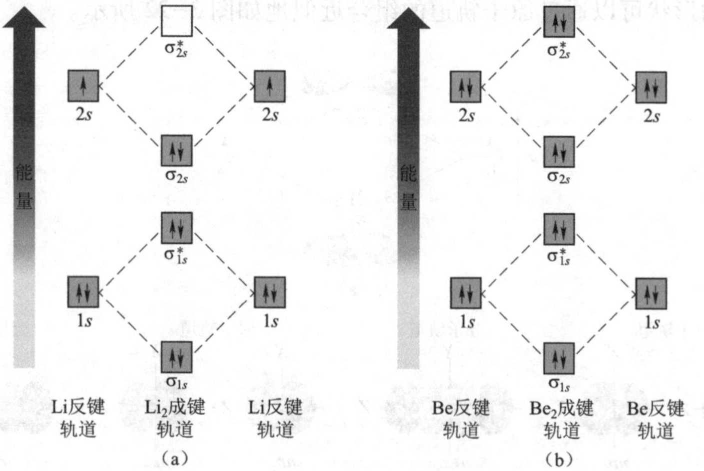

图 3-21　Li_2和 Be_2的分子轨道示意图

（a）Li_2 键级 = 1；（b）Be_2 键级 = 0

如两个 Li 原子形成 Li_2分子时，两个 Li 原子的 1*s* 轨道经组合后形成了两个分子轨道；同时，每个 Li 原子的 2*s* 轨道也组合成两个分子轨道，即形成 Li_2分子时，两个 Li 原了的 4 个原子轨道经组合后形成 4 个分子轨道，其中有两个分子轨道所具有的能量分别低于 Li 原子的 1*s* 轨道和 2*s* 轨道的能量，有两个分子轨道所具有的能量分别高于 Li 原子的 1*s* 轨道和 2*s* 轨道的能量，而且成键轨道放出的能量等于反键轨道吸收的能量，因此，分子轨道的总能量和原来原子轨道的能量是相等的。

③ 电子在分子中的排布像电子在原子中的排布一样，也遵守泡利不相容原理、能量最低原理和洪特规则。

2. 分子轨道的形成

原子轨道组合成分子轨道需要符合对称性匹配、能量相近和最大重叠三个成键原则，这些原则是有效组成分子轨道的必要条件。

（1）对称性匹配原则

原子轨道有正、负号之分，我们将原子轨道的正值部分与正值部分组合、负值部分与负值部分组合，称为对称性匹配，只有对称性匹配，才能组成成键分子轨道；而正值部分与负值部分组合称为对称性不匹配，只能组成反键分子轨道。

（2）能量相近原则

能量相近原则是要求组成分子轨道的原子轨道能量相近，并且原子轨道的能量越相近，形成分子轨道的能量就越低。如果两个原子轨道的能量相差很大，则具有较高能量原子的轨道中的电子将迁移至能级较低的原子的原子轨道中，从而只能形成离子键。

（3）最大重叠原则

在对称性匹配的条件下，原子轨道的重叠程度越大，成键轨道相对于原来的原子轨道的能量降低值越大，形成的化学键越稳定。

在上述三个原则中，对称性匹配原则是最基本的原则，它决定了原子轨道能否组成成键分子轨道，而能量相近原则和最大重叠原则只是决定了组合的效率，即形成共价键的强度大小。

3. 分子轨道的形状与能级图

分子轨道的形状可以通过原子轨道的组合近似地如图 3-22 所示。

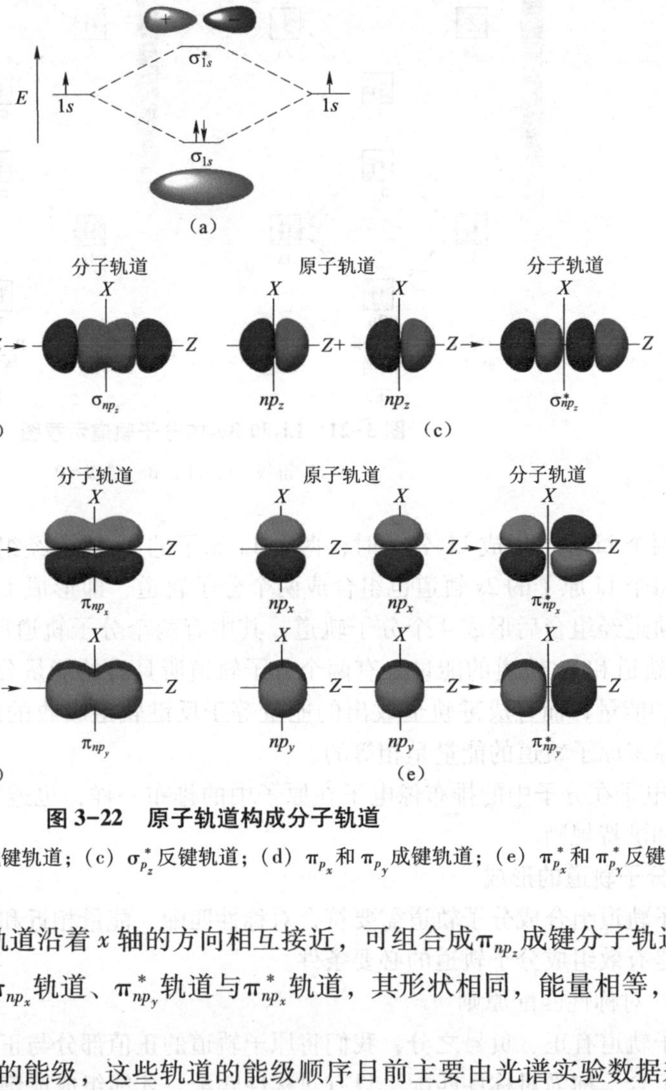

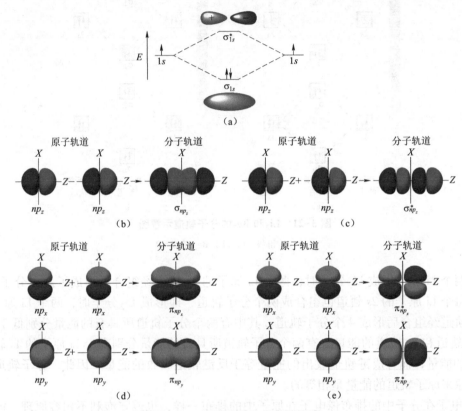

图 3-22　原子轨道构成分子轨道

(a) σ_{1s}和σ_{1s}^*轨道；(b) σ_{p_z}成键轨道；(c) $\sigma_{p_z}^*$反键轨道；(d) π_{p_x}和π_{p_y}成键轨道；(e) $\pi_{p_x}^*$和$\pi_{p_y}^*$反键轨道

当 2 个原子的 np_z原子轨道沿着 x 轴的方向相互接近，可组合成π_{np_z}成键分子轨道和$\pi_{np_z}^*$反键分子轨道。π_{np_y}轨道与π_{np_x}轨道、$\pi_{np_y}^*$轨道与$\pi_{np_x}^*$轨道，其形状相同，能量相等，只是空间取向互成 90°。

每个分子轨道都有相应的能级，这些轨道的能级顺序目前主要由光谱实验数据来确定。将分子中各分子轨道的能级按顺序排列，可以得到分子轨道能级图。图 3-23 是第二周期元素形成的同核双原子分子的分子轨道能级顺序图。

由能量相近原则可知，两个相同原子形成双原子分子时，只能是能量相近的 1s 与 1s、2s 与 2s、2p 与 2p 原子轨道组合形成分子轨道。但 2s、2p 轨道形成的分子轨道的能级也受二者能级差的影响。当 2s 与 2p 轨道能量相差较大时，同核双原子分子的分子轨道能级如图 3-23（a）所示。此时 $E(\pi_{2p})>E(\sigma_{2p})$，$E(\pi_{2p}^*)<E(\sigma_{2p}^*)$；但当 2$s$ 与 2p 轨道的能量相差较小时，最终的分子轨道能级顺序如图 3-23（b）所示，其中 $E(\pi_{2p})<E(\sigma_{2p})$，$E(\pi_{2p}^*)<E(\sigma_{2p}^*)$。

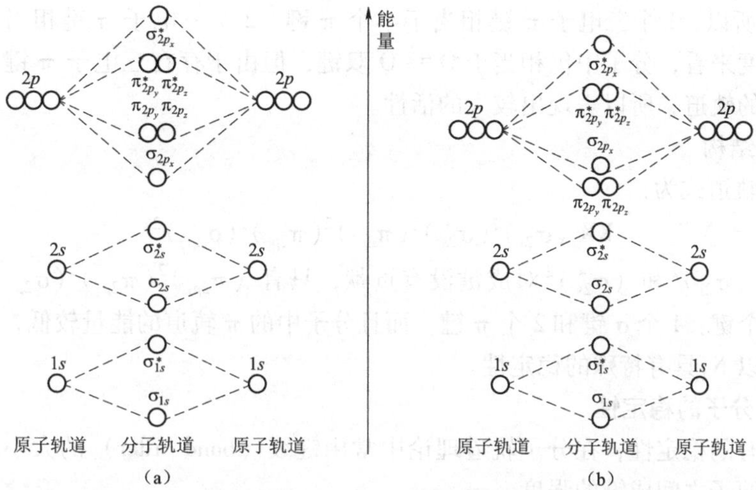

图 3-23　同核双原子分子的分子轨道的两种能级顺序

(a) $\sigma_{2p}<\pi_{2p}$；(b) $\pi_{2p}<\sigma_{2p}$

在第二周期的各元素中，只有 O 和 F 原子的 2s、2p 原子轨道的能量相差足够大，形成分子轨道时，2s、2p 轨道不能有效重叠，因此，形成的 O_2、F_2分子的分子轨道能级顺序如图 3-23（a）所示；而 N、C、B 等原子的 2s、2p 轨道能量接近，在形成双原子分子时，它们之间也产生重叠，最终形成了如图 3-23（b）所示的分子轨道能级顺序。

所以，第二周期元素所组成的同核双原子分子中，从 Li_2 到 N_2 的分子轨道能级排列顺序为：

$$(\sigma_{1s})(\sigma_{1s}^*)(\sigma_{2s})(\sigma_{2s}^*)(\pi_{2p_y})=(\pi_{2p_z})(\sigma_{2p_x})(\pi_{2p_y}^*)=(\pi_{2p_z}^*)(\sigma_{2p_x}^*)$$

F_2、O_2分子的分子轨道排列式为：

$$(\sigma_{1s})(\sigma_{1s}^*)(\sigma_{2s})(\sigma_{2s}^*)(\sigma_{2p_x})(\pi_{2p_y})=(\pi_{2p_x})(\pi_{2p_y}^*)=(\pi_{2p_z}^*)(\sigma_{2p_x}^*)$$

当（σ_{1s}）和（σ_{1s}^*）内层分子轨道都充满电子时，常用 KK 表示 $(\sigma_{1s})^2(\sigma_{1s}^*)^2$。

4. 分子轨道理论的应用

（1）O_2的结构

O_2的分子轨道式为：

$$KK(\sigma_{2s})^2(\sigma_{2s}^*)^2(\sigma_{2p_x})^2(\pi_{2p_y})^2(\pi_{2p_z})^2(\pi_{2p_y}^*)^1(\pi_{2p_z}^*)^1$$

在 O_2分子中，$(\sigma_{2s})^2$和 $(\sigma_{2s}^*)^2$各填满 2 个电子，由于能量的升高和降低互相抵消，相当于这些电子没有成键。实际上，在 O_2分子中，对成键有贡献的是 $(\sigma_{2p_x})^2$构成 O_2分子中的 1 个 σ 键，$(\pi_{2p_y})^2(\pi_{2p_y}^*)^1$构成 O_2分子的 1 个三电子 π 键，$(\pi_{2p_z})^2(\pi_{2p_z}^*)^1$构成 O_2分子的另一个三电子 π 键。所以 O_2的结构为：

:O ⋮⋮ O:

说明分子中存在 2 个自旋方向相同的成单电子（具有顺磁性），这与实验事实恰好相符。O_2分子所具有的结构是价键理论无法解释的，但是用分子轨道理论处理就会很自然地得出结论。

三电子 π 键中有 1 个电子在反键轨道上，这就削弱了键的强度，三电子 π 键不如双电

子 π 键牢固，所以，1 个三电子 π 键相当于半个 π 键，2 个三电子 π 键相当于 1 个正常 π 键。从这个角度来看，分子中仍相当于 O ═ O 双键，但由于存在三电子 π 键，有未成对的电子和未充满的轨道，所以表现出较大的活性。

（2）N_2的结构

N_2的分子轨道式为：

$$KK\ (\sigma_{2s})^2(\sigma_{2s}^*)^2(\pi_{2p_y})^2(\pi_{2p_z})^2(\sigma_{2p_x})^2$$

在 N_2中，$(\sigma_{2s})^2$和 $(\sigma_{2s}^*)^2$对成键没有贡献，只有 $(\pi_{2p_y})^2(\pi_{2p_z})^2(\sigma_{2p_x})^2$对成键有贡献，共形成 3 个键：1 个 σ 键和 2 个 π 键，而且分子中的 π 轨道的能量较低，使系统的能量大大下降，所以 N_2具有特殊的稳定性。

5. 键级和分子的稳定性

分子所具有的稳定性，在分子轨道理论中常用键级（bond order）的大小来衡量，键级表示两个相邻原子之间成键的强度。

键级 = 1/2（成键轨道电子数 − 反键轨道电子数）

一般来说，键级越大，键长越短，所形成的键越牢固，分子就越稳定，如果键级为零，表示两个原子不能成键形成分子。如：

N_2的键级 = 1/2×(8−2) = 3，O_2的键级 = 1/2×(8−4) = 2

因 N_2的键级比 O_2的键级大，所以 N_2比 O_2稳定。

键级的大小与键能的大小有关，一般来说，键级越大，键能越大。如表 3-10 所示。

表 3-10　键能与键级的关系

分子或离子	He_2	H_2^+	H_2	N_2
键级	(2−2)/2 = 0	(1−0)/2 = 0.5	(2−0)/2 = 1	(8−2)/2 = 3
键能/（$kJ\cdot mol^{-1}$）	0	256	436	946

键级只能定性地推断键能的区别，粗略地估计分子结构稳定性的大小，事实上，键级相同的分子，其稳定性也可能有差别。

3.2.5　共价晶体

共价晶体即我们熟知的原子晶体（atomic crystal），其晶格结点上排列的是原子，原子之间通过共价键相互结合，因此称为共价晶体。共价晶体中不存在独立的小分子，可将整个晶体看成由无数多个原子组成的巨大分子。由于共价键的结合力很强，要破坏这些共价键，需要很大的能量，所以，共价晶体的特点是熔点很高，硬度很大。共价晶体通常情况下导电、导热性差，熔融状态下也不能导电，在大多数溶剂中不溶解。例如金刚石就是共价晶体，它的熔点高达 3 750 ℃，是自然界中硬度最大的晶体。

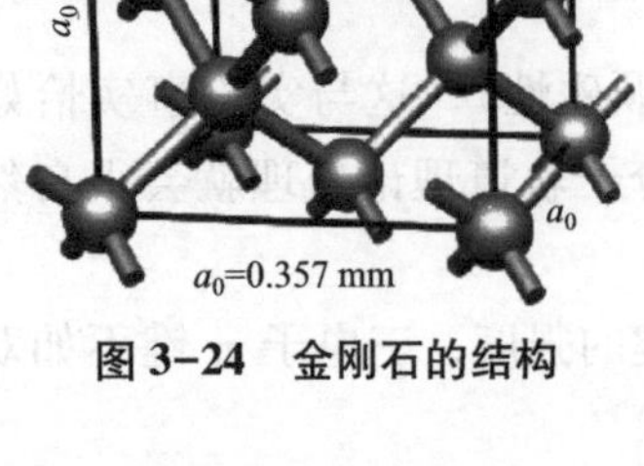

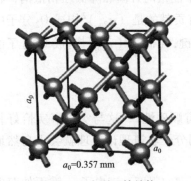

图 3-24　金刚石的结构

在金刚石晶体中，每个碳原子都以 sp^3杂化形式与相邻的 4 个碳原子形成共价键，形成正四面体的结构，如图 3-24 所示。

除金刚石共价晶体外，碳化硅（SiC）、石英（SiO_2）、氮化铝（AlN）等固体也是共价晶体。由于共价晶体具有良好的隔热、耐高温性能，常被用作绝热、保温、耐热材料等；因其具有很高的硬度，常被用作耐磨材料等。

3.3 配位键和配位化合物 Coordination Bond and Coordination Compounds

3.3.1 配位键

配位键（coordination bond）是由一个成键原子单独提供共用电子对，另一个成键原子提供空轨道而形成的共价键。如在 NH_3 与 H^+ 形成 NH_4^+ 时（图 3-25），NH_3 分子中 N 原子含有孤电子对，H^+ 中有空的 *s* 轨道，这样，氮原子的孤电子对就可以进入 H^+ 的空轨道中，形成一个配位共价键。

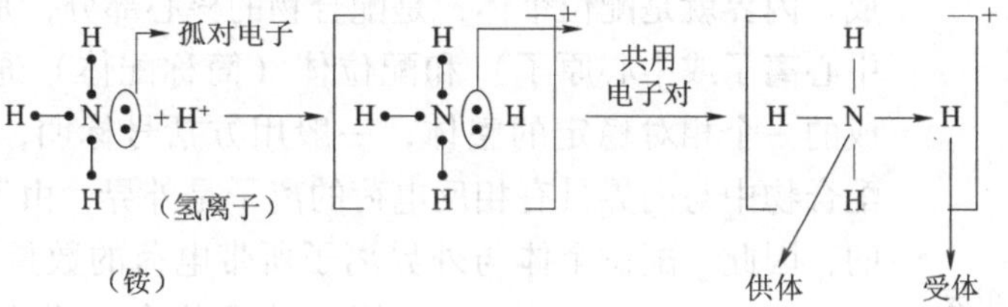

图 3-25 铵根离子中的配位键

同样，CO 分子也是以 *x* 轴方向成键的，C 原子中的两个未成对电子分别占据 p_x、p_y 轨道，与 O 原子的 p_x、p_y 轨道中的未成对电子分别形成一个 σ 键和一个 π 键。同时，它们的 p_z 轨道也以“肩并肩”的方式发生重叠，但 C 原子的 p_z 轨道是一个空轨道，而 O 原子的 p_z 轨道中含有一对孤电子对，因此，在 *z* 轴方向上 C 原子与 O 原子之间形成了一个具有镜面反对称的 π 配位键。CO 的价键结构式为

:C⫶O:→C≡O

配位共价键也有 σ 键和 π 键之分，通常在分子结构式中以“→”符号表示配位键，箭头所指的原子为电子对接受体。需要说明的是：配位键与正常共价键的区别只在于化学键的形成过程，配位键中共用电子对的来源与正常共价键是不同的，但配位键一旦形成，与正常的共价键就没有区别了，如在 NH_4^+ 中，4 个 N—H 键是完全相同的，CO 分子中的两个 π 键也是完全相同的，不会因为其中某个键的电子对来源不同而产生差别。

3.3.2 配合物

配位化合物（coordination compound）简称配合物，旧称络合物（complex），是一类组成复杂、种类繁多、应用广泛的化合物。早在 18 世纪初期人类就已制备出配合物：KCN · $Fe(CN)_2$ · $Fe(CN)_3$。

人们在配合物的合成、性质、结构和应用方面做了大量的工作，使配合物的研究迅速发展，成为一门独立的学科——配位化学（coordination chemistry），并且广泛地渗透到分析化学、

有机化学、催化化学、结构化学和生物化学等各个领域，已成为无机化学发展的主要方向。

1. 配合物的定义

在 1980 年中国化学会公布的《无机化学命名原则》中，配位化合物的定义为："配位化合物是由可以给出孤对电子或多个不定域电子的一定数目的离子或分子（称为配体）和具有接受孤对电子或多个不定域电子的空位的原子或离子（统称中心原子）按一定的组成和空间构型所形成的化合物。"

通常把由一定数目的配体（ligand）与形成体（formed body）所形成的复杂分子或离子称为配位个体（coordination unit）或配位单元。配位个体可以是配阳离子，如$[Ag(NH_3)_2]^+$和$[Cu(NH_3)_4]^{2+}$；配阴离子，如$[PtCl_6]^{2-}$；也可以是不带电荷的中性配位分子，如$Ni(CO)_4$。配位分子本身就是配合物。配位个体与异号电荷的离子结合即形成配合物，如$[Ag(NH_3)_2]Cl$、$K_2[PtCl_6]$、$[Cu(NH_3)_4]SO_4$、$Ni(CO)_4$等均为配合物。

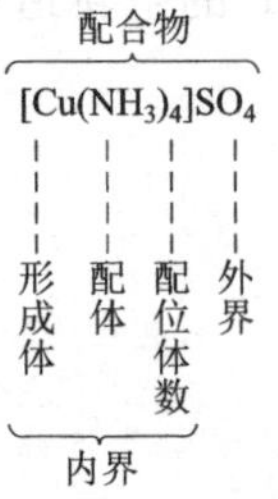

图 3-26　配合物组成

2. 配合物的组成

配合物由内界（inner sphere）和外界（outer sphere）两部分组成。内界就是配位个体，是配合物的核心部分，是由形成体（亦称中心离子或中心原子）和配位体（简称配体）通过配位键结合而成的一个相对稳定的整体，一般用方括号标明，如图 3-26 所示。配合物中与内界具有相反电荷的离子是外界，由于配合物是电中性的，因此，配位个体与外界离子所带电荷的数量相同、符号相反。$Ni(CO)_4$、$[PtCl_6(NH_3)_2]$等中性配位个体没有外界；在配合物$[Pt(Py)_4][PtCl_4]$中，可以认为$[Pt(Py)_4]^{2+}$和$[PtCl_4]^{2-}$均为内界，或者认为二者互为内外界。

组成配位个体的金属离子或原子统称为配合物的形成体，形成体位于配位个体的中心，是配位个体的核心部分。配合物的形成体多为过渡元素的离子或原子，如$[Ag(NH_3)_2]^+$、$[Cu(NH_3)_4]^{2+}$、$K_2[PtCl_6]$和$Ni(CO)_4$中的Ag^+、Cu^{2+}、Pt^{4+}和 Ni 均为配合物的形成体。

在配位个体中，提供孤电子对的离子或分子称为配体（ligand），如OH^-、CN^-、X^-（卤离子）等离子以及H_2O、NH_3等分子。配体中提供孤电子对与形成体形成配位键的原子称为配位原子（coordination atom），常见的配位原子为电负性较大的非金属原子，如 X（卤素）、O、S、C、N、P 等。

按配体中所含配位原子数目的多少，可将配体分为单齿配体（monodentate ligand）和多齿配体（multidentate ligand）。只含有一个配位原子的配体称为单齿配体，如：H_2O、NH_3、CO（羰基）、CN^-、X^-、OH^-、ONO^-（亚硝酸根）、SCN^-（硫氰酸根）、NCS^-（异硫氰酸根）、Py（吡啶）等。

含有 2 个或 2 个以上配位原子的配体称为多齿配体，如：乙二胺（en）、草酸根（OX）、氨基乙酸。乙二胺四乙酸又称 EDTA，是六齿配体。

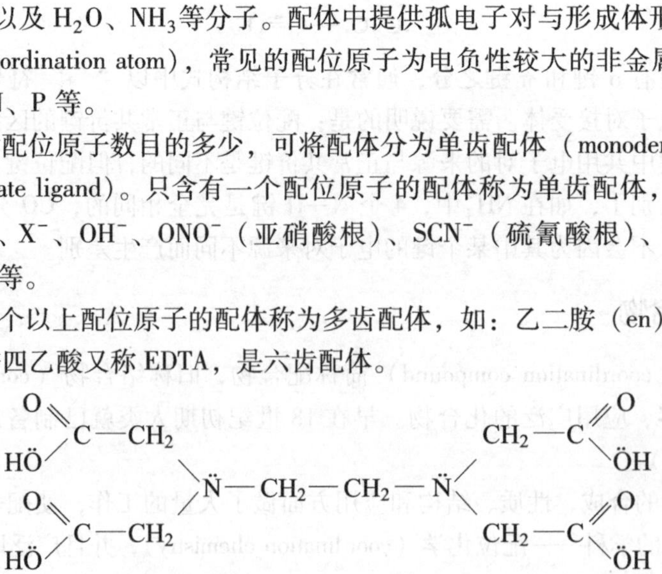

3. 配位数

配位个体中直接与形成体相连的配位原子的数目称为配位数（coordination number），是形成体与配体形成配位键的数目。如$[Ag(NH_3)_2]^+$中Ag^+的配位数是2，$[Cu(en)_2]^{2+}$和$[Cu(NH_3)_4]^{2+}$中Cu^{2+}的配位数是4，$K_2[PtCl_6]$、$[Fe(CN)_6]^{4-}$中Pt^{4+}、Fe^{2+}的配位数是6。在配合物中，形成体的配位数可以从1到12。而最常见的配位数是4和6。

形成体的配位数=单齿配体个数=配位原子的个数

形成体配位数的多少取决于形成体和配体的电荷、半径及核外电子的排布。一般来说，形成体所带正电荷越多，配位数越大；形成体半径越大，配位数也越大。与此相反，配体所带的负电荷越高，配位数越小；配体的半径越大，配位数也越小。此外，配体的浓度和反应温度对配位数也有影响，如增大配体的浓度，降低反应的温度，有利于生成高配位的配合物。

4. 配位个体电荷

配位个体的电荷等于形成体的电荷与配体总电荷的代数和。例如$[Ag(NH_3)_2]^+$、$[Cu(NH_3)_4]^{2+}$中，由于配体是中性分子，所以配位个体的电荷就等于形成体的电荷，分别为+1和+2；而在$[CoCl_6]^{3-}$、$[Fe(CN)_6]^{4-}$中，由于形成体和配体都带电荷，所以配位个体的电荷分别为$(+3)+(-1)\times6=-3$、$(+2)+(-1)\times6=-4$。

如果配位个体带正电荷或负电荷，为了保证配合物的电中性，其外界必带与配位个体相反的等量电荷。因此，根据外界所带电荷数，也可判断配位个体的电荷数。如$K_2[PtCl_6]$中配位个体的电荷数为-2。

5. 配合物命名

配合物的命名（nomenclature）原则与一般无机化合物的命名原则相同，不同之处在于配合物的内界。内界中，以“合”字将配体与形成体连接起来，并按如下格式命名：

配体数—配体名称—“合”—形成体名称（形成体氧化数）

其中配体数用一、二、三、四、……表示，氧化数用罗马数字Ⅰ、Ⅱ、Ⅲ、…表示，几种不同配体之间要用“·”隔开。

配体的命名次序为：先无机配体，后有机配体；先负离子，后中性分子；若配体均为负离子或均为中性分子，按配位原子元素符号的英文字母顺序排列。

命名实例如下：

$[Co(NH_3)_6]Cl_3$	三氯化六氨合钴（Ⅲ）
$[Fe(en)_3]Br_3$	三溴化三（乙二胺）合铁（Ⅲ）
$K[Ag(SCN)_2]$	二硫氰酸根合银（Ⅰ）酸钾
$K[Pt(NH_3)Cl_3]$	三氯·一氨合铂（Ⅱ）酸钾
$H_2[PtCl_6]$	六氯合铂（Ⅳ）酸
$[Ag(NH_3)_2]OH$	氢氧化二氨合银（Ⅰ）

3.3.3 配合物的化学键理论

配合物中的化学键主要指形成体与配体之间形成的配位键。配合物中的化学键理论与分子结构中的化学键理论相比，具有以下特点：

① 在配合物中，形成体多为过渡元素，次外层d轨道未充满电子，而且$(n-1)s$、ns、np轨道，甚至nd轨道的能量相近，因此，容易激发和杂化，从而使得d轨道也参与成键。

② 在配合物中，要考虑形成体 d 轨道的两种价态——最低能态和激发态。因为这些状态的存在涉及配位个体的颜色和光的吸收，同时也受到配体的影响。

③ 多数配合物中含有未成对的电子，从而表现出顺磁性，这些也受到配体的影响。

根据以上3个特点，目前用来解释配合物化学键的理论主要有价键理论、晶体场理论和配位场理论。这里只介绍价键理论和晶体场理论（crystal field theory，CFT）。

3.3.4　配合物的价键理论

配合物的价键理论是鲍林将杂化轨道理论应用于配合物中逐渐形成和发展起来的。该理论概念简单明确，能解释许多配合物形成体的配位数、配位个体的空间构型、磁性和稳定性。

价键理论认为：形成体与配体之间是通过配位键结合的，在形成配位个体时，形成体提供空轨道，配体提供孤电子对。为了提高成键能力，形成体提供的空轨道（s、p、d 或 s、p）必须先进行杂化，形成数目相等的杂化轨道。杂化轨道分别与配体中配位原子的孤电子对轨道在一定的方向彼此接近，发生最大程度的重叠，从而形成 σ 配位键，构成各种不同构型的配合物。

形成体的配位数、配位个体的空间构型和稳定性，主要取决于形成体所提供的杂化轨道的数目和类型。根据这个基本理论，可以解释各种构型的配位个体。

1. 配位数为2的配位个体形成

实验测得$[Ag(NH_3)_2]^+$配位个体中2个$Ag^+ \leftarrow NH_3$键的键能、键长相等，空间构型为直线形。

在$[Ag(NH_3)_2]^+$中，形成体是Ag^+，配体是2个NH_3。在形成$[Ag(NH_3)_2]^+$时，需要Ag^+提供2个空轨道。Ag^+的价层电子排布为$4d^{10}5s^05p^0$。$4d$ 轨道全满，$5s$ 轨道和 $5p$ 轨道全空。在形成$[Ag(NH_3)_2]^+$配位个体时，形成体Ag^+提供了1个 $5s$ 和1个 $5p$ 空轨道进行 sp 杂化，得到具有直线形的2个等价的 sp 杂化轨道。两个配体NH_3分子分别从两头沿直线与Ag^+接近，N原子上的孤对电子填入空的 sp 杂化轨道，形成 σ 配位键，因此，$[Ag(NH_3)_2]^+$配位个体具有直线形构型。$[Ag(NH_3)_2]^+$配位个体的形成过程可用图3-27所示轨道图示表示。

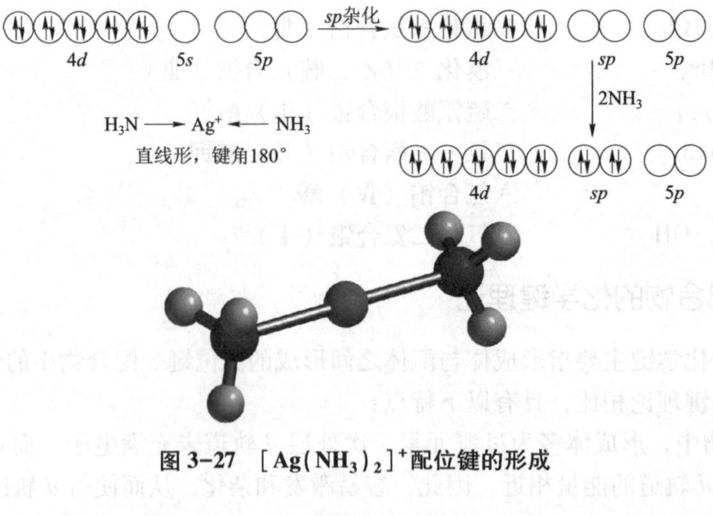

图3-27　$[Ag(NH_3)_2]^+$配位键的形成

2. 配位数为 4 的配位个体形成

（1）$[Zn(NH_3)_4]^{2+}$配位个体的形成

实验测得$[Zn(NH_3)_4]^{2+}$配位个体中 4 个 Zn^{2+}←NH_3键的键能、键长相等，空间构型为正四面体。

Zn^{2+}的价层电子排布为 $3d^{10}4s^04p^0$，外层有 1 个 4*s*、3 个 4*p* 共 4 个空轨道。价键理论认为，Zn^{2+}与 NH_3形成$[Zn(NH_3)_4]^{2+}$时，Zn^{2+}外层空的 1 个 4*s* 轨道和 3 个 4*p* 轨道先进行 sp^3杂化，形成具有正四面体构型的 4 个等价的 sp^3杂化轨道，4 个 NH_3分子中的 N 原子各提供一对孤电子对进入 sp^3杂化轨道，形成 4 个 σ 配位键。所以 Zn^{2+}的配位数是 4，$[Zn(NH_3)_4]^{2+}$空间构型为正四面体。$[Zn(NH_3)_4]^{2+}$配位个体的形成过程可用图 3-28 所示轨道图示表示。

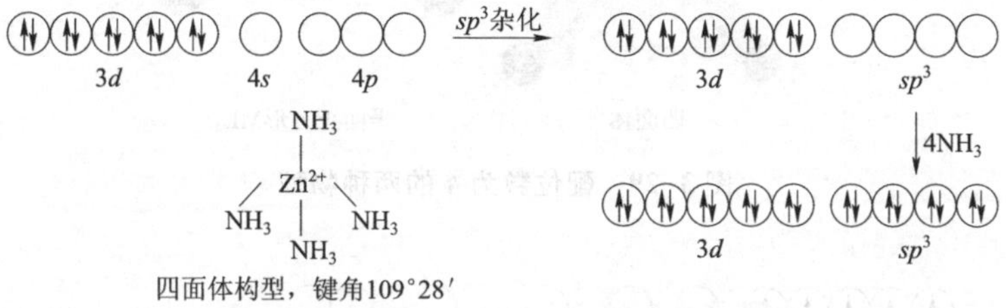

图 3-28 $[Zn(NH_3)_4]^{2+}$配位键形成

（2）$[Ni(CN)_4]^{2-}$配位个体的形成

实验测得 Ni^{2+}具有顺磁性，$[Ni(CN)_4]^{2-}$配位个体具有反磁性，4 个 Ni^{2+}←CN^-键的键能、键长相等，空间构型为平面正方形。

Ni^{2+}的价层电子排布为 $3d^84s^04p^0$，轨道中有 2 个自旋方向相同的未成对电子，因此具有顺磁性。但当 Ni^{2+}与 4 个 CN^-形成配位个体时，原来 3*d* 轨道上的 2 个未成对电子合并到 1 个 3*d* 轨道上，腾出了 1 个 3*d* 轨道，与外层的 1 个 4*s* 轨道和 2 个 4*p* 轨道杂化形成 4 个等价的 dsp^2杂化轨道，dsp^2杂化轨道在空间的最小排斥是伸向平面正方形的 4 个顶角，键角 90°，4 个 CN^-中的 C 原子各提供一对孤电子对进入 dsp^2杂化轨道，形成 4 个 σ 配位键。Ni^{2+}的配位数是 4，$[Ni(CN)_4]^{2-}$空间构型为平面正方形，在$[Ni(CN)_4]^{2-}$中，电子均已成对，因此具有反磁性。$[Ni(CN)_4]^{2-}$配位个体形成过程可用图 3-29 所示轨道表示。

3. 配位数为 6 的配位个体的形成

（1）$[FeF_6]^{3-}$配位个体的形成

实验测得 Fe^{3+}与$[FeF_6]^{3-}$磁性相同，6 个 Fe^{3+}←F^-键的键能、键长相等，空间构型为正八面体。Fe^{3+}的价层电子排布为 $3d^54s^04p^0$，含有 5 个自旋平行的未成对电子。由实验得知 Fe^{3+}与$[FeF_6]^{3-}$的磁性相同，说明 Fe^{3+}在形成配位个体前后未成对电子数没有发生改变。因此，在形成$[FeF_6]^{3-}$配位个体时，Fe^{3+}是利用外层的 1 个 4*s* 轨道、3 个 4*p* 轨道和 2 个 4*d* 轨道进行杂化，得到具有正八面体构型的 6 个等价的 sp^3d^2杂化轨道，分别接受 F^-提供的孤电子对，形成 6 个配位键，键角为 90°，形成体 Fe^{3+}的配位数是 6。$[FeF_6]^{3-}$配位个体的形成过程可用图 3-30 所示轨道图示表示。

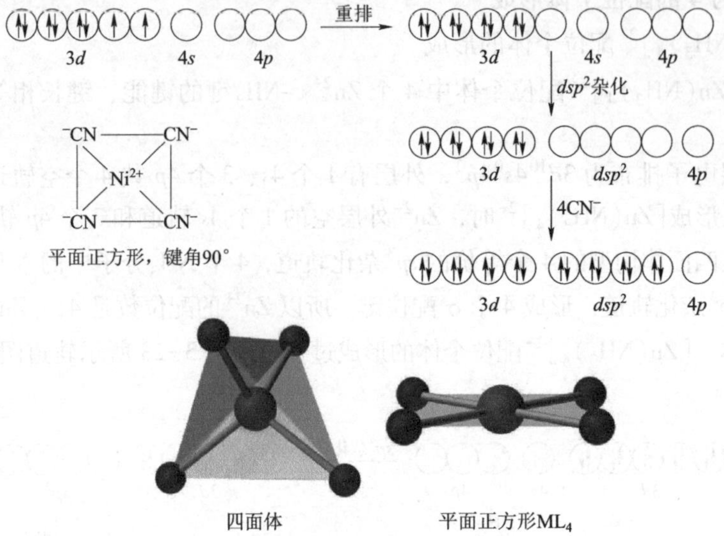

图 3–29　配位数为 4 的两种物型

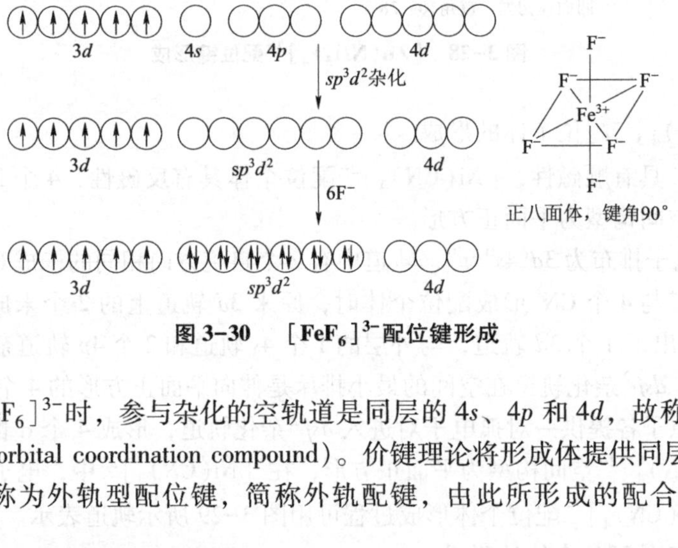

图 3–30　$[FeF_6]^{3-}$配位键形成

由于形成$[FeF_6]^{3-}$时，参与杂化的空轨道是同层的 4*s*、4*p* 和 4*d*，故称$[FeF_6]^{3-}$为外轨型配合物（outer orbital coordination compound）。价键理论将形成体提供同层空轨道参与杂化而形成的配位键称为外轨型配位键，简称外轨配键，由此所形成的配合物称为外轨型配合物。

（2）$[Fe(CN)_6]^{3-}$配位个体的形成

实验结果表明，$[Fe(CN)_6]^{3-}$配位个体的空间构型也是正八面体，6 个 $Fe^{3+}\leftarrow CN^-$键的键能、键长相等，但$[Fe(CN)_6]^{3-}$配位个体的磁性比 Fe^{3+}的磁性小。

价键理论认为，这是因为$[Fe(CN)_6]^{3-}$中的 Fe^{3+}在配体 CN^-的影响下，将其价层电子重排，原来 3*d* 轨道上的 5 个自旋平行的未成对电子中，有 4 个两两配对，自旋相反地分别挤入 2 个轨道中，剩余 1 个未成对电子占据一个轨道。空出 2 个 3*d* 轨道与外层的 1 个 4*s* 轨道和 3 个 4*p* 轨道进行 d^2sp^3杂化，得到 6 个等价的 d^2sp^3杂化轨道，接受 6 个配体中的 6 个配位原子提供的 6 对孤电子对，形成 σ 配位键。因此，$[Fe(CN)_6]^{3-}$配位个体为正八面体构型，含有 1 个未成对电子（未成对电子数减少，其磁性减小），形成体的配位数为 6。$[Fe(CN)_6]^{3-}$配位个体的形成过程可用图 3–31 轨道图示表示。

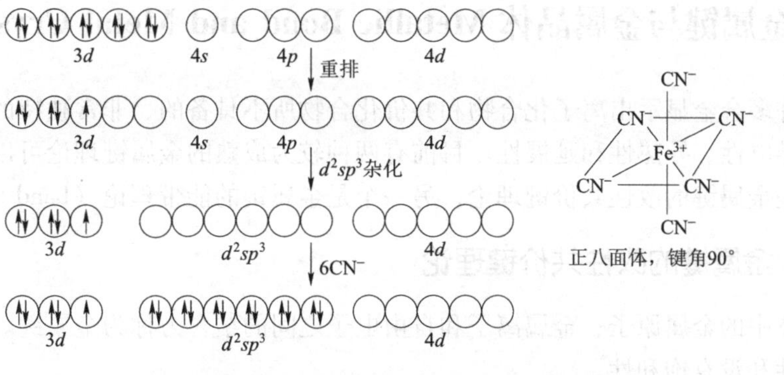

图 3-31　$[Fe(CN)_6]^{3-}$配位键的形成

由于$[Fe(CN)_6]^{3-}$形成时，参与杂化的空轨道是 3*d*、4*s* 和 4*p*，分别来自外层（*n* 层）和次外层（*n*－1 层），故称$[Fe(CN)_6]^{3-}$为内轨型配合物（inner orbital coordination compound）。价键理论将形成体提供外层和次外层空轨道参与杂化而形成的配位键称为内轨型配位键，简称内轨配键，由此所形成的配合物称为内轨型配合物。在形成内轨型配合物时，在配体的作用下，形成体次外层 *d* 轨道上的电子通常会发生重排或者跃迁，以腾出内层 *d* 轨道来参与杂化，如$[Cu(NH_3)_4]^{2+}$、$[Ni(CN)_4]^{2-}$、$[Co(NH_3)_6]^{3+}$等配位个体都是内轨型配合物。一般来说，当配体是 CN^-等离子时，容易形成内轨型配合物。内轨型配合物的键能大，配合物稳定，且在水中不易解离。

内轨型配合物的形成体成键轨道是 d^2sp^3 杂化轨道，它比 sp^3d^2 杂化轨道的能量低。因此，内轨型配合物比外轨型配合物更稳定。

形成体的价层电子构型是影响外轨型或内轨型配位个体形成的主要因素。如果形成体内层 *d* 轨道已全充满（如 Zn^{2+}：$3d^{10}$，Ag^+：$4d^{10}$），没有可利用的内层空轨道，只能形成外轨型配合物；如果形成体本身具有空的内层 *d* 轨道（如 Cr^{3+}：$3d^3$），一般倾向于形成内轨型配合物；如果形成体的内层 *d* 轨道未完全充满（d^4～d^7），则既可形成外轨型配合物，又可形成内轨型配合物，此时，配体是决定配合物类型的主要因素。

F^-、H_2O、OH^-等配体中配位原子 F、O 的电负性较高，吸引电子的能力较强，不容易给出孤电子对，对形成体内层电子的排斥作用较小，基本不影响其价层电子结构，因而只能利用形成体的外层空轨道成键，倾向于形成外轨型配合物。

CN^-、CO 等配体中配位原子 C、N 的电负性较低，给出电子的能力较强，其孤电子对对形成体内层电子的排斥作用较大，内层电子容易发生重排（如 Fe^{3+}：$3d^5$，Ni^{2+}：$3d^8$）或激发（Cu^{2+}：$3d^9$），从而空出内层 *d* 轨道，倾向于形成内轨型配合物。

配体为 NH_3 分子时，既可能形成外轨型配合物，又可能形成内轨型配合物。如在$[Co(NH_3)_6]^{2+}$ 配位个体中，形成体 Co^{2+}的价层电子构型为 $3d^74s^0$，形成配位个体时，Co^{2+}的 3*d* 轨道上的电子不能重排，采取 sp^3d^2 杂化，形成外轨型配合物；而在$[Co(NH_3)_6]^{3+}$配位个体中，形成体 Co^{3+}的价层电子构型为 $3d^64s^0$，在配体 NH_3的作用下，Co^{3+}的 3*d* 轨道上的电子发生重排，采取 d^2sp^3杂化，形成内轨型配合物。

3.4 金属键与金属晶体 Metallic Bond and Metal Crystal

金属和许多合金显示出离子化合物和共价化合物所不具备的、非常独特的性质：金属光泽，良好的导电性、导热性和延展性。目前有两种较为成熟的金属键理论可以解释上述这些特性，一个是金属键的改性共价键理论，另一个是金属键的能带理论（band theory）。

3.4.1 金属键的改性共价键理论

金属晶体中的金属原子、金属离子和自由电子之间的结合力称为金属键。金属键的特征是没有方向性和没有饱和性。

20世纪初，德鲁德（Drude）等人首先提出金属的自由电子气模型。该模型认为：在固态或液态金属中，由于金属原子的电离能较低，金属晶体中的原子的价电子可以脱离原子核的束缚，成为能够在整个晶体中自由运动的电子，这些电子称为自由电子。失去电子的原子则形成了带正电荷的离子。自由电子可以在整块金属中运动，而不是从属于某一个原子。正是由于这些自由电子的运动，把金属正离子牢牢地粘在一起，形成了所谓的金属键。这种键也是通过共用电子而形成的。因此，可以认为金属键是一种改性的共价键，其特点是整个金属晶体中的所有原子共用自由电子，就像金属正离子存在于由自由电子形成的“海洋”中，或者说在金属晶格中充满了由自由电子组成的“气”。自由电子的存在使金属具有光泽，以及良好的导电性、导热性和延展性。

金属中的自由电子吸收可见光而被激发，激发的电子在跃回到较低能级时，将所吸收的可见光释放出来。因此，金属一般呈银白色光泽。

由于金属晶体中含有可自由运动的电子，在外加电场的作用下，这些电子可以做定向运动而形成电流。因此，金属晶体具有导电性。

当金属晶体的某一部分受到外加能量而温度升高时，自由电子的运动加速，晶体中的原子和离子的振动加剧，通过振动和碰撞将热能迅速传递给其他自由电子，即热能通过自由电子迅速传递到整个晶体中，所以金属具有导热性。

金属中的原子和离子是通过自由电子的运动结合在一起的，相邻的金属原子之间没有固定的化学键，因此，在外力作用下，一层原子在相邻的一层原子上滑动而不破坏化学键。这样，金属具有良好的延展性，易于机械加工。

金属键的改性共价键理论能定性地解释了金属的许多特性，但不能解释导体、半导体和绝缘体的本质区别。

3.4.2 金属键的能带理论

金属键的能带理论是一种量子力学模型，可看作分子轨道理论在金属键中的应用。其基本要点如下：

在形成金属键时，金属原子的价电子不再从属于某一特定的原子，而是由整个金属晶体所共有，这种价电子称为“离域”电子（delocalization of electron）。

所有原子的原子轨道组合成一系列能量不同的分子轨道。因价层电子的能量基本相同，使得各价层分子轨道的能量差别极小，近似于连续状态，这些能量相近的分子轨道的集合称为能带（energy band）。

不同电子层的原子轨道形成不同的分子轨道能带，充满电子的能带称为满带（filled band），未充满电子的能带称为导带（conduction band），满带与导带之间的能量间隔称为禁带（forbidden band）（禁带没有电子存在）。

金属锂的能带模型如图 3-32 所示。

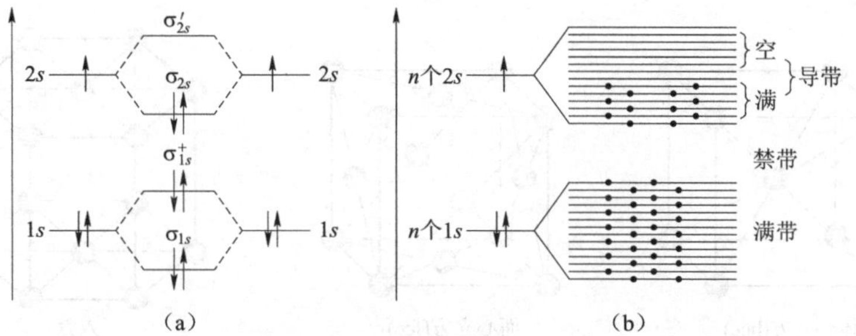

图 3-32　Li 分子的分子轨道能级图和金属的能带模型

（a）分子轨道；（b）金属分子轨道

根据能带结构中禁带宽度和能带中的电子填充状况，可以决定固体材料是导体（conductor）、半导体（semiconductor）或绝缘体（insulator），如图 3-33 所示。

导体是由未充满电子的能带形成的导带（图 3-33（a）），或由充满电子的满带与未填充电子的空带发生能级交错而形成的复合导带（图 3-33（b）），在外电场作用下价电子可跃迁到邻近的空轨道中而导电。例如，金属镁是导体，可以解释为镁的满带与空带的交错。

半导体的能带结构如图 3-33（c）所示。满带被电子充满，导带是空的，禁带宽度很窄（$E<3$ eV）。在光照或外电场作用下，满带上的电子容易跃迁到导带上去，使原来空的导带填充部分电子，同时，在满带上留下空位，使导带与原来的满带均未充满电子形成导带，具有这种性质的晶体称为半导体，如硅、锗等元素的晶体。

绝缘体的能带结构如图 3-33（d）所示。满带被电子充满，导带是空的，禁带宽度很大（$E>5$ eV）。在外电场作用下，满带中的电子不能跃迁到导带，故不能导电，如金刚石晶体等。

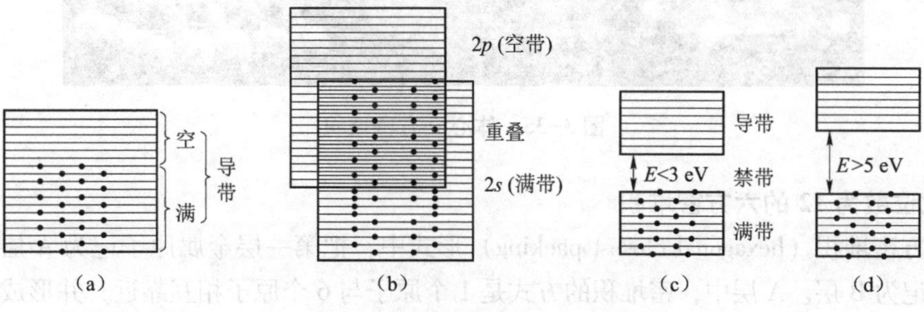

图 3-33　金属能带理论示意图

（a），（b）导体；（c）半导体；（d）绝缘体

3.4.3 金属晶体的紧密堆积结构

金属晶体中原子在空间的排布情况，可以近似地看作等径圆球的堆积。在形成金属晶体时，原子倾向于组成密堆积的结构，使金属原子的能级获得最大的重叠，形成稳定的金属键，晶体中金属原子的这种堆积方式称为金属晶体的密堆积结构，图 3-34 所示为典型金属晶体的晶格结构。

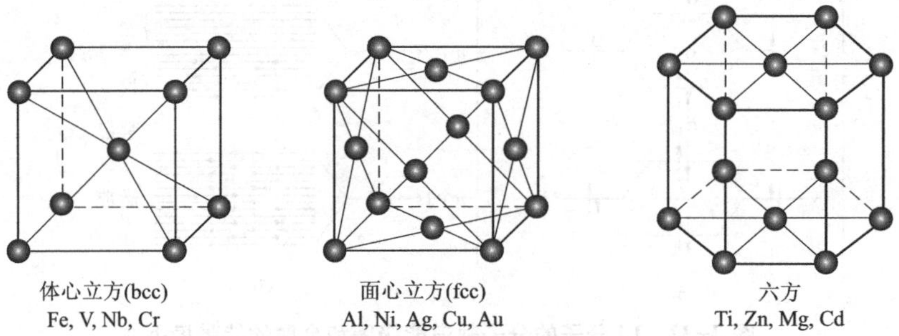

图 3-34　金属晶体的晶格结构

金属晶体的 X 射线衍射实验证实了金属的密堆积方式。在讨论金属的堆积形式时，可以假设金属原子在晶体中是一层一层堆积起来的，通过每一层原子的重复情况来认识金属晶体。下面讨论最常见的 3 种金属晶体的晶格结构。

1. 配位数为 8 的体心立方密堆积

在体心立方密堆积（body center packing）形式中，同一层原子相互靠紧，但不互相接触；第二层原子放在第一层原子的空隙上，每个原子与第一层中的 4 个原子紧密接触；第三层原子放在第二层之上，其位置与第一层相同。原子层以这种形式不断重复，从而形成了体心立方晶格。在体心立方晶格中，原子的空间占有率为 68.02%。如图 3-35 所示。

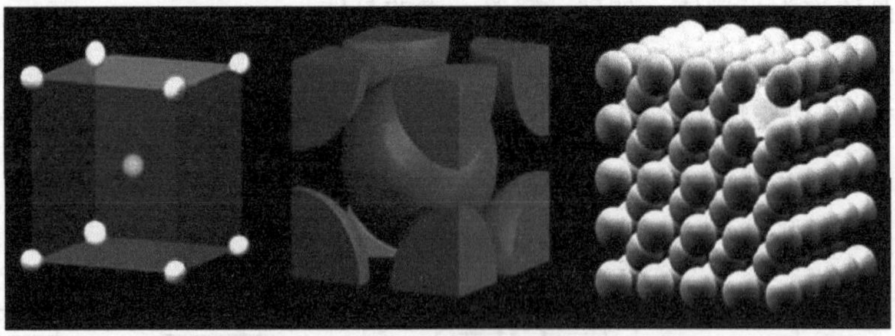

图 3-35　体心立方密堆积

2. 配位数为 12 的六方密堆积

在六方密堆积（hexagonal closest packing）形式中，把第一层金属原子记为 A 层，第二层金属原子记为 B 层。A 层中，密堆积的方式是 1 个原子与 6 个原子相互靠近，并形成 6 个空隙的凹位；B 层密堆积的方式是将原子对准 1、3、5 空隙位置（或 2、4、6 空隙位置）；第三层与第一层相同，第四层与第二层相同，以 ABAB…形式重复，形成六方晶格。在六方晶格中，金属原子的配位数为 12，这种密堆积形式的空间占有率为 74.05%。如图 3-36 所示。

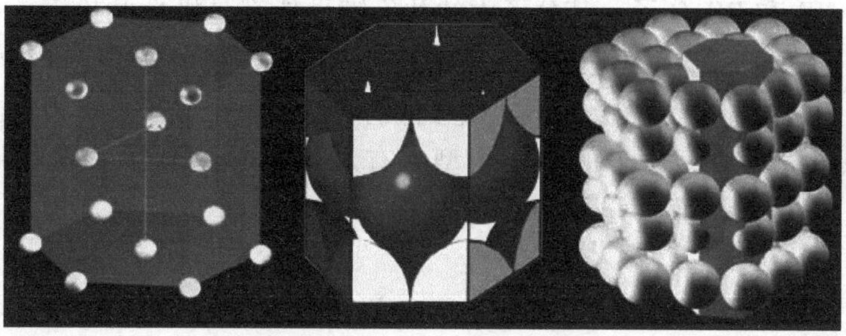

图 3-36　六方密堆积

3. 配位数为 12 的面心立方密堆积

在面心立方密堆积（cubic close packing）形式中，每一层的原子都紧密排列，互相接触。同样，把第一层金属原子记为 A 层，第二层原子记为 B 层，第三层原子记为 C 层。A 层与 B 层中原子的结合方式与六方密堆积中堆积方式一样；C 层原子位置处于 B 层原子上部形成的空隙中，并与第二层原子接触，但这个空隙与 A 层原子所处的位置正好错开；第四层原子与第一层原子的位置相同，所以也可称为 A 层。原子层以 ABCABC…的形式不断重复，形成了原子配位数为 12 的面心立方晶格，如图 3-37 所示。面心立方晶格的空间占有率也为 74.05%。

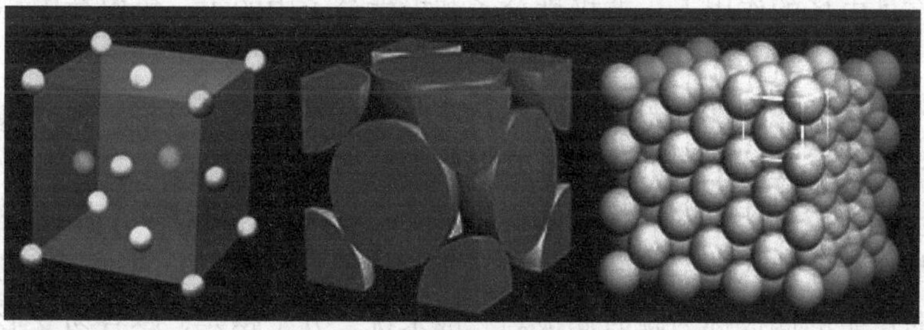

图 3-37　面心立方密堆积

3.5　分子间作用力、氢键和分子晶体 Intermolecular Force, Hydrogen Bond and Molecular Crystal

3.5.1　分子的极性

由于分子由原子组成，原子又由原子核及核外电子组成，因此，在任何一个分子中，都可以找到一个正电荷中心和一个负电荷中心。通常将正、负电荷中心重合的分子称为非极性分子，正、负电荷中心不重合的分子称为极性分子。

对于简单的双原子分子，分子是否有极性可以简单地用共价键的极性来判断。由非极性键构成的分子是非极性分子，如单质 H_2、O_2、F_2等分子；由极性键构成的分子是极性分子，如 HCl、CO 等。

对于多原子分子，分子的极性不仅与共价键的极性有关，还与分子的空间构型有关。如

同样为 AX_3 型的 NF_3 和 BF_3 分子，其分子中的共价键虽然都是极性共价键，但由于 BF_3 分子具有对称的平面正三角形结构，键的极性互相抵消，因此，整个分子是非极性的；而 NF_3 分子的空间构型为三角锥体，键的极性不能相互抵消，所以整个分子具有极性。因此，在由极性键构成的多原子分子中，分子的空间构型如有对称中心，则分子就是非极性分子，如 CO_2、BF_3、CH_4 等分子；而当分子中没有对称中心时，则分子就是极性分子，如 NH_3、SO_2 等。

分子的极性常用分子偶极矩（dipole moment）来衡量。分子偶极矩 μ 等于正电荷中心（或负电荷中心）的电荷量 q 与正、负电荷中心之间的距离 d 的乘积：

$$\mu = q \cdot d \tag{3.5}$$

偶极矩的方向规定为从正电荷指向负电荷。d 是分子中正、负电荷中心之间的间距，又称为偶极长，偶极距的单位为 C·m（库仑·米）。对于双原子分子，分子的偶极矩等于其共价键的偶极矩；而对于多原子分子，分子的偶极矩等于分子中各共价键偶极矩的向量和，而不是等于某一共价键的偶极矩。

分子的偶极矩越大，分子的极性越强；分子的偶极矩越小，分子的极性越弱；若分子的偶极矩 $\mu=0$，则为非极性分子。

对于正、负电荷中心不重合的极性分子来说，分子中始终存在着一个正极和一个负极，这种极性分子本身具有的偶极称为固有偶极或永久偶极。值得注意的是，分子的极性并不是一成不变的，在外电场的作用下，非极性分子和极性分子中的正、负电荷中心会发生相对的变化。

在电场的作用下，非极性分子中的正、负电荷中心发生相对位移，变成具有一定偶极的极性分子。而极性分子在外电场的作用下其偶极也会增大。

这种在外电场作用下产生的偶极称为诱导偶极（induced dipole）。任何一个分子，由于原子核和电子都在不停地运动，不断地改变其相对位置，致使分子的正、负电荷中心在瞬间不相重合，这时产生的偶极称为瞬时偶极。一般来说，分子越大，越容易变形，产生的瞬时偶极越大。如图 3-38 所示。

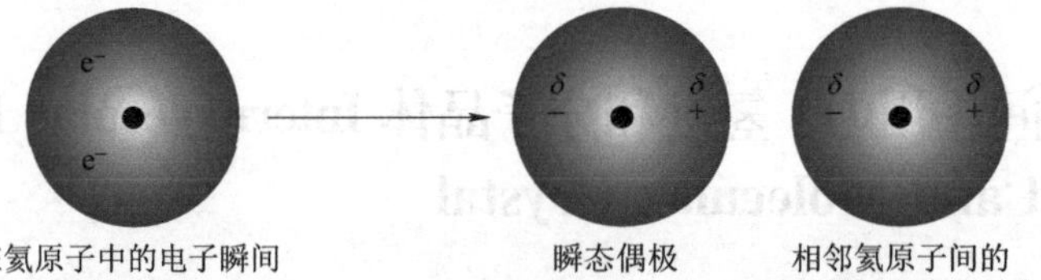

图 3-38 瞬态偶极和诱导偶极

3.5.2 分子间作用力

分子间力（intermolecular force）就是分子与分子之间产生的相互作用力，由于这种力是范德华第一个提出来的，所以又称为范德华力（Van der Waals' force）。

1. 取向力

取向力（orientation force）只存在于极性分子与极性分子之间。如图 3-39 所示。

当两个极性分子相互接近时，会产生同极相斥、异极相吸的作用，这种作用使得分子发生相对转动，结果使一个分子的正极与另一个分子的负极接近，系统中的分子将按极性的方向做定向排列。极性分子的这种运动称为取向，由于取向而产生的吸引力称为取向力。

取向力的本质是静电引力。分子的偶极矩越大，分子间静电引力越强，取向力就越大；系统的温度越高，分子的热运动越剧烈，分子的定向就越困难，取向力就越小；取向力随分子间距离增大而迅速减小。

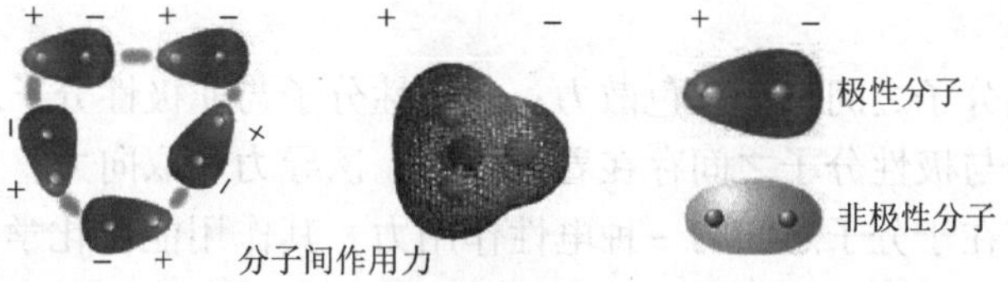

图 3-39　分子间作用力之取向力

2. 诱导力

诱导力（induced force）存在于极性分子与非极性分子之间，也存在于极性分子与极性分子之间。

非极性分子在极性分子固有偶极的作用下，正、负电荷中心将产生相对位移，从而产生诱导偶极。这种现象在极性分子之间也存在，其结果使分子原有偶极加大。这种由于诱导而产生的作用力称为诱导力。诱导力产生的过程图示如图 3-40 所示。

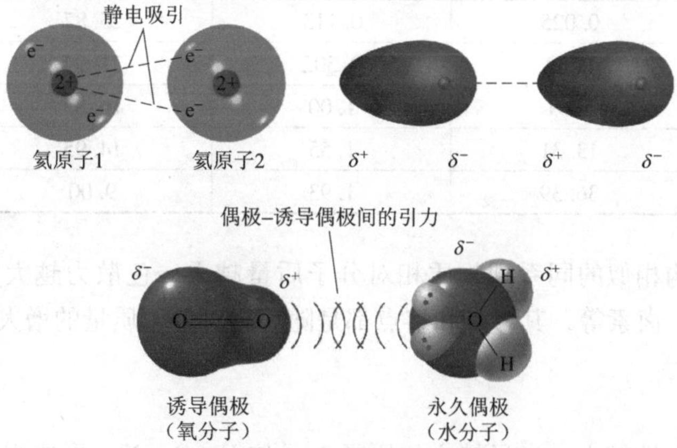

图 3-40　诱导力产生过程

诱导力的本质也是静电引力。极性分子的偶极矩越大，诱导作用越强，诱导力越大；非极性分子（或其他极性分子）的半径越大，产生的诱导偶极越大，诱导力越大；诱导力随分子间距离增大而迅速减小。

3. 色散力

色散力（dispersion force）存在于任何分子之间，在分子间力的数值中占有相当大的比重。

色散力可看作分子的“瞬时偶极”相互作用的结果。在某一瞬间，因核及电子的运动，正、负电荷中心会出现暂时的不重合现象，由此使分子在瞬间产生的偶极就是瞬时偶极。瞬时偶极之间的相互吸引力称为色散力，又称为伦敦力（London force）。如图 3-41 所示。

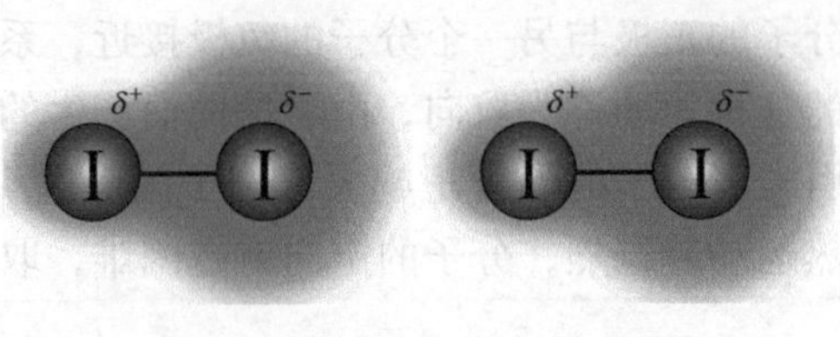

图 3-41　伦敦色散力（I_2 键）

总之，在非极性分子之间只存在色散力；在极性分子与非极性分子之间存在着色散力和诱导力；在极性分子与极性分子之间存在着色散力、诱导力和取向力。三种力的总和称为分子间力，它是永远存在于分子之间的一种电性作用力。其作用能比化学键小 1~2 个数量级，作用范围一般只有 300~500 pm；分子间力没有饱和性，也没有方向性。

在一般情况下，如分子的极性不是很大，则色散力远大于诱导力和取向力，表 3-11 列出了部分分子中各种分子间力的分配情况。

表 3-11　分子间作用力及其分配情况

分子	分子间作用力/（kJ·mol^{-1}）			
	取向力	诱导力	色散力	总和
Ar	0.000	0.000	8.5	8.5
CO	0.003	0.008	8.75	8.76
HI	0.025	0.113	25.87	26.00
HBr	0.69	0.502	21.94	23.11
HCl	3.31	1.00	16.83	21.14
NH_3	13.31	1.55	14.95	29.60
H_2O	36.39	1.93	9.00	47.31

一般来说，结构相似的同系列物质相对分子质量越大，色散力越大，物质的熔沸点越高。例如稀有气体、卤素等，其沸点和熔点都是随着相对分子质量的增大而升高的。

3.5.3　氢键

当氢原子与电负性较大、半径较小的原子 X（如 F、O、N）形成强极性共价键时，几乎裸露的质子对附近另一个分子中电负性较大、半径较小、有孤电子对且带有部分负电荷的原子 Y（如 F、O、N）产生较强的静电吸引，这种吸引作用力就是氢键（hydrogen bond）。

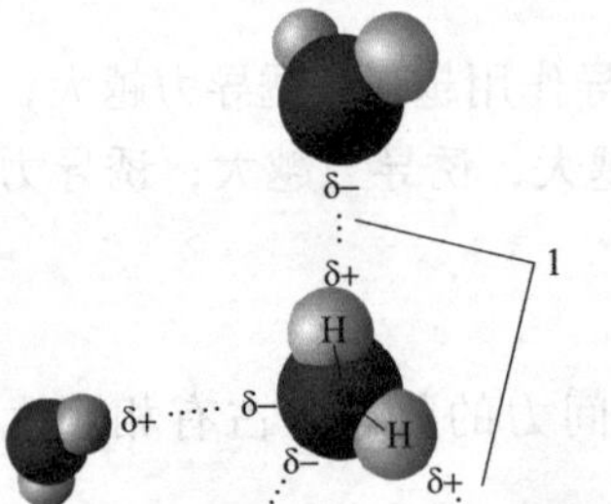

图 3-42　水分子间的氢键

氢键通常用 X—H···Y 表示。X、Y 可以是同种元素的原子，也可以是两种不同元素的原子。如 NH_3 分子和 H_2O 分子之间就可形成 N—H···O 或 O—H···N 形式的氢键，如图 3-42 所示。

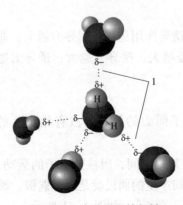

在 X—H···Y 中，X、Y 的电负性越大，形成的氢键就越强；当 X 相同时，Y 的半径越小，越容易接近 X—H，

形成的氢键也越强，因此有如下氢键强弱顺序存在：

$$F—H\cdots F>O—H\cdots O>O—H\cdots N>N—H\cdots O>N—H\cdots N$$

氢键具有饱和性和方向性。

氢键的饱和性指 H 原子在形成一个共价键后，只能再形成一个氢键，不能再与其他电负性大的原子形成第二个氢键。

氢键的方向性指在氢键中，以 H 原子为中心的 3 个原子尽量处在一条直线上，以使两个电负性大的原子相距最远，排斥力最小，形成的氢键强度最大，系统的能量最低。

氢键的键能比化学键弱得多，与范德华力大小相当。氢键的本质是静电引力。

氢键可在分子与分子之间形成，即分子间氢键（intermolecular hydrogen bond），如图 3-43 所示。

氢键使分子间的结合力增强。要使这些物质熔化、汽化，就必须附加额外的能量去破坏分子间的氢键。因此，分子间氢键的形成，可使物质的熔、沸点升高。

氢键也可在分子内形成，即分子内氢键（intramolecular hydrogen bond），如图 3-44 所示。

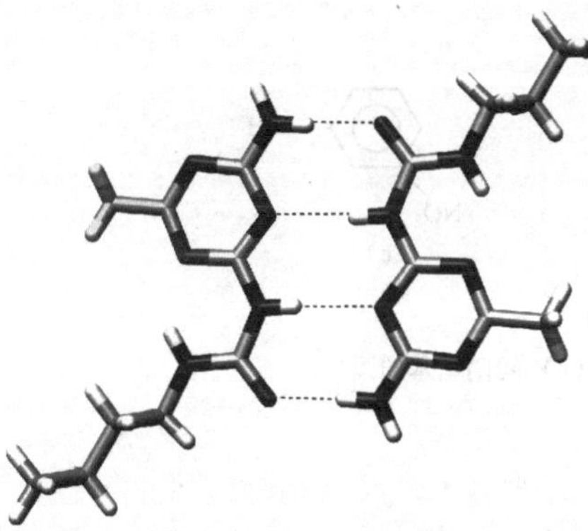

图 3-43　分子间氢键

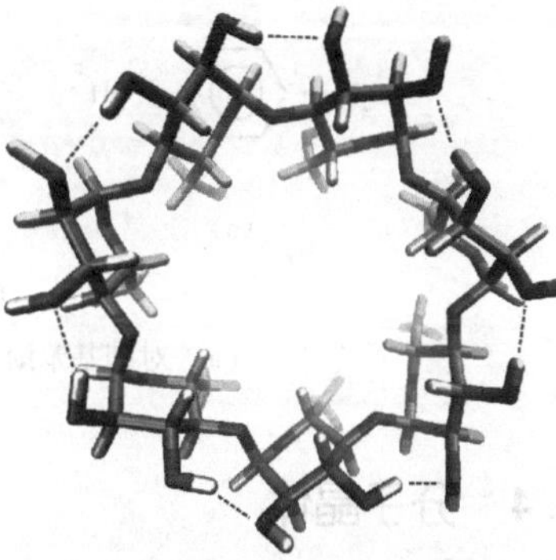

图 3-44　分子内氢键

分子内形成的氢键 X—H⋯Y，3 个原子往往不在一条直线上，不稳定，易断开，通常会使物质的熔、沸点降低。图 3-45 表示氢键的生成对氢化物沸点的影响，熔点变化规律亦相同。

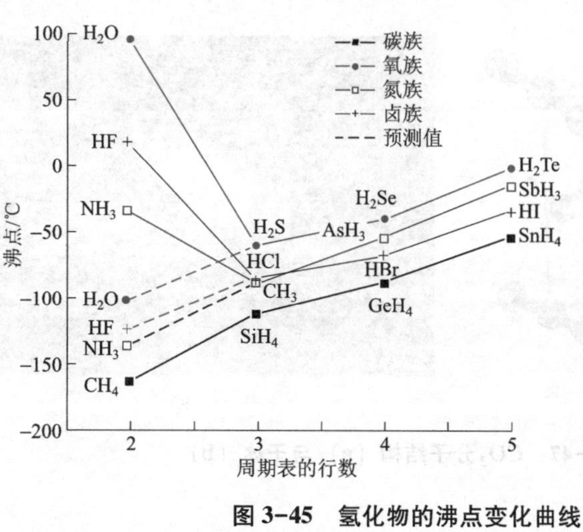

电负性

Ⅳ	Ⅴ	Ⅵ	Ⅶ
C 2.5	N 3.0	O 3.5	F 4.0
Si 1.8	P 2.1	S 2.5	Cl 3.0
Ge 2.0	As 2.2	Se 2.6	Br 2.8
Sn 1.8	Sb 2.0	Te 2.1	I 2.5
Pb 2.3	Bi 2.0	Po -	

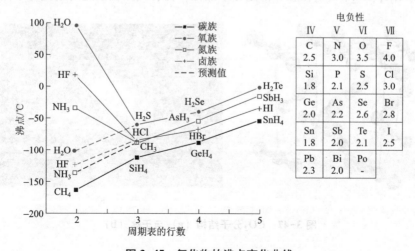

图 3-45　氢化物的沸点变化曲线

对于同分异构体，一般来说，它们的范德华力是相同的。但如果分子中含有能生成氢键的结构，则其熔点、沸点等性质将相差很大。例如二甲醚（CH_3OCH_3）和乙醇（CH_3CH_2OH）是同分异构体，但在乙醇分子中含有 O—H 键，分子间可形成氢键，常温下为液体；而二甲醚分子中没有能形成氢键的结构，分子间的作用力小，沸点很低。

又如，NH_3分子与 H_2O 分子间能形成氢键，所以氨气在水中有很大的溶解度；而PH_3因不能与水分子形成氢键，所以在水中的溶解度很小。

此外，当一个分子可以在分子内形成氢键时，由于氢键具有饱和性，分子内氢键的形成将阻碍分子间氢键的形成，所以能形成分子内氢键的物质，其熔点、沸点降低，在水中的溶解度下降。如对硝基苯酚（图 3-46（a））分子中硝基与羟基之间距离远，不能形成分子内氢键，但可以形成分子间氢键，且可以形成较大的缔合分子；而邻硝基苯酚（图 3-46（b））中硝基与羟基能形成分子内氢键，间硝基苯酚（图 3-46（c））不能形成分子内氢键，且由于空间位阻作用，只能形成较小的缔合分子，所以，对硝基苯酚比间硝基苯酚及邻硝基苯酚熔点高，三种物质熔点分别为 114 ℃、96 ℃和 45 ℃。

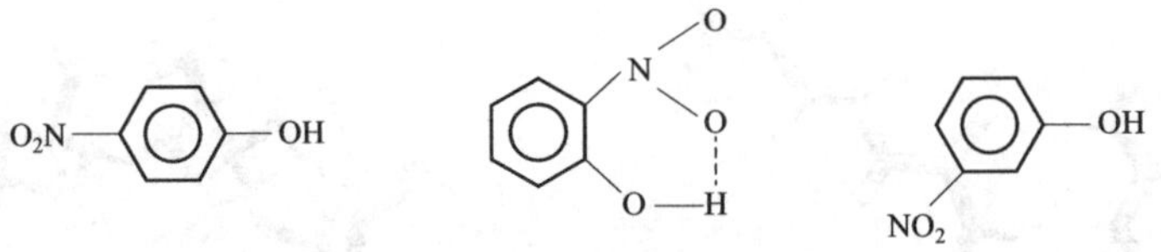

图 3-46　硝基苯酚

（a）对硝基苯酚；（b）邻硝基苯酚；（c）间硝基苯酚

3.5.4　分子晶体

在分子晶体中，晶格结点上排列的是分子，分子之间通过分子间力相互吸引在一起。如干冰（固态的二氧化碳），在干冰晶格的结点上，排列的是 CO_2分子，分子之间以分子间力相结合。在晶格中，CO_2分子以密堆积的形式组成了立方面心晶胞（图 3-47）。除干冰外，固态的 HCl、NH_3、N_2、CH_4和蒽等都是分子晶体，稀有气体在固态时也是分子晶体。

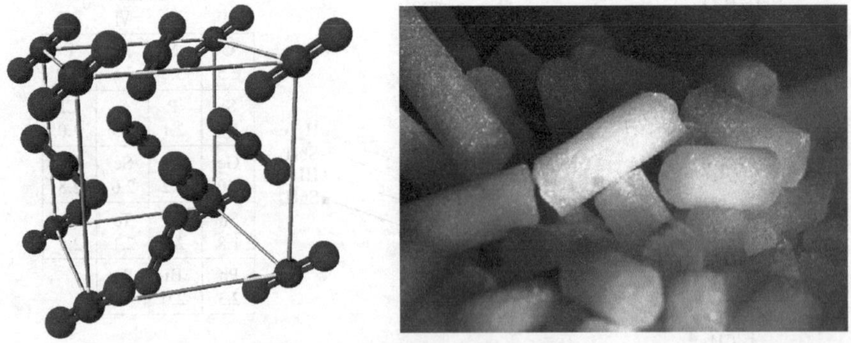

（a）　　（b）

图 3-47　CO_2分子结构（a）与干冰（b）

3.6　混合型晶体 Mixed Crystal

当晶体内同时存在几种不同的作用力时，具有几种晶体的结构和性质，这类晶体就称为混合型晶体（mixed crystal），又称过渡型晶体（transitional crystal）。如石墨晶体就是一种典型的混合型晶体。图 3-48 所示为石墨的晶体结构。

石墨晶体具有层状结构，处于同一层中的 C 原子以 sp^2 杂化轨道与同层相邻的三个 C 原子形成 σ 键，键角为 120°，C 原子在层内形成了一个巨大的六角形蜂巢状的层状结构。因同一层内晶体中的原子之间是由共价键相连接的，所以石墨晶体具有原子晶体的高熔点的性质。C 原子 sp^2 杂化后还剩下含有一个电子的 2p 轨道，这个 p 轨道的空间伸展方向与石墨的层状结构垂直，因此，同一层中 C 原子的 2p 轨道相互重叠，形成了一个巨大的 π 键（又称离域 π 键），这个 π 键组成了相当于金属能带中的导带（半充满），组成大 π 键的电子可以在整个 C 原子层自由运动。图 3-49 所示为石墨晶体的杂化轨道。因此，石墨晶体又具有金属晶体的特征，在晶体层平面方向上具有良好的导电、导热性。石墨晶体中，层与层之间是以分子间的范德华力相吸引的，因原子的范德华半径较大，所以层与层的间距要大于同一层内 C 原子的间距。因分子间作用力较弱，所以石墨的层与层之间容易滑动。但电子在层与层之间不能自由运动，在垂直于 C 原子层方向，石墨的导电、导热性均很差。石墨晶体在这个方向上的性质又类似于分子晶体。由此可见，石墨晶体兼有共价晶体、金属晶体和分子晶体的特征，因此称为混合型晶体。

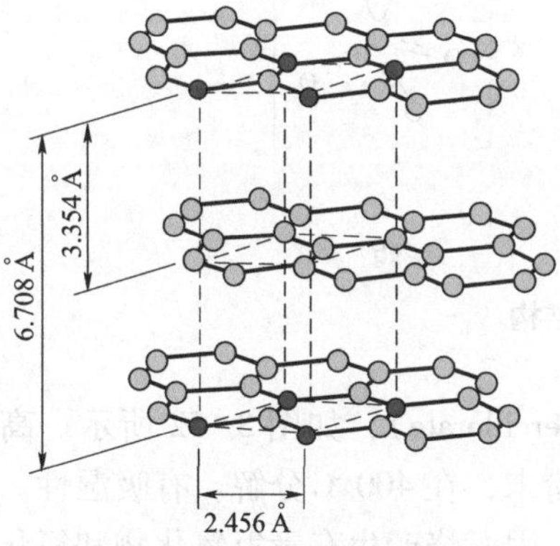

图 3-48　石墨的结构

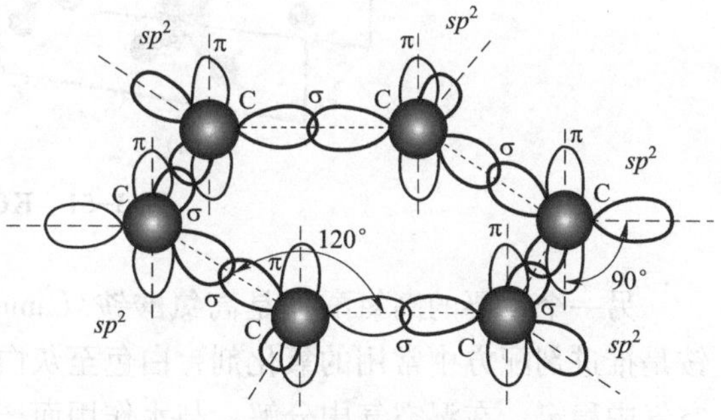

图 3-49　石墨晶体的杂化轨道

3.7　含能材料制造中常用的单质及化合物 Frequently Used Pure Substances and Compounds in Energetic Materials

含能材料制造中常用到的无机物有金属、金属氧化物和含氧酸盐。下面分别选取经典的几种物质进行讨论。

3.7.1 含氧酸盐

含氧酸盐如硝酸钾、高氯酸钾、高氯酸铵等都作为氧化剂广泛应用于含能材料制造中。硝酸钾（potassium nitrate）室温常压下为白色晶体，微潮解，易溶于水，不溶于无水乙醇和乙醚，是制造黑色火药，如矿山火药、引火线、爆竹等的重要原料，也用于焰火以产生紫色火花。其晶体结构属于混合晶体，钾离子与硝酸根之间是离子键，硝酸根中的氮和氧之间是共价键。如图 3-50 所示。

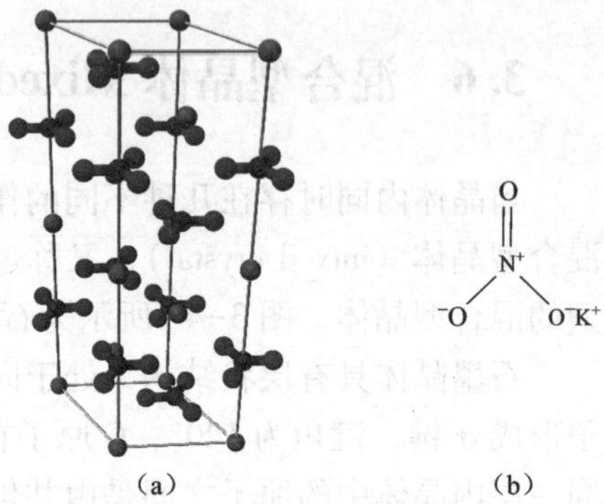

图 3-50 KNO_3的晶体结构

高氯酸盐是推进剂、烟火药中常用的原料，具有强氧化剂，其结构如图 3-51 所示。与还原剂、有机物、易燃物如硫、磷或金属粉等混合可形成爆炸性混合物。运输和使用环节需要防火，避免高温。高氯酸钾（potassium perchlorate）受热分解即生成氯酸钾，并释放氧气。常态下，高氯酸钾呈无色结晶或白色结晶粉末，熔点 610 ℃（分解），微溶于水，不溶于乙醇，主要用作氧化剂、固体火箭燃料、烟花和照明剂等。高浓度接触会严重损害黏膜、上呼吸道、眼睛及皮肤。中毒表现有烧灼感、咳嗽、喘息、气短、喉炎、头痛、恶心和呕吐等。

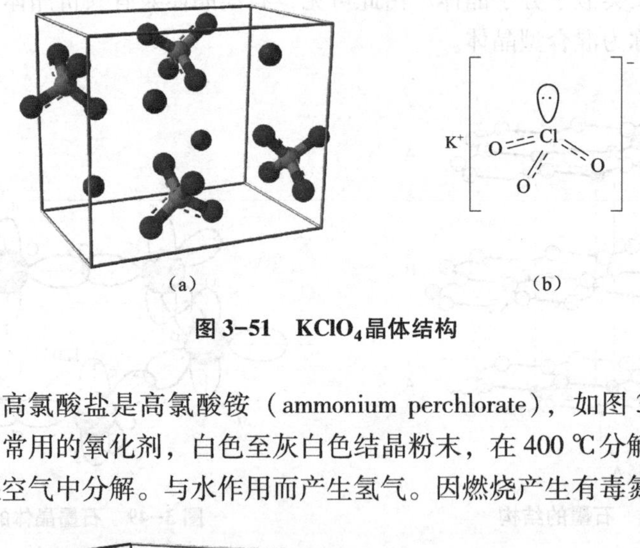

图 3-51 $KClO_4$晶体结构

另一个重要的高氯酸盐是高氯酸铵（ammonium perchlorate），如图 3-52 所示。高氯酸铵是推进剂配方中常用的氧化剂，白色至灰白色结晶粉末，在 400 ℃分解。有吸湿性。在干空气中稳定，在湿空气中分解。与水作用而产生氢气。因燃烧产生有毒氮氧化物和氯化物烟

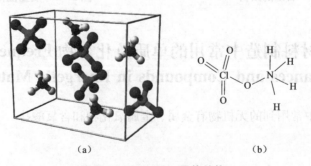

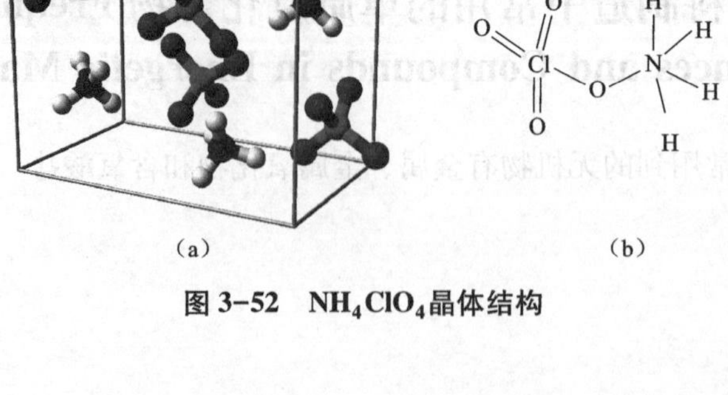

图 3-52 NH_4ClO_4晶体结构

雾，不能满足低信号特征需求，所以逐渐退出推进剂制造领域，但其在民用炸药行业的地位举足轻重。高氯酸铵属于典型的混合晶体，铵根离子和硝酸根离子之间是离子键，氮与氢、氯和氧之间的结合为共价键。

3.7.2 高活性金属

高反应活性、高热值的金属粉末一直以来是复合型含能材料设计与制造的重要组成成分。如镁粉（magnesium）、硼粉、铝粉（aluminium）和锆粉等广泛应用于火工药剂、推进剂和高能炸药。金属粉末种类的选择、添加比例的确定以及混合方式、尺寸形貌的改变等都会对含能体系的释能效应产生深刻影响，而能量释放规律的调控对于含能材料设计具有重要意义。

在含能材料体系中添加金属粉是提高含能材料体系能量性能的主要途径之一。由于金属粉燃烧时放出大量的热，而它们本身又都有高的密度，将其加入推进剂中可提高推进剂的燃烧温度，从而提高推进剂的能量、燃烧速率、比冲以及推进剂的密度等。同时，燃烧生成的一些固体金属氧化物颗粒，还能起抑制振荡燃烧的作用，从而可有效改善固体推进剂的燃烧稳定性。同时，在炸药中加入高活性的金属铝粉可明显提高炸药的爆速、改善爆轰性能、提高做功能力等。图 3-53 所示为铝、镁金属晶体结构。

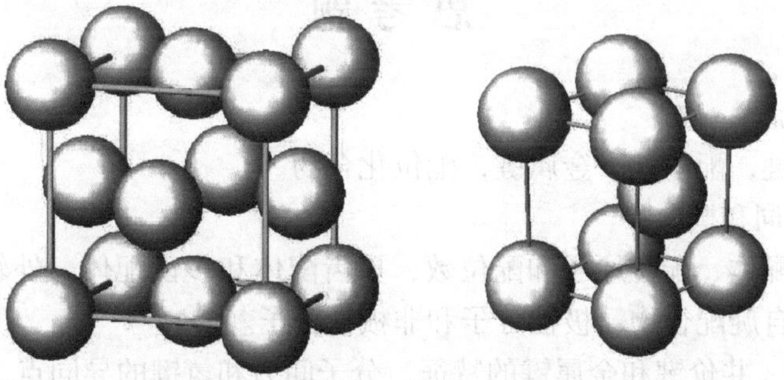

(a)　　(b)

图 3-53　金属铝和镁

(a) 铝；(b) 镁

3.7.3 叠氮化物

在无机化学中，叠氮化合物指的是含有叠氮根离子的化合物（N_3^-）；在有机化学中，则指含有叠氮基（—N_3）的化合物。叠氮根离子为直线形结构，价电子数为 16。叠氮根离子的化学性质类似于卤离子，例如白色的 AgN_3 和 $Pb(N_3)_2$ 难溶于水。作为配体，能和金属离子形成一系列配合物。

绝大多数叠氮化物进行爆炸分解，但也可通过热化学、光化学或放电法使其缓慢分解。爆炸分解的结果是产生相应的单质，分解热即相当于该化合物的标准生成焓。重金属叠氮化物的分解是由于叠氮根离子的激发，结果一个电子跃迁到导带，产生叠氮基。重金属叠氮化物能够迅速分解，能导致爆炸点火或起爆，具有高度爆炸性。叠氮化铅（lead azide）对撞击极敏感，故常用于起爆药，叠氮化钠用于汽车的安全气囊内。

叠氮化合物有毒性，它能抑制细胞色素氧化酶及多种其酶活性，并导致磷酸化及细胞呼吸异常，叠氮酸及其钠盐直接作用于血管平滑肌会引起血管张力极度降低，产生的毒副作用类似于亚硝酸盐，但毒性较之更强。大剂量叠氮化合物的摄入会升高血压，引起全身痉挛，继而休克。

$Pb(N_3)_2$简称氮化铅，其结构如图3-54所示，呈白色结晶，有α和β两种晶型，α型为短柱状，β型为针状。β型的感度很大，极易爆炸。一般生产使用的为α型，其密度为4.71 g/cm^3，吸湿性小，但在水中也能爆炸。在干燥条件下，一般不与金属作用，热安定性较好，在50 ℃贮存3~5年变化不大。接近晶体密度时的爆速为5 300 m/s。撞击感度和摩擦感度均较雷汞的高，起爆力也比雷汞的强，对特屈儿的极限起爆药量为0.030 g。

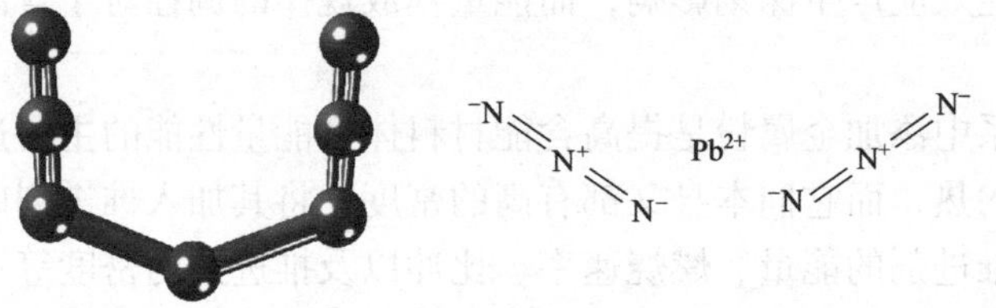

图3-54　叠氮化铅的结构

思考题

1. 解释下列概念：

离子键，共价键，配位键，金属键，配位化合物。

2. 区别下列名词和概念：

σ键和π键，配体、配位原子和配位数，单齿配体和多齿配体，外轨配键和内轨配键，高自旋配合物和低自旋配合物，极性分子和非极性分子。

3. 简述离子键、共价键和金属键的特征，分子间力和氢键的异同点。

4. 根据元素在周期表中的位置，试推测哪些元素之间易形成离子键，哪些元素之间易形成共价键。

5. 离子半径$r(Cu^+)<r(Ag^+)$，所以Cu^+极化力大于Ag^+的，但Cu_2S的溶解度却大于Ag_2S的，何故？

6. 什么叫原子轨道的杂化？为什么要杂化？

第 4 章
酸和碱
Acids and Bases

4.1 电解质溶液理论简介 Introduction of Electrolyte Solutions

在我们讨论溶液中的酸碱问题时，涉及溶液中的正、负离子，这些带电的粒子由于静电引力的作用，其性质显然与不带电的粒子大不相同，因而有必要对电解质溶液理论作简单的回顾。

4.1.1 阿仑尼乌斯的部分电离理论

在水溶液中或熔融状态下能导电的物质称为电解质，不能导电的物质称为非电解质。根据其水溶液中导电能力的强弱，可分为强电解质（strong electrolyte）和弱电解质（weak electrolyte）。酸、碱、盐等无机化合物都是强电解质，其中强酸、强碱和典型的盐都是强电解质，弱酸、弱碱和某些盐（如氯化汞）是弱电解质。有机化合物中的乙酸、酚和胺等都是弱电解质。

从表 4-1 中的 i 值可以看出，在电解质溶液中的粒子数显然要多于同浓度的非电解质溶液。

表 4-1 不同浓度下 HCl、KCl、K_2SO_4 的 i 值

i=各种依数性的实验值/依数性的理论值

电解质	电解质的浓度 c_B/（$mol \cdot L^{-1}$）				
	0.001	0.005	0.01	0.05	0.1
HCl	1.99	1.98	1.97	1.94	1.92
KCl	1.98	1.96	1.94	1.89	1.86
K_2SO_4	2.90	2.80	2.74	2.54	2.44

1887 年，阿仑尼乌斯（S. A. Arrhenius）（图 4-1（a））根据电解质水溶液能导电和它的稀溶液的依数性“异常”的现象，认为电解质在水溶液中能部分电离成带有电荷的正、负离子，溶液中粒子的数目增加，所以 i 值总是大于 1。对于 KCl 来说，如果它百分之百地电离，则粒子数增加一倍，i 值应等于 2，对于 K_2SO_4 而言，则 i 值应等于 3，但由于电离的程度不同，而 i 值总是小于百分之百电离时质点数所增加的倍数（2，3，4，…）。阿仑尼乌

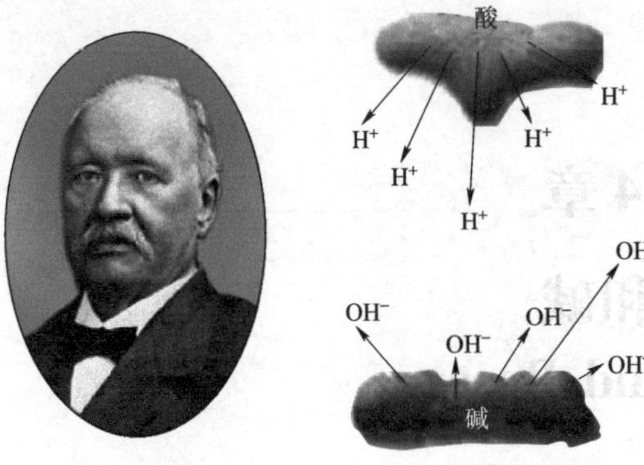

（a）　　（b）

图 4–1　阿仑尼乌斯（a）及其酸碱理论（b）

斯认为在水溶液中电解质是部分电离的，在离子和未电离的分子之间建立了平衡，同时，他提出了电离度（degree of ionization）的概念，认为溶液越稀，电离度越大。所谓电离度（α），是指达到电离平衡时，总分子数中电离成离子的分数（或已电离的溶质分子数与原有溶质分子总数之比），用公式表示为

$$\alpha=\frac{\text{已电离的溶质分子数}}{\text{原有溶质的分子数}}\times 100\% \tag{4.1}$$

$$\alpha=\frac{\text{已电离的电解质(即离子)的浓度}}{\text{电解质的浓度}}\times 100\% \tag{4.1a}$$

例如 HAc，设原始浓度为 c，则平衡时：

$$HAc \rightleftharpoons H^+ + Ac^-$$

$$c(1-\alpha) \quad c\alpha \quad c\alpha$$

$$K_a=\frac{c\alpha\times c\alpha}{c(1-\alpha)} \tag{4.2}$$

这就是阿仑尼乌斯的部分电离学说。阿仑尼乌斯的理论对研究电解质溶液的性质做出了巨大的贡献。特别是对弱电解质，至今仍被普遍使用。但是随着科学的发展，发现这一理论存在着不少缺陷，如把所有电解质都看成是部分电离的，这一假定不符合事实。经 X 射线研究表明，在离子型化合物如固态 NaCl 中，根本没有 NaCl 分子存在。既然固态中不存在 NaCl 分子，而假定在溶液中出现 NaCl 分子，并和其离子建立平衡的假定是不合理的。对于溶液中的离子，它们带有不同的电荷，离子之间如何相互作用，这一点也是电离理论所没有考虑到的，特别是对强电解质，这个理论就不适用。

由部分电离理论可知，阿仑尼乌斯对于酸碱的定义为：酸在水溶液中解离出氢离子，而碱则解离出氢氧根离子。他因此而获得了 1903 年诺贝尔化学奖。

4.1.2　强电解质溶液理论的基本概念

德拜（P. Debye）和休格尔（E. Huckel）认为，强电解质在水溶液中都百分之百地电离，但由于离子间的相互作用，离子的行动并不完全自由。由于带不同电荷的离子相互吸引的结果，离子在水溶液中的分布是不均匀的。在正离子附近，负离子多一些；负离子附近，正离子多一些。在中心离子周围形成了一个带相反电荷的“离子氛”（ion atmosphere）包围着中心离子。当电解质溶液通电时，带正电荷的离子向负极移动，但它的“离子氛”却要向正极移动，由于相互吸引的结果，离子运动的速度显然要比自由离子的慢些。因此，溶液的导电性就比理论上要低一些。溶液导电性能的高低取决于溶液中自由离子数目的多少和离子的迁移速度。自由离子数的减少，即表现为电离程度的降低。这就是强电解质溶液的几种依数性“异常”的原因。

离子氛的大小与溶液中离子的浓度及它的价态有关，在通常情况下，其半径的数量级约

为 10^{-10} m。

4.1.3　离子强度的概念

在强电解溶液中，由于离子受到带相反电荷的离子氛的影响（或牵制），使离子不论是在导电性能或者是依数性的作用等方面都不能充分发挥其“理想”作用，表观上相当于离子数目的减少，我们把电解质溶液中离子实际发挥作用的浓度称为“有效浓度”，有效浓度显然低于溶液原有的实际浓度。这种有效浓度就是活度，用符号 α 表示。活动系数（在通常情况下 $\gamma<1$）是溶液中离子间作用力的反映，其值显然与溶液中所有离子的浓度和所带的电荷（即相应的价态）有关。为此，又提出了离子强度（ionic strength）I 的概念。其定义为

$$I = \frac{1}{2}\sum_i m_i z_i^2 \tag{4.3}$$

式中，m_i 和 z_i 分别为溶液中第 i 种离子的质量摩尔浓度和该离子的电荷数；I 的单位为 $\mathrm{mol \cdot kg^{-1}}$。

离子强度 I 反映了离子间作用力的强弱，I 值越大，离子间的作用力越大，活度系数就越小；反之，I 值越小，离子间的作用力越小，活度系数就越大。

例 4.1　计算：（1）0.10 $\mathrm{mol \cdot kg^{-1}}$ $NaNO_3$ 溶液；（2）0.10 $\mathrm{mol \cdot kg^{-1}}$ Na_2SO_4 溶液和（3）0.020 $\mathrm{mol \cdot kg^{-1}}$ KBr+0.030 $\mathrm{mol \cdot kg^{-1}}$ $ZnSO_4$ 溶液的离子强度。

解：(1) $I = \frac{1}{2}[c(Na^+)z^2(Na^+) + c(NO_3^-)z^2(NO_3^-)]$

$= \frac{1}{2} \times [0.10 \times (+1)^2 + 0.10 \times (-1)^2] = 0.10\ (\mathrm{mol \cdot kg^{-1}})$

(2) $I = \frac{1}{2}[c(Na^+)z^2(Na^+) + c(SO_4^{2-})z^2(SO_4^{2-})]$

$= \frac{1}{2} \times [0.20 \times (+1)^2 + 0.10 \times (-2)^2] = 0.30\ (\mathrm{mol \cdot kg^{-1}})$

(3) $I = \frac{1}{2}[c(K^+)z^2(K^+) + c(Br^-)z^2(Br^-) + c(Zn^{2+})z^2(Zn^{2+}) + c(SO_4^{2-})z^2(SO_4^{2-})]$

$= \frac{1}{2} \times [0.020 \times (+1)^2 + 0.020 \times (-1)^2 + 0.030 \times (+2)^2 + 0.030 \times (-2)^2]$

$= 0.14\ (\mathrm{mol \cdot kg^{-1}})$

值得注意的是，只有离子浓度才能用来计算离子强度。比如 0.10 $\mathrm{mol \cdot kg^{-1}}$ $HgCl_2$ 溶液，离子强度并不是 0.3 $\mathrm{mol \cdot kg^{-1}}$，因为 $HgCl_2$ 在水溶液中几乎完全处于未解离状态（即以中性分子 $HgCl_2$ 存在），因此，离子强度实际上趋于零。类似地，0.05 $\mathrm{mol \cdot kg^{-1}}$ HAc 溶液，离子强度仅约 0.000 5 $\mathrm{mol \cdot kg^{-1}}$，因 HAc 在溶液中只有约 1% HAc 解离成离子。

4.2　布朗斯特酸碱理论 Bronsted Acid-base Theory

阿仑尼乌斯的电离理论只适用于水溶液，因此又常称为水-离子理论。这个理论为人们

提供了一个描述溶液酸碱强度的定量标度，利用一定的实验手段（如滴定、测溶液的导电程度或用 pH 计等）就可以测出溶液中的 H^+浓度，并可比较各种酸碱的相对强度。这一理论在化学的发展过程中起了很大作用，至今仍普遍使用。

但这一理论也存在着很大的局限性：有些物质如 NH_4Cl 水溶液具有酸性，Na_2CO_3、Na_3PO_4 等物质的水溶液呈碱性，但前者自身并不含 H^+，后者也不含有 OH^-，此理论只限于水溶液，对非水系统和无溶剂系统中酸碱性的说明则无能为力。为此，又产生了许多酸碱理论。酸碱的质子论就是其中的一种。

4.2.1 质子论酸碱的定义

酸碱质子理论（proton theory of acid-base）是 1923 年分别由丹麦物理化学家布朗斯特（J. N. Bronsted）和英国化学家劳里（T. M. Lowry）同时提出的，又称为布朗斯特-劳里质子理论。如图 4-2 所示。酸碱质子理论认为：凡能够提供质子（proton）（氢离子 hydrogen ion）的任何分子或离子就是酸（acid），凡能够与质子化合（或接受质子）的分子或离子就是碱（base）。

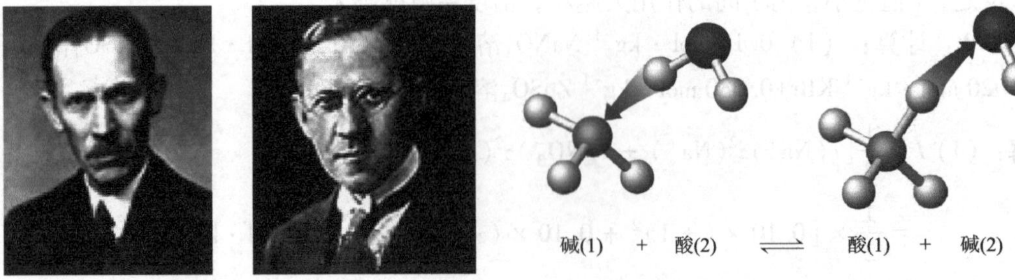

（a）　　　　（b）　　　　（c）

图 4-2　布朗斯特-劳里酸碱质子理论

（a）布朗斯特；（b）劳里；（c）酸碱质子理论

酸和碱的关系可用下式表示：

$$HA \rightleftharpoons A^- + H^+$$

$$酸 \rightleftharpoons 碱 + 质子$$

酸给出质子后，剩余的部分就是碱。在这类反应中，酸被看成是质子给予体（proton doner），碱为质子接受体（proton aceptor）。例如：

$$HCl \rightarrow Cl^- + H^+$$

$$[Al(H_2O_6)]^{3+} \rightleftharpoons [Al(OH)(H_2O_5)]^{2+} + H^+$$

$$NH_4^+ \rightleftharpoons NH_3 + H^+ \tag{4.4}$$

$$HAc \rightleftharpoons Ac^- + H^+$$

$$H_2CO_3 \rightleftharpoons HCO_3^- + H^+$$

$$HCO_3^- \rightleftharpoons CO_3^{2-} + H^+$$

左边的反应物都是酸，它可以是分子、正离子或负离子；右边的产物有碱和 H^+，碱也可以是分子、正离子或负离子。一种酸与其释放一个质子后产生的碱称为共轭酸碱对

(conjugated pair of acid-base)，或者说一个碱与质子结合后而形成的酸共轭。由于酸解离出质子就变成它的共轭碱，所以酸比它的共轭碱永远多带一个正电荷。共轭的酸和碱必定同时存在。酸给出质子的倾向越强，则其共轭碱接受质子的倾向越弱；碱接受质子的倾向越强，则其共轭酸给出质子的倾向越弱。式（4.4）的后两例表明，HCO_3^-在某一共轭酸碱对中是酸，在另一共轭酸碱对中是碱，这类分子或离子称为两性物质（amphoteric compound）。

水-离子理论把溶剂限制于水，而质子论不受溶剂的限制，它强调的是有质子参加反应的物质。因此，质子论的酸碱范围就广泛得多。水-离子理论把物质分为酸、碱和盐，而质子论把物质分为酸、碱和非酸非碱物质，例如水-离子理论认为Na_2CO_3是盐，质子论则认为CO_3^{2-}是碱，而Na^+是非酸非碱物质，它既不提供质子，也不接受质子。表4-2列举了常见的一些质子酸碱。

表4-2 常见的质子酸碱

酸			共轭碱	
分子		HI，HBr，HCl，HF，HNO_3，$HClO_4$，H_2SO_4，H_3PO_4，H_2S，H_2O，HCN，H_2CO_3	I^-，Br^-，Cl^-，F^-，NO_3^-，ClO_4^-，HSO_4^-，SO_4^{2-}，HS^-，S^{2-}，OH^-，O^{2-}，$H_2PO_4^-$，CN^-，HCO_3^-，CO_3^{2-}	负离子
离子	正	$[Al(H_2O)_6]^{3+}$，NH_4^+，$C_2H_5NH_3^+$	NH_3，H_2O，胺类，N_2H_4，NH_2OH	分子
	负	HSO_4^-，$H_2PO_4^-$，HCO_3^-，HS^-	$[Al(OH)(H_2O)_5]^{2+}$，$[Cu(OH)(H_2O)_3]^+$，$[Fe(OH)(H_2O)_5]^{2+}$	正离子

4.2.2 质子论的酸碱反应

由式（4.4）所表示的酸碱平衡中的氢离子实际上大都不能单独存在，因为质子的离子半径小，又带正电荷，所以不可能以游离状态存在。事实上，质子在水溶液中的平均寿命约 10^{-14} s。因此，质子一出现，便立即附着于另一分子或离子（通常是溶剂分子），产生一种酸。例如：

$$H^+ + H_2O \rightleftharpoons H_3O^+$$

质子　碱　　酸

这又是一个共轭酸碱对，其中 H_2O 是质子论中的碱。

显然，在溶液中，式（4.4）中各反应必然存在另一种共轭酸碱对：

共轭酸碱对1　$HAc \rightleftharpoons Ac^- + H^+$

酸1　　碱1

共轭酸碱对2　$H^+ + H_2O \rightleftharpoons H_3O^+$

碱2　　　酸2

两式相加总反应：$HAc+H_2O \rightleftharpoons Ac^- + H_3O^+$ (4.5)

酸1　碱2　　碱1　酸2

H^+

由式（4.5）可见，通过两个共轭酸碱对的反应，净的结果是 HAc 把质子 H^+ 传递给了 H_2O。如果没有共轭酸碱对2（即第二个反应）的存在，没有 H_2O 接受 H^+，则 HAc 就不能发生在水中的解离。

式（4.5）表明，任何酸碱反应都可以看作是质子在两个酸碱对之间的传递。由于式（4.4）中的反应不能单独进行，故称为酸碱半反应（half-reaction of acid-base）（这与氧化还原半反应类似）。质子传递反应（protolysis reaction）是两个酸碱半反应的结合。质子传递的方向则与酸碱的强度有关，若酸1是强酸，碱2是强碱，则质子传递反应（即式（4.5）的反应）向右进行。若碱1是弱碱，酸2是弱酸，则质子传递反应也能向右进行。而生成强酸和强碱的反应是很难进行的，因此，质子传递反应一般总是朝着生成比原先更弱的酸和碱的方向进行。

一种化合物是否表现为酸，在很大程度上与溶剂的性质有关。例如，氯化氢溶于苯，但不显示酸性，这是因为苯分子的碱性很弱，而且介电常数很低（$\varepsilon = 2.27\ F \cdot m^{-1}$）。在像水这样的溶剂中，因水具有显著的碱性且介电常数较高，氯化氢发生完全解离。

反应1　　$HCl \longrightarrow Cl^- + H^+$

反应2　　$H^+ + H_2O \rightleftharpoons H_3O^+$

两式相加总反应：$HCl+H_2O \rightleftharpoons Cl^- + H_3O^+$ (4.6)

酸1　碱2　　碱1　酸2

H^+

H_3O^+代表碱 H_2O 的共轭酸，称为水合氢离子。按照质子论，醋酸根离子可接受一个质子，所以是一种碱，在水溶液中可发生下列酸碱反应：

共轭反应1　　$H^+ + Ac^- \rightleftharpoons HAc$

共轭反应2　　$H_2O \rightleftharpoons H^+ + OH^-$

两式相加总反应：$H_2O+Ac^- \rightleftharpoons HAc+OH^-$ (4.7)

酸2　碱1　　酸1　碱2

H^+

式（4.7）中，H_2O 是酸，氢氧根离子 OH^- 是酸 H_2O 的共轭碱。由式（4.6）和式（4.7）可见。水分子是一种两性物质，它既可给出质子起酸的作用，又可接受质子起碱的作用。于是在水分子间也可发生质子交换。水的这种酸碱反应称为水的质子自递反应：

共轭反应1　　$H_2O \rightleftharpoons H^+ + OH^-$

共轭反应2　　$H^+ + H_2O \rightleftharpoons H_3O^+$

两式相加总反应：$H_2O+H_2O \rightleftharpoons OH^- + H_3O^+$ (4.8)

酸1　碱2　　碱1　酸2

H^+

式（4.8）的平衡常数表达式为：

$$K=\frac{[H_3O^+][OH^-]}{[H_2O]^2} \tag{4.9}$$

由于纯液体的浓度视为1，因此，式（4.9）可写成：

$$K_w=[H_3O^+][OH^-] \tag{4.10}$$

或简写成：

$$K_w=[H^+][OH^-] \tag{4.11}$$

K_w称为水的质子自递常数，其数值与温度有关。例如，在0 ℃时为1.10×10^{-15}，25 ℃时为1.00×10^{-14}，100 ℃时为5.50×10^{-13}。在25 ℃的纯水中：

$$[H^+]=[OH^-]=\sqrt{K_w}=10^{-7}$$

$$pH=-\lg[H^+]=7.00$$

可见，通常所说纯水的pH为7是针对25 ℃时的水而言。

质子理论最明显的优点是将阿仑尼乌斯的水-离子理论推广到所有能发生质子传递的系统，而不管它的物理状态如何，也不管是否有溶剂。例如，下列反应都是质子理论范畴中的酸碱反应：

① 在溶液NH_3中：

$$NH_4^+ + NH_2^- = NH_3 + NH_3$$

H^+

② HCl(g)和NH_3(g)反应，生成NH_4Cl固体：

$$HCl(s) + NH_3(g) = NH_4Cl^-(s)$$

H^+

③ 某种固液相反应：

$$2NH_4NO_3(l) + CaO(s) \xrightarrow{\triangle} Ca(NO_3)(s) + 2NH_3(g) + H_2O(g)$$

H^+

从原则上讲，任何含有氢的化合物，都可能成为酸，但实际上很多含氢化合物（如烃类CH_4等）失去质子的趋势极小，所以通常不把它们看作酸。同样，任何酸的阴离子都是碱，但对于非常强的酸的阴离子，如Cl^-，接受质子的趋势很小，所以通常不把它们看作碱。

许多反应如酸（碱）的电离、弱酸（弱碱）根的水解、中和反应、盐的生成反应等都可以纳入以质子的传递为基础的酸碱质子理论，见表4-3。

表4-3 酸碱质子理论实例

A_1+B_2	═══	B_1+A_2	传统的名称
$HCl+H_2O$	═══	$H_3O^++Cl^-$	酸的电离
H_2O+NH_3	═══	$OH^-+NH_4^+$	碱的电离

续表

A_1+B_2		B_1+A_2	传统的名称
H_2O+Ac^-	══	OH^-+HAc	弱酸根的水解
$NH_4^++H_2O$	══	$NH_3+H_3O^+$	弱碱根的水解
$H_3O^++OH^-$	══	H_2O+H_2O	中和反应
$HAc+NH_3$	══	$Ac^-+NH_4^+$	盐的生成
H_2O+H_2O	══	$OH^-+H_3O^+$	水的自偶电离
NH_3+NH_3	══	$NH_4^++NH_2^-$	液 NH_3 的自偶电离

4.2.3 质子酸碱的强度

质子酸或碱的强度是指它们给出或接受质子的能力。因此，凡容易给出或接受质子的，是强酸或强碱；反之，是弱酸或弱碱。由于每种酸都有一种共轭碱，因此，讨论酸的强度时都离不开它的共轭碱的强度。如图 4-3 所示。酸越强，式（4.4）平衡向右移动，其共轭碱必定越弱。但是因质子必须在两个共轭酸碱对之间传递，因此，不能根据酸或碱本身来确定它们的强度，只有在与其他酸碱对比较时才有意义。通常在水溶液中都是与水进行比较，可写成下列形式：

$$酸+H_2O \rightleftharpoons 碱+H_3O^+ \tag{4.12}$$

其平衡常数

$$K_a=\frac{[碱][H_3O^+]}{[酸]} \tag{4.13}$$

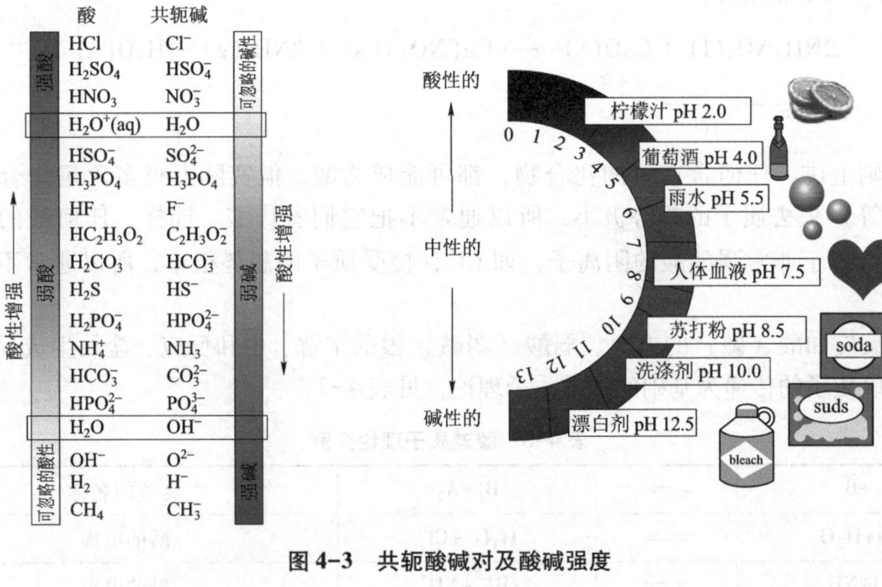

图 4-3 共轭酸碱对及酸碱强度

K_a称为酸的质子传递常数（constant of proton transfer）或酸的解离常数（ionization constant）。它在形式上虽与阿仑尼乌斯理论的解离常数相同，但已不是经典意义上酸碱本身的电离，之所以仍称为解离常数，仅因习惯而已。K_a是水溶液中酸强度的量度，其值大于10时为强酸，例如HCl、$HClO_4$、HNO_3、H_2SO_4等，它们的共轭碱都很弱。事实上，在水溶液中，Cl^-、ClO_4^-、NO_3^-等都是很弱的碱，几乎不能获取质子。

以HAc、H_2S和NH_4^+三种酸与水反应为例：

$$HAc + H_2O = H_3O^+ + Ac^- \text{ 或写作 } HAc = H^+ + Ac^-$$

$$NH_4^+ + H_2O = H_3O^+ + NH_3 \text{ 或写作 } NH_4^+ = H^+ + NH_3$$

$$H_2S + H_2O = H_3O^+ + HS^- \text{ 或写作 } H_2S = H^+ + HS^-$$

查表可知，它们的解离常数分别为

$$K_a(HAc) = \frac{[H^+][Ac^-]}{[HAc]} = 1.76 \times 10^{-5}$$

$$K_a(NH_4^+) = \frac{[H^+][NH_3]}{[NH_4^+]} = 5.64 \times 10^{-10}$$

$$K_a(H_2S) = \frac{[H^+][HS^-]}{[H_2S]} = 9.1 \times 10^{-8}$$

由K_a值的大小可知它们的强弱次序为：HAc>H_2S>NH_4^+。

类似地，一种碱有下列平衡：

$$\text{碱} + H_2O \rightleftharpoons \text{酸} + OH^- \tag{4.14}$$

其平衡常数：

$$K_b = \frac{[\text{酸}][OH^-]}{[\text{碱}]} \tag{4.15}$$

一种碱的强弱可用与酸类似的方法去考虑。酸碱强度的划分并无绝对的界限。

4.2.4 共轭酸碱对 K_a 和 K_b 的关系

设共轭酸碱对中的酸在水溶液中的解离常数为K_a，它的共轭碱的解离常数为K_b。例如，在水溶液中，共轭酸碱对NH_4^+/NH_3中的酸NH_4^+有K_a，碱NH_3有K_b，则其关系如下：

$$K_a \cdot K_b = \frac{[NH_3][H_3O^+]}{[NH_4^+]} \cdot \frac{[NH_4^+][OH^-]}{[NH_3]} = K_w \tag{4.16}$$

即一种酸的解离常数K_a与它的共轭碱的解离常数K_b的乘积等于水的质子自递常数K_w，在常温下：

$$pK_a + pK_b = pK_w = 14.00 \tag{4.17}$$

对于共轭酸碱对NH_4^+/NH_3，已知$K_a(NH_4^+) = 5.70\times10^{-10}$，$K_b(NH_3) = (1.00\times10^{-14})/(5.70\times10^{-10}) = 1.75\times10^{-5}$。由此推断$NH_3$是弱碱，它的共轭酸$NH_4^+$则是很弱的酸。

多元酸K_a和K_b的关系与式（4.16）不同。例如对于H_2CO_3来说，HCO_3^-是两性物质，既能做酸式解离，又能做碱式解离。

在共轭酸碱对HCO_3^-/CO_3^{2-}中，HCO_3^-作为酸，其解离常数为K_{a2}，CO_3^{2-}作为HCO_3^-的共

轭碱，其解离常数为 K_{b1}，其解离平衡和解离常数为

$$HCO_3^- + H_2O \rightleftharpoons H_3O^+ + CO_3^{2-};K_{a2} = \frac{[CO_3^{2-}][H^+]}{[HCO_3^-]}$$

$$CO_3^{2-} + H_2O \rightleftharpoons HCO_3^- + OH^-;K_{b1} = \frac{[HCO_3^-][OH^-]}{[CO_3^{2-}]} \tag{4.18}$$

$$K_{a2} \cdot K_{b1} = \frac{[CO_3^{2-}][H^+]}{[HCO_3^-]} \cdot \frac{[HCO_3^-][OH^-]}{[CO_3^{2-}]} = K_w$$

在共轭对 HCO_3^-/CO_3^{2-} 中，H_2CO_3 的酸解离常数为 K_{a1}，HCO_3^- 的碱解离常数为 K_{b2}，这时

$$H_2CO_3 + H_2O \rightleftharpoons HCO_3^- + H_3O^+;K_{a1} = \frac{[HCO_3^-][H_3O^+]}{[H_2CO_3]}$$

$$HCO_3^- + H_2O \rightleftharpoons H_2CO_3 + OH^-;K_{b2} = \frac{[H_2CO_3][OH^-]}{[HCO_3^-]}$$

因此

$$K_{a1} \cdot K_{b2} = \frac{[HCO_3^-][H_3O^+]}{[H_2CO_3]} \cdot \frac{[H_2CO_3][OH^-]}{[HCO_3^-]} = K_w \tag{4.19}$$

表 4-4 列出了一些在水溶液中的共轭酸碱对和 K_a 值。

表 4-4　室温下部分酸的解离常数

名称	分子式	K_{a1}	K_{a2}	K_{a3}
乙酸	$HC_2H_3O_2$	1.8×10^{-5}		
砷酸	H_3AsO_4	5.6×10^{-3}	1.0×10^{-7}	3.0×10^{-12}
亚砷酸	H_3AsO_3	5.1×10^{-10}		
维生素 C 酸	$HC_6H_7O_6$	8.0×10^{-5}	1.6×10^{-12}	
安息香酸	$HC_7H_5O_2$	6.3×10^{-5}		
硼酸	H_3BO_3	5.8×10^{-10}		
丁酸	$HC_4H_7O_2$	1.5×10^{-5}		
碳酸	H_2CO_3	4.3×10^{-7}	5.6×10^{-11}	
氯乙酸	$HC_2H_2O_2Cl$	1.4×10^{-3}		
亚氯酸	$HClO_2$	1.1×10^{-2}		
柠檬酸	$H_3C_6H_5O_7$	7.4×10^{-4}	1.7×10^{-5}	4.0×10^{-7}
氰酸	HCNO	3.5×10^{-4}		
蚁酸	$HCHO_2$	1.8×10^{-4}		
叠氮酸	HN_3	1.9×10^{-5}		
氢氰酸	HCN	4.9×10^{-10}		
氢氟酸	HF	6.8×10^{-4}		

续表

名称	分子式	K_{a1}	K_{a2}	K_{a3}
铬酸氢离子	$HCrO_4^-$	3.0×10^{-7}		
过氧化氢	H_2O_2	2.4×10^{-12}		
硒酸氢离子	$HSeO_4$	2.2×10^{-2}		
氢硫酸	H_2S	9.5×10^{-8}	1×10^{-19}	
次溴酸	HBrO	2.5×10^{-9}		
次氯酸	HClO	3.0×10^{-8}		
次碘酸	HIO	2.3×10^{-11}		
碘酸	HIO_3	1.7×10^{-1}		
乳酸	$HC_3H_5O_3$	1.4×10^{-4}		
丙二酸	$H_2C_3H_2O_4$	1.5×10^{-5}	2.0×10^{-6}	
亚硝酸	HNO_2	4.5×10^{-4}		
草酸	$H_2C_2O_4$	5.9×10^{-2}	6.4×10^{-5}	
过碘酸	H_5IO_6	2.8×10^{-2}	5.3×10^{-9}	
酚酸	HC_6H_5O	1.3×10^{-10}		
磷酸	H_3PO_4	7.5×10^{-3}	6.2×10^{-8}	4.2×10^{-13}
丙酸	$HC_3H_5O_2$	1.3×10^{-5}		
焦磷酸	$H_4P_2O_7$	3.0×10^{-2}	4.4×10^{-3}	
亚硒酸	H_2SeO_3	2.3×10^{-3}	5.3×10^{-9}	
硫酸	H_2SO_4	强酸	1.2×10^{-2}	
亚硫酸	H_2SO_3	1.7×10^{-2}	6.4×10^{-8}	
酒石酸	$H_2C_4H_4O_6$	1.0×10^{-3}	4.6×10^{-5}	

4.3 路易斯电子酸碱理论 Lewis Acid-base Theory

酸碱质子理论虽然比酸碱离子论和溶剂论应用范围广，但它仍有局限性，其不能讨论不含质子的物质，也不适用于无质子传递的反应。例如，我们早已熟悉的反应：

$$CaO+SO_3 = CaSO_4$$

虽然反应物都没有质子，但它们溶于水分别变成 $Ca(OH)_2$ 和 H_2SO_4，而 $Ca(OH)_2$ 和 H_2SO_4 反应的结果却与 CaO 和 SO_3 的反应一样，所以上述反应实质上也是酸碱反应。1923 年，路易斯（G. N. Lewis）根据大量酸碱反应的化学键变化，从原子的电子结构观点概括了酸碱反应的共同性质，提出了著名的路易斯酸碱定义：在反应过程中，能接受电子对的任何分子、原子团或离子称为酸；能给出电子对的任何分子、原子团或离子称为碱（这样定义的酸碱，有时也称为路易斯酸和路易斯碱）。在酸碱反应过程中电子发生转移，碱性物质提供电子对，酸性物质接受电子对，形成配位共价键，其生成物则称为酸碱加合物。因而路易斯的理论又称为酸碱电子论。如图 4-4 所示。

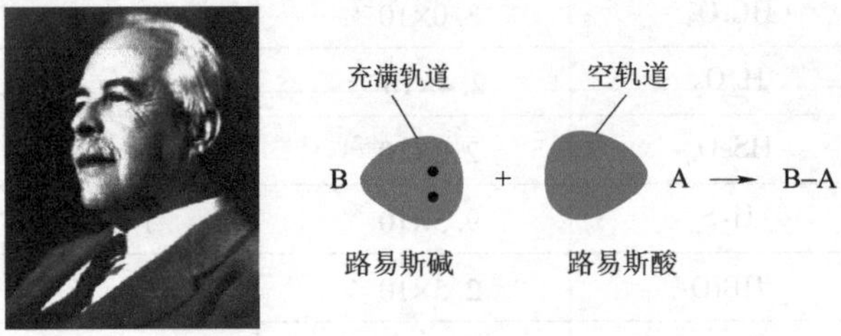

图 4-4　路易斯酸碱理论

按照酸碱电子论的观点，一种酸和一种碱反应可生成酸碱加合物，用公式表示就是

$$\underset{\text{酸}}{A} + \underset{\text{碱}}{:B} = \underset{\text{酸碱加合物}}{A:B} \tag{4.20}$$

例如：

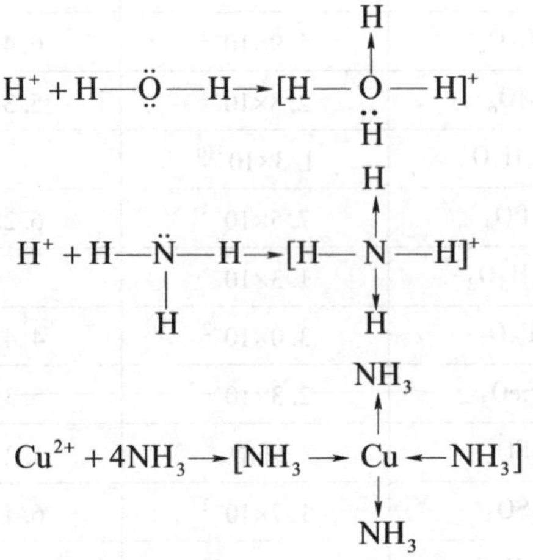

在反应中，H_2O 分子与 NH_3 分子都能提供一对电子给予质子，所以它们是路易斯碱。就质子论而言，H_2O、NH_3 分子能与 H^+ 结合，它们也是碱，这两种理论的结论相同，不谋而合。但是就酸的概念来说，路易斯将酸的概念扩大了，因为能接受电子对的物质不仅仅是质子，也可以是金属离子或缺电子的分子（如表 4-5 中反应序列 8）等。

表 4-5　酸碱加合反应

序号	A 酸	+	：B 碱	══	A：B 酸碱加合物
1	H^+	+	：OH^-	══	H—OH
2	HNO_3	+	：NR_3（胺）	══	$[R_3NH]+NO_3^-$
3	HCl	+	：NH_3	══	NH_4Cl
4	H_2O	+	CaO：	══	$Ca(OH)_2$
5	H_2SO_4	+	：N_2H_4	══	$N_2H_6SO_4$（硫酸联胺）
6	SO_3	+	BaO：	══	$BaSO_4$

续表

序号	A 酸 + ：B 碱	══ A：B 酸碱加合物
7	$AlCl_3$ + C═O(Cl：)(Cl：)	══ $[COCl]^+[AlCl_4]^-$
8	$CuSO_4$ + 4（：NH_3）	══ $[Cu(NH_3)_4]_2^+SO_4^{2-}$
9	BF_3 + HF：	══ HBF_4

若酸碱加合物中键合原子共享由碱提供的电子对形成新的化学键，这种化学键属于配位键。例如：

$$SO_3+CaO: \Longrightarrow O_3SOCa\text{（即 }CaSO_4\text{）}$$

CaO 中的 O 有 4 对电子，能提供一对电子给 SO_3 中的 S 形成酸碱加合物。所以 CaO 是碱，SO_3是酸。表 4-5 列举了一些酸碱加合反应，凡是有质子传递的反应都可以用电子论的观点来解释。表中前 5 个反应都是与质子有关的加合反应。尽管表示法与质子论有所不同，但实质上是一致的。

表 4-6 中，有些酸或碱本身就是酸碱的加合物。它们却分别以酸或碱的身份进行加合反应，生成更复杂的加合物。例如，H_2O 在表中的第 1 个反应中是酸碱加合物，但在第 4 个反应中它又以酸的身份参加一些加合反应。由于加合反应比较复杂，因而酸的强弱常不能用一种简单的标度来量度。例如，NH_3可作为碱，与 Cu^{2+}和 Cd^{2+}分别发生加合反应：

$$Cu^{2+}+4NH_3 \Longrightarrow Cu(NH_3)_4^{2+}$$

$$Cd^{2+}+4NH_3 \Longrightarrow Cd(NH_3)_4^{2+}$$

前一反应比较完全，平衡常数较大，表示 Cu^{2+}的酸性比 Cd^{2+}的强，但用 CN^-作为碱分别与 Cu^{2+}和 Cd^{2+}发生下列加合反应时：

$$Cu^{2+}+4CN^- \Longrightarrow Cu(CN)_4^{2-}$$

$$Cd^{2+}+4CN^- \Longrightarrow Cd(CN)_4^{2-}$$

后一反应比较完全，说明 Cd^{2+}的酸性反应比 Cu^{2+}的强，两者结论相反。所以，对于路易斯理论中的加合反应，不容易用简单的标度来衡量物质的酸碱性。

路易斯酸碱概念的使用范围较为广泛。一般来说，大多数配位化合物中含有金属离子，它可以接受电子，所以是酸；在金属离子周围的配位体可以提供电子对，所以是碱。在有机化合物中也可以解析为酸和碱两个部分，如乙酸乙酯（$CH_3COC_2H_5$），可以解析为乙酰正离子和乙氧负离子。这种对有机化合物的解析方法在有机化学中已被广泛使用，作为推测有机化学反应的一种方法。由于其应用范围较广，故有人称其为广义的酸碱理论。

客观事物总有其二重性，电子论也不是完美无缺，其不足之处，主要表现在路易斯酸碱的强度没有统一的标准，缺乏像质子论那样明确的定量关系。一种物质究竟是酸或是碱，需从具体的反应中方能确定。因此，在处理水溶液体系中的酸碱问题，或在基础课的教学中，常采用质子理论或阿仑尼乌斯的理论。

关于酸碱理论的讨论，除了上述几种理论外，还有许多理论，如皮尔逊（Person）提出的软硬酸碱的概念等，人们对酸碱的认识，总是在不断地深入之中。

4.4 水溶液中酸碱平衡计算的一般原则 Calculation Principles of Acid-base Equilibrium in Aqueous Solution

本节根据质子理论讨论水溶液中酸碱平衡的有关计算。如前所述，平衡常数表达了平衡时各物种平衡浓度间的关系，是进行酸碱平衡计算的基本关系式。但是式中有许多变量，必须引进其他一些关系式才能求解，这些关系式就是物料平衡式和电荷平衡式。例如，弱酸HA在水中存在两个独立的平衡：

$$HA \rightleftharpoons H^+ + A^-$$

$$H_2O \rightleftharpoons H^+ + OH^-$$

这里有四个变量［HA］、［H^+］、［A^-］和［OH^-］，而根据上述平衡只能提供两个方程式，即

$$K_a = \frac{[A^-][H^+]}{[HA]}$$

$$K_w = [H^+][OH^-] \tag{4.21}$$

K_a和K_w为已知，因此还需要另外两个方程式才能求解，它们可由“物料平衡”和“电荷平衡”给出。有了这4个方程式，便可解出4个变量中的任何一个变量。

在处理酸碱平衡的有关计算时，还经常采用另一种简便方法，即质子条件式。

4.4.1 物料平衡式

物料平衡（mass or material balance）是指在平衡状态下，某组分的分析浓度（即该组分在溶液中的总浓度）等于该组分各种平衡浓度的总和，其数学表达式叫作物料平衡式（mass or material balance equation）（常用符号MBE表示）。例如对于浓度为$c(HA)$的HA溶液，其物料平衡式为

$$c(HA) = [HA] + [A^-]$$

又如在浓度为$c(Na_2CO_3)$的Na_2CO_3溶液中，组分CO_3^{2-}的物料平衡式为

$$c(Na_2CO_3) = [H_2CO_3] + [HCO_3^-] + [CO_3^{2-}]$$

组分Na^+的物料平衡式为

$$2c(Na_2CO_3) = [Na^+]$$

4.4.2 电荷平衡式

电荷平衡（charge balance）是指溶液必须保持电中性，即溶液中所有正离子电荷的总和与所有负离子电荷的总和相等。例如，弱酸HA加入水中时，电荷平衡式（charge balance equation）（常用符号CBE表示）为

$$[H^+] = [A^-] + [OH^-]$$

对于高价离子，平衡浓度前应考虑相应的系数，例如浓度为$c(Na_2CO_3)$的Na_2CO_3溶液，其电荷平衡为

$$[Na^+] + [H^+] = [HCO_3^-] + 2[CO_3^{2-}] + [OH^-]$$

应注意的是，在电荷平衡式中不应包括中性分子H_2CO_3。

4.4.3　质子平衡式

在处理酸碱平衡的有关计算时，还常常采用另一种简便的关系式，即质子平衡方程式。在后面的计算中主要利用这一关系式。根据酸碱质子论，酸碱反应的本质是质子的传递，当反应达到平衡时，酸失去的质子和碱得到的质子的物质的量必然相等。其数学表达式称为质子平衡式（proton balance equation）或质子条件式（常用符号 PBE 表示）。

那么，如何求质子条件式呢？一种方法是由物料平衡式和电荷平衡式推导，但有时较麻烦。另一种较简单的方法是直接根据质子得失的关系得出。首先选择适当的物质作为考虑质子传递的参照物，通常选择那些在溶剂中大量存在并参与质子传递的物质，如溶剂和溶质本身，这些物质称为参考水准（reference level）或零水准（zero level）。然后，从参考水准出发，根据得失质子的物质的量相等的原则，即可写出质子条件式。

例如，对浓度为 $c(\mathrm{HA})=c\ \mathrm{mol\cdot L^{-1}}$ 的弱酸 HA 溶液，若采用第一种方法，根据物料平衡

$$[\mathrm{HA}]+[\mathrm{A^-}]=c \tag{4.22}$$

根据电荷平衡

$$[\mathrm{H^+}]=[\mathrm{A^-}]+[\mathrm{OH^-}] \tag{4.23}$$

将式（4.22）代入式（4.23），即得

$$[\mathrm{H^+}]=c+[\mathrm{OH^-}] \tag{4.24}$$

式（4.24）即为弱酸 HA 的质子平衡方程式。若采用第二种方法，即选择参考水准的方法，由于一元弱酸 HA 溶液中大量存在并参与质子传递的物质是 HA 和 H_2O，它们之间的质子传递反应是

HA 与 H_2O 间的质子传递：　$\mathrm{HA+H_2O \rightleftharpoons H_3O^+ + A^-}$

H_2O 分子间的质子自递：　$\mathrm{H_2O+H_2O \rightleftharpoons H_3O^+ + OH^-}$

相对于参考水准 H_2O 和 HA，H_2O 得到质子的产物为 H_3O^+，H_2O 和 HA 失去质子的产物为 OH^- 和 A^-。其得失关系也可用如下方式表示：

参考水准物	得质子后的产物	失质子后的产物
H_2O	H_3O^+	OH^-
HA		A^-

根据得失质子的物质的量相等的原则，同时考虑到它们同处于溶液中，可用浓度表示上述质子得失关系，其质子平衡式为

$$[\mathrm{H_3O^+}]=[\mathrm{OH^-}]+[\mathrm{A^-}]$$

或简写成

$$[\mathrm{H^+}]=[\mathrm{OH^-}]+[\mathrm{A^-}]$$

可见，根据选好的参考水准，只要将所有得到质子产物的浓度写在等号的一边，所有失去质子产物的浓度写在等号的另一边，就得到质子平衡式。

再举一个多元酸的例子。设某 Na_2HPO_4 溶液浓度 $c(\mathrm{Na_2HPO_4})=c\ \mathrm{mol\cdot L^{-1}}$。根据物料平衡

$$[\mathrm{Na^+}]=2c$$

$$[\mathrm{H_3PO_4}]+[\mathrm{H_2PO_4^-}]+[\mathrm{HPO_4^{2-}}]+[\mathrm{PO_4^{3-}}]=c \tag{4.25}$$

根据电荷平衡

$$[H^+]+[Na^+]=[H_2PO_4^-]+2[HPO_4^{2-}]+3[PO_4^{3-}]+[OH^-] \qquad (4.26)$$

将式（4.25）代入式（4.26），整理后可得质子条件

$$[H^+]+[H_2PO_4^-]+2[H_3PO_4]=[PO_4^{3-}]+[OH^-] \qquad (4.27)$$

若采用第二种方法，选 $H_2PO_4^-$ 和 H_2O 为参考水准。

参考水准物	得质子的产物	失质子的产物
HPO_4^{2-}	$H_2PO_4^-$ H_3PO_4	PO_4^{3-}
H_2O	H_3O^+	OH^-

得失质子的量必然相等，故可得

$$[H^+]+[H_2PO_4^-]+2[H_3PO_4]=[PO_4^{3-}]+[OH^-] \qquad (4.28)$$

这就是该溶液的 PBE，它和式（4.27）是一样的，但获得该式的过程要简单得多。需注意的是，从参考水准物 HPO_4^{2-} 得到两个 H^+ 时，才能得到 H_3PO_4，故在［H_3PO_4］之前应乘以系数 2。

在选择参考水准时，不能把共轭酸碱对中的两个组分都选作参考水准，而只能选择其中的任何一种。因为共轭酸碱对互为得（失）质子，若同时选作参考水准物，其作用互相抵消。例如，在 NH_3 和 NH_4Cl 的水溶液中，与质子传递有关的组分为 H_2O、NH_3、NH_4^+，由于 NH_4^+ 和 NH_3 为共轭酸碱对，因此，在 NH_3 和 NH_4^+ 中只能选其中的一个，如可选 NH_3 和 H_2O 或 NH_4^+ 和 H_2O 为参考水准。

4.5 酸碱溶液中 H^+ 浓度的计算 Calculation on Hydrogen Ion Concentration

酸度是水溶液最基本和最重要的参数之一，因此，讨论酸碱溶液 H^+ 浓度的计算具有重要的理论和实际意义。

在计算 H^+ 浓度时，常常涉及高次方程。然而，事实上高次方程在化学上常没有重要的意义。这不仅是因为一般对计算 H^+ 浓度的要求不高，而且有关数据或常数的测定本身就经常有百分之几的误差。

推导［H^+］的计算公式时，利用质子平衡方程式较为简便。首先列出有关质子平衡方程式，然后代入有关平衡常数表达式，经整理后得到计算［H^+］的精确式，再经适当简化，即略去一些次要项，得到近似式和最简式。也可在列质子条件时，直接省略一些次要项，得到简化的质子条件。下面分别讨论一些重要的酸碱系统［H^+］的计算。

4.5.1 强酸（碱）溶液

强酸在水溶液中实际上是完全电离的。所谓强酸，按惯例，将强酸定义为解离常数大于 10 的酸。换言之，若反应

$$HA \rightleftharpoons A^- + H^+; K_a = \frac{[A^-][H^+]}{[HA]} > 10$$

则 HA 即为强酸。这样，$HClO_4$、$HClO_3$、$HMnO_4$、HNO_3、HBr、HCl 及 H_2SO_4 的一级解离

都属强酸。

强碱的定义与强酸的类似。若反应

$$B + H_2O \rightleftharpoons HB^+ + OH^-;K_b = \frac{[HB^+][OH^-]}{[B]} > 10$$

则 B 为强碱。碱金属氢氧化物、胺类和四烷基胺的氢氧化物都是很强的碱，但后者在水溶液中都不稳定，通常使用的强碱仅限于碱金属氢氧化物，如 NaOH 和 KOH 等。

由于强酸（或强碱）在水中几乎是全部电离的，一般情况下，计算其 pH 比较简单。例如 0.3 $mol \cdot L^{-1}$ HCl 溶液，其 H^+浓度也是 0.3 $mol \cdot L^{-1}$，即 $[H^+] = c(HCl) = 0.3\ mol \cdot L^{-1}$，pH=0.5。但是如果强酸（或强碱）的浓度很小，例如 $10^{-6}\ mol \cdot L^{-1}$，则与纯水中 H^+浓度（$[H^+] = 10^{-7}\ mol \cdot L^{-1}$）比较接近。因此，计算酸（碱）度时，除了酸（或碱）自身解离得到的 H^+（或 OH^-）外，还需要考虑由 H_2O 的解离而产生的 H^+（或 OH^-）。以下从最一般的情况考虑，然后再根据具体情况予以简化。

强酸溶液的 pH 可从提供质子的两个来源考虑：酸的解离和水的解离。

$$HA \rightleftharpoons H^+ + A^-$$

$$H_2O \rightleftharpoons H^+ + OH^-$$

因强酸实际上是完全电离的，因此，由强酸提供的 H^+浓度即为酸的分析浓度 c_A，由水提供的氢离子浓度等于 $K_w / [H^+]$，溶液中的氢离子浓度应是这两部分的总和，即

$$[H^+] = c_A + \frac{K_w}{[H^+]} \tag{4.29}$$

式（4.29）是计算强酸溶液 $[H^+]$ 的精确式。通常式（4.29）右边的两项可按下述三种情况作近似处理。

若 $c_A > 10^{-6}\ mol \cdot L^{-1}$，可忽略水的解离，因水所提供的 $[H^+]$ 必定小于 $10^{-8}\ mol \cdot L^{-1}$，即 $[H^+] = c_A$。

若 $10^{-8}\ mol \cdot L^{-1} < c_A < 10^{-6}\ mol \cdot L^{-1}$，两项不可忽略，需解一元二次方程。

若 $c_A < 10^{-8}\ mol \cdot L^{-1}$，pH≈7，这时 H^+ 主要来自水的解离。

强碱的情况与此完全类似，设强碱的浓度为 c_B，则强碱溶液质子平衡式为

$$[OH^-] = c_B + [H^+]$$

同法可按强酸的简化原则处理。

例 4.2　计算下列溶液的 pH：

（1）0.025 $mol \cdot L^{-1}$ HCl；（2）$7.0 \times 10^{-4}\ mol \cdot L^{-1}$ NaOH；

（3）$1.0 \times 10^{-7}\ mol \cdot L^{-1}$ NaOH；（4）$10^{-12}\ mol \cdot L^{-1}$ HNO_3。

解：（1）HCl 为强酸，且 $c_A = c(HCl) > 10^{-6}\ mol \cdot L^{-1}$，所以

$$[H^+] = 0.025\ mol \cdot L^{-1},\ pH = -\lg(2.5 \times 10^{-2}) = 1.60$$

（2）NaOH 为强碱，且 $c_B = c(NaOH) > 10^{-6}\ mol \cdot L^{-1}$，所以

$$[OH^-] = 7.0 \times 10^{-4}\ mol \cdot L^{-1},\ pOH = 3.15,\ pH = 14.00 - 3.15 = 10.85$$

（3）因 $10^{-8}\ mol \cdot L^{-1} < c_B < 10^{-6}\ mol \cdot L^{-1}$，需用精确式

$$[OH^-]^2 - 1.0 \times 10^{-7}[OH^-] - 10^{-14} = 0$$

$$[OH^-] = \frac{10^{-7} + \sqrt{(10^{-7})^2 + 4 \times 10^{-14}}}{2}\ mol \cdot L^{-1} = 1.62 \times 10^{-7} mol \cdot L^{-1}$$

pOH=6.79，pH=7.21

（4）由酸提供的H^+可忽略不计，故pH=7。

4.5.2 一元弱酸（碱）溶液

对于弱酸（碱），更应考虑由H_2O的解离而产生的H^+（或OH^-），然后根据其具体情况再予以简化。

在一元弱酸HA的水溶液中，参与质子传递的组分是HA和H_2O，所以选择HA和H_2O为参考水准，可列出质子平衡式

$$[H^+]=[A^-]+[OH^-]$$

将解离常数K_a和K_w代入上式，得到

$$[H^+]=\frac{K_a[HA]}{[H^+]}+\frac{K_w}{[H^+]}$$

或
$$[H^+]=\sqrt{K_a[HA]+K_w} \tag{4.30}$$

这是计算一元弱酸溶液［H^+］的精确式。然而，该式中［HA］未知的，通过分析测定仅知其分析浓度c_a，根据物料平衡

$$[HA]=c_a-[A^-] \tag{4.31}$$

根据质子平衡

$$[A^-]=[H^+]-\frac{K_w}{[H^+]} \tag{4.32}$$

将式（4.32）代入式（4.31）得

$$[HA]=c_a-[H^+]+\frac{K_w}{[H^+]} \tag{4.33}$$

将式（4.33）代入式（4.30），整理后得

$$[H^+]^3+K_a[H^+]^2-(K_ac_a+K_w)[H^+]-K_aK_w=0 \tag{4.34}$$

在实际工作中并没有必要求该方程的精确解，而是根据具体情况做出合理的近似处理。

当$K_a[HA]>20K_w$时，K_w可忽略（这个条件是易于满足的，因为相对于酸来说，水的解离度很小，由水电离所产生的H^+的浓度总是可以忽略的），计算结果的相对误差将不大于5%。考虑到弱酸的解离度一般都不是太大，为简便计算，即以$K_ac_a>20K_w$作为能否忽略K_w的判断别式。这样，当$K_ac_a>20K_w$时，可忽略K_w，由式（4.30）得到

$$[H^+]=\sqrt{K_a[HA]} \tag{4.35}$$

而$[HA]=c_a-[A^-]\approx c_a-[H^+]$，代入式（4.35），得

$$[H^+]=\sqrt{K_a(c_a-[H^+])} \tag{4.36a}$$

或
$$[H^+]^2+K_a[H^+]-K_ac_a=0 \tag{4.36b}$$

式（4.36）是计算一元弱酸溶液［H^+］的近似式。

若酸的解离度$\alpha<0.05$，溶液中［H^+］就远小于分析浓度c_a，则$c_a-[H^+]\approx c_a$。式（4.36a）可进一步简化为计算一元弱酸溶液［H^+］的最简式

$$[H^+]=\sqrt{K_ac_a} \tag{4.37}$$

一般来说，当 $K_a c_a \geqslant 20K_w$，且 $c_a/K_a \geqslant 500$ 时，即可采用最简式计算，误差不大于 5%。

例 4.3 计算 0.10 mol·L^{-1} HAc 溶液的 pH。

解：已知 $K_a(HAc)=1.75\times10^{-5}$，$c_a=c(HAc)=0.10$ mol·L^{-1}，所以 $K_a c_a \gg K_w$，且 $c_a/K_a>500$，表明由酸解离的［H^+］相对于 c_a 可忽略不计，故采用最简式（4.37）计算：

$$[H^+]=\sqrt{K_a c_a}=\sqrt{1.75\times10^{-5}\times0.10}\ \text{mol}\cdot\text{L}^{-1}=1.32\times10^{-3}\ \text{mol}\cdot\text{L}^{-1}$$

$$\text{pH}=2.88$$

例 4.4 计算 0.10 mol·L^{-1}一氯乙酸溶液的 pH。

解：已知 $K_a(C_2H_3O_2Cl)=1.36\times10^{-3}$，$c_a=c(C_2H_3O_2Cl)=0.10$ mol·L^{-1}，所以 $K_a c_a \gg K_w$，但 $\dfrac{c_a}{K_a}=\dfrac{0.10}{1.36\times10^{-3}}<500$，表明一氯乙酸的酸性不是很弱且浓度又不太稀；由酸解离的［H^+］不能忽略不计，因此必须采用近似式（4.36）计算：

$$[H^+]^2+1.36\times10^{-3}[H^+]-(1.36\times10^{-3}\times0.10)=0$$

$$[H^+]=1.1\times10^{-2}\ \text{mol}\cdot\text{L}^{-1},\ \text{pH}=1.96$$

例 4.5 计算 0.10 mol·L^{-1} NH_4Cl 溶液的 pH。

解：NH_4^+是 NH_3的共轭酸。已知 $K_a(NH_4^+)=5.7\times10^{-10}$，$c_a=c(NH_4^+)=0.10$ mol·L^{-1}，则 $K_a c_a \gg K_w$，且 $c_a/K_a>500$，故可按最简式（4.37）计算：

$$[H^+]=\sqrt{K_a c_a}=\sqrt{5.7\times10^{-5}\times0.10}\ \text{mol}\cdot\text{L}^{-1}=7.5\times10^{-6}\ \text{mol}\cdot\text{L}^{-1}$$

$$\text{pH}=5.12$$

对于很弱且很稀的一元酸溶液，由于溶液中 H^+浓度很小，不能忽略水的解离。由于酸的解离度小，［HA］$=c_a$，从式（4.30）得到

$$[H^+]=\sqrt{K_a c_a+K_w} \tag{4.38}$$

不过这种情况并不常见。

例 4.6 试计算 1.0×10^{-4} mol·L^{-1} HCN 溶液的 pH。

解：已知 $c_a=c(HCN)=1.0\times10^{-4}$ mol·L^{-1}，$K_a(HCN)=6.2\times10^{-10}$。由于 $c_a K_a<20K_w$，而 $c_a/K_a>500$，故采用式（4.38）计算：

$$[H^+]=\sqrt{6.2\times10^{-10}\times1.0\times10^{-4}+1.0\times10^{-14}}\ \text{mol}\cdot\text{L}^{-1}=2.7\times10^{-7}\ \text{mol}\cdot\text{L}^{-1}$$

$$\text{pH}=6.57$$

一元弱碱溶液与一元弱酸的情况十分类似，只要将计算一元弱酸溶液［H^+］有关公式中的［H^+］换成［OH^-］、K_a换成 K_b即可。例如，浓度为 c_b的弱碱溶液计算［OH^-］的近似式为

$$[OH^-]=\sqrt{K_b(c_b-[OH^-])} \tag{4.39}$$

最简式为

$$[OH^-]=\sqrt{K_b c_b} \tag{4.40}$$

例 4.7 计算 0.10 mol·L^{-1} NH_3溶液的 pH。

解：NH_3在水溶液中的酸碱平衡为

$$NH_3+H_2O \rightleftharpoons NH_4^+ + OH^-$$

已知 $c_b=c(NH_3)=0.10$ mol·L^{-1}，$K_a(NH_4^+)=5.70\times10^{-10}$

故 $$K_b(NH_3)=\frac{K_w}{K_a(NH_4^+)}=1.75\times10^{-5}$$

而 $c_bK_b>20K_w$，且 $c_b/K_b>500$，因此可采用最简式（4.40）计算：

$$[OH^-]=\sqrt{K_bc_b}=\sqrt{1.75\times10^{-5}\times0.10\ mol\cdot L^{-1}}=1.3\times10^{-3}\ mol\cdot L^{-1}$$

$$pOH=2.88\quad pH=14.00-2.88=11.12$$

例 4.8 计算 0.10 $mol\cdot L^{-1}$ NaAc 溶液的 pH。

解：NaAc 溶于水，生成的 Na^+是非酸非碱的物种，Ac^-是 HAc 的共轭碱，因此 NaAc 溶液是弱碱 Ac^-溶液，其酸碱平衡为

$$Ac^- + H_2O \rightleftharpoons HAc + OH^-$$

而 $K_b(Ac^-)=\frac{K_w}{K_a(HAc)}=5.70\times10^{-10}$，$c_b=c(Ac^-)=0.10\ mol\cdot L^{-1}$

可见 $c_bK_b>20K_w$，且 $c_b/K_b>500$，故亦可按最简式（4.40）计算：

$$[OH^-]=\sqrt{K_bc_b}=\sqrt{5.70\times10^{-10}\times0.10}\ mol\cdot L^{-1}=7.5\times10^{-6}\ mol\cdot L^{-1}$$

$$pOH=5.12,pH=14.00-5.12=8.88$$

例 4.9 计算 0.010 $mol\cdot L^{-1}$甲胺（CH_3NH_2）溶液的 pH。

解：甲胺在水溶液中的酸碱平衡为

$$CH_3NH_2 + H_2O \rightleftharpoons CH_3NH_3^+ + OH^-$$

已知 $$c(CH_3NH_2)=0.010\ mol\cdot L^{-1}$$

$$K_b(CH_3NH_2)=\frac{K_w}{K_a(CH_3NH_2^+)}=\frac{1.0\times10^{-14}}{2.3\times10^{-11}}=4.4\times10^{-4}$$

而 $c_bK_b>20K_w$，但 $c_b/K_b<500$，故应采用近似式（4.39）计算：

$$[OH^-]=\frac{-4.4\times10^{-4}+\sqrt{(4.4\times10^{-4})^2+4\times4.4\times10^{-4}\times0.010}}{2}mol\cdot L^{-1}=1.9\times10^{-3}\ mol\cdot L^{-1}$$

$$pOH=2.72,\ pH=14.00-2.72=11.28$$

4.5.3 两种弱酸（HA+HB）混合溶液

以 HA、HB 和 H_2O 为参考标准，质子平衡式为

$$[H^+]=[A^-]+[B^-]+[OH^-]$$

因溶液呈酸性，一般可略去［OH^-］项，得到简化质子平衡式：

$$[H^+]=[A^-]+[B^-]$$

设两种弱酸的解离常数为 $K_a(HA)$和 $K_a(HB)$，浓度为 $c(HA)$和 $c(HB)$，则

$$[H^+]=\frac{K_a(HA)[HA]}{[H^+]}+\frac{K_a(HB)[HB]}{[H^+]}$$

$$[H^+]=\sqrt{K_a(HA)[HA]+K_a(HB)[HB]}$$

当两种酸都较弱时，可近似地认为$[HA]\approx c(HA)$，$[HB]\approx c(HB)$，则

$$[H^+]=\sqrt{K_a(HA)c(HA)+K_a(HB)c(HB)} \tag{4.41}$$

例 4.10 计算 0.10 $mol\cdot L^{-1}$ HF 和 0.10 $mol\cdot L^{-1}$ HAc 混合溶液的 pH。

解：已知 $K_a(HF)=6.8\times10^{-4}$，$K_a(HAc)=1.75\times10^{-5}$，$c(HF)=c(HAc)=0.10\ mol\cdot L^{-1}$。根据式（4.41）：

$$[H^+]=\sqrt{6.8\times10^{-4}\times0.10+1.75\times10^{-5}\times0.10}\ mol\cdot L^{-1}=8.4\times10^{-3}\ mol\cdot L^{-1}$$

$$pH=2.08$$

4.5.4 多元酸（碱）溶液

多元酸在溶液中发生逐级解离，是一种复杂的酸碱平衡系统，即便是一种二元酸，在严格处理时，得到的也是一个 $[H^+]$ 的四次方程，这在化学上很少有意义。下面主要讨论如何进行简化处理。

现以二元酸 H_2A 为例。在水溶液中可选 H_2A 和 H_2O 为参考水准，质子平衡方程式为

$$[H^+]=[HA^-]+2[A^{2-}]+[OH^-]$$

因溶液呈酸性，故可略去 $[OH^-]$ 项，得到简化质子平衡式，代入有关平衡常数得

$$[H^+]=[HA^-]+2[A^{2-}]$$

$$=\frac{K_{a1}[H_2A]}{[H^+]}+\frac{2K_{a1}K_{a2}[H_2A]}{[H^+]^2}=\frac{K_{a1}[H_2A]}{[H^+]}\left(1+\frac{2K_{a2}}{[H^+]}\right)$$

若 $2K_{a2}/[H^+]\ll1$，可将其略去，则

$$[H^+]=\sqrt{K_{a1}[H_2A]} \tag{4.42}$$

该式与计算一元弱酸溶液 $[H^+]$ 的公式（4.37）类似，实际上是忽略多元酸的第二级解离，将其近似地按一元弱酸处理。

例 4.11 计算 $0.10\ mol\cdot L^{-1}$ 丁二酸（$C_4H_6O_4$，又称琥珀酸）溶液的 pH。

解：已知 $K_{a1}=K_a(C_4H_6O_4)=6.2\times10^{-5}$，$K_{a2}=K_a(C_4H_5O_4^-)=2.3\times10^{-6}$，$c_a=c(C_4H_6O_4)=0.10\ mol\cdot L^{-1}$，则 $c_a/K_{a1}=1\ 613>500$，可按一元酸的最简式计算：

$$[H^+]=\sqrt{K_{a1}c_a}=\sqrt{6.2\times10^{-5}\times0.10}\ mol\cdot L^{-1}=2.5\times10^{-3}\ mol\cdot L^{-1}$$

$$pH=2.60$$

这时，$\dfrac{2K_{a2}}{[H^+]}=\dfrac{2\times2.3\times10^{-6}}{2.5\times10^{-3}}=1.8\times10^{-3}\ll1$。说明符合将多元酸作为一元酸近似处理条件。

例 4.12 计算 $0.10\ mol\cdot L^{-1}$ 酒石酸溶液的 pH。

解：已知 $K_{a1}=9.2\times10^{-4}$，$K_{a2}=4.3\times10^{-5}$，$c_a=c(C_6H_6O_6)=0.10\ mol\cdot L^{-1}$，$c_a/K_{a1}=108<500$，应按一元酸的近似式（4.36）计算：

$$[H^+]^2+(9.2\times10^{-4})[H^+]-9.2\times10^{-4}\times0.10=0$$

$$[H^+]=\frac{-9.2\times10^{-4}+\sqrt{(9.2\times10^{-4})^2+4\times9.2\times10^{-4}\times0.10}}{2}\ mol\cdot L^{-1}=9.1\times10^{-3}\ mol\cdot L^{-1}$$

$$pH=2.04$$

这时，$\dfrac{2K_{a2}}{[H^+]}=\dfrac{2\times4.3\times10^{-5}}{9.1\times10^{-3}}=9.4\times10^{-3}\ll1$

可见，即便像丁二酸和酒石酸这些 K_{a1} 和 K_{a2} 相差不大的多元酸（ΔpK_a 仅为 1.4 和

1.3)，只要溶液的浓度不是太稀，均可按一元酸近似处理。类似地，多元碱溶液亦可按一元弱碱溶液计算其 $[OH^-]$，只是以 K_{b1} 代替式（4.39）和式（4.40）中的 K_b。

例 4.13 计算 0.10 mol · L^{-1} Na_2CO_3 溶液的 pH。

解：Na_2CO_3 溶液是多元弱碱 CO_3^{2-} 溶液，则

$$K_{b1}=\frac{K_w}{K_{a2}}=\frac{1.0\times10^{-14}}{4.7\times10^{-11}}=2.1\times10^{-4}$$

$$K_{b2}=\frac{K_w}{K_{a1}}=\frac{1.0\times10^{-14}}{4.4\times10^{-7}}=2.3\times10^{-8}$$

按题意，$c_b=c(CO_3^{2-})=0.10\ mol\cdot L^{-1}$，因 $c_b/K_{b1}>500$，故可按最简式计算：

$$[OH^-]=\sqrt{K_{b1}c_b}=\sqrt{2.1\times10^{-4}\times0.10}\ mol\cdot L^{-1}=4.6\times10^{-3}\ mol\cdot L^{-1}$$

$$pOH=2.34,\ pH=14.00-2.34=11.66$$

4.5.5 两性物质溶液

两性物质在溶液中，既能给出质子，又能接受质子。酸式盐、弱酸弱碱盐和氨基酸等都是两性物质。较重要的两性物质如多元酸的酸式盐（如 $NaHCO_3$、NaH_2PO_4、Na_2HPO_4 等）和弱酸弱碱盐（如 NH_4Ac、NH_4CN 等）以及氨基酸等。图 4-5 所示为典型的两性物质 $Cr(OH)_3$ 溶液。两性物质溶液的酸碱平衡比较复杂，需要根据具体情况针对溶液中的主要平衡进行处理。

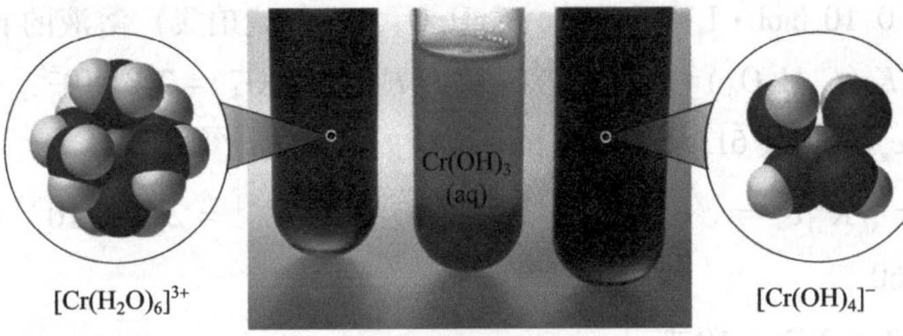

图 4-5 两性物质 $Cr(OH)_3$

现以 NaHA 溶液为例进行讨论，设 NaHA 浓度为 c，可选 HA^- 和 H_2O 作参考水准，列出质子平衡式：

$$[H^+]+[H_2A]=[A^{2-}]+[OH^-]$$

利用二元酸的平衡关系式可得

$$[H^+]+\frac{[H^+][HA^-]}{K_{a1}}=\frac{K_{a2}[HA^-]}{[H^+]}+\frac{K_w}{[H^+]}$$

经整理得

$$[H^+]=\sqrt{\frac{K_{a1}(K_{a2}[HA^-]+K_w)}{K_{a1}+[HA^-]}} \tag{4.43}$$

式（4.43）即为计算两性物质溶液 $[H^+]$ 的精确式。一般情况下，HA^- 的酸式解离和

碱式解离的倾向都很小，因此，溶液中 HA^- 的消耗很少。所以 $[HA^-]\approx c$，代入式（4.43），得到计算酸式盐 HA^- 溶液 $[H^+]$ 的近似式：

$$[H^+]=\sqrt{\frac{K_{a1}(K_{a2}c+K_w)}{K_{a1}+c}} \tag{4.44}$$

若 $K_{a2}c\geqslant 20K_w$，式（4.44）可进一步简化为

$$[H^+]=\sqrt{\frac{K_{a1}K_{a2}c}{K_{a1}+c}} \tag{4.45}$$

又若 $c\geqslant 20K_{a1}$ 时，式（4.45）可简化为最简式：

$$[H^+]=\sqrt{K_{a1}K_{a2}} \tag{4.46}$$

例 4.14 计算 0.05 $mol\cdot L^{-1}$ $NaHCO_3$ 溶液的 pH。

解：已知 $K_{a1}=4.4\times10^{-7}$，$K_{a2}=4.7\times10^{-11}$，$c(HCO_3^-)=0.05\ mol\cdot L^{-1}$。因 $K_{a2}c>20K_w$，$c>20K_{a1}$，故可采用最简式（4.46）计算：

$$[H^+]=\sqrt{K_{a1}K_{a2}}=\sqrt{4.4\times10^{-7}\times4.7\times10^{-11}}\ mol\cdot L^{-1}=4.5\times10^{-9}\ mol\cdot L^{-1}$$

$pH=8.34$

例 4.15 计算 0.033 $mol\cdot L^{-1}$ Na_2HPO_4 溶液的 pH。

解：HPO_4^{2-} 涉及的解离常数是 $K_{a2}=6.3\times10^{-8}$ 和 $K_{a3}=4.5\times10^{-13}$，因此，$K_{a3}c=4.5\times10^{-13}\times 0.033=1.5\times10^{-14}\approx K_w$，故 K_w 不能忽略。$K_a+c\approx c$，可用近似式（4.44）计算：

$$[H^+]=\sqrt{\frac{K_{a2}(K_{a3}c+K_w)}{K_{a2}+c}}=\sqrt{\frac{6.3\times10^{-8}\times(4.5\times10^{-13}\times0.033+1.0\times10^{-14})}{0.33}}\ mol\cdot L^{-1}$$

$$=2.2\times10^{-10}\ mol\cdot L^{-1}$$

$pH=9.66$

若用最简式（4.46）计算，即忽略水的解离时，$[H^+]=1.7\times10^{-10}\ mol\cdot L^{-1}$，相对误差达 23%。

氨基酸是另一种类型的两性物质。例如氨基乙酸在溶液中是以双极离子 $H_3\overset{+}{N}CH_2COO^-$ 存在的，它既能失去质子起酸的作用，又能得到质子起碱的作用：

$$H_3\overset{+}{N}CH_2COOH \underset{K_{a1}}{\overset{-H^+}{\rightleftharpoons}} H_3\overset{+}{N}CH_2COO^- \underset{K_{a2}}{\overset{-H^+}{\rightleftharpoons}} H_2NCH_2COO^-$$

对于氨基乙酸，一般手册及本书附表所列的 pK_{a1}（2.350）对应于— COOH 的解离，pK_{a2}（9.778）对应于—NH_3^+ 的解离。可见氨基乙酸的酸性（$pK_{a2}=9.778$）和碱性（$pK_{b2}=pK_w-pK_{a1}=14.00-2.350=11.650$）均很弱。

例 4.16 计算 0.10 $mol\cdot L^{-1}$ 氨基乙酸溶液的 pH。

解：已知 $K_{a1}=4.5\times10^{-3}$，$K_{a2}=1.7\times10^{-10}$，$c(C_2H_5O_2N)=0.10\ mol\cdot L^{-1}$。因 $K_{a2}>20K_w$，$c>20K_{a1}$，故可用最简式（4.46）计算：

$$[H^+]=\sqrt{K_{a1}K_{a2}}=\sqrt{4.5\times10^{-3}\times1.7\times10^{-10}}\ mol\cdot L^{-1}=8.7\times10^{-7}\ mol\cdot L^{-1}$$

$pH=6.06$

弱酸弱碱盐也是一种两性物质，也可以用同样的公式计算。

例 4.17 计算 0.10 $mol\cdot L^{-1}$ NH_4Ac 溶液的 pH。

解：Ac^-的共轭酸 HAc 的 $K_{a1}=K_a(HAc)=1.75\times10^{-5}$，$NH_4^+$的 $K_{a2}=K_a(NH_4^+)=5.70\times10^{-10}$，$c(NH_4Ac)=0.10\ mol\cdot L^{-1}$。因 $c>20K_{a1}$，$K_{a2}c>20K_w$，故可用最简式（4.46）计算：

$$[H^+]=\sqrt{K_{a1}K_{a2}}=\sqrt{1.75\times10^{-5}\times5.70\times10^{-10}}\ mol\cdot L^{-1}=1.0\times10^{-7}\ mol\cdot L^{-1}$$

$$pH=7.00$$

4.6 缓冲溶液 Buffer Solutions

4.6.1 缓冲溶液和缓冲作用

缓冲溶液（buffer solution）是一种酸度具有相对稳定性的溶液，当溶液中加入少量强酸或强碱，或稍加稀释时，溶液的 pH 只引起很小的改变，这种对 pH 的稳定作用称为缓冲作用（buffer action）。

显然纯水不具有缓冲作用，例如在 1 L 纯水中加入 0.01 mol 强酸时，水的 pH 将从 7 降低至 2；若加入 0.01 mol 强碱时，pH 从 7 增高至 12，都改变 5 个 pH 单位。

缓冲溶液一般由弱酸及其共轭碱（又称缓冲对）组成，例如 HAc-NaAc、NH_4Cl-NH_3等。它们通过弱酸的解离平衡起控制溶液 H^+浓度的作用。此外，浓度较大的强酸和强碱的溶液，由于其酸度或碱度较大，加入少量强碱或强酸时，pH 也不会有明显的变化。例如 $0.1\ mol\cdot L^{-1}$ HCl 溶液，pH=1.00，若加入少量酸，成 $0.11\ mol\cdot L^{-1}$ HCl 溶液，pH=0.96；若加入少量碱，成 $0.09\ mol\cdot L^{-1}$ HCl 溶液，pH=1.05。

缓冲溶液对于化学和生物化学系统极为重要，人的体液 pH 随部位的不同而不同。例如，血浆的 pH 在 7.4 左右（7.36~7.44 的范围内），唾液的 pH 在 6.35~6.85 之间；胆囊胆汁的值在 5.4~6.9 之间。人体血液之所以能维持一定的 pH 范围，是由于它含有缓冲对，例如 $NaHCO_3-H_2CO_3$、$NaH_2PO_4-Na_2HPO_4$、Na 蛋白质-H 蛋白质等。如果血液的 pH 低于 7.3 或高于 7.5，就会出现酸中毒或碱中毒，严重时可危及生命。在植物体内也有由有机酸（酒石酸、柠檬酸、草酸等）及其盐类所组成的缓冲系统。土壤也是缓冲系统，是由碳酸-碳酸盐、土壤腐殖质酸及其盐类所组成的缓冲系统，土壤溶液的缓冲作用是保证植物生长的必要条件。

4.6.2 缓冲溶液的配制

不论采用哪种方法，所选择的缓冲对中弱酸的 pK_a 将起决定作用。由于缓冲溶液的浓度都较大，所以求算其 pH 时一般不要求十分准确，故可以用近似方法处理。例如，设有弱酸 HA 及其共轭碱 NaA 组成的缓冲溶液，其浓度分别为 $c(HA)$ 和 $c(A^-)$，其物料平衡式为

$$[Na^+]=c(A^-)\qquad [HA]+[A^-]=c(HA)+c(A^-)\tag{4.47}$$

电荷平衡式为

$$[H^+]+[Na^+]=[OH^-]+[A^-]$$

由上式变形得

$$[A^-]=c(A^-)+[H^+]-[OH^-]$$

代入式(4.47)得

$$[HA]=c(HA)-[H^+]+[OH^-]$$

将 $[A^-]$ 和 $[HA]$ 代入HA的解离常数表达式，得

$$[H^+]=K_a\frac{[HA]}{[A^-]}=K_a\frac{c(HA)-[H^+]+[OH^-]}{c(A^-)+[H^+]-[OH^-]} \tag{4.48}$$

这是计算溶液中 $[H^+]$ 浓度的精确公式，求解较为复杂，通常采用近似方法处理。当溶液为酸性（pH<6）时，上式中 $[OH^-]$ 可以忽略；当溶液为碱性（pH>8）时，上式中 $[H^+]$ 可忽略，故可得近似计算公式：

$$[H^+]=K_a\frac{[HA]}{[A^-]}=K_a\frac{c(HA)-[H^+]}{c(A^-)+[H^+]} \quad (pH<6) \tag{4.49}$$

$$[H^+]=K_a\frac{[HA]}{[A^-]}=K_a\frac{c(HA)+[OH^-]}{c(A^-)-[OH^-]} \quad (pH>8) \tag{4.50}$$

若 $c(HA)$ 和 $c(A^-)$ 都比较大，且 $c(HA)>20[H^+]$，$c(A^-)>20[H^+]$ 或 $c(HA)>20[OH^-]$ 和 $c(A^-)>20[OH^-]$ 时，上两式都可以简化为

$$[H^+]=K_a\frac{c(HA)}{c(A^-)}=K_a\frac{c_a}{c_b} \tag{4.51a}$$

或

$$pH=pK_a+\lg\frac{c(A^-)}{c(HA)} \tag{4.51b}$$

这就是计算缓冲溶液中pH的最简单公式，也是最常用的公式。由此可见，缓冲溶液的pH主要取决于 pK_a，同时，也与比值 $c(A^-)/c(HA)$ 有关。适当改变其比值，就可能在一定范围内（即 pK_a 附近）制备pH稍有不同的缓冲溶液。

例4.18 计算0.10 mol·L^{-1} NH_4Cl 和0.20 mol·L^{-1} NH_3 混合溶液的pH。

解：已知 $K_a(NH_4^+)=5.7\times10^{-10}$，先按最简式（4.51）计算：

$$[H^+]=K_a\frac{c_a}{c_b}=5.7\times10^{-10}\times\frac{0.10}{0.20}\ mol\cdot L^{-1}=2.8\times10^{-10}\ mol\cdot L^{-1}$$

显然，$[OH^-]=3.6\times10^{-5}\ mol\cdot L^{-1}\ll c_a$，且 $[OH^-]\ll c_b$，所以计算结果是合理的。pH=9.55。

例4.19 在20.00 mL 0.100 0 mol·L^{-1} HAc溶液中，加入0.04 mL 0.100 mol·L^{-1} NaOH溶液，计算其pH。

解：这是用强碱滴定弱酸刚开始时的情况。混合后，HAc和 Ac^- 的浓度分别为

$$c_a=c(HAc)=\frac{0.100\times20.00-0.100\times0.04}{20.00+0.04}\ mol\cdot L^{-1}=0.099\ 60\ mol\cdot L^{-1}$$

$$c_b=c(Ac^-)=\frac{0.100\times0.04}{20.00+0.04}\ mol\cdot L^{-1}=2.0\times10^{-4}\ mol\cdot L^{-1}$$

先按最简式（4.51）计算：

$$[H^+]=K_a\frac{c_a}{c_b}=1.75\times10^{-5}\times\frac{0.099\ 60}{2.0\times10^{-4}}\ mol\cdot L^{-1}=8.7\times10^{-3}\ mol\cdot L^{-1}$$

$$pH=2.05$$

此时，$[H^+] \gg c_b$，不符合近似条件，计算所得的 pH 甚至比 0.100 0 $mol \cdot L^{-1}$ HAc 的 pH=2.88 还低。显然是不合理的，应按近似式（4.49）计算：

$$[H^+]=K_a\frac{c_a-[H^+]}{c_b+[H^+]}=1.75\times10^{-5}\times\frac{0.099\ 60}{2.0\times10^{-4}+[H^+]}\ mol\cdot L^{-1}=1.22\times10^{-3}\ mol\cdot L^{-1}$$

pH=2.91

例 4.20 现有 1 L 0.10 $mol \cdot L^{-1}$ HAc−0.10 $mol \cdot L^{-1}$ NaAc 溶液，试问：（1）该溶液的 pH 是多少？（2）加入 0.010 mol NaOH 或 HCl 后，溶液的 pH 又是多少？

解：（1）因该溶液的 $c_a=c(HAc)=c_b=c(Ac^-)=0.10\ mol\cdot L^{-1}$，都较浓，故用最简式（4.51）计算：

$$[H^+]=K_a\frac{c_a}{c_b}=1.75\times10^{-5}\times\frac{0.10}{0.10}\ mol\cdot L^{-1}=1.75\times10^{-5}\ mol\cdot L^{-1}$$

pH=4.76

（2）加入 0.010 mol NaOH 后：

$$c_a=c(HAc)=\frac{0.10\times1-0.010}{1}\ mol\cdot L^{-1}=0.090\ mol\cdot L^{-1}$$

$$c_b=c(Ac^-)=\frac{0.10\times1+0.010}{1}\ mol\cdot L^{-1}=0.110\ mol\cdot L^{-1}$$

$$[H^+]=K_a\frac{c_a}{c_b}=1.75\times10^{-5}\times\frac{0.090}{0.110}\ mol\cdot L^{-1}=1.43\times10^{-5}\ mol\cdot L^{-1}$$

pH=4.844

相似地，加入 0.010 mol HCl 后

$$[H^+]=K_a\frac{c_a}{c_b}=1.75\times10^{-5}\times\frac{0.110}{0.090}\ mol\cdot L^{-1}=2.14\times10^{-5}\ mol\cdot L^{-1}$$

pH=4.670

可见在该缓冲溶液中，加入 0.010 mol NaOH 或 HCl 溶液的 pH 仅改变 0.09 左右，而纯水改变 5。

例 4.21 制备 200 mL pH=8.0 的缓冲溶液，应取 0.500 $mol \cdot L^{-1}$ NH_4Cl 和 0.500 $mol \cdot L^{-1}$ NH_3 各多少毫升?

解：设需 NH_4Cl 溶液 x mL，则需 NH_3 溶液（$200-x$）mL。

$$c_a=c(NH_4Cl)=\frac{0.500x}{200}$$

$$c_b=c(NH_3)=\frac{0.500(200-x)}{200}$$

根据式（4.51a）：

$$10^{-8.00}=5.71\times10^{-10}\times\frac{\dfrac{0.500x}{200}}{\dfrac{0.500(200-x)}{200}}$$

得 $x=189$ mL

因此需 NH_4Cl 溶液 189 mL，NH_3溶液 200 mL−189 mL=11 mL。

例 4.22 向 1.00 L 0.100 mol·L^{-1} HCl 溶液中，加入多少克 NaAc 方能使溶液的 pH 变为 4.46?

解：方法 1：

在 pH=4.46 时，根据式（4.51b）：

$$4.46=4.76+\lg(c_b/c_a)$$

$$c_b/c_a=c(Ac^-)/c(HAc)=0.50$$

为中和 HCl 生成 HAc，需加入 NaAc 物质的量：

$n(NaAc)=n(HAc)=n(HCl)=c(HCl)V(HCl)=0.100\ mol\cdot L^{-1}\times1.00\ L=0.100\ mol$

设为得到缓冲溶液需另外加入 x mol NaAc，所以

$$c(Ac^-)/c(HAc)=n_2(NaAc)/n(HAc)=x/0.100=0.500$$

$$x=n_2(NaAc)=0.0500\ mol$$

总的应加入 NaAc 的物质的量为

$$n(NaAc)=n_1(NaAc)+n_2(NaAc)=0.100\ mol+0.0500\ mol=0.150\ mol$$

质量为：$m(NaAc)=n(NaAc)M(NaAc)=0.150\ mol\times82.03\ g/mol=12.3\ g$

方法 2：

设缓冲溶液中 HAc 和 NaAc 总浓度为 $c(HAc+NaAc)$ mol/L，则

$$c(HAc)=\frac{[HAc]}{c(HAc+NaAc)}=\frac{[H^+]}{[H^+]+K_a}=\frac{10^{-4.46}}{10^{-4.46}+10^{-4.76}}=0.666$$

$$c(HAc+NaAc)=\frac{0.100\ mol\cdot L^{-1}}{0.666}=0.150\ mol\cdot L^{-1}$$

所以应加入 NaAc 的质量：

$$m(NaAc)=c(HAc+NaAc)V(HAc+NaAc)M(NaAc)$$
$$=0.150\ mol\cdot L^{-1}\times1.00\ L\times82.03\ g\cdot mol^{-1}=12.3\ g$$

4.6.3 缓冲容量和缓冲范围

任何缓冲溶液的缓冲能力都是有一定限度的。如果缓冲溶液的浓度太小，当溶液稀释的倍数太大，或加入的强酸（或强碱）的量也太大时，溶液的 pH 就会发生较大的变化。缓冲能力的大小常以缓冲容量（buffer capacity）β 来量度，定义为

$$\beta=\frac{db}{dpH}=-\frac{da}{dpH}\tag{4.52}$$

意思是使 1 L 溶液的 pH 增加一个单位时所需强碱的物质的量（da），或降低一个 pH 单位所需强酸的物质的量（db）。因强酸使 pH 降低，故加"−"号，以使 β 为正值。β 值越大，则缓冲能力也越大。

$HA-A^-$系统可看作是在 HA 溶液中加入强碱。若 HA 的分析浓度为 c，强碱的浓度为 b，则可列出质子平衡式：

$$b+[H^+]=[OH^-]+[A^-]$$

所以

$$b=-[H^+]+\frac{K_w}{[H^+]}+\frac{K_ac}{[H^+]+K_a}$$

$$\frac{db}{d[H^+]}=-1-\frac{K_w}{[H^+]^2}-\frac{K_a c}{([H^+]+K_a)^2}$$

而
$$dpH=d(-\lg[H^+])=-\frac{d[H^+]}{2.3[H^+]}$$

代入式（4.52），得

$$\beta=\frac{db}{dpH}=\frac{db}{d[H^+]}\,\frac{d[H^+]}{dpH}$$

$$=2.3\left[[H^+]+[OH^-]+\frac{K_a c[H^+]}{([H^+]+K_a)^2}\right] \tag{4.53}$$

式（4.53）为计算弱酸及其共轭碱缓冲溶液缓冲容量的精确式。当弱酸不太强也不太弱时，可略去［H^+］和［OH^-］项，简化成

$$\beta=\frac{db}{dpH}=2.3K_a c\,\frac{[H^+]}{([H^+]+K_a)^2} \tag{4.54}$$

式中，c 为酸 HA 及共轭碱的分析浓度 $c(HA)$ 和 $c(A^-)$ 之和。由此可见，缓冲容量与总 c 成正比。当 $c(HA+A^-)>10^{-3}\ mol\cdot L^{-1}$ 时，式（4.54）可简化为

$$\beta=\frac{db}{dpH}=2.3\,\frac{c(HA)c(A^-)}{c(HA)+c(A^-)} \tag{4.55}$$

为了求出 β 具有最大值时的 pH，根据求极值的原则，可将上式对 pH 进行微分，并令其等于零：

$$\frac{d^2b}{d\,(pH)^2}=2.3^2cK_a\left[\frac{2[H^+]}{(K_a+[H^+])^3}-\frac{[H^+]}{(K_a+[H^+])^2}\right]=0$$

由此得

$$K_a=[H^+] \tag{4.56}$$

因此，若缓冲溶液的氢离子浓度等于酸的解离常数，则缓冲容量最大。这个条件，即 pH 等于 pK_a，在溶液中含有等量的酸及其盐时才能达到。在配制缓冲溶液时，需注意这些原则。

上述情况也可以 HAc+NaAc 为例，作简略的分析。设 HAc 和 NaAc 的原始浓度分别为 c_a 和 c_s：

$$HAc \rightleftharpoons H^+ + Ac^-$$

平衡时 $\qquad c_a-x \qquad x \qquad c_s+x$

由于同离子效应，酸的解离度很小，故近似地有 $c_a-x\approx c_a$，$c_s+x\approx c_s$。

故
$$K_a=\frac{[H^+]\ [Ac^-]}{[HAc]}=\frac{x\cdot c_s}{c_a}$$

或
$$[H^+]=K_a\,\frac{c_a}{c_s}$$

取负对数
$$pH=pK_a-\lg\frac{c_a}{c_s}$$

上式表明，缓冲溶液的 pH，首先取决于 pK_a（此时的缓冲容量最大），其次取决于 c_a/c_s 的

比值，当比值从 0.1 变化到 10 时，则得到 $pH=pK_a\pm1$ 之间的缓冲溶液。由于 HAc 的 $pK_a=4.76$，故用 HAc+NaAc 可组成 pH 在 3.76~5.76 之间的缓冲溶液。

总之，缓冲对的浓度越大，缓冲容量越大，因此，溶液过分稀释时，缓冲能力将显著降低，乃至丧失殆尽。

当 $[H^+]=K_a$时，缓冲容量最大，此时 $c_a=c_b=0.5c$，即弱酸与其共轭碱的浓度之比为 1∶1。

当 $c_a:c_b=1:10$ 或 10∶1 时，$[H^+]=10K_a$，或 $1/10K_a$，即 $pH=pK_a\pm1$ 时，$\beta=0.19c$，约是β_{max}的 1/3；当 $c_a:c_b=1:100$ 或 100∶1 时，$pH=pK_a\pm2$，$\beta=0.023c$，仅及β_{max}的 1/25。可见缓冲溶液的有效缓冲范围约在 pH 为 $pK_a\pm1$ 的范围。

4.6.4　常用缓冲溶液和标准缓冲溶液

用于控制溶液酸度的缓冲溶液很多，表 4-6 列举了一些常用的缓冲溶液。在实际工作中，选择合适的缓冲溶液的一般原则是：

① 对实验过程，如分析过程应无干扰；

② 所需控制的 pH 应在其缓冲范围内，缓冲剂的 pK_a应尽可能与所需 pH 相近；

③ 应有足够的缓冲容量，一般缓冲对总浓度大致在 $0.01\sim0.1\ mol\cdot L^{-1}$。

表 4-6　常用缓冲溶液

缓冲溶液	酸存在的物种	碱存在的物种	pK_a
氨基乙酸-HCl	$H_3\overset{+}{N}CH_3COOH$	$H_3\overset{+}{N}CH_2COO^-$	2.35
一氯乙酸-NaOH	$CH_2ClCOOH$	CH_2ClCOO^-	2.86
甲酸-NaOH	HCOOH	$HCOO^-$	3.74
HAc-NaAc	HAc	Ac^-	4.76
六亚甲基四胺-HCl	$(CH_2)_6N_4H^+$	$(CH_2)_6N_4$	5.13
$NaH_2PO_4-Na_2HPO_4$	$H_2PO_4^-$	HPO_4^{2-}	7.20
三羟乙胺-HCl	$H\overset{+}{N}(CH_2CH_2OH)_3$	$N(CH_2CH_2OH)_3$	7.76
三羟甲基甲胺-HCl	$H_3\overset{+}{N}C(CH_2OH_2)_3$	$H_2NC(CH_2OH)_3$	8.08
$Na_2B_4O_7-HCl$	H_3BO_3	$H_3BO_3^-$	9.24
NH_3-NH_4Cl	NH_4^+	NH_3	9.24
氨基乙酸-NaOH	$H_3\overset{+}{N}CH_2COO^-$	$H_2NCH_2COO^-$	9.78
$NaHCO_3-Na_2CO_3$	HCO_3^-	CO_3^{2-}	10.33
Na_2HPO_4-NaOH	HPO_4^{2-}	PO_4^{3-}	12.35

所谓标准缓冲溶液，是准确知其 pH 的缓冲溶液，其数值由准确的实验测得，用来作为测量溶液 pH 时的参比，如校正 pH 计等。表 4-7 是常用的一些标准缓冲溶液。如图 4-6 所示。

关于标准缓冲溶液的配制及其 pH 等有关问题，在有关国家标准（GB）中有详细的规定，本书不赘述。配制标准缓冲溶液/各种标准溶液及分析试剂时，所需药品的纯度亦应特别注意①。

表 4-7　常用的一些标准缓冲溶液

标准缓冲溶液	pH
饱和酒石酸氢钾（0.034 mol·L^{-1}）	3.557
0.05 mol·L^{-1}邻苯二甲酸氢钾	4.008
0.025mol·L^{-1} KH_2PO_4-0.025 mol·L^{-1} Na_2HPO_4	6.865
0.01 mol·L^{-1}硼砂	9.180
饱和氢氧化钙	12.454

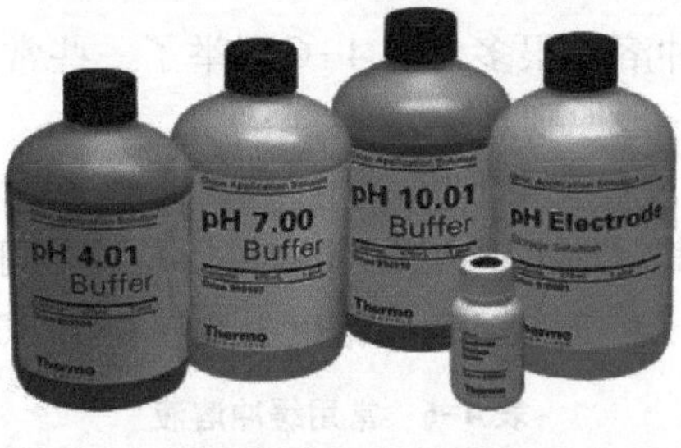

图 4-6　标准缓冲溶液

思考题

1. 计算下列溶液的 pH。

（1）0.01 mol·L^{-1} HCN；（2）0.01 mol·L^{-1} $ClCH_2COOH$（氯代乙酸）；

（3）0.01 mol·L^{-1} NaCN；（4）0.01 mol·L^{-1} H_2SO_4

2. 在20 ℃，1 atm（101 kPa）时，H_2S（g）在1 L水中的饱和溶解量为2.6 L，计算饱和H_2S水溶液的物质的量即溶液中S^{2-}和H^+的浓度。将溶液pH调至2和8时，S^{2-}浓度为多少？计算结果说明了什么？

3. 25 ℃时，0.500 mol·L^{-1} HCOOH的解离度为1.88%，计算HCOOH的K_a。

4. 已知0.1 mol·L^{-1} Na_2X溶液的pH=11.60，计算H_2X的K_{a2}。

5. 在250 mL 0.20 mol·L^{-1}氨水中，需加入多少克$(NH_4)_2SO_4$固体才能使溶液降低2个pH单位？

6. 现有动脉血液样品20.00 mL，其pH=7.50，在298 K，101 kPa气压下酸化此试样，从样品中释放出12.2 mL CO_2，求血液中H_2CO_3和HCO_3^-的浓度。（设CO_2在血液中以H_2CO_3的形式存在）。

① 对于化学试剂，我国国家标准将其分为四个等级，即优级纯 Guarantee Reagent（又称保证试剂，缩写 G.R.，用绿色标签）、分析纯 AnalyticalReagent（缩写为 A.R.，用红色标签）、化学纯 Chemical pure（缩写为 C.P.，用蓝色标签）和实验试剂 Laboratory Reagent（缩写为 L.P.，用黄色标签）。

7. 已知血液的 pH = 7.40，主要是由于血液中存在磷酸及其盐的缓冲体系，此缓冲体系的共轭酸碱对是什么？两者的比例是什么？

8. 欲配置 250 mL pH = 9.20 的缓冲溶液，如若使溶液中 NH_4^+ 的浓度为 1.0 mol · L^{-1}，需要密度为 0.904 g · mol^{-1} 含 NH_3 26.0% 的浓氨水多少毫升？需加入固体 NH_4Cl 多少克？

9. 0.1 mol · L^{-1} HAc 和 0.1 mol · L^{-1} NaAc 溶液等体积混合，下列哪些近似是正确的？

（1）$[Na^+] \approx [Ac^-]$；（2）$[H^+] \approx [Ac^-]$；（3）$[OH^-] \approx [HAc]$；（4）$[HAc] \approx [Ac^-]$

10. 计算 112 mL 0.132 5 mol · L^{-1} H_3PO_4 和 136 mL 0.145 0 mol · L^{-1} Na_2HPO_4 的混合溶液的 pH 和缓冲容量。

第5章

配位平衡

Coordination Equilibrium

配位化合物（coordination compound）（简称配合物）是一类非常重要的化合物。最早有记载的配合物可能是18世纪初用作颜料的普鲁士蓝，其化学式为$Fe_4[Fe(CN)_6]_3$。但通常认为配位化学始自1798年$CoCl_3 \cdot 6NH_3$的发现。19世纪后，陆续发现了更多的配合物，积累了更多的事实。1893年，维尔纳（A. Wemer，1866—1919，法国-瑞士化学家）（图5-1）在前人和他本人研究的基础上，首先提出了配合物的正确化学式和它们成键的本质，被看作是近代配位化学的创始人，从此配位化学的研究得到了迅速的发展。20世纪以来，由于结构化学的发展和各种物理化学方法的采用，使配位化学成为化学中十分活跃的研究领域，并已逐渐渗透到有机化学、分析化学、物理化学、量子化学、生物化学等许多学科中，对近代科学的发展起了很大的作用。

图5-1　维尔纳

然而，在很长时期内，建立在配位平衡基础上的配位滴定法并未得到很大的发展。这是因为大多数无机配位剂存在逐级平衡现象，使得它与被测物（通常是金属离子）不存在确定的化学计量关系。直到1945年，瑞士化学家许伐岑巴赫（G. Schwazenbarch）提出了以EDTA（乙二胺四乙酸）为代表的一系列氨羧配位剂，配位滴定法才得到迅速发展和广泛应用。现在元素周期表中的大多数金属元素和部分非金属元素都可用配位滴定法测定。

关于配合物的一些基本理论问题已在第3章中讨论，本章主要从化学平衡的角度介绍配位平衡（coordination equilibrium）。

5.1　配合物的稳定常数 Stability Constant of Coordination Compound

5.1.1　逐级稳定常数和累积稳定常数

设ML_n型配合物在溶液中存在下列平衡，则可用逐级稳定常数（stepwise stability constant）K_n来表示各级的平衡情况：

$$M+L \rightleftharpoons ML; K_1=\frac{[ML]}{[M][L]}$$

$$ML+L \rightleftharpoons ML_2; K_2=\frac{[ML_2]}{[ML][L]}$$

$$\vdots \qquad \vdots$$

$$ML_{n-1}+L \rightleftharpoons ML_n; K_n=\frac{[ML_n]}{[ML_{n-1}][L]}$$

为书写简便起见，在配位平衡中常略去离子的电荷。例如分别以下面的符号表示括号内的离子：H（H^+）、OH（OH^-）、M（M^{n+}）、L（L^{m-}）、ML（$(ML)^{n-m}$）等。

在实际计算中，采用累积稳定常数将更为方便。累积稳定常数（cumulative stability constant）定义为

$$\beta_n=\frac{[ML_n]}{[M][L]^n}$$

因此

$$\beta_1=\frac{[ML]}{[M][L]}=K_1$$

$$\beta_2=\frac{[ML_2]}{[M][L]^2}=\frac{[ML]}{[M]\cdot[L]}\cdot\frac{[ML_2]}{[ML]\cdot[L]}=K_1K_2$$

$$\vdots \tag{5.1}$$

$$\beta_n=\frac{[ML_n]}{[M][L]^n}=K_1K_2\cdots K_n=\prod_1^n K_n$$

K和β均为浓度常数，与温度和离子强度有关。可查到某些金属配合物的累积稳定常数。因这些数值较大，常用指数或对数形式表示。根据对数值，不难求出各级稳定常数K_i。

例5.1 查表得Zn^{2+}与NH_3的累积稳定常数$\lg\beta_i$分别为2.27、4.61、7.01和9.06。试求各级稳定常数。

解：根据β的定义

$$K_1=\beta_1=10^{2.27}\text{或}\lg K_1=2.27$$

$$K_2=\frac{\beta_2}{K_1}=\frac{10^{4.61}}{10^{2.27}}\text{或}\lg K_2=\lg\beta_2-\lg\beta_1=4.61-2.27=2.34$$

类似地，可计算出$K_3=10^{2.40}$，$K_4=10^{2.05}$或$\lg K_3=2.40$，$\lg K_4=2.05$。

5.1.2 不稳定常数

常用不稳定常数（unstability constant）来表征配合物的稳定性。配位平衡和不稳定常数的关系如下：

$$ML_n \rightleftharpoons ML_{n-1}+L;\ K_{不稳_1}=\frac{[ML_{n-1}][L]}{[ML_n]}$$

$$ML_{n-1} \rightleftharpoons ML_{n-2}+L;\ K_{不稳_2}=\frac{[ML_{n-2}][L]}{[ML_{n-1}]}$$

$$\vdots \qquad \vdots$$

$$ML \rightleftharpoons M+L;\ K_{不稳_n}=\frac{[M]\ [L]}{[ML]}$$

总的不稳定常数

$$K_{不稳}=\frac{[M][L]^n}{[ML_n]} \tag{5.2}$$

比较式（5.1）与式（5.2），显然

$$K_{不稳}=\frac{1}{\beta_n} \tag{5.3}$$

同时，不难发现，各级稳定常数和不稳定常数的关系为

$$K_1=\frac{1}{K_{不稳_n}}$$

$$K_2=\frac{1}{K_{不稳_{n-1}}}$$

$$\vdots$$

$$K_n=\frac{1}{K_{不稳_1}}$$

本章主要采用稳定常数来表征配合物的稳定性和进行有关计算。

5.1.3 配合物各物种的分布

单齿配体与金属离子形成配合物时，存在逐级配位现象，因此，在系统中，配合物各物种将以不同的浓度同时存在。利用类似于酸的摩尔分数的推导方法，可求得配合物各物种的摩尔分数与游离配体浓度［L］的函数关系。

设金属离子的总浓度为$c(M)$，$c(M)=[M]+[ML]+\cdots+[ML_n]$，则

$$x_0=\frac{[M]}{c(M)}=\frac{[M]}{[M]+[ML]+\cdots+[ML_n]}$$

$$=\frac{[M]/[M]}{\frac{[M]}{[M]}+\frac{[ML]}{[M][L]}[L]+\cdots+\frac{[ML_n]}{[M][L]^n}[L]^n}$$

$$=\frac{1}{1+\beta_1[L]+\cdots+\beta_n[L]^n} \tag{5.4a}$$

$$x_1=\frac{[ML]}{c(M)}=\frac{[ML]}{[M]+[ML]+\cdots+[ML_n]}$$

$$=\frac{\beta_1[L]}{1+\beta_1[L]+\cdots+\beta_n[L]^n} \tag{5.4b}$$

$$x_n=\frac{[ML_n]}{c(M)}=\frac{\beta_n[L]^n}{1+\beta_1[L]+\cdots+\beta_n[L]^n} \tag{5.4c}$$

显然

$$x_0+x_1+\cdots+x_n=1 \tag{5.4d}$$

可以看出，游离金属离子的摩尔分数x_0以及配合物各物种的摩尔分数$(x_1,\cdots,x_n)$仅与

游离配体的浓度 [L] 有关，而与金属离子的总浓度 $c(M)$ 无关。对于一个具体的系统，将有关的 β_i 值代入上列各式，即可算出在不同 [L] 下，配合物各物种的 x_i 值。

5.2 EDTA 及其配合物 EDTA and Its Coordination Compound

5.2.1 EDTA 和 EDTA 二钠

目前，在配位滴定中广泛用作滴定剂的是一类称为氨羧配位剂的有机试剂。氨羧配位剂的特征是含有$—N(CH_2COOH)_2$基团，其中胺氮（$\geqslant N:$）和羧氧（$-\underset{\underset{O}{\|}}{C}-\ddot{O}-$）是多齿配体，能与金属离子形成具有环状结构的螯合物。

最重要的一种氨羧配位剂是乙二胺四乙酸，简称 EDTA 或 EDTA 酸（ethylen diamirie tetra acetic acid），其结构式如图 5-2 所示。从化学式看，EDTA 是一种四元酸，常用 H_4Y 表示。但它在水中的溶解度很小，室温下每 100 mL 水中仅溶解 0.02 g，故常用它的二钠盐 $Na_2H_2Y \cdot 2H_2O$，也称 EDTA 二钠。在 22 ℃时，EDTA 二钠每 100 mL 水中溶解 11.1 g，浓度约为 0.3 $mol \cdot L^{-1}$，pH 约为 4.4。

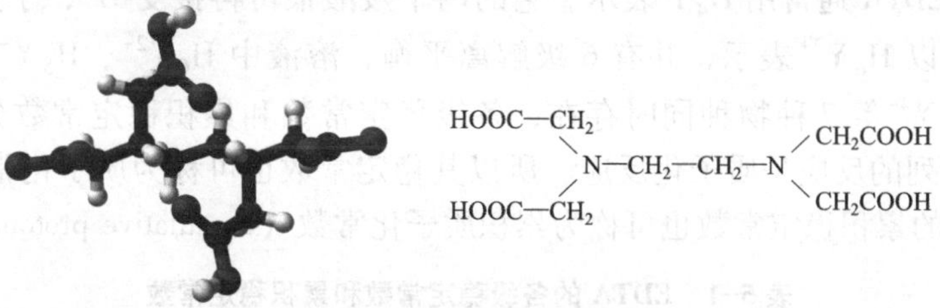

图 5-2 EDTA 结构式

其他比较重要的氨羧配位剂有：

乙二醇二乙醚二胺四乙酸，简称 EGTA，结构式为

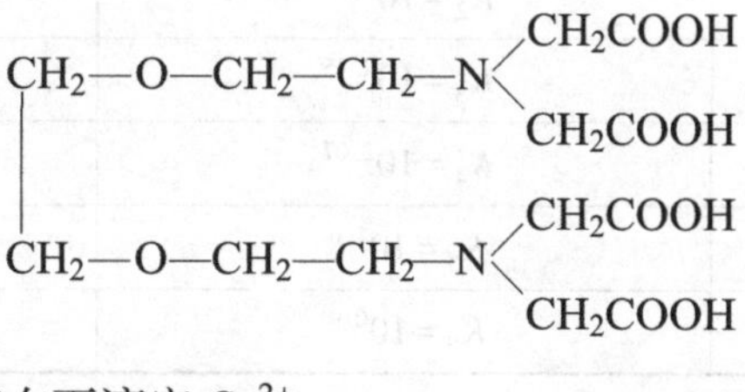

特别适于在大量 Mg^{2+}存在下滴定 Ca^{2+}。

乙二胺四丙酸，简称 EDTP，结构式为

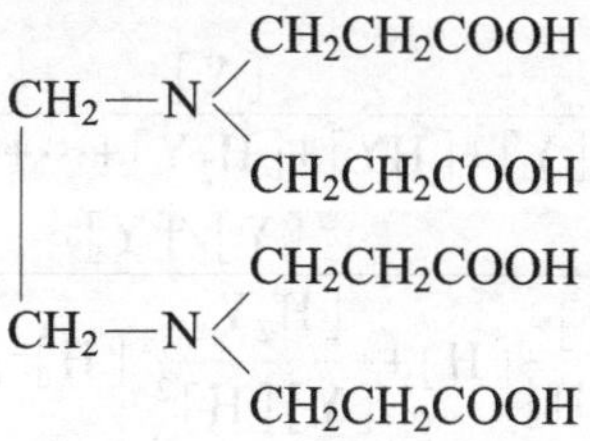

特别适于滴定 Cu^{2+}，而 Zn^{2+}、Cd^{2+}、Mn^{2+}、Mg^{2+}均不干扰。

环己二胺四乙酸，简称 DCTA 或 CyDTA，结构式为

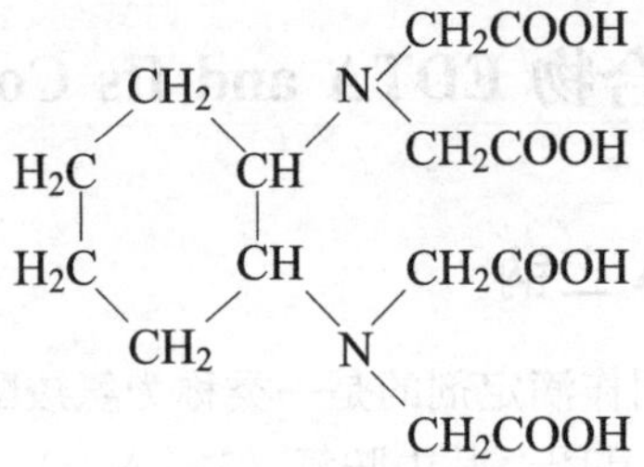

它与 Al^{3+}配位的速度比 EDTA 的快，代替 EDTA 滴定 Al^{3+}可减少加热手续。在 pH = 5～5.5 时，可在钨、钼存在下滴定 Cu^{2+}、Fe^{2+}、Ni^{2+}、Co^{2+}、ZrO^{2+}。

其他比较重要的还有 2-羟乙基乙二胺四乙酸（HEDTA）、次氨基三乙酸（NTA）、三乙基四胺六乙酸（TTHA）等。但是除 EDTA 外，价格都较高，应用受到很大限制。

5.2.2 EDTA 在溶液中的分布

在水溶液中，H_4Y 以双偶极离子的形式存在（4 个羧基中有 2 个羧基上的质子转移到 2 个 N 原子上）。EDTA 通常用 H_4Y 表示。它的两个羧酸根可再接受 H^+，于是 EDTA 就相当于一个六元酸，以 H_6Y^{2+}表示，并有 6 级解离平衡，溶液中 H_6Y^{2+}、H_5Y^+、H_4Y、H_3Y^-、H_2Y^{2-}、HY^{3-}和 Y^{4-}等 7 种物种同时存在，各级稳定常数和累积稳定常数分别列于表 5-1 中。由于表中所列的反应是质子化反应。所以其稳定常数也可称为质子化常数（protonation constant），相应的累积稳定常数也可称为累积质子化常数（cumulative protonation constant）。

表 5-1　EDTA 的各级稳定常数和累积稳定常数

质子化平衡	逐级稳定常数	累积稳定常数（或累积质子化常数）
Y+H = HY	$K_1 = 10^{10.34}$	$\beta_1^H = 10^{10.34}$
HY+H = H_2Y	$K_2 = 10^{6.24}$	$\beta_2^H = 10^{16.58}$
H_2Y+H = H_3Y	$K_3 = 10^{2.75}$	$\beta_3^H = 10^{19.33}$
H_3Y+H = H_4Y	$K_4 = 10^{2.07}$	$\beta_4^H = 10^{21.40}$
H_4Y+H = H_5Y	$K_5 = 10^{1.6}$	$\beta_5^H = 10^{23.0}$
H_5Y+H = H_6Y	$K_6 = 10^{0.9}$	$\beta_6^H = 10^{23.9}$

根据 EDTA 的 6 级稳定常数，不难计算出在不同 pH 时 EDTA 的 7 种物种的摩尔分数。这里用累积质子化常数计算 x_0：

$$x_0 = \frac{[Y]}{c(\mathrm{EDTA})} = \frac{[Y]}{[Y]+[HY]+[H_2Y]+\cdots+[H_6Y]}$$

$$= \frac{[Y]/[Y]}{\frac{[Y]}{[Y]}+\frac{[HY]}{[Y][H]}[H]+\frac{[H_2Y]}{[Y][H]^2}[H]^2+\cdots+\frac{[H_6Y]}{[Y][H]^6}[H]^6}$$

$$=\frac{1}{1+\beta_1^{\mathrm{H}}[\mathrm{H}]+\cdots+\beta_6^{\mathrm{H}}[\mathrm{H}]^6} \tag{5.5a}$$

$$x_1=\frac{[\mathrm{HY}]}{c(\mathrm{EDTA})}=\frac{\beta_1^{\mathrm{H}}[\mathrm{H}]}{1+\beta_1^{\mathrm{H}}[\mathrm{H}]+\cdots+\beta_6^{\mathrm{H}}[\mathrm{H}]^6} \tag{5.5b}$$

$$\vdots$$

$$x_6=\frac{[\mathrm{H_6Y}]}{c(\mathrm{EDTA})}=\frac{\beta_6^{\mathrm{H}}[\mathrm{H}]^6}{1+\beta_1^{\mathrm{H}}[\mathrm{H}]+\cdots+\beta_6^{\mathrm{H}}[\mathrm{H}]^6} \tag{5.5c}$$

并且

$$x_0+x_1+\cdots+x_6=1 \tag{5.5d}$$

图 5-3 表示在不同 pH 溶液中，EDTA 7 种物种的分布情况。当然，从严格的意义上讲，在任何 pH 下，这 7 种物种都同时存在，但是在某一 pH 下，只有某些物种占优势。

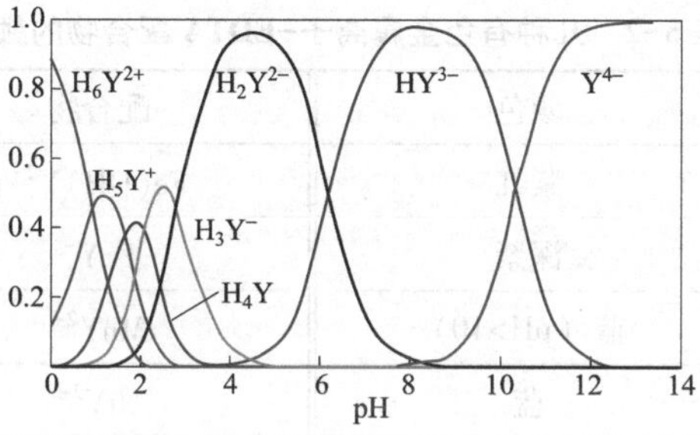

图 5-3　EDTA 各型体的 x_i-pH 分布

5.2.3　EDTA 与金属离子的配合物

1. EDTA 配合物的结构

实际上，除了极少数金属离子，如锆（Ⅳ）和钼（Ⅵ）等与 EDTA 形成 2∶1 的配合物之外，周期表中绝大多数金属阳离子与 EDTA 均形成 1∶1 配合物 MY。这是因为多数金属的配位数为 4 或 6，而 EDTA 具有 6 个给电子基团（4 个羧基和 2 个氨基），每个配位基都可与金属离子形成五元环，并至多可形成 5 个环，而将金属离子完全“淹没”在其中，形成 6 齿配位的螯合物（图 5-4）。

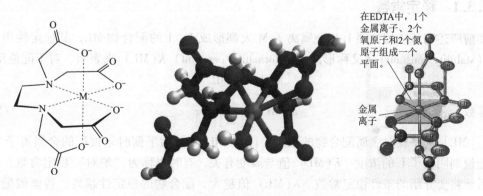

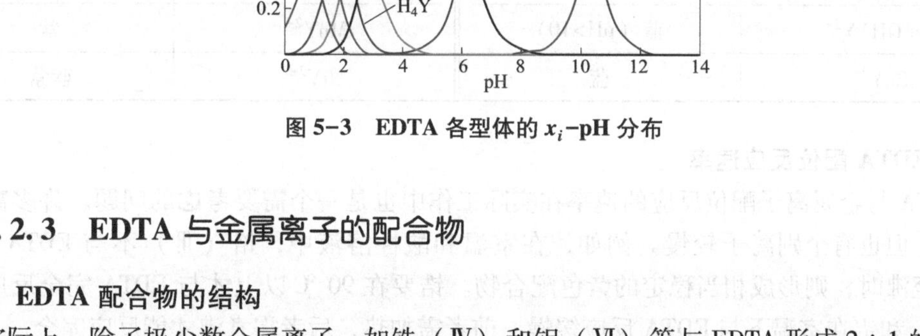

图 5-4　EDTA-金属螯合物的立体结构

2. 酸式、碱式和混合配合物

MY 型配合物在酸性溶液中可能形成酸式配合物 MHY，在较高 pH 时，又可能形成碱式或羟基配合物 M(OH)Y，在氨性溶液中可能形成含氨配合物 $M(NH_3)Y$ 等。一般二价金属离子要在 pH≥10 才能形成羟基配合物，而三价金属甚至在 pH 为 4~6 时即可能形成。例如，在 pH<6 时，Fe(Ⅲ) 与 EDTA 形成黄色的 FeY^-，当 pH 调至 7~10.5 时，生成棕色的羟基化合物 $Fe(OH)Y^{2-}$ 和 $Fe(OH)_2Y^{3-}$。如果加入 H_2O_2，则形成紫色的 $Fe(H_2O_2)Y^-$。虽然这些化合物的形成会影响其稳定性，但并不影响金属与 EDTA 的配合比，因而不影响配位滴定结果计算。

3. EDTA 配合物的颜色

无色金属离子与 EDTA 形成的配合物仍为无色，有色离子形成的配合物则使颜色加深。当离子的量较大时，会影响目视终点的观测。表 5-2 是几种常见的配合物的颜色。

表 5-2　几种有色金属离子-EDTA 配合物的颜色

配合物	颜色	配合物	颜色
CoY^-	紫红	$Fe(OH)Y^{2-}$	棕（pH≈6）
CrY^-	深紫	FeY^-	黄
$Cr(OH)Y^{2-}$	蓝（pH>10）	MnY^{2-}	紫
CuY^{2-}	蓝	NiY^{2-}	蓝紫

4. EDTA 配位反应速率

EDTA 与金属离子配位反应的速率在实际工作中也是一个需要考虑的问题。许多离子反应极快，但也有个别离子较慢。例如，在室温和酸性溶液中，铬（Ⅲ）不与 EDTA 反应，但加热至沸时，则形成相当稳定的紫色配合物。锆要在 90 ℃以上才与 EDTA 完全反应，而铁（Ⅲ）和铝在室温下与 EDTA 反应缓慢，前者需加热，后者需煮沸才能反应完全。

5.3　配合物的副反应系数和条件稳定常数 Side Reaction Coefficients and Conditional Stability Constants of Coordination Compounds

5.3.1　稳定常数

如前所述，氨羧配位剂 L 与金属离子 M 大都形成 1∶1 的配合物 ML，其稳定性用稳定常数（stability constant）（又称形成常数 formation constant）*K*(ML) 来表示。对于配位反应：

$$M+L \rightleftharpoons ML$$

稳定常数

$$K(ML)=\frac{[ML]}{[M][L]} \tag{5.6}$$

式中，[ML] 为平衡时金属配合物的浓度；[M] 和 [L] 为平衡时未被配的金属离子 M 和氨羧配位剂阴离子 L 的浓度。*K*(ML) 值与温度有关，有时也称为“绝对”稳定常数，以区别于后面将要介绍的条件稳定常数。*K*(ML) 值越大，配合物的稳定性越高。若氨羧配位剂为 EDTA，则稳定常数可表示为

$$K(MY)=\frac{[MY]}{[M][Y]} \tag{5.7}$$

表5-3列举了一些金属-EDTA配合物的稳定常数的对数。由表可见，三价和四价阳离子及Hg^{2+}的lg K(MY)>10；二价过渡元素、稀土元素及Al^{3+}的lg K(MY)为15~19；碱土金属的lg K(MY)为8~11。

表5-3 金属离子与EDTA配合物的稳定常数

(I=0.1 mol·kg^{-1}，20 ℃)

M	lg K(MY)	M	lg K(MY)	M	lg K(MY)	M	lg K(MY)
Ag^{+}	7.3	Fe^{2+}	14.33	Y^{3+}	18.09	Cr^{3+}	23.0
Ba^{2+}	7.76	Ce^{3+}	15.98	Ni^{2+}	18.67	Th^{4+}	23.2
Sr^{2+}	8.63	Al^{3+}	16.1	Cu^{2+}	18.80	Fe^{3+}	25.1
Mg^{2+}	8.69	Co^{2+}	16.31	Re^{3+}	15.5~19.8	V^{3+}	25.9
Be^{2+}	9.8	Cd^{2+}	16.46	Tl^{3+}	21.5	Bi^{3+}	27.94
Ca^{2+}	10.69	Zn^{2+}	16.50	Hg^{2+}	21.8	Zr^{4+}	29.5
Mn^{2+}	10.04	Pb^{2+}	18.04	Sn^{2+}	22.1	Co^{3+}	36

5.3.2 配位反应的副反应系数——条件稳定常数

在配位滴定中，被测金属离子（M）与配位剂（即滴定剂Y）之间除发生主反应外，还存在许多副反应，如M、Y和MY都可能发生副反应，如图5-5所示。

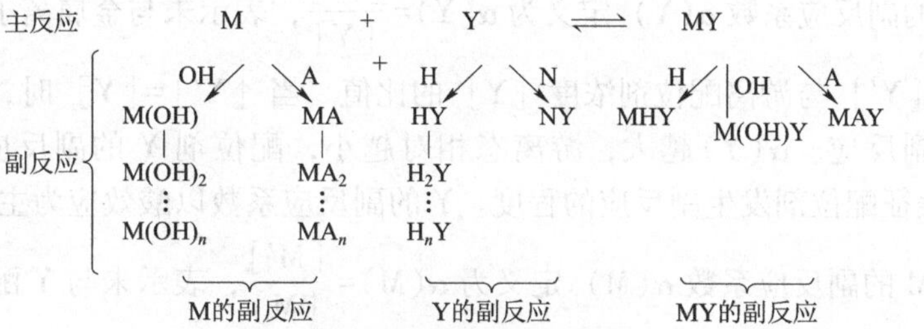

图5-5 配位滴定中的副反应

在M的副反应中，包括金属离子M的水解效应和与A（可能是辅助配位剂、缓冲剂或掩蔽剂）的配位效应。在Y的副反应中，包括配位剂Y的酸效应以及Y和其他离子N的配位效应。在MY的副反应中，则包括形成酸式、碱式和混合配合物。反应物（M和Y）的副反应不利于主反应，而产物MY的副反应则有利于主反应。

显然，处理如此复杂的化学平衡，有关的计算将十分繁杂。所幸的是，从配位滴定的角度考虑，很少要求准确地知道溶液中配合物各物种的真实浓度，通常只对主反应即滴定反应的完全程度感兴趣。例如，用EDTA在氨性溶液中滴定锌时，我们希望知道EDTA与锌反应是否完全，并不需要知道是哪种物种的锌（锌离子、锌氨配离子或锌的羟基配合物）参加反应，也不要求知道与EDTA有关的各种物种的准确浓度是多少。

为了简化计算，引入条件稳定常数的概念。

当有副反应发生时，$K(MY)$ 的值不能反映主反应进行的程度，因为未与 Y 配位的金属离子不只是以游离金属离子 M 的形态存在，还可能以 $M(OH)$，$M(OH)_2$，…以及 MA，MA_2，…而存在，若它们的总浓度用 $[M']$ 表示，则

$$[M'] = [M] + [MA] + [MA_2] + \cdots + M(OH) + M(OH)_2 + \cdots$$

同样，在溶液中未与 M 配位的配位剂 Y 不只是以物种 Y 的形态存在，还可能以 HY，H_2Y，…物种存在，其总浓度用 $[Y']$ 表示，即

$$[Y'] = [Y] + [HY] + [H_2Y] + \cdots + [H_nY]$$

对于 M 和 Y 形成 1∶1 配合物 MY 的反应，其条件稳定常数（conditional stability constant）定义为

$$K'(MY) = \frac{[(MY)']}{[M'][Y']} \tag{5.8}$$

条件稳定常数有时也称为“条件形成常数”（conditional formation constant），意味着应考虑副反应中所包含的各种物种。

条件稳定常数给出了配位滴定中感兴趣的 3 个量：形成的配合物的总浓度 $[(MY)']$、未与 L 配位的金属的总浓度 $[M']$ 和未与 M 配位的配位剂的总浓度 $[Y']$ 之间的关系。“条件”一词意味着给出的常数不是一个固定的数值，它因实验条件而异。有了条件稳定常数的数学表达式，就能用通常处理化学平衡的方法进行处理，而不要求知道贡献给 $[M']$ 和 $[Y']$ 的各物种的性质如何。副反应的存在会影响主反应的完全程度，为了定量地了解副反应的影响，需引入副反应系数（side reaction coefficient）的概念。

副反应分为来源于 M、Y 和 MY 的副反应，故副反应系数也有三种：

配位剂 Y 的副反应系数 $\alpha(Y)$ 定义为 $\alpha(Y) = \dfrac{[Y']}{[Y]}$，表示未与金属离子配位的配位剂各物种的总浓度 $[Y']$ 与游离配位剂浓度 $[Y]$ 的比值。当 $[Y'] = [Y]$ 时，$\alpha(Y) = 1$，表示配位剂不存在副反应。$\alpha(Y)$ 越大，游离态相对越小，配位剂 Y 的副反应越严重。因此，$\alpha(Y)$ 可用来表征配位剂发生副反应的程度。Y 的副反应系数以酸效应为主。

金属离子 M 的副反应系数 $\alpha(M)$ 定义为 $\alpha(M) = \dfrac{[M']}{[M]}$，表示未与 Y 配位的金属离子各物种的总浓度 $[M']$ 与游离金属离子浓度 $[M]$ 的比值。可用来表征金属离子发生副反应的程度。

配合物 MY 也发生副反应，则配合物的副反应系数为

$$\alpha(MY) = \frac{[(MY)']}{[MY]}$$

5.3.3 副反应系数的计算

就 EDTA 而言，它存在逐级平衡，每一步都有 H^+ 参加。如果改变溶液的 pH，就会影响平衡，改变配体各物种的浓度。因此，酸效应会引起许多副反应。

1. 配位剂 Y 的酸效应系数

配位剂 L 是一种碱，易接受质子，因此，配位剂 Y 与 H 的副反应是相当严重的。当它

与 M 进行配位时，游离配位剂的浓度 [Y] 将受溶液酸度的影响。这种由于 H 使配位剂参加配位反应的能力降低的现象称为酸效应，它是一种副反应。酸效应系数：

$$\alpha\{Y(H)\}=\frac{[Y']}{[Y]}=\frac{[Y]+[HY]+[H_2Y]+\cdots+[H_nY]}{[Y]}$$

$$=1+\frac{[HY]}{[Y][H]}[H]+\frac{[H_2Y]}{[Y][H]^2}[H]^2+\cdots+\frac{[H_nY]}{[Y][H]^n}[H]^n$$

$$=1+\beta_1^H[H]+\beta_2^H[H]^2+\cdots+\beta_n^H[H]^n \tag{5.9}$$

式（5.9）表明，对于配位剂 Y 来说，酸效应系数 $\alpha\{Y(H)\}$ 仅是 [H] 的函数，而与配位剂的浓度无关。根据累积质子化常数 β_i^H 的值即可计算出在给定酸度下的 $\alpha\{Y(H)\}$ 值。

例 5.2 计算在 $pH=5([H^+]=10^{-5}\ mol\cdot L^{-1})$ 时 EDTA 的酸效应系数。

解：根据式（5.9），并根据表 5-1，EDTA 的累积质子化常数 β_i^H 的值为

$$\alpha\{Y(H)\}=1+\beta_1^H[H]+\beta_2^H[H]^2+\cdots+\beta_6^H[H]^6$$

$$=1+10^{10.34-5}+10^{16.58-10}+10^{19.33-15}+10^{21.40-20}+10^{23.0-25}+10^{23.9-30}$$

$$=10^{6.60}$$

在类似的计算中，虽然涉及的项较多，但在给定条件下只有少数几项是主要的，通常比最大项小二次方以上的项均可忽略。由于数值较大，涉及的指数差别也很大，故常用指数或对数形式表示。$\alpha\{Y(H)\}$ 的值很重要，为应用方便，将不同 pH 下 EDTA 的 $\lg\alpha\{Y(H)\}$ 列成表格，见表 5-4。

表 5-4 不同 pH 下 EDTA 的 $\lg\alpha\{Y(H)\}$

pH	$\lg\alpha\{Y(H)\}$	pH	$\lg\alpha\{Y(H)\}$	pH	$\lg\alpha\{Y(H)\}$
0.0	23.64	2.8	11.09	8.0	2.27
0.4	21.32	3.0	10.60	8.4	1.87
0.8	19.08	3.4	9.70	8.8	1.48
1.0	18.01	3.8	8.85	9.0	1.28
1.4	16.02	4.0	8.44	9.5	0.83
1.8	14.27	4.4	7.64	10.0	0.45
2.0	13.51	4.8	6.84	11.0	0.07
2.4	12.19	5.0	6.45	12.0	0.00

酸效应对配合物的稳定性有很大的影响。考虑到 EDTA 在溶液中实际上有各种形式，各种物种（HY，H_2Y，…）的量取决于 H^+的浓度。配体的总浓度应考虑酸效应系数 $\lg\alpha\{Y(H)\}$（或缩写为 $\alpha(Y)$）的校正。即

$$[Y']=[Y]\alpha(Y)$$

在只考虑酸效应时，条件稳定常数为

$$K'(MY)=\frac{[MY]}{[M][Y']} \tag{5.10}$$

式中的Y′用上式代入得

$$K'(MY)=\frac{K[MY]}{\alpha(Y)} \tag{5.10a}$$

上式也可以写成

$$\lg K'(ML)=\lg K(ML)-\lg \alpha(L) \tag{5.10b}$$

设被测离子浓度为$c(M)$，若允许滴定的终点误差为±0.1%，在滴定至终点时

$$[(MY)']=0.999c(M)$$
$$[M']=[Y']=0.001c(M)$$

代入式（5.10）得

$$K'(MY)\geqslant\frac{0.999c(M)}{\{0.001c(M)\}^2}=10^6/c(M)$$

即

$$\lg c(M)K'(MY)\geqslant 6$$

对于浓度为0.01 mol·L^{-1}的金属离子溶液，能用EDTA准确滴定的条件应是

$$\lg K'(MY)\geqslant 8 \tag{5.10c}$$

为了确定滴定金属离子时的最大酸度（即所允许的最低pH），可将式（5.10a）写成

$$\lg \alpha\{Y(H)\}\leqslant \lg K(MY)-\lg K'(MY) \tag{5.10d}$$

如被测离子浓度为$c(M)=0.01$ mol·L^{-1}，将式（5.10c）代入得

$$\lg \alpha\{Y(H)\}\leqslant \lg K(MY)-8 \tag{5.10e}$$

式（5.10e）就是计算滴定0.01 mol·L^{-1}金属离子溶液所允许的最低pH。

2. 金属离子M的副反应系数α(M)

若金属离子M与其他配位剂A（或OH^-）发生副反应，则副反应系数：

$$\alpha\{M(A)\}=\frac{[M']}{[M]}=\frac{[M]+[MA]+[MA_2]+\cdots+[MA_n]}{[M]}$$

不难证明

$$\alpha\{M(A)\}=1+\beta_1[A]+\beta_2[A]^2+\cdots+\beta_n[A]^n \tag{5.11}$$

式中，$\beta_1\sim\beta_n$为M和A所形成的配合物的各级累积稳定常数。

这里的A可能是滴定所需的缓冲剂或辅助配位剂，也可能是为消除干扰而加入的掩蔽剂，故$\alpha\{M(A)\}$又称金属离子的辅助配位效应系数。如在氨性溶液中滴定Zn^{2+}、Cu^{2+}、Cd^{2+}等，氨既是缓冲剂，又是辅助配位剂，可防止Zn^{2+}等在较高pH下产生沉淀，此外，M还可能水解而形成羟基配合物M(OH)，$M(OH)_2$，…。其副反应系数称为金属离子的水解效应系数：

$$\alpha\{M(OH)\}=1+\beta_1[OH]+\beta_2[OH]^2+\cdots+\beta_n[OH]^n \tag{5.12}$$

例5.3 计算pH=10时的$\lg \alpha\{Pb(OH)\}$值。

解：Pb^{2+}-OH^-配合物的$\lg\beta_1$-$\lg\beta_3$分别为6.2、10.3和13.3，代入式（5.12）得

$$\begin{aligned}\alpha\{Pb(OH)\}&=1+\beta_1[OH]+\beta_2[OH]^2+\beta_3[OH]^3\\&=1+10^{6.2-4}+10^{10.3-8}+10^{13.3-12}\\&=10^{2.6}\end{aligned}$$

$$\lg \alpha\{Pb(OH)\}=2.6$$

实际情况往往是金属离子同时发生多种副反应。若 M 既与 A 又与 OH^-发生副反应，这时金属离子总的副反应系数为

$$\alpha\{M(A,OH)\}=\frac{[M]+[MA]+\cdots+[MA_n]+[M(OH)]+\cdots+[M(OH)_n]}{[M]}$$

$$=\frac{[M]+[MA]+\cdots+[MA_n]}{[M]}+\frac{[M]+[M(OH)]+\cdots+[M(OH)_n]}{[M]}-\frac{[M]}{[M]}$$

$$\alpha\{M(A,OH)\}=\alpha\{M(A)\}+\alpha\{M(OH)\}-1 \tag{5.13}$$

在同时考虑酸效应和金属离子的副反应时，条件稳定常数为

$$K'(ML)=\frac{K[ML]}{\alpha(L)\alpha(M)} \tag{5.14}$$

或

$$\lg K'(MY)=\lg K(MY)-\lg\alpha(Y)-\lg\alpha(M) \tag{5.15}$$

在进一步考虑配合物［MY］的副反应时，则应再加上［MY］的副反应系数 $\alpha(MY)$

$$K'(MY)=\frac{[(MY)']}{[M'][Y']}=K(MY)\frac{\alpha(MY)}{\alpha(M)\alpha(Y)} \tag{5.16}$$

$$\lg K'(MY)=\lg K(MY)-\lg\alpha(M)-\lg\alpha(Y)+\lg\alpha(MY) \tag{5.17}$$

由于配合物的副反应有利于配合反应向右进行，故式（5.17）中配合物的副反应系数的对数项 $\lg\alpha(MY)$为加号。

总之，EDTA 能与许多金属离子生成稳定的配合物。配合物的条件稳定常数 $K'(MY)$比稳定常数 $K(MY)$ 能更加切合实际地反映出配合反应进行的程度。因此，了解和掌握条件稳定常数的计算是必要的。

思考题

1. 将 50 mL 0.1 mol·L^{-1} $AgNO_3$溶液与 50 mL 6.4 mol·L^{-1}氨水混合，计算反应平衡时 Ag^+、$Ag(NH_3)_2^+$和 NH_3的浓度。

2. 将 0.3 mol·L^{-1} $Cu(NH_3)_4^{2+}$溶液与含有 NH_3和 NH_4Cl（浓度均为 0.2 mol·L^{-1}）的溶液等体积混合，通过计算说明生成 $Cu(OH)_2(s)$的可能性（$K_{sp}\{Cu(OH)_2\}=10^{-18.2}$）。

3. 已知 Cd-NH_3配合物的 $\lg\beta_1\sim\lg\beta_6$分别为 2.60、4.65、6.04、6.92、6.6、4.9，则各级稳定常数和不稳定常数是多少?

4. 在游离 NH_3的浓度为 2.5 mol·L^{-1}及 Cu^{2+}浓度为 1.5×10^{-4} mol·L^{-1}溶液中，计算物种 $Cu(NH_3)^{2+}$、$Cu(NH_3)_2^{2+}$、$Cu(NH_3)_3^{2+}$、$Cu(NH_3)_4^{2+}$的浓度。

5. 等体积混合 0.200 mol·L^{-1} EDTA 和 0.100 mol·L^{-1} $Mg(NO_3)_2$，设溶液的 pH 为 9.00，求未配位的 Mg^{2+}浓度是多少?

第6章
沉淀平衡
Sedimentation Equilibrium

本章将讨论难溶固体电解质在溶液中建立的沉淀-溶解平衡（即固-液平衡），以及建立在此平衡基础上的沉淀滴定法和重量法。这类平衡问题在科学实验及化工生产中占有一定的位置。

6.1 沉淀-溶解平衡的建立 Precipitation and Dissolution Equilibrium

物质在水中的溶解作用是一个较复杂的物理-化学过程。溶解度的大小受多种因素的影响，如晶格能、水合焓、熵变以及溶解温度、外加可溶性盐、酸度、配位剂等均对溶解度有影响。各种不同的物质在水中的溶解度不同，有些表面上看来不溶的物质实际上也不是绝对不溶。绝对不溶的物质是没有的，通常把溶解度小于 0.01 g/(100 g H_2O) 的物质叫作不溶物，严格说来，应叫难溶物或微溶物（slightly soluble substance）。上述界限也不是绝对的。例如 $PbCl_2(s)$的溶解度常温下为 0.675 g/(100 g H_2O)，远大于上述标准。但由于 $PbCl_2$ 的摩尔质量较大，其饱和时的浓度（用物质的量浓度表示）很小，故此类物质也属于本章讨论的内容。$PbCl_2(s)$、$AgCl(s)$、$CaCO_3(s)$等类物质虽然溶解度很小，但溶解的部分都是完全电离的，溶液中不存在未电离的分子，故也常称为难溶强电解质或简称其为难溶盐。

一定温度下，把难溶强电解质例如 $CaCO_3$ 放在水中时，水分子以其偶极的负端，取向在 $CaCO_3$ 固体表面的 Ca^{2+}周围，而有些水分子则以偶极的正端，取向在 $CaCO_3$ 固体表面的 CO_3^{2-} 周围。由于水分子具有较高的介电常数，水分子的这种取向作用大大地减弱了固态中 Ca^{2+}和 CO_3^{2-} 之间的吸引力，而使得一部分 Ca^{2+}和 CO_3^{2-} 离开 $CaCO_3$ 固体表面，成为水合离子进入溶液，这个过程称为溶解（dissolution）。另外，溶液中水合的 Ca^{2+}和 CO_3^{2-} 处在无序的运动中，其中有些碰撞到固体 $CaCO_3$ 表面时，受到固体表面的吸引力，又会重新析出或回到固体表面上来，这个过程称为沉淀（precipitation）。图 6-1 所示为沉淀形成过程。

溶解和沉淀这两个过程是相互矛盾的过程。初期，由于溶液中水合 Ca^{2+}和 CO_3^{2-} 浓度极小，$CaCO_3$ 的溶解速度较大，这时溶液是未饱和的；随着溶解作用的继续进行，水合 Ca^{2+}和 CO_3^{2-} 浓度逐渐加大，相互碰撞再返回固体 $CaCO_3$ 表面的机会增多，即沉淀速度增大；当溶解的速度和沉淀速度相等，便达到了动态平衡，这时的溶液是饱和溶液（saturate

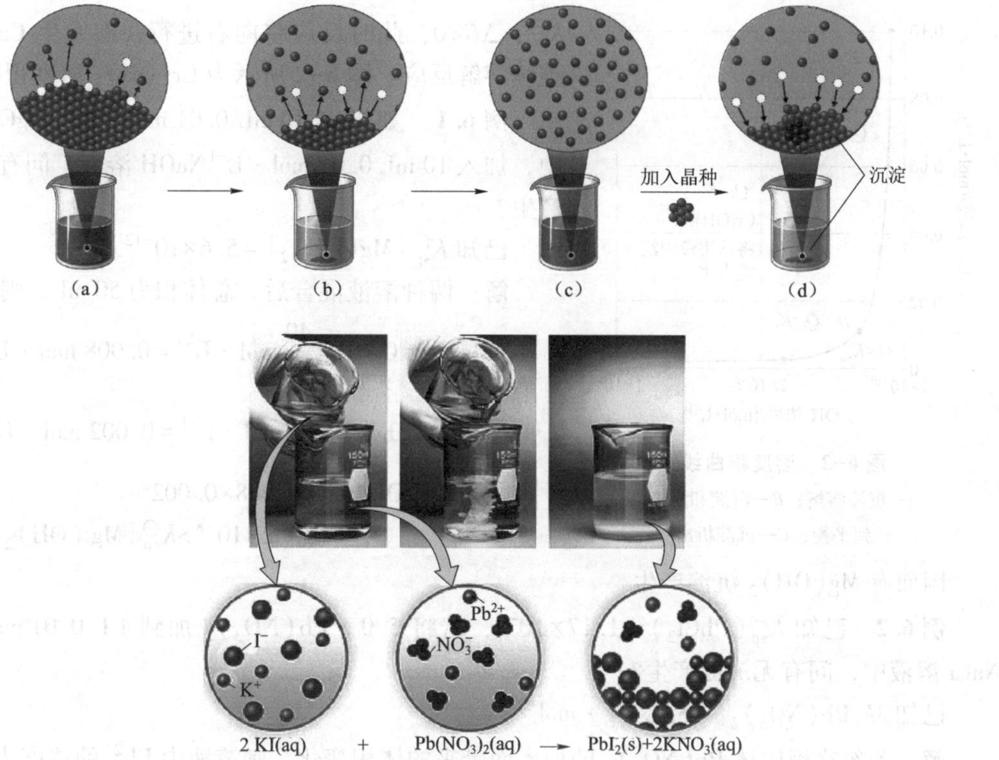

图 6-1 沉淀生成

(a) 不饱和溶液；(b) 饱和溶液；(c) 过饱和溶液；(d) 形成沉淀

solution)。此时溶液中的离子浓度（严格讲，应是活度）不再改变，未溶解的固体 $CaCO_3$ 与溶液中的 Ca^{2+} 和 CO_3^{2-} 之间存在着下列平衡：

$$CaCO_3 \rightleftharpoons Ca^{2+}(aq)+CO_3^{2-}(aq)$$

按照化学平衡定律，则有

$$\alpha(Ca^{2+})\times\alpha(CO_3^{2-})=K_{sp}^{\ominus} \tag{6.1}$$

$K_{sp}^{\ominus}$称为活度积（activity product），在定温下有定值，它实际上是上述平衡式的平衡常数。

对任何沉淀-溶解达到平衡的系统，可表示为

$$\begin{gathered} M_mA_n=mM^{n+}+nA^{m-} \\ K_{sp}^{\ominus}=\{\alpha(M^{n+})\}^m\{\alpha(A^{m-})\}^n \end{gathered} \tag{6.2}$$

$K_{sp}^{\ominus}$的值可根据如下的热力学公式进行计算：

$$\Delta_rG_m^{\ominus}=-RT\ln K_{sp}^{\ominus} \tag{6.3}$$

根据热力学公式：

$$\Delta G=-RT\ln K_{sp}^{\ominus}+RT\ln Q_i \tag{6.4}$$

式中，Q_i 是未达平衡时的离子积。

当在饱和的 $CaCO_3$ 溶液中加入 Na_2CO_3，CO_3^{2-} 的浓度增加时，$Q_i>K_{sp}^{\ominus}$时，$\Delta G>0$，此时反应将向左进行，即发生 $CaCO_3$ 的沉淀反应。

当 $Q_i<K_{sp}^{\ominus}$时，例如在饱和的 $CaCO_3$ 溶液中加入盐酸，由于 CO_3^{2-} 的浓度减少，导致 $Q_i<$

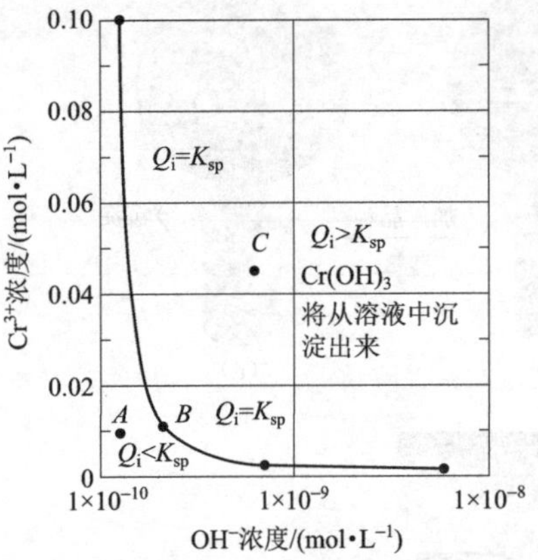

图 6-2　溶度积曲线

A—沉淀溶解；*B*—沉淀和溶液达到平衡；*C*—沉淀析出

$K_{sp}^{\ominus}$，$\Delta G<0$，此时反应将向右进行，即发生 $CaCO_3$ 的继续溶解反应。图 6-2 所示为 $Cr(OH)_3$ 溶度积曲线。

例 6.1　如果在 40 mL 0.01 mol · L^{-1} $MgCl_2$ 溶液中，加入 10 mL 0.01 mol · L^{-1}NaOH 溶液，问有无沉淀产生？

已知 $K_{sp}^{\ominus}\{Mg(OH)_2\}=5.6\times10^{-12}$。

解：两种溶液混合后，总体积为 50 mL，则

$$[Mg^{2+}]=0.010\times\frac{40}{50}\ \text{mol}\cdot\text{L}^{-1}=0.008\ \text{mol}\cdot\text{L}^{-1}$$

$$[OH^-]=0.010\times\frac{10}{50}\ \text{mol}\cdot\text{L}^{-1}=0.002\ \text{mol}\cdot\text{L}^{-1}$$

$$[Mg^{2+}][OH^-]^2=0.008\times0.002^2=3.2\times10^{-8}>K_{sp}^{\ominus}\{Mg(OH)_2\}$$

因而有 $Mg(OH)_2$ 沉淀产生。

例 6.2　已知 $K_{sp}^{\ominus}(PbCl_2)=1.17\times10^{-5}$，若将 5.0 g $Pb(NO_3)_2$ 加到 1 L 0.01 mol · L^{-1} NaCl 溶液中，问有无沉淀产生？

已知 $M\{Pb(NO_3)_2\}=331.2\ \text{g}\cdot\text{mol}^{-1}$。

解：若忽略因固体 $Pb(NO_3)_2$ 的加入而带来的体积变化，则溶液中 Pb^{2+}的浓度为

$$[Pb^{2+}]=\frac{5.0/331.2}{1}\ \text{mol}\cdot\text{L}^{-1}=1.5\times10^{-2}\ \text{mol}\cdot\text{L}^{-1}$$

$$[Pb^{2+}][Cl^-]^2=1.5\times10^{-2}\times0.01^2=1.5\times10^{-6}<K_{sp}^{\ominus}(PbCl_2)$$

所以没有 $PbCl_2$ 沉淀生成，这是一个不饱和溶液。

例 6.3　已知室温下，$K_{sp}^{\ominus}(Cu_2S)=2.26\times10^{-48}$，求 Cu_2S 的溶解度。

解：忽略 S^{2-} 的水解作用，Cu_2S 按照下列方程式溶于水而形成饱和溶液：

$$Cu_2S(s)\rightleftharpoons 2Cu^++S^{2-}$$

设 Cu_2S 在水中的溶解度为 s(mol · L^{-1})，则饱和溶液中的$[Cu^+]=2s$，$[S^{2-}]=s$。

$$K_{sp}^{\ominus}(Cu_2S)=[Cu^+]^2[S^{2-}]=(2s)^2\cdot s=4s^3$$

$$s=\sqrt[3]{\frac{K_{sp}^{\ominus}}{4}}=\sqrt[3]{\frac{2.26\times10^{-48}}{4}}\ \text{mol}\cdot\text{L}^{-1}=8.3\times10^{-17}\ \text{mol}\cdot\text{L}^{-1}$$

例 6.4　已知 25 ℃时，$K_{sp}^{\ominus}(AgCl)=1.77\times10^{-10}$，$K_{sp}^{\ominus}(Ag_2CrO_4)=5.40\times10^{-12}$。试通过计算说明哪一种盐在水中溶解度较大。

解：在 AgCl 的饱和溶液中，存在如下平衡：

$$AgCl(s)\rightleftharpoons Ag^++Cl^-$$

设 AgCl 在水中的溶解度为 s_1(mol · L^{-1})，则平衡时

$$K_{sp}^{\ominus}=[Ag^+][Cl^-]=s_1^2$$

$$s_1=\sqrt{K_{sp}^{\ominus}}=\sqrt{1.17\times10^{-10}}\ \text{mol}\cdot\text{L}^{-1}=1.33\times10^{-5}\ \text{mol}\cdot\text{L}^{-1}$$

同理，在 Ag_2CrO_4 饱和溶液中

$$Ag_2CrO_4(s) \rightleftharpoons 2Ag^+ + CrO_4^{2-}$$

设 Ag_2CrO_4 在水中的溶解度为 s_2，则平衡时

$$K_{sp}^{\ominus} = [Ag^+]^2[CrO_4^{2-}] = (2s_2)^2 \cdot s_2 = 4s_2^3$$

$$s_2 = \sqrt[3]{\frac{K_{sp}^{\ominus}}{4}} = \sqrt[3]{\frac{5.40\times10^{-12}}{4}}\ \mathrm{mol \cdot L^{-1}} = 1.11\times10^{-4}\ \mathrm{mol \cdot L^{-1}}$$

计算表明 $s_2 > s_1$，因而 Ag_2CrO_4 在水中的溶解度比 AgCl 的要大。

以上几个例题表明，溶度积常数 $K_{sp}^{\ominus}$ 可用来估计和比较难溶强电解质溶解度的大小。相同类型的难溶电解质（例如同是 1-1 型或 1-2 型）相互比较时，$K_{sp}^{\ominus}$ 值越小，其溶解度也越小。但是不同类型的难溶电解质则不能做这样的比较。如在例 6.4 中，虽然 $K_{sp}^{\ominus}(Ag_2CrO_4) < K_{sp}^{\ominus}(AgCl)$，但 Ag_2CrO_4 的溶解度却比 AgCl 的要大。

6.1.1 活度积、溶度积和溶解度

严格地说，难溶化合物在水中的溶解平衡：

$$MA \rightleftharpoons M^+ + A^-$$

应以活度表示：

$$\alpha(M^+)\alpha(A^-) = K_{sp}^{\ominus} \tag{6.5}$$

$K_{sp}^{\ominus}$ 称为难溶化合物 MA 的活度积。它是只与温度有关的标准平衡常数，不受溶液中离子强度的影响。

根据活度的定义（为计算简便，写作以下形式）：

$$\alpha_+ = \gamma_+ m_+ / m^{\ominus} \qquad \alpha_- = \gamma_- m_- / m^{\ominus}$$

代入活度积表达式（6.5）中：

$$\left(\frac{m_+}{m^{\ominus}}\right)\gamma_+\left(\frac{m_-}{m^{\ominus}}\right)\gamma_- = K_{sp}^{\ominus} \quad (m^{\ominus} = 1\ \mathrm{mol \cdot kg^{-1}}) \tag{6.6}$$

令

$$(m_+)(m_-) = K_{sp} \tag{6.7}$$

K_{sp} 称为溶度积（solubility product），则上式成为

$$K_{sp} = K_{sp}^{\ominus}\left(\frac{m^{\ominus}m^{\ominus}}{\gamma_+\gamma_-}\right) \tag{6.8}$$

式（6.8）就是 K_{sp} 和 $K_{sp}^{\ominus}$ 的关系，它们之间有差别。由于在活度系数项中活度系数 γ 与离子强度有关（即与溶液中所有离子的浓度有关），所以 K_{sp} 不仅与温度有关，还与溶液中所有离子的浓度有关。只有当溶液很稀，γ 的值接近于 1 时，K_{sp} 和 $K_{sp}^{\ominus}$ 在数值上才相等（但两者量纲不同，K_{sp} 是有量纲的量，而 $K_{sp}^{\ominus}$ 的量纲为 1）。由于数值相等，且浓度很稀这个条件对难溶盐来说又易于满足，所以通常对活度积和溶度积不再加以区别，习惯上统称为溶度积。

但当在溶液中有强电解质存在，离子强度较大时，计算沉淀平衡中各物种的浓度就应该直接采用从相应的活度系数计算出的该条件下的 $K_{sp}^{\ominus}$ 值才比较符合实际情况。

根据式（6.7）和式（6.8），可求得 1-1 型难溶化合物的溶解度：

$$MA \rightleftharpoons M^+ + A^-$$

$$K_{sp} = [M^+][A^-] = s^2$$

$$s=\sqrt{K_{sp}}=\sqrt{\frac{K_{sp}^{\ominus}}{\gamma(M^+)\gamma(A^-)}}\quad（略去 m^{\ominus}）$$

对于 M_mA_n 型难溶化合物，溶度积的表达式（略去电荷）为

$$\underset{}{M_mA_n} \rightleftharpoons \underset{ms}{mM}+\underset{ns}{nA}$$

$$s=\sqrt[m+n]{\frac{K_{sp}}{m^m\cdot n^n}}=\sqrt[m+n]{\frac{K_{sp}^{\ominus}}{m^m\cdot n^n\gamma^m(M)\gamma^n(A)}} \tag{6.9}$$

溶液的浓度有多种表示法，最常用的是物质的质量摩尔浓度（m_B）和物质的量浓度（c_B），前者的单位是 $mol\cdot kg^{-1}$，后者的单位是 $mol\cdot L^{-1}$。m_B 和 c_B 的关系是

$$c_B=\frac{m_B\rho}{1+m_BM}$$

式中，ρ 是溶液的密度（单位为 $kg\cdot L^{-1}$）；M 是溶质的摩尔质量（单位为 $kg\cdot mol^{-1}$）。

当溶液很稀时，$m_BM\ll 1$，$\rho\to 1$，于是 $m_B\approx c_B$，所以 MA 型难溶盐的溶度积也可以用 c_B 代替 m_B 而写成

$$c_+c_-=K_{sp}$$

6.1.2 副反应和条件溶度积

在沉淀平衡中，除了形成沉淀的主反应（即 MA(s)＝M+A）外，M 和 A 还可能发生一系列的副反应：组成沉淀的金属离子可与多种配位剂（L）配合，也可能发生水解作用；组成沉淀的阴离子还会与 H^+结合成弱酸，阳离子也可能与 OH^-结合等。

以 1-1 型难溶盐为例，溶液中金属离子的总浓度[M′]可表示为

$$[M']=[M]+[M(OH)]+[M(OH)_2]+\cdots+[ML]+[ML_2]+\cdots$$

显然[M′]>[M]，若令 $\alpha(M)=\frac{[M']}{[M]}$，其值大于 1，且数值越大，副反应越多。同理，酸根负离子 A 的总浓度[A′]可表示为

$$[A']=[A]+[HA]+[H_2A]+\cdots$$

显然，[A′]>[A]，若令 $\alpha[A]=\frac{[A']}{[A]}$，其值大于 1，且数值越大，副反应越多。

将 $\alpha(M)$和 $\alpha(A)$代入式（6.7），则得

$$K_{sp}=[M][A]=\frac{[M'][A']}{\alpha(M)\alpha(A)}$$

若令[M′][A′]＝K'_{sp}，K'_{sp}称为条件浓度积（conditional solubility product），则

$$K'_{sp}=[M'][A']=K_{sp}\alpha(M)\alpha(A)=\frac{K_{sp}^{\ominus}}{\gamma(M)\gamma(A)}\alpha(M)\alpha(A) \tag{6.10}$$

因 $\alpha(M)$和 $\alpha(A)$均大于 1，而 $\gamma(M)$和 $\gamma(A)$均小于 1，因此，K'_{sp}总是大于 $K_{sp}^{\ominus}$，即由于副反应的发生和离子强度的影响，使溶度积增大。它表示沉淀与溶液达到平衡时，溶液中构成沉淀的离子各物种总浓度的乘积。K'_{sp}也随介质的条件而变化，因此用它来计算能较好地反映在沉淀条件下沉淀反应的完全程度。

6.2　影响沉淀平衡的因素 Influence Factors of Sedimentation Equilibrium

6.2.1　同离子效应

沉淀的溶解反应：

$$MA \rightleftharpoons M^+ + A^-$$

达到平衡时，如果向溶液中加入同离子（指与构晶离子 M^+或 A^-相同的离子），则平衡向左移动，结果使沉淀的溶解度降低，这一现象称为同离子效应（common ion effect）。图6-3 所示为在铬酸铅平衡溶液（图6-3（a））中加入铅离子，有沉淀生成（图6-3（b））。

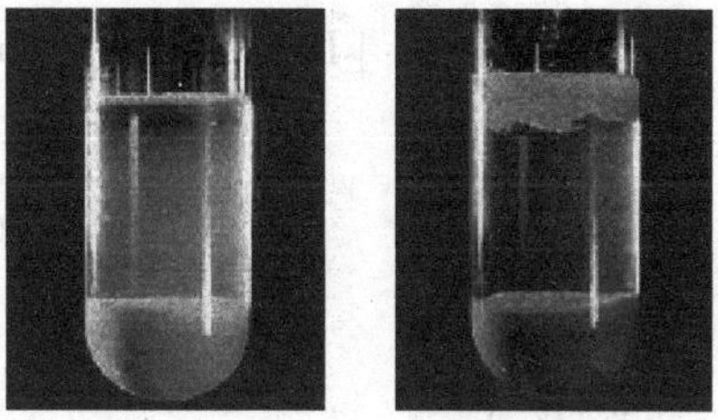

（a）　　（b）

图6-3　同离子效应

例6.5　试分别计算 $BaSO_4$ 在 200 mL 纯水和 200 mL 含 0.01 mol · L^{-1} SO_4^{2-} 溶液中各溶解多少克。

解：在纯水中

$$s(BaSO_4) = [Ba^{2+}] = [SO_4^{2-}] = \sqrt{K_{sp}^{\ominus}(BaSO_4)}$$

$$= \sqrt{1.1\times10^{-10}}\ mol \cdot L^{-1} = 1.05\times10^{-5}\ mol \cdot L^{-1}$$

$$m(BaSO_4) = s(BaSO_4)V(BaSO_4)M(BaSO_4)$$

$$= 1.05\times10^{-5}\times0.2\times233.4\ mg = 0.5\ mg$$

在$[SO_4^{2-}] = 0.01\ mol \cdot L^{-1}$溶液中：

$$s(BaSO_4) = [Ba^{2+}] = \frac{K_{sp}^{\ominus}(BaSO_4)}{[SO_4^{2-}]} = \frac{1.1\times10^{-10}}{0.010} mol \cdot L^{-1} = 1.1\times10^{-8}\ mol \cdot L^{-1}$$

$$m(BaSO_4) = 1.1\times10^{-8}\times0.2\times233.4\ mg = 5\times10^{-4}\ mg$$

由例6.5可见，$BaSO_4$ 在纯水中溶解的量超过了定量分析小于 0.2 mg 的要求，因此，在重量分析法中常利用同离子效应，即加入过量沉淀剂以降低沉淀溶解的损失。

6.2.2　盐效应

在难溶物的溶解平衡系统中，加入适量的强电解质（如 KNO_3、$NaNO_3$ 等），这些强电解质与难溶物并不起化学反应，且无共同离子，但这些强电解质的存在却能使沉淀溶解度增大，这种现象称为盐效应（salt effect）。盐效应主要是活度系数发生变化引起的。

由式（6.9）可见，难溶化合物 M_mA_n 的溶解度 s 与$\{\gamma^m(M)\gamma^n(A)\}^{\frac{1}{m+n}}$成反比，而活度系数随离子浓度的增大而减小，因此，溶解度随离子强度增大而增加。

例6.6　计算 $BaSO_4$ 在 0.010 mol · L^{-1} KNO_3 溶液中的溶度积 K'_{sp}和溶解度 s。

解：由于 $BaSO_4$ 溶解度很小，故可忽略 Ba^{2+}和 SO_4^{2-} 对离子强度的贡献，溶液的离子强度

$$I = \frac{1}{2}\times(0.010\times1^2 + 0.010\times1^2)\ mol \cdot L^{-1} = 0.010\ mol \cdot L^{-1}$$

根据德拜-休格尔式，求 $\gamma_{\pm} = 0.67$。

根据式（6.10）：

$$K'_{sp}(BaSO_4)=\frac{K^{\ominus}_{sp}(BaSO_4)}{\gamma(Ba^{2+})\gamma(SO_4^{2-})}=\frac{1.1\times10^{-10}}{0.67\times0.67}\text{mol}\cdot\text{L}^{-1}=2.5\times10^{-10}\ \text{mol}\cdot\text{L}^{-1}$$

$BaSO_4$ 在 0.010 mol·L^{-1} KNO_3 中的溶解度：

$$s(BaSO_4)=[Ba^{2+}]=\sqrt{K'_{sp}(BaSO_4)}=\sqrt{2.5\times10^{-10}}\ \text{mol}\cdot\text{L}^{-1}=1.6\times10^{-5}\ \text{mol}\cdot\text{L}^{-1}$$

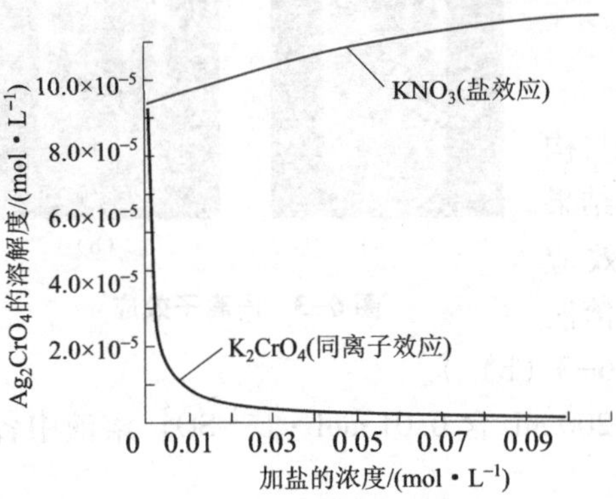

图 6-4　盐效应与溶解度

图 6-4 表示 Ag_2CrO_4 在 KNO_3 中的溶解度随 KNO_3 浓度增加而增加的情况。由图可见，盐效应对 Ag_2CrO_4 溶解度的影响较大，这是因为高价离子的活度系数受离子强度的影响较大。盐效应是由活度系数的变化引起的，除非电解质浓度很大，离子价数很高，一般由盐效应引起的溶解度的增加，比起其他化学因素，如同离子效应、酸效应、配位效应等来说，常属次要的，可不予考虑。

盐效应常会减弱同离子效应对降低沉淀溶解度的效果。以下举例说明，当 $PbSO_4$ 溶液中有少量 Na_2SO_4 时，同离子效应使 $PbSO_4$ 的溶解度大大降低。当 Na_2SO_4 浓度继续增加时，盐效应又使溶解度有所增加，二者有互相抵消的作用。在 0.01~0.10 mol·L^{-1}之间，$PbSO_4$ 的溶解度改变不大，反映出这两种相反倾向抵消的结果。随着 Na_2SO_4 浓度的进一步增加，盐效应已不足以抵偿同离子效应。在分析工作中，不少沉淀剂都是强电解质，所以，在进行沉淀反应时，沉淀剂不要过量太多，以防止盐效应、酸效应及配位效应等副反应对溶解度的影响。另外，过多的沉淀剂不仅浪费试剂，而且易造成试剂中杂质的沾污。一般沉淀剂以过量 50%~100% 为宜，对非挥发性沉淀剂，以过量 20%~30% 为宜。

6.2.3　酸效应

溶液酸度对沉淀溶解度的影响称为酸效应（acid effect）。酸效应的影响比较复杂，这里主要考虑酸度对弱酸盐溶解度的影响。

很多难溶化合物是弱酸或弱碱所生成的盐，其溶解度受溶液的影响很大。例如对于沉淀 MA，在不同的酸度下会发生下列副反应：

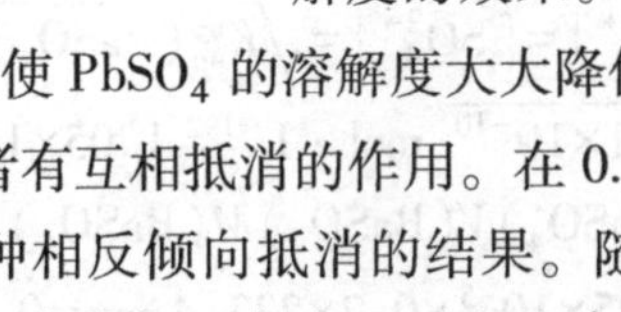

增大溶液的酸度，可能使 A 与 H^+结合生成相应的酸；反之，降低酸度，可能使 M 发生水解，即生成金属羟基配合物，这都将使平衡向沉淀溶解的方向移动，导致沉淀溶解度增大。

当溶液的 pH 已知时，就可计算出酸效应系数 $\alpha\{A(H)\}$，再根据式（6.10）得到条件溶度积 K'_{sp}，进而计算出溶解度。此外，在分析工作中还经常要计算在过量沉淀剂存在下，弱酸盐在某酸度时的溶解度，借以判断沉淀是否完全。现举例说明。

例6.7 计算 CaC_2O_4 分别在下列情况下的溶解度：（1）在 pH=1.00 时，（2）在 pH=4.00，溶液中未沉淀的草酸总浓度为 0.10 mol·L^{-1}时。已知 $K_{sp}(CaC_2O_4)=10^{-8.63}$，$pK_{a1}=pK_a(H_2C_2O_4)=1.25$，$pK_{a2}=pK_a(HC_2O_4^-)=4.27$。

解：（1）在 pH=1.00 时

$$\alpha\{C_2O_4(H)\}=1+\beta_1^H[H]+\beta_2^H[H]^2=103.71$$

$$K'_{sp}(CaC_2O_4)=K_{sp}^{\ominus}(CaC_2O_4)\cdot\alpha\{C_2O_4(H)\}=10^{-4.92}$$

$$s(CaC_2O_4)=[Ca^{2+}]=[C_2O_4^{2-}]=\sqrt{K'_{sp}(CaC_2O_4)}$$
$$=10^{-4.92/2}\ mol\cdot L^{-1}=10^{-2.46}\ mol\cdot L^{-1}=3.5\times10^{-3}\ mol\cdot L^{-1}$$

在纯水中，$s(CaC_2O_4)=10^{-8.63/2}\ mol\cdot L^{-1}=4.8\times10^{-5}\ mol\cdot L^{-1}$，故在 pH=1.00 时，酸效应使 CaC_2O_4 的溶解度增加。

（2）这是同时存在酸效应和同离子效应的情况，此时 pH = 4.00，$c(H_2C_2O_4)$ = 0.10 mol·L^{-1}

$$\alpha\{C_2O_4(H)\}=1+10^{4.27-4.00}+10^{5.52-8.00}=10^{0.46}$$

$$K'_{sp}(CaC_2O_4)=10^{-8.63+0.46}=10^{-8.17}$$

沉淀剂过量，$s=s(CaC_2O_4)=[Ca^{2+}]$，$[C_2O_4^{2-}]=0.10+s\approx0.10\ mol\cdot L^{-1}$，$[Ca^{2+}]=\dfrac{K'_{sp}(CaC_2O_4)}{[C_2O_4^{2-}]}=10^{-7.17}\ mol\cdot L^{-1}=6.8\times10^{-8}\ mol\cdot L^{-1}$。可见，在此条件下，$Ca^{2+}$沉淀是完全的。

6.2.4 配位效应

若溶液中存在能与构晶离子形成可溶性配合物的配位剂时，配位剂能促使沉淀平衡向溶解的方向移动，使沉淀的溶解度增加，甚至完全溶解。这种现象称为配位效应（coordination effect）。配位剂的浓度越高，生成的配合物越稳定，则沉淀的溶解度越大。

配位效应对沉淀溶解度的影响也可用条件溶度积来表述。下面通过具体例子讨论。

例6.8 分别计算（1）AgI 和（2）AgCl 在 0.10 mol·L^{-1} $NH_3\cdot H_2O$ 溶液中的溶解度。

解：（1）溶液中的平衡关系可表示成

$$AgI \rightleftharpoons Ag^++I^-$$
$$Ag^++NH_3 \rightleftharpoons Ag(NH_3)^+$$
$$Ag(NH_3)^++NH_3 \rightleftharpoons Ag(NH_3)_2^+$$

$$K'_{sp}(AgI)=K_{sp}^{\ominus}(AgI)\cdot\alpha\{Ag(NH_3)\}$$

$$\alpha\{Ag(NH_3)_2\}=1+\beta_1[NH_3]+\beta_2[NH_3]^2=1+10^{3.40-1.00}+10^{7.10-2.00}=10^{5.40}$$

$$s=s(AgI)=[Ag^+]=[I^-]=\sqrt{K'_{sp}(AgI)}=\sqrt{K_{sp}^{\ominus}(AgI)\alpha\{Ag(NH_3)\}}$$
$$=\sqrt{10^{-16+5.40}}\ mol\cdot L^{-1}=10^{-5.30}\ mol\cdot L^{-1}=5.0\times10^{-6}\ mol\cdot L^{-1}$$

可见 AgI 在 0.10 mol·L^{-1} $NH_3\cdot H_2O$ 中的溶解度很小。与 Ag^+配位的 NH_3 也很少，可忽略不计，故溶液中$[NH_3]$仍以 0.10 mol·L^{-1}计是合理的。

（2）AgCl 在 $NH_3\cdot H_2O$ 中的平衡关系与 AgI 的类似，因此

$$s=s(AgCl)=[Ag^+]=[Cl^-]=\sqrt{K'_{sp}(AgCl)}=\sqrt{K_{sp}^{\ominus}(AgCl)\alpha\{Ag(NH_3)\}}$$
$$=\sqrt{10^{-9.75+5.40}}\ mol\cdot L^{-1}=10^{-2.18}\ mol\cdot L^{-1}=6.7\times10^{-3}\ mol\cdot L^{-1}$$

实际的数值要稍低些。因溶解度不算小，与 Ag^+配合的 NH_3 不能忽略。游离 NH_3 的浓

度$[NH_3] \approx (0.10-2\times6.7\times10^{-3})\ mol\cdot L^{-1} = 0.087\ mol\cdot L^{-1}$。用此氨浓度重新计算$\alpha\{Ag(NH_3)\}$，得到$s(AgCl)=5.8\times10^{-3}\ mol\cdot L^{-1}$。

例 6.9 计算$BaSO_4$在pH=10的$0.010\ mol\cdot L^{-1}$ EDTA溶液中的溶解度。

解：溶液中存在的平衡关系有

$$BaSO_4 \rightleftharpoons Ba^{2+}+SO_4^{2-}$$

$$H^++SO_4^{2-} \rightleftharpoons HSO_4^-$$

$$Ba^{2+}+Y \rightleftharpoons BaY$$

$$Y+H^+ \rightleftharpoons HY$$

设$BaSO_4$溶解度为$s(mol\cdot L^{-1})$，则

$$s=[Ba']=[Ba^{2+}]+[BaY]\approx[BaY]$$

$$s=[SO_4']=[SO_4^{2-}]+[HSO_4^-]$$

$$\alpha\{SO_4(H)\}=\frac{[SO_4']}{[SO_4^{2-}]}=1+\frac{1}{K_{a2}}[H^+]=1+10^{-1.3-10.0}\approx1$$

表明pH=10.0时，H^+对SO_4^{2-}的副反应可忽略不计。

$$\alpha\{Ba(Y)\}=1+K(BaY)[Y]=1+K(BaY)\frac{[Y']}{\alpha\{Y(H)\}}=1+K(BaY')[Y']$$

式中 $$K(BaY')=K(BaY)/\alpha\{Y(H)\}=10^{7.86-0.45}=10^{7.41}$$

由于$K(BaY')$较大，而且$BaSO_4$溶解度较大，因此，与Ba^{2+}配位的EDTA不能忽略不计，所以

$$[Y']=c(Y)-[BaY]=0.010-s$$

$$\alpha\{Ba(Y)\}=1+K(BaY')(0.010-s)\approx K(BaY')(0.010-s)$$

根据式（6.10）

$$K'_{sp}(BaSO_4)=[Ba'][SO_4']=K_{sp}^{\ominus}(BaSO_4)\alpha\{Ba(Y)\}$$

$$=K_{sp}^{\ominus}(BaSO_4)K(BaY')(0.010-s)$$

$$s^2=10^{-9.96+7.41}\times(0.010-s)$$

$$s^2+(2.8\times10)^{-3}s-2.8\times10^{-5}=0$$

$$s=4.1\times10^{-3}\ mol\cdot L^{-1}$$

通常，在沉淀分析中，应尽量避免使用配位剂，以免由于配位剂的干扰，使问题复杂化。但有些沉淀剂本身就是配位剂，例如，Cl^-既是Ag^+的沉淀剂，又是Ag^+的配位剂。当沉淀过量时，一方面，该离子效应使溶解度减小，另一方面，配位效应可以使溶解度增大，究竟哪一面效应影响更大，将取决于溶液中Cl^-的浓度。

实验和理论计算均表明，当$[Cl^-]<10^{-2.4}\ mol\cdot L^{-1}$时，以同离子效应为主，$Cl^-$起降低溶解度的作用；而当$[Cl^-]>10^{-2.4}\ mol\cdot L^{-1}$时，则以配位效应为主，$Cl^-$使沉淀的溶解度增大。当沉淀剂又能作为被沉淀离子的配位剂时，应该避免加入过量太多的沉淀剂。

6.2.5 影响沉淀溶解度的其他因素

1. 温度的影响

溶解过程是平衡过程，$K_{sp}^{\ominus}$反映平衡时物质的浓度关系，温度影响$K_{sp}^{\ominus}$，显然温度也必影

响物质的溶解度。

沉淀溶解多为吸热过程，所以大多数沉淀的溶解度随温度的升高而增加，但不同的沉淀，增大的程度不同。例如 AgCl 的溶解度随温度升高而迅速增大，而 $BaSO_4$ 在相同情况下就增加得很少，如图 6－5 所示。

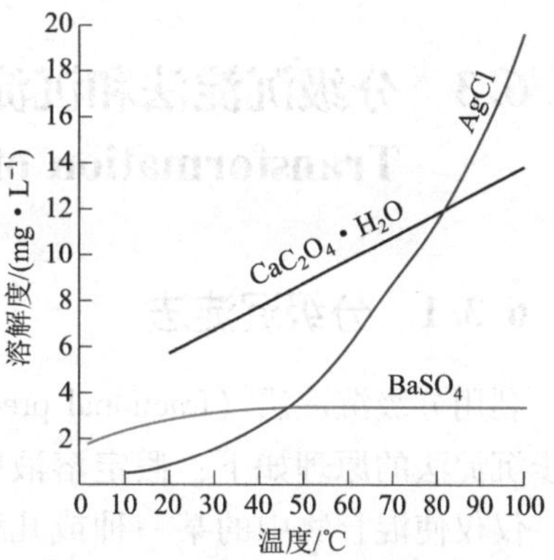

图 6－5 温度对沉淀溶解度的影响

定量分析中，沉淀的制备大多在热溶液中进行，为的是得到易于过滤和洗涤的沉淀。这必然增大了沉淀溶解的损失，尤其对于溶解度本来就比较大的沉淀，这一损失更是不能忽视的。因此，除了那些溶解度极小的无定形沉淀，如水合氧化铁、水合氧化铝及某些硫化物沉淀可以在热溶液中进行过滤和洗涤（因热溶液黏度小，过滤和洗涤速度加快，而且杂质的溶解度也增大，更易洗去）外，一般的微溶盐沉淀在过滤前都应放置冷却，以达到室温下的溶解平衡。

2. 溶剂的影响

大多数无机盐在有机溶剂中的溶解度比在纯水中的小。在水中加入一些能与水混溶的有机溶剂如乙醇，可显著地降低沉淀的溶解度。例如用于重量法测定 K^+ 的 K_2PtCl_6 沉淀，在水中的溶解度仍较大，加入乙醇则可使其定量沉淀。

有机沉淀剂在水中的溶解度较小，因此常配成乙醇溶液使用。在使用有机沉淀剂时，应该控制有机沉淀剂和有机溶剂的用量，避免有机溶剂析出和沉淀溶解引起的误差。

3. 沉淀颗粒大小的影响

对同种沉淀来说，颗粒越小，溶解度越大。这是因为小晶体比大晶体有更多的角、棱和表面，处于这些位置的离子受晶体内部晶体的引力小，易受溶剂分子的作用进入溶剂，因此小颗粒晶体一般比大颗粒的溶解度大。当它们处于同一溶液中时，对大颗粒饱和的溶液对小颗粒是不饱和的，于是发生了小颗粒沉淀的溶解和向大颗粒沉淀沉积的现象，使沉淀不断长大和完整化，这对于结晶状沉淀的制备和纯化是很重要的（在制备单晶时，尤其应考虑此类问题）。

所以，在晶形沉淀形成后，常将沉淀与母液一起放置一段时间进行陈化（ageing），使小结晶逐渐转化为大结晶，有利于沉淀的过滤和过浆。

4. 形成胶体溶液的影响

在重量分析中，遇到的 AgCl、$Fe_2O_3 \cdot xH_2O$、$Al_2O_3 \cdot xH_2O$ 等沉淀是由胶体微粒凝聚（coagulation）而成的。胶体微粒的直径只有 10^{-4} pm～10^{-1} μm，过滤时能穿过滤纸孔隙而引起损失。因此，对这类沉淀，需加入电解质和加热使胶体全部凝聚，以防发生“胶溶”（peptization），即凝集状的胶状沉淀重新分散为胶体溶液。

5. 沉淀析出形态的影响

许多沉淀在初生成时是亚稳晶型，溶解度较大，放置一段时间后转变为稳定晶型的结构，使溶解度大为降低。例如初生成的 α－CoS，尚未达到平衡时，$K_{sp}^{\ominus}=5\times10^{-22}$，放置后转变为 β－CoS，其 $K_{sp}^{\ominus}=3\times10^{-26}$。

6.3 分级沉淀法和沉淀的转化 Fractional Precipitation and Transformation of Precipitate

6.3.1 分级沉淀法

利用分级沉淀法（fractional precipitate）可将一种或一组离子从离子混合物中分离出来。分步沉淀法的原理如下：假定溶液中有几种离子都可和某种试剂反应，现通过控制沉淀条件，仅仅使混合物中的某一种或几种离子的浓度与试剂的浓度的乘积超过溶度积，形成沉淀，而其他离子不沉淀，达到分步沉淀的目的。一般地，在沉淀剂浓度逐渐增加的过程中，所需沉淀剂浓度（或量）最小的离子首先沉淀（注意：并不一定指溶度积最小的物质，因为不仅与溶解度有关，而且与难溶电解质的价型有关）。进一步加入沉淀剂可能引起其他离子同时沉淀，或在第一种离子完全沉淀后再沉淀，这主要取决于混合物中被沉淀物质溶解度的差别和离子的浓度。

为了说明分级沉淀，现以 I^- 和 Cl^- 分级沉淀的例子加以说明。

设溶液中含有 $0.01\ mol \cdot L^{-1}$ I^- 和 $0.01\ mol \cdot L^{-1}$ Cl^-，滴入 $AgNO_3$ 溶液后，两种离子中哪种离子首先沉淀？（已知 $K_{sp}^{\ominus}(AgCl)=1.8\times10^{-10}$，$K_{sp}^{\ominus}(AgI)=8.5\times10^{-17}$）

解决这个问题要根据溶度积，求出开始沉淀 AgI 和 AgCl 所需要的 Ag^+ 的浓度，哪个所需浓度最低，哪个就首先沉淀出来。据此：

AgCl 开始沉淀时，所需 Ag^+ 浓度：

$$[Ag^+]=\frac{1.8\times10^{-10}}{0.01}\ mol \cdot L^{-1}=1.8\times10^{-8}\ mol \cdot L^{-1}$$

AgI 开始沉淀时，所需 Ag^+ 浓度：

$$[Ag^+]=\frac{9.3\times10^{-17}}{0.01}\ mol \cdot L^{-1}=9.3\times10^{-15}\ mol \cdot L^{-1}$$

显然，在滴加 Ag^+ 的过程中，AgI 首先达到其溶度积，故 AgI 首先沉淀。但 AgI 开始沉淀后，溶液中 $[I^-]$ 不断降低，所以要有更高的 Ag^+ 浓度，才能使 AgI 继续沉淀。继续加入 $AgNO_3$ 溶液，直到 Ag^+ 浓度刚好到达 $1.8\times10^{-8}\ mol \cdot L^{-1}$ 时，AgCl 开始沉淀。此时，Ag^+ 的浓度应同时满足两个平衡，即

$$AgI(s) \rightleftharpoons Ag^+(aq)+I^-(aq);\ [Ag^+]=\frac{K_{sp}^{\ominus}(AgI)}{[I^-]}$$

$$AgCl(s) \rightleftharpoons Ag^+(aq)+Cl^-(aq);\ [Ag^+]=\frac{K_{sp}^{\ominus}(AgCl)}{[Cl^-]}$$

从两式中消去 $[Ag^+]$，得到

$$[I^-]=\frac{K_{sp}^{\ominus}(AgI)}{K_{sp}^{\ominus}(AgCl)}[Cl^-]=\frac{8.5\times10^{-17}}{1.8\times10^{-10}}\times0.01\ mol \cdot L^{-1}=5.2\times10^{-9}\ mol \cdot L^{-1}$$

可见，当 AgCl 开始沉淀时，I^- 浓度已由原来的 $0.01\ mol \cdot L^{-1}$ 降低到 $5.2\times10^{-9}\ mol \cdot L^{-1}$（在一般分析中，当浓度降低到 $1\times10^{-6}\ mol \cdot L^{-1}$ 时，就认为是完全沉淀了），先达到溶度积

者，先沉淀，这就是分级沉淀的原理。

从热力学角度看，$K_{sp}^{\ominus}$是平衡常数，应满足 $\Delta_r G_m^{\ominus} = -RT\ln K_{sp}^{\ominus}$的关系。

$$Ag^+(aq) + Cl^-(aq) \rightleftharpoons AgCl(s)$$

$$K_{sp}^{\ominus}(AgCl) = 1.8\times10^{-10},\ \Delta_r G_m^{\ominus}(AgCl) = -4.8\ kJ\cdot mol^{-1}$$

$$Ag^+(aq) + Br^-(aq) \rightleftharpoons AgBr(s)$$

$$K_{sp}^{\ominus}(AgBr) = 5.0\times10^{-15},\ \Delta_r G_m^{\ominus}(AgBr) = -28.5\ kJ\cdot mol^{-1}$$

$$Ag^+(aq) + I^-(aq) \rightleftharpoons AgI(s)$$

$$K_{sp}^{\ominus}(AgI) = 9.3\times10^{-17},\ \Delta_r G_m^{\ominus}(AgI) = -59.4\ kJ\cdot mol^{-1}$$

$\Delta_r G_m^{\ominus}$ 的负值越大，反应进行的倾向性越大，所以，分级沉淀的本质就是反应优先向 ΔG 更负的方向进行。

分级沉淀能否进行，主要取决于溶度积的大小，但如果二者溶度积相差的倍数不大，而且两物质的浓度又相差过于悬殊，就要具体分析，通过计算来说明问题。例如，比较一下 AgI 和 AgBr 的溶度积，只相差两个数量级，当 I^-和 Br^-的浓度相等时，当然是 AgI 先沉淀，但如果溶液中 $[Br^-] \gg [I^-]$，就需要具体问题具体分析，通过计算来判断。例如，若 $[Br^-] = 1.0\ mol\cdot L^{-1}$，$[I^-] = 1.0\times10^{-4}\ mol\cdot L^{-1}$，则当它们开始沉淀所需要的$[Ag^+]$分别为

AgI：
$$[Ag^+] = \frac{9.3\times10^{-17}}{1.0\times10^{-4}}\ mol\cdot L^{-1} = 9.3\times10^{-13}\ mol\cdot L^{-1}$$

AgBr：
$$[Ag^+] = \frac{5.0\times10^{-15}}{1.0}\ mol\cdot L^{-1} = 5.0\times10^{-15}\ mol\cdot L^{-1}$$

显然在这种情况下，首先沉淀的是 AgBr，而不是 AgI。判断反应方向的是 $\Delta_r G$，而不是 $\Delta_r G_m^{\ominus}$。只有当 $\Delta_r G_m^{\ominus}$ 的值较大时，才可用来判别反应进行的方向。当浓度项的值较大时，它也可以改变 $\Delta_r G$ 的符号，从而改变反应方向，对分级沉淀来说，可改变分级沉淀的次序。

6.3.2　沉淀的转化

在实际工作中，常常需要将沉淀从一种形式转化为另一种形式，例如，锅炉中锅垢含有 $CaSO_4$，不易去除，可以用 Na_2CO_3 处理，使其转化为易溶于酸的 $CaCO_3$ 沉淀，易于清除。又如 $BaSO_4$ 不溶于酸，可以将其转化为 $BaCO_3$，然后再溶于酸。从不溶物变为易溶物易于分析，这也是分析化学上的要求（此类常常是将难溶的强酸盐转化为难溶的弱酸盐，然后再酸解，使要分析的阳离子进入溶液）。例如，在 $CaSO_4$ 中加入 Na_2CO_3 溶液：

$$CaSO_4(s) \rightleftharpoons Ca^{2+}(aq) + SO_4^{2-}(aq)$$

$$Ca^{2+}(aq) + CO_3^{2-}(aq) \rightleftharpoons CaCO_3(s)$$

总反应（即转化反应）

$$CaSO_4(s) + CO_3^{2-}(aq) \rightleftharpoons CaCO_3(s) + SO_4^{2-}(aq)$$

转化反应的平衡常数：

$$K^{\ominus} = \frac{[SO_4^{2-}]}{[CO_3^{2-}]} = \frac{[Ca^{2+}][SO_4^{2-}]}{[Ca^{2+}][CO_3^{2-}]} = \frac{K_{sp}^{\ominus}(CaSO_4)}{K_{sp}^{\ominus}(CaCO_3)} = \frac{9.1\times10^{-6}}{2.8\times10^{-9}} = 3.3\times10^3$$

表明转化反应进行得很彻底。

根据的 $CaSO_4$ 的 $K_{sp}^{\ominus}(CaSO_4)$，饱和溶液 $CaSO_4$ 中的 Ca^{2+}浓度为

$$[Ca^{2+}]=[SO_4^{2-}]=\sqrt{K_{sp}^{\ominus}(CaSO_4)}=3.0\times10^{-3}\ mol\cdot L^{-1}$$

需要多大的$[CO_3^{2-}]$才能生成 $CaCO_3$ 沉淀呢？根据 $K_{sp}^{\ominus}(CaCO_3)$：

$$[CO_3^{2-}]=\frac{K_{sp}^{\ominus}(CaCO_3)}{[Ca^{2+}]}=\frac{2.8\times10^{-9}}{3.0\times10^{-3}}\ mol\cdot L^{-1}=9.3\times10^{-7}\ mol\cdot L^{-1}$$

即只要$[CO_3^{2-}]$的浓度大于 $9.3\times10^{-7}\ mol\cdot L^{-1}$，转化作用即可进行，这个条件是很容易满足的。

转化反应常数越大（即被转化沉淀的平衡常数越大），则转化反应越容易进行。如果两个难溶盐的溶度积相差不大，则转化反应难以达到要求，甚至不能转化。

例 6.10 欲使 1.0 g $BaCO_3$ 转化为 $BaCrO_4$，需加入多少毫升 0.10 $mol\cdot L^{-1}$ K_2CrO_4 溶液？

解：沉淀转化反应：

$$BaCO_3+CrO_4^{2-}\rightleftharpoons BaCrO_4+CO_3^{2-}$$

设需加入 K_2CrO_4 溶液的体积为 V，则沉淀全部转化后，溶液中 CO_3^{2-} 的浓度：

$$[CO_3^{2-}]=\frac{m(BaCO_3)}{M(BaCO_3)}=\frac{1}{179.3\times V}=\frac{5.1\times10^{-3}}{V}$$

$[CO_3^{2-}]$与$[CrO_4^{2-}]$之比：

$$\frac{[CO_3^{2-}]}{[CrO_4^{2-}]}=\frac{K_{sp}^{\ominus}(BaCO_3)}{K_{sp}^{\ominus}(BaCr_2O_4)}=\frac{2.58\times10^{-9}}{1.17\times10^{-10}}=22.1$$

$$\frac{5.1\times10^{-3}/V}{0.10-5.1\times10^{-3}/V}=22.1$$

$$V=5.3\times10^{-3}\ L=5.3\ mL$$

说明欲使 1 g $BaCO_3$ 转化为 $BaCrO_4$，加入 0.10 $mol\cdot L^{-1}$ K_2CrO_4 溶液应不小于 5.3 mL。

由此可见，借助适当的试剂，可将许多难溶化合物转化为更难溶的化合物，后者溶解度越小，这种变化越容易。

将溶解度较小的化合物转化为溶解度较大的化合物也并非是不可能的，不过这要困难得多。例如，$BaSO_4$ 的溶解度要比 $BaCO_3$ 的溶解度小（$K_{sp}^{\ominus}(BaSO_4)=1.1\times10^{-10}$，$K_{sp}^{\ominus}(BaCO_3)=2.58\times10^{-9}$），可能认为不能借 Na_2CO_3 的作用将 $BaSO_4$ 转化为 $BaCO_3$，但是，如果用 Na_2CO_3 重复操作几次，这种转化还是可能的，条件是

$$\frac{[CO_3^{2-}]}{[SO_4^{2-}]}=\frac{K_{sp}^{\ominus}(BaCO_3)}{K_{sp}^{\ominus}(BaSO_4)}=\frac{2.58\times10^{-9}}{1.1\times10^{-10}}=23$$

表明要将 $BaSO_4$ 转化为 $BaCO_3$，溶液中$[CO_3^{2-}]$应超过$[SO_4^{2-}]$23 倍以上。由于$[SO_4^{2-}]$很低，所以这一条件是可以满足的。但在反应进行中，$[CO_3^{2-}]$随反应的进行而逐渐降低，$[SO_4^{2-}]$则不断增大，最后，当$[CO_3^{2-}]/[SO_4^{2-}]=23$ 时，反应趋于平衡，转化反应不能继续进行。

但是，如果在转化停止后，倒掉上层清液，再加入新鲜的 Na_2CO_3 溶液，转化反应重新发生。如此反复处理 3~4 次，就能将 $BaSO_4$ 全部转化为 $BaCO_3$。

应该指出，这种转化只能适用于溶解度相差不大的沉淀。如果两种沉淀的溶解度相去甚

远，要将这种转化进行到底，将是非常困难甚至是不可能的。例如，$K_{sp}^{\ominus}(AgI)=5.97\times10^{-17}$，$K_{sp}^{\ominus}(AgCl)=1.77\times10^{-10}$，两者相差达$10^7$数量级，因此，将AgCl转化为AgI非常容易，只需用KI溶液处理AgCl一次即可，但是，即使用KCl溶液多次处理AgI沉淀，也不可能将其转化为AgCl。

思考题

1. 将固体$SrSO_4$与0.001 0 mol·L^{-1} K_2SO_4溶液一起摇振，达到平衡后，测得溶液含$SrSO_4$ 0.047 g·L^{-1}。试计算$SrSO_4$的溶度积。

2. 在25 ℃时，将H_2S通入100 mL $PbBr_2$饱和溶液中，生成0.135 g PbS沉淀。试计算$PbBr_2$的溶解度和溶度积。

3. 将硫化钠加入Mn^{2+}溶液中，直到$c(Na_2S)=0.10$ mol·L^{-1}时，首先沉淀的是MnS还是$Mn(OH)_2$?

4. 计算Ag_2CrO_4在下列溶液中的溶解度。

(1) 0.1 mol·L^{-1} Na_2CrO_4溶液；(2) 0.10 mol·L^{-1} $AgNO_3$溶液（不考虑铬酸银的水解）。

5. $MgNH_4PO_4$饱和溶液中，$[H^+]=2.0\times10^{-10}$ mol·L^{-1}，$[Mg^+]=5.6\times10^{-4}$ mol·L^{-1}，计算其溶度积K_{sp}。

6. 将50.0 mL 0.2 mol·L^{-1} $MnSO_4$溶液与50.0 mL 0.02 mol·L^{-1} $NH_3\cdot H_2O$混合，是否有$Mn(OH)_2(s)$生成？欲阻止$Mn(OH)_2(s)$生成，应在$NH_3\cdot H_2O$中加入多少克NH_4Cl固体？(忽略加入NH_4Cl后体积的变化)。

7. 将含有Ni^{2+}和Mn^{2+}，浓度均为0.1 mol·L^{-1}的溶液中通$H_2S(g)$至饱和以分离Ni^{2+}和Mn^{2+}，应控制溶液的pH在什么范围?

第 7 章

原电池和氧化还原反应

Primary Battery and Oxidation-Reduction Reaction

在第 5 章中，曾讨论了发生在溶液中的一类重要化学反应——质子传递反应（酸碱反应），它涉及质子从给体（酸）向受体（碱）的传递。还有另一大类化学反应是电子传递反应。这类反应可发生在溶液中，也可发生在气相中，还可能涉及一个相以上的异相反应。

电子传递反应又称为氧化还原反应（oxidation-reduction reaction），无机化合物和有机化合物都可能发生氧化还原反应。此类反应在生物系统也很重要，它们为生命体提供能量转换机制。它们还能制成各种电池提供能量。金属的腐蚀也是氧化还原反应的结果。氧化还原反应还是一类重要分析方法——氧化还原滴定法（oxidation-reduction titration）的基础。

本章中将讨论氧化还原反应的一般特征，以及它们与质子传递反应的相似和不同之处，还要讨论与氧化还原反应有关的原电池和氧化还原反应的一些理论问题。

7.1 氧化还原的基本概念 Defination of Oxidation-Reduction

7.1.1 氧化还原的定义

氧化本来是指物质与氧化合，还原是指从氧化物中去掉氧恢复到被氧化前的状态的反应。例如：

$$Cu(s)+\frac{1}{2}O_2(g)=\!=\!=CuO(s)\quad（铜的氧化）\tag{7.1}$$

$$CuO(s)+H_2(g)=\!=\!=Cu(s)+H_2O(l)\quad（氧化铜的还原）\tag{7.2}$$

以后这个定义逐渐扩大，氧化不一定指和氧化合，和氯、溴、硫等非金属化合也称为氧化。随着电子的发现，氧化还原化的定义又得到进一步的发展。

任何一个氧化还原反应都可看作是两个“半反应”（half-reaction）之和，一个半反应失去电子，另一个得到电子。例如前面提到的铜氧化的例子，在 CuO 晶体中，铜是以 Cu^{2+} 存在，而氧是以 O^{2-} 存在的，因此，铜的氧化反应可以看成是下面两个半反应的结果：

$$Cu(s)\longrightarrow Cu^{2+}(aq)+2e^-\tag{7.1a}$$

$$\frac{1}{2}O_2(g)+2e^-\longrightarrow O^{2-}\tag{7.1b}$$

它们的代数和即是总的反应。在式（7.1a）中，金属铜失去电子，变成铜离子，铜被氧化；氧得到电子，变成氧离子，氧被还原。因此，氧化和还原可定义为：氧化是失去电子，还原是得到电子。有失必有得，有得必有失，所以，这两个反应不能单独存在，而是同时并存的。需要指出的是，“失去”一词并不意味着电子完全移去。当电子云密度远离一个原子时，该原子即是氧化。类似地，化学键中电子云密度趋向于某一原子时即构成还原。这是氧化还原反应意义的进一步扩展。

式（7.1a）称为氧化半反应，式（7.1b）称为还原半反应。应该特别注意的是，在化学物种之间发生这种电子转移时，永远也没有多余的游离电子。我们观察到的只是总的反应，在总的配平方程式中不应当出现多余的电子。

当讨论酸碱反应时，根据质子的传递把一个酸与它的共轭碱称为共轭酸碱对。类似地，我们把一个还原型物种（电子给体）和一个氧化型物种（电子受体）称为氧化还原电对：

$$\text{氧化型}+ze^- \rightleftharpoons \text{还原型}$$

或

$$Ox+ze^- \rightleftharpoons Red$$

式中，z 代表电极反应转移的电荷数。每个氧化还原半反应都包含一个氧化还原电对 Ox/Red。因此，Cu^{2+} 和 Cu 是一个氧化还原电对，写成电对 Cu^{2+}/Cu。表 7-1 列举了一些常见的氧化还原电对。根据惯例，在半反应中，总是把电对的氧化型物种（氧化剂）写在左边，还原型物种（还原剂）写在右边。

表 7-1　若干常见的氧化还原电对和标准电动势

半反应	$E^{\ominus}/V$
$Na^+ + e^- \rightleftharpoons Na(s)$	−0.271
$Zn^{2+} + 2e^- \rightleftharpoons Zn(s)$	−0.762
$Fe^{2+} + 2e^- \rightleftharpoons Fe(s)$	−0.447
$Cu^{2+}(aq) + 2e^- \rightleftharpoons Cu(s)$	0.342
$I_2(s) + 2e^- \rightleftharpoons 2I^-$	0.535
$Fe^{3+} + e^- \rightleftharpoons Fe^{2+}$	0.771
$Ag^+ + e^- \rightleftharpoons Ag(s)$	0.800
$Cl_2(g) + 2e^- \rightleftharpoons 2Cl^-$	1.358
$F_2(g) + 2e^- \rightleftharpoons 2F^-$	2.866
氧化型（电子受体）　还原型（电子给体）	

氧化型物种氧化性增强（↓）

还原型物种还原性增强（↑）

在讨论酸碱反应时，我们还提到一类既能作为酸，又能作为碱的两性物质。水就是最重要的两性物质。类似地，一些物种有时能起氧化剂的作用，有时又能起还原剂的作用，亚铁离子 Fe^{2+} 就是这样一种物种。在表 7-1 中 Fe^{2+} 既出现在半反应的还原剂一侧：

$$Fe^{3+}(aq) + e^- \rightleftharpoons Fe^{2+}(aq)$$

又出现在半反应的氧化剂一侧

$$Fe^{2+}(aq) + 2e^- \rightleftharpoons Fe(s)$$

综上所述，还原剂和氧化剂之间的反应是一个氧化还原反应。还原剂能还原其他物质，而它本身失去电子被氧化。在反应式（7.1）中，Cu 是还原剂，O_2 是氧化剂。Cu 被 O_2 氧化成 Cu^{2+}，而 O_2 被 Cu 还原成 O^{2-}。

7.1.2 元素的氧化数

为了描述氧化还原中发生的变化和书写正确的氧化还原平衡方程式，引进氧化数（oxidation number）的概念是很方便的。这样，我们就能用氧化数的变化来表明氧化还原反应，氧化数升高就是被氧化，氧化数降低就是被还原。在式（7.1）铜和氧生成氧化铜的反应中，铜的氧化数从 0 上升到+2，氧的氧化数从 0 降低到−2，因此，铜被氧氧化，氧被铜还原。

氧化数是指某元素一个原子的表观电荷数（apparent charge number）。计算表观电荷数时，假设把每个键中的电子指定给电负性更大的原子。例如，二氧化碳中的碳可以认为在形式上失去 4 个电子，表观电荷数是+4，每个氧原子形式上得到 2 个电子，表观电荷数是−2，这种形式上的表观电荷数表示原子在化合物中的氧化数。氧化数的概念与化合价不同，后者永远是整数，而氧化数可能为分数。

确定氧化数的一般原则是：

任何形态的单质中的元素的氧化数等于零。

多原子分子中，所有元素的氧化数之和等于零。

单原子离子的氧化数等于它所带的电荷数。多原子离子中所带氧化数之和等于该离子所带的电荷数。

在共价化合物中，可按照元素电负性的大小，把共用电子对归属于电负性较大的那个原子，然后再由各原子上的电荷数确定它们的氧化数，例如在 CaO 中，Ca(+2)，O(−2)。

氢在化合物中的氧化数一般为+1，但在金属氢化物如 NaH、CaH_2 中，氢的氧化数为−1。氧在化合物中的氧化数一般为−2，但在过氧化物，如 H_2O_2、BaO_2 等中，氧的氧化数为−1。在超氧化物，如 KO_2 中，氧的氧化数为−1/2。在氟氧化物，如 OF_2 中，氧的氧化数为+2。

氟在化合物中的氧化数皆为−1。

根据以上规则，我们可以计算复杂分子中任一元素的氧化数。例如在 Fe_3O_4 中，Fe 的氧化数 x 可由下式求得：

$$3x+4\times(-2)=0 \quad x=+3/8$$

又如在 MnO_4^- 中，设 Mn 的氧化数为 y，则

$$y+4\times(-2)=-1 \quad y=+7$$

有时，元素具体地以何种物种存在并不十分明确，例如在盐酸溶液中，铁除了以物种 Fe^{3+}存在外，还可能有 $FeOH^{2+}$，$FeCl^{2+}$，$FeCl_2^+$ 等物种存在，这时常用罗马数字表示它的氧化态，写成铁(Ⅲ)或 Fe(Ⅲ)，意思是说铁的氧化数是+3，而不强调它究竟以何种物种存在。

7.2 氧化还原方程式的配平 Balancing Oxidation Reduction Equations

配平氧化还原方程式，首先要知道在反应条件（如温度、压力、介质的酸碱性等）下，

氧化剂的还原产物和还原剂的氧化产物是什么，然后再根据氧化剂和还原剂氧化数的变化相等的原则，或氧化剂和还原剂得失电子数相等的原则进行配平。前者称为氧化数法，后者称为离子电子法。

7.2.1　氧化数法

以高锰酸钾和氯化钠在硫酸溶液中的反应为例，表明用氧化数法配平氧化还原反应方程式的具体步骤。

- 根据实验确定反应物和产物的化学式为

$$KMnO_4+NaCl+H_2SO_4 \longrightarrow Cl_2+MnSO_4+K_2SO_4+Na_2SO_4$$

找出氧化剂和还原剂，算出它们氧化数的变化。氯气以双原子分子的形式存在，因此，NaCl 的化学计量数至少应为 2。

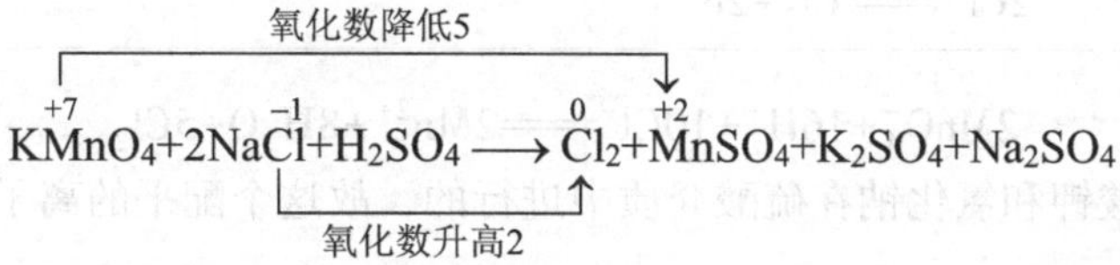

- 根据氧化剂中氧化数降低的数值应与还原剂中氧化数升高的数值相等的原则，在相应的化学式之前乘以适当的系数：

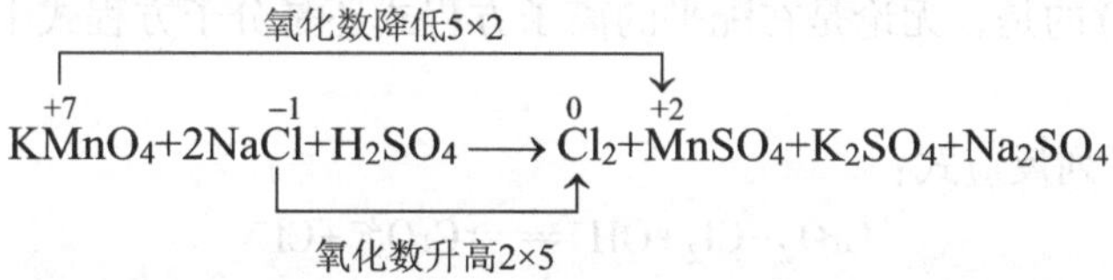

得到

$$2KMnO_4+10NaCl+8H_2SO_4 \longrightarrow 5Cl_2+2MnSO_4+K_2SO_4+5Na_2SO_4$$

- 配平反应前后氧化数没有变化的原子数。一般先配平除氢和氧以外的其他原子数，然后检查两边的氢原子数。必要时可以加水进行平衡。上式中因右边没有氢原子，左边有 16 个氢原子，所以右边应加上 8 个水分子使氢和氧的原子数平衡，并将箭号改成等号：

$$2KMnO_4+10NaCl+8H_2SO_4 = 5Cl_2+2MnSO_4+K_2SO_4+5Na_2SO_4+8H_2O$$

最后核对氧原子数。该等式两边的氧原子数相等，说明方程式已配平。

7.2.2　离子电子法

仍以上例说明离子电子法配平氧化还原方程式的具体步骤。

$$KMnO_4+NaCl+H_2SO_4 \longrightarrow Cl_2+MnSO_4+K_2SO_4+Na_2SO_4$$

先将反应物和产物写成没有配平的离子方程式（其中包括发生氧化还原反应的物质）：

$$MnO_4^-+Cl^- \longrightarrow Cl_2+Mn^{2+}$$

把离子方程式分成氧化和还原两个未配平的半反应式：

还原半反应：$MnO_4^- \longrightarrow Mn^{2+}$

氧化半反应：$Cl^- \longrightarrow Cl_2$

配平半反应式：使半反应两边的原子数和电荷数相等。

还原半反应：$MnO_4^- + 8H^+ + 5e^- \rightleftharpoons Mn^{2+} + 4H_2O$

该式中产物 Mn^{2+} 比反应物 MnO_4^- 少 4 个氧原子，因该反应需要在酸性介质中进行，所以加 8 个 H^+，生成 4 个 H_2O。反应物 MnO_4^- 和 $8H^+$ 的总电荷数为+7，而产物 Mn^{2+} 的总电荷数只有+2，故反应物中应加 5 个电子，使半反应两边的原子数和电荷数皆相等。

氧化半反应： $2Cl^- \rightleftharpoons Cl_2 + 2e^-$ (1)

原子结合成 1 个 Cl_2 分子，反应物电荷数为-2，所以在产物中加 2 个电子，使半反应配平。

根据氧化还原得到的电子数和还原剂失去的电子数必须相等的原则，把这两个半反应式合成一个配平的离子方程式：

(1) ×2 $MnO_4^- + 8H^+ + 5e^- \rightleftharpoons Mn^{2+} + 4H_2O$

(2) ×5 $2Cl^- \rightleftharpoons Cl_2 + 2e^-$

$$2MnO_4^- + 16H^+ + 10Cl^- = 2Mn^{2+} + 8H_2O + 5Cl_2$$

该反应是高锰酸钾和氯化钠在硫酸介质中进行的，故这个配平的离子方程式亦可改写成分子反应式：

$$2KMnO_4 + 10NaCl + 8H_2SO_4 = 5Cl_2 + 2MnSO_4 + K_2SO_4 + 5Na_2SO_4 + 8H_2O$$

离子电子法突出了化学计量数的变动是电子得失的结果，因此更能反映氧化还原反应的真实情况。值得注意的是，无论是在配平的离子方程式还是分子方程式中，都不应出现游离电子。

例 7.1 配平下列反应式：

$$CrO_2^- + Cl_2 + OH^- \rightleftharpoons CrO_4^{2-} + Cl^-$$

氧化半反应 $CrO_2^- + 4OH^- \rightleftharpoons CrO_4^{2-} + 2H_2O + 3e^-$

还原半反应 $Cl_2 + 2e^- \rightleftharpoons 2Cl^-$

把两个半反应合并成一个配平的离子方程式：

(1) ×2 $CrO_2^- + 4OH^- \rightleftharpoons CrO_4^{2-} + 2H_2O + 3e^-$

(2) ×3 $Cl_2 + 2e^- \rightleftharpoons 2Cl^-$

$$2CrO_2^- + 3Cl_2 + 8OH^- = 2CrO_4^{2-} + 6Cl^- + 4H_2O$$

上述两种配平氧化还原方程式的方法各有特点。离子电子法突出了化学计量数的变化是电子得失的结果，但仅适用于在水溶液中进行的反应，氧化数法则不仅可用于在水溶液中进行的反应，在非水溶液中和高温下进行的反应也可应用，对有有机化合物参与的氧化还原反应的配平也很方便。

7.3 原电池和电极电势 Primary Battery and Electrode Potential

7.3.1 原电池

在硫酸铜溶液中放入一片锌，将发生下列氧化还原反应：

$$Zn(s)+Cu^{2+}(aq) \longrightarrow Zn^{2+}(aq)+Cu(s)$$

在溶液中，电子直接从锌片传递给 Cu^{2+}，使 Cu^{2+} 在锌片上还原而析出金属铜，同时锌氧化为 Zn^{2+}。这个反应同时有热量放出，这是化学能转变为热能的结果。

这一反应也可在图 7-1 所示的装置中分开进行。在两个烧杯中，分别放入 $Zn(NO_3)_2$ 和 $Cu(NO_3)_2$ 溶液。在前一个烧杯中插入一根锌棒，与 $Zn(NO_3)_2$ 溶液构成锌电极；在后一个烧杯中插入一根铜棒，与 $Cu(NO_3)_2$ 溶液构成铜电极。用由饱和了 NaCl 的琼脂装入 U 形管中制成的盐桥（salt bridge）把两个烧杯中的溶液连通起来。当用导线把铜电极和锌电极连接起来时，检流计指针就会发生偏转，说明导线中有电流通过。这种装置能将化学能转变成为电能，称为原电池（primary cell）。

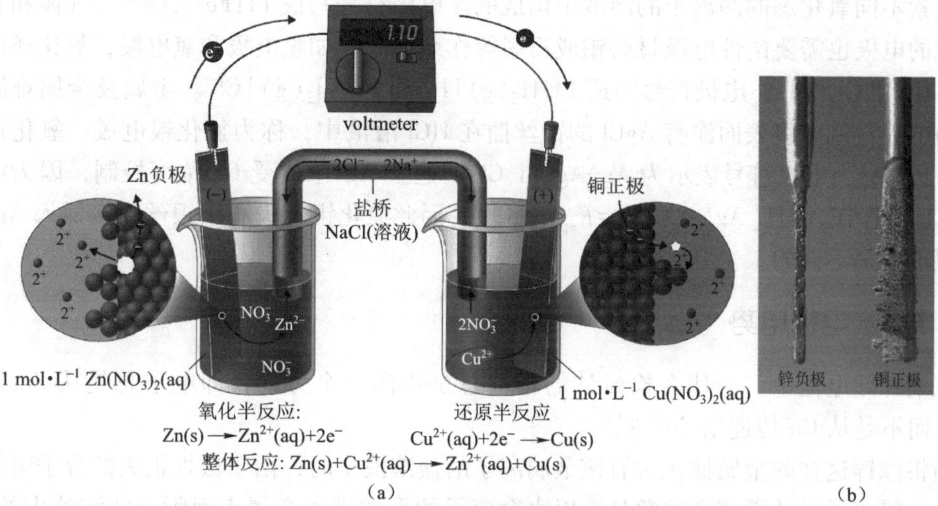

图 7-1　铜锌电池示意图

在上述原电池中，锌电极上的锌失去电子变成 Zn^{2+} 进入溶液，留在锌电极上的电子通过导线流到铜电极，即电子在导线中流动的方向是从锌电极流向铜电极。Cu^{2+} 在铜电极上得到电子而析出金属铜。在两电极上进行的反应分别是

锌极（氧化反应）　　$Zn \longrightarrow Zn^{2+}+2e^-$

铜极（还原反应）　　$Cu^{2+}+2e^- \longrightarrow Cu$

电池总反应　　　　　$Zn+Cu^{2+} = Zn^{2+}+Cu$

随着反应的进行，Zn^{2+} 不断进入溶液，过剩的 Zn^{2+} 将使电极附近的 $Zn(NO_3)_2$ 溶液带正电，这样就会阻止继续生成 Zn^{2+}；另外，由于铜的析出，将使铜电极附近的 $Cu(NO_3)_2$ 溶液因 Cu^{2+} 减少而带负电。这样，就会阻碍 Cu 的继续析出，其净结果就是没有电子继续从锌极流向铜极，而使氧化还原反应中断。盐桥的作用就是使整个装置形成一个回路，使锌盐和铜盐溶液一直维持电中性，从而使电子不断地从锌极流向铜极而产生电流。

可见，原电池的装置证明了氧化还原反应的实质是在氧化剂（Cu^{2+}）和还原剂（Zn）之间发生了电子传递的结果。

原电池由两个半电池（half cell）组成，在上述铜锌原电池中，锌和锌盐溶液组成一个半电池，铜和铜盐溶液组成另一个半电池，两个半电池用盐桥连接。为了书写方便，在电化

学中表示为

$$(-)Zn|Zn^{2+}(1\ mol \cdot L^{-1}) \parallel Cu^{2+}(1\ mol \cdot L^{-1})|Cu(+)$$

写在左边的电极是负极（negative pole）（又称为阳极，anode），起氧化反应；写在右边的电极是正极（positive pole）（又称为阴极，cathode），起还原反应。其中“|”表示液-固相界面，“‖”表示盐桥。在有气体参加的电池中，还要标明气体的压力，溶液要标明浓度。严格地说，应以质量摩尔浓度（m_B）表示，本书有时也常采用物质 B 的浓度（c_B）表示。

同一种元素不同氧化态的两种离子，如 Fe^{3+}/Fe^{2+}、Sn^{4+}/Sn^{2+} 等，也可以构成氧化还原电对。这类电对组成电极时，是将一种惰性电极材料如铂或石墨作为电子的载体，插在含有同种元素不同氧化态的两离子的溶液中构成的。电极符号写成 $Pt|Fe^{3+},Fe^{2+}$。气体和它的离子组成的电极也需要惰性电极材料铂或石墨等作载体。例如氢电极和氯电极，氧化还原电对是 H^+/H_2 和 Cl_2/Cl^-，电极符号写成 $Pt|H_2(g)|H^+$ 和 $Pt|Cl_2(g)|Cl^-$。金属及金属难溶盐亦可作为电极，例如将表面涂有 AgCl 的银丝插在 HCl 溶液中，称为氯化银电极。氧化还原电对是 AgCl/Ag，电极符号表示为 $Ag-AgCl|\ Cl^-$。这里 Ag^+ 浓度受 Cl^- 浓度控制，因为溶液中有 AgCl(s) 存在，而且 $[Ag^+][Cl^-]=K_{sp}(AgCl)$，因此氯化银电极和用银丝直接插入 Ag^+ 溶液中的银电极是不同的。

7.3.2 电极电势

在铜锌原电池中，为什么检流计的指针总是指向一个方向，即电子总是从 Zn 传递给 Cu^{2+}，而不是从 Cu 传递给 Zn^{2+} 呢？

当将像锌这样的金属插入含有该金属离子的盐溶液中时，由于极性很大的分子吸引构成晶格的金属离子，从而使金属锌具有以水合离子的形式进入金属表面附近的溶液中的趋势。由于锌棒失去电子，成了水合锌离子：

$$Zn(s) \longrightarrow Zn^{2+}(aq)+2e^-$$

带有负电荷，而电极表面附近的溶液由于有过多的 Zn^{2+} 而带正荷。开始时，溶液中过量的金属离子浓度较小，溶解速度较快。随着锌的不断溶解，溶液中锌离子浓度增加，同时锌棒上的电子也不断增加，于是就阻碍了锌的继续溶解。另外，溶液中的水合锌离子由于受其他锌离子的排斥作用和受锌棒上电子的吸引作用，又有从金属锌表面获得电子而沉积在金属表面的倾向：

$$Zn^{2+}(aq)+2e^- \longrightarrow Zn(s)$$

而且随着水合锌离子浓度和锌棒上电子数目的增加，沉积速度不断增大。当溶解速度和沉积速度相等时，达到了动态平衡：

$$Zn(s) \rightleftharpoons Zn^{2+}(aq)+2e^-$$

这样，金属锌棒带负电荷，在锌棒附近的溶液中就有较多的 Zn^{2+} 吸引在金属表面附近，结果金属表面附近的溶液所带的电荷与金属本身所带的电荷恰好相反，形成一个双电层，如图 7-2 所示。双电层之间存在电位差，这种由于双电层的作用在金属和它的盐溶液之间产生的电位差，就叫作金属的电极电势（electrode potential）。

电极电势的大小除与电极的本性有关外，还与温度、介质及离子浓度等因素有关。当外界条件一定时，电极电势的大小只取决于电极的本性。

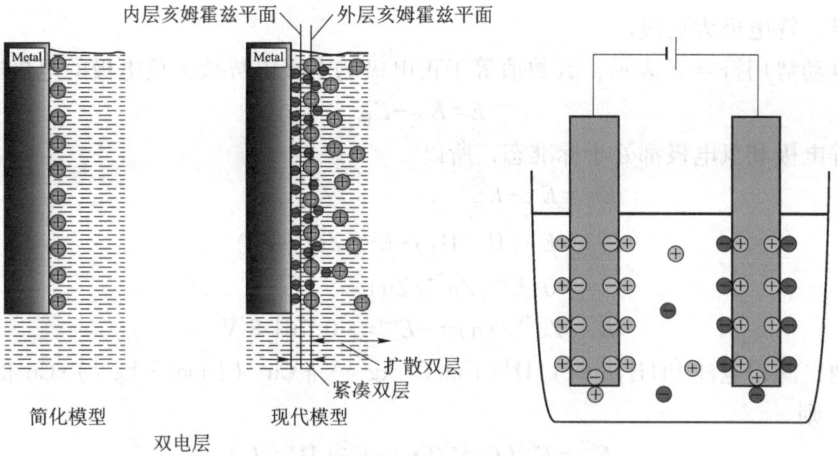

图 7-2　双电层示意图

7.3.3　标准电极电势

任何一个电极其电极电势的绝对值是无法测量的，但是我们可以选择某种电极作为基准，规定它的电极电势为零。通常选择标准氢电极（standard hydrogen electrode）作为基准。将待测电极和标准氢电极组成一个原电池，通过测定该电池的电动势（electromotive force），就可求出待测电极的电极电势的相对数值。

1. 标准氢电极

标准氢电极的结构如图 7-3 所示。它是把表面镀上一层铂黑的铂片插入含有氢离子浓度（严格地说应为活度）为 1 $mol \cdot kg^{-1}$的溶液中，并不断地通入标准压力为 $p^{\ominus}$（即 100 kPa）的纯氢气，使铂黑吸附氢气并达到饱和，这样的氢电极就是标准氢电极，规定在 298.15 K 时它的电极电势为 0 V。在氢电极上进行的反应是

$$\frac{1}{2}H_2(g) \rightleftharpoons H^+(aq) + e^-$$

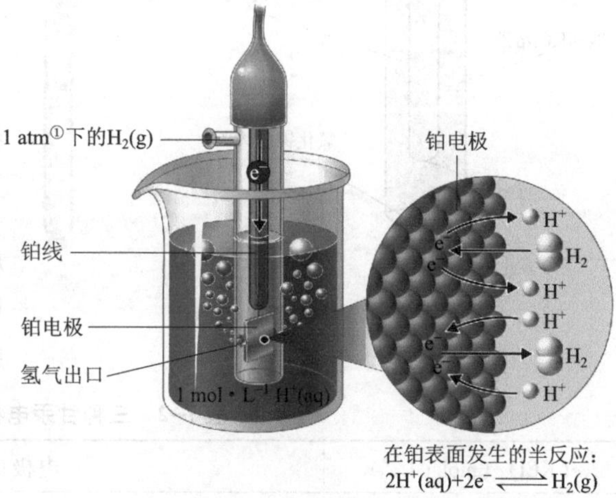

图 7-3　标准氢电极

2. 标准电极电势

用标准态下的各种电极与标准氢电极组成原电池，测定这些原电池的电动势就可知道这些电极的标准电极电势（standard electrode potential）。标准电极电势用符号 $E^{\ominus}$表示。

例如，用标准锌电极与标准氢电极组成原电池：

$$Zn|Zn^{2+}(1\ mol \cdot kg^{-1}) \parallel H^+(1\ mol \cdot kg^{-1}) \mid H_2(p^{\ominus})|Pt$$

可测得电池电动势为 0.761 8 V，所以锌电极的标准电极电势是-0.761 8 V。负号是因为用电表测知上述原电池中电子是从锌电极流向氢电极（电流是从氢电极流向锌电极），因此氢

电极为正极，锌电极为负极。

电池电动势用符号 E 表示，其数值等于正电极的电极电势减去负电极的电极电势：

$$E=E_{正}-E_{负}$$

因为锌电极和氢电极都处于标准态，所以

$$\begin{aligned}E^{\ominus}&=E_{正}^{\ominus}-E_{负}^{\ominus}\\&=E^{\ominus}(H^{+}/H_2)-E^{\ominus}(Zn^{2+}/Zn)\\&=0-E^{\ominus}(Zn^{2+}/Zn)\end{aligned}$$

故
$$E^{\ominus}(Zn^{2+}/Zn)=-E^{\ominus}=-0.761\,8\ \text{V}$$

同样地，测得电池 $Pt|H_2(p^{\ominus})|H^{+}(1\ \text{mol}\cdot\text{kg}^{-1})\parallel Cu^{2+}(1\ \text{mol}\cdot\text{kg}^{-1})|Cu$ 的电动势为 0.341 9 V，则

$$E^{\ominus}=E^{\ominus}(Cu^{2+}/Cu)-E^{\ominus}(H^{+}/H_2)$$

故
$$E^{\ominus}(Cu^{2+}/Cu)=E^{\ominus}=0.341\,9\ \text{V}$$

从理论上说，用上述方法可以测定出各种电对的标准电极电势，但是氢电极作为标准电极，使用条件十分严格，而且制作和纯化也比较复杂，因此，在实际测定时，往往采用甘汞电极（calomel electrode）作参比电极。甘汞电极在定温下电极电势数值比较稳定，并且容易制备，使用方便。甘汞电极构造如图 7-4 所示，它是在电极的底部放入少量汞和少量由甘汞、汞及氯化钾溶液制成的糊状物，上面充入饱和甘汞的氯化钾溶液，再用导线引出。甘汞电极的电极电位随 KCl 溶液浓度的不同而不同，表 7-2 列举了经精确测定的 3 种常用的甘汞电极及其电极电势值。

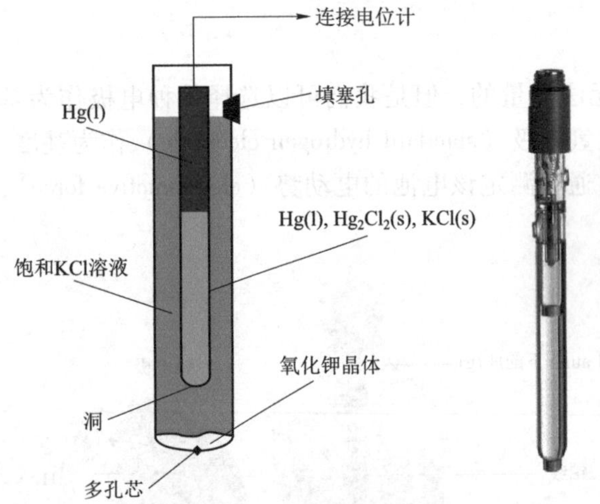

图 7-4　甘汞电极构造

表 7-2　三种甘汞电极的电极电势

$c(\text{KCl})/(\text{mol}\cdot\text{L}^{-1})$	电极反应	E/V
0.1	$Hg_2Cl_2(s)+2e^{-}\rightleftharpoons 2Hg(l)+2Cl^{-}(0.1\ \text{mol}\cdot\text{L}^{-1})$	0.333 7
1	$Hg_2Cl_2(s)+2e^{-}\rightleftharpoons 2Hg(l)+2Cl^{-}(1\ \text{mol}\cdot\text{L}^{-1})$	0.280 1
饱和	$Hg_2Cl_2(s)+2e^{-}\rightleftharpoons 2Hg(l)+2Cl^{-}$(饱和)	0.241 2

3. 标准电极电势表

许多氧化还原电对的 $E^{\ominus}$ 都已测得或从理论上计算出来，将其汇列在一起便是标准电极电势表。电极电势表的编制有多种方式。常见的有两种：一种是按元素符号的英文字母顺序排列，特点是便于查阅；另一种是按电极电势数值的大小排列，或从正到负，或从负到正。其优点是便于比较电极电势的大小，有利于寻找合适的氧化剂（oxidant）或还原剂（reductant）。此外，还有按反应介质的酸碱性分成酸表和碱表编排的。表 7-3 采用了按电极

电势从负到正的次序排列的方式。

表 7-3 标准电极电势表

标准还原电势（25 ℃，1 mol · L^{-1}，1 atm）

	半反应	$E^{\ominus}$/V	
↑强氧化性组分	$F_2(g)+2e^- \longrightarrow 2F^-(aq)$	+2.87	
	$O_3(g)+2H^+(aq)+2e^- \longrightarrow O_2(g)+H_2O(l)$	+2.07	
	$Co^{3+}(aq)+e^- \longrightarrow Co^{2+}(aq)$	+1.82	
	$H_2O_2(aq)+2H^+(aq)+2e^- \longrightarrow 2H_2O(l)$	+1.77	
	$PbO_2(s)+4H^+(aq)+SO_4^{2-}(aq)+2e^- \longrightarrow PbSO_4(s)+2H_2O(l)$	+1.70	
	$Ce^{4+}(aq)+e^- \longrightarrow Ce^{3+}(aq)$	+1.61	
	$MnO_4^-+8H^+(aq)+5e^- \longrightarrow Mn^{2+}(aq)+4H_2O(l)$	+1.51	
	$Au^{3+}(aq)+3e^- \longrightarrow Au(s)$	+1.50	
	$Cl_2(g)+2e^- \longrightarrow 2Cl(aq)$	+1.36	
	$Cr_2O_7^{2-}(aq)+14H^+(aq)+6e^- \longrightarrow 2Cr^{3+}(aq)+7H_2O(l)$	+1.33	
	$MnO_2(s)+4H^+(aq)+2e^- \longrightarrow Mn^{2+}(aq)+2H_2O(l)$	+1.23	
	$O_2(g)+4H^+(aq)+4e^- \longrightarrow 2H_2O(l)$	+1.23	
	$Br_2(l)+2e^- \longrightarrow 2Br^-(aq)$	+1.07	
	$NO_3^-(aq)+4H^+(aq)+3e^- \longrightarrow NO(g)+2H_2O(l)$	+0.96	
	$2Hg^{2+}(aq)+2e^- \longrightarrow Hg_2^{2+}(aq)$	+0.92	
	$Hg_2^{2+}+2e^- \longrightarrow 2Hg(l)$	+0.85	
	$Ag^+(aq)+e^- \longrightarrow Ag(s)$	+0.80	
	$Fe^{3+}(aq)+e^- \longrightarrow Fe^{2+}(aq)$	+0.77	
	$O_2(g)+2H^+(aq)2e^- \longrightarrow H_2O_2(aq)$	+0.68	
	$MnO_4^-(aq)+2H_2O(l)+3e^- \longrightarrow MnO_2(s)+4OH^-(aq)$	+0.59	
	$I_2(s)+2e^- \longrightarrow 2I^-(aq)$	+0.53	
	$O_2(g)+2H_2O+4e^- \longrightarrow 4OH^-(aq)$	+0.40	
	$Cu^{2+}(aq)+2e^- \longrightarrow Cu(s)$	+0.34	
	$AgCl(g)+e^- \longrightarrow Ag(s)+Cl^-(aq)$	+0.22	
	$SO_4^{2-}(aq)+4H^+(aq)+2e^- \longrightarrow SO_2(g)+2H_2O(l)$	+0.20	
	$Cu^{2+}(aq)+e^- \longrightarrow Cu^+(aq)$	+0.15	
	$Sn^{4+}(aq)+2e^- \longrightarrow Sn^{2+}(aq)$	+0.13	
	$2H^+(aq)+2e^- \longrightarrow H_2(g)$	0.00	
	$Pb^{2+}(aq)+2e^- \longrightarrow Pb(s)$	−0.13	
	$Sn^{2+}(aq)+2e^- \longrightarrow Sn(s)$	−0.14	
	$Ni^{2+}(aq)+2e^- \longrightarrow Ni(s)$	−0.25	
	$Co^{2+}(aq)+2e^- \longrightarrow Co(s)$	−0.28	
	$PbSO_4(s)+2e^- \longrightarrow Pb(s)+SO_4^{2-}(aq)$	−0.31	
	$Cd^{2+}(aq)+2e^- \longrightarrow Cd(s)$	−0.40	
	$Fe^{2+}(aq)+2e^- \longrightarrow Fe(s)$	−0.44	
	$Cr^{3+}(aq)+3e^- \longrightarrow Cr(s)$	−0.74	
	$Zn^{2+}(aq)+2e^- \longrightarrow Zn(s)$	−0.76	
	$2H_2O(l)+2e^- \longrightarrow H_2(q)+2OH^-(aq)$	−0.83	
	$Mn^{2+}(aq)+2e^- \longrightarrow Mn(s)$	−1.18	
	$Al^{3+}(aq)+3e^- \longrightarrow Al(s)$	−1.66	
	$Be^{2+}(aq)+2e^- \longrightarrow Be(s)$	−1.85	
	$Mg^{2+}(aq)+2e^- \longrightarrow Mg(s)$	−2.37	
	$Na^+(aq)+e^- \longrightarrow Na(s)$	−2.71	
	$Ca^{2+}(aq)+2e^- \longrightarrow Ca(s)$	−2.87	
	$Sr^{2+}(aq)+2e^- \longrightarrow Sr(s)$	−2.89	
	$Ba^{2+}(aq)+2e^- \longrightarrow Ba(s)$	−2.90	
	$K^+(aq)+e^- \longrightarrow K(s)$	−2.93	
	$Li^+(aq)+e^- \longrightarrow Li(s)$	−3.05	强还原性组分↓

下面对该表的使用作几点说明。

• 按照国际惯例，电池半反应一律用还原过程 $M^{z+}+ze^- \rightleftharpoons M$ 表示，因此，电极电势是还原电势。数值越大，说明氧化型物种获得电子的本领或氧化能力越强，即氧化性自下而上依次增强；反之，说明还原型物种失去电子的本领或还原能力越强，即还原性自上而下依次增强。

• 电极电势的数这种性质与物质的量无关，例如：

$$2H_2O+2e^- \rightleftharpoons H_2+2OH^-, \ E^\ominus=-0.828\ V$$

写成

$$H_2O+e^- \rightleftharpoons \frac{1}{2}H_2+OH^-, \ E^\ominus=-0.828\ V$$

$E^\ominus$数值不变。

• 该表为 298.15 K 时的标准电极电势。因为电极电势随温度的变化不大，在室温下一般均可应用表列值。

• 标准电极电势是指标准态下的电极电势，即离子浓度为 $1\ mol\cdot kg^{-1}$，气体的分压为标准压力 $p^\ominus$。如果溶液浓度不是 $1\ mol\cdot kg^{-1}$，那么电极电势值与标准电极电势不同。例如：

$$2H^+(1\ mol\cdot kg^{-1})+2e^- \rightleftharpoons H_2(p^\ominus), \ E^\ominus=0.00\ V$$

$$2H^+(10^{-7}\ mol\cdot kg^{-1})+2e^- \rightleftharpoons H_2(p^\ominus), \ E^\ominus=0.41\ V$$

表 7-3 不能用于非水溶液或熔融盐。非水溶液中的电极电势之所以与水溶液中的不同，是由溶剂化作用引起的。

7.3.4 电池的电动势和化学反应吉布斯自由能的关系

在定温定压下，系统的吉布斯自由能变值等于系统所做的最大非膨胀功：

$$-\Delta G=W_f$$

在原电池中，非膨胀功只有电功一项，所以化学反应的吉布斯自由能变转变为电能，因此上式可写成

$$\Delta G=-zEF \qquad (7.3)$$

式中，z 为电池的氧化还原反应式中传递的电子数，它实际上是两个半反应中电子的化学计量数 z_1 和 z_2 的最小公倍数；F 是法拉第常数（Faraday constant），即 1 mol 电子所带的电量（$F=N_Ae$），其值为 96 485 $C\cdot mol^{-1}$（本书常采用近似值 96 500 $C\cdot mol^{-1}$进行计算）；E 是电池的电动势，单位为伏特（V）。

当电池中所有物质都处于标准态时，电池的电动势就是标准电动势 $E^\ominus$。在这种情况下，式（7.3）可写成

$$\Delta G^\ominus=-zE^\ominus F \qquad (7.3a)$$

这个关系式十分重要，它把热力学和电化学联系起来了。测定出原电池的电动势 $E^\ominus$，就可以根据这一关系式计算出电池中进行的氧化还原反应的吉布斯自由能$\Delta G^\ominus$；反之，通过计算某个氧化还原反应的吉布斯自由能$\Delta G^\ominus$，也可以求出相应的 $E^\ominus$。

例 7.2 试计算下列电池的 $E^\ominus$和$\Delta G^\ominus$。

$$Zn|ZnSO_4(1\ mol\cdot L^{-1})\ \|\ CuSO_4(1\ mol\cdot L^{-1})|Cu$$

解：该电池的氧化还原反应为

$$Zn+Cu^{2+}=\!=\!=Zn^{2+}+Cu$$

已知　　$E^{\ominus}(Zn^{2+}/Zn)=-0.762\ V$, $E^{\ominus}(Cu^{2+}/Cu)=+0.342\ V$

因此

$$E^{\ominus}=E^{\ominus}_{正}-E^{\ominus}_{负}=E^{\ominus}(Cu^{2+}/Cu)-E^{\ominus}(Zn^{2+}/Zn)$$
$$=0.342\ V-(-0.0762\ V)=1.104\ V$$

根据式（7.3a）

$$\Delta G^{\ominus}=-zE^{\ominus}F=-(2\times1.104\ V\times96\ 500\ C\cdot mol^{-1})$$
$$=-213\times10^{3}\ J\cdot mol^{-1}=-213\ kJ\cdot mol^{-1}$$

例 7.3　试计算根据下列反应构成的电池的 $E^{\ominus}$ 和反应的 $\Delta G^{\ominus}$。

$$Cd+Pb^{2+}=\!=\!=Cd^{2+}+Pb$$

解：已知 $E^{\ominus}(Cd^{2+}/Cd)=-0.403\ V$，$E^{\ominus}(Pb^{2+}/Pb)=-0.126\ V$。根据电池反应和 $E^{\ominus}$ 值可知，镉电极为负极，铅电极为正极。因此

$$E^{\ominus}=E^{\ominus}(Pb^{2+}/Pb)-E^{\ominus}(Cd^{2+}/Cd)=-0.126\ V-(-0.403\ V)=0.277\ V$$
$$\Delta_r G^{\ominus}_m=-zE^{\ominus}F=-(2\times0.027\ V\times96\ 500\ C\cdot mol^{-1})=-53.46\ kJ\cdot mol^{-1}$$

下面的例子是根据热力学数据计算氧化还原电对 $E^{\ominus}$。

例 7.4　已知下列反应的 $\Delta_r H^{\ominus}_m=-40.44\ kJ\cdot mol^{-1}$，$\Delta_r S^{\ominus}_m=-63.6\ kJ\cdot mol^{-1}$，

$$\frac{1}{2}H_2+AgCl(s)=\!=\!=H^{+}+Cl^{-}+Ag(s)$$

试计算下列电极反应的 $E^{\ominus}$：

$$AgCl(s)+e^{-}=\!=\!=Cl^{-}+Ag(s)$$

解：首先，根据该反应的 $\Delta_r H^{\ominus}_m$ 和 $\Delta_r S^{\ominus}_m$ 计算 $\Delta_r G^{\ominus}_m$。

$$\Delta_r G^{\ominus}_m=\Delta_r H^{\ominus}_m-T\Delta_r S^{\ominus}_m$$
$$=-40\ 440\ J\cdot mol^{-1}-298\ K\times（-63.6\ J\cdot mol^{-1}\cdot K^{-1}）=-21.49\ kJ\cdot mol^{-1}$$

$$E^{\ominus}=-\frac{\Delta_r G^{\ominus}_m}{zF}=\frac{-21\ 490\ J\cdot mol^{-1}}{1\times96\ 500\ C\cdot mol^{-1}}=0.222\ V$$
$$E^{\ominus}(H^{+}/H_2)=0\ V$$
$$E^{\ominus}=E^{\ominus}(AgCl/Ag)-E^{\ominus}(H^{+}/H_2)=0.222\ V$$
$$E^{\ominus}(AgCl/Ag)=0.222\ V$$

例 7.5　试根据计算判断亚铁离子是否依据下式使碘还原为碘离子？

$$Fe^{2+}(1\ mol\cdot L^{-1})+\frac{1}{2}I_2(s)\rightleftharpoons I^{-}(1\ mol\cdot L^{-1})+Fe^{2+}(1\ mol\cdot L^{-1})$$

解：根据反应可设计成原电池：

$$Pt|Fe^{2+}(1\ mol\cdot L^{-1}),Fe^{3+}(1\ mol\cdot L^{-1})\parallel I^{-}(1\ mol\cdot L^{-1})|I^{2},Pt$$

该电池的标准电动势：

$$E^{\ominus}=E^{\ominus}_{正}-E^{\ominus}_{负}=E^{\ominus}(I_2/I^{-})-E^{\ominus}(Fe^{3+}/Fe^{2+})$$
$$=0.535\ V-0.771\ V=-0.236\ V$$

反应的吉布斯自由能：

$$\Delta_r G^{\ominus}_m=-zE^{\ominus}F=(-1)\times-(0.236\ V\times96\ 500\ C\cdot mol^{-1})=22.77\ kJ\cdot mol^{-1}$$

因为 $\Delta G^{\ominus}>0$，所以上述反应不能进行。

7.3.5 原电池反应的标准平衡常数

标准吉布斯自由能$\Delta G^{\ominus}$与标准平衡常数 $K^{\ominus}$的关系是

$$\Delta G^{\ominus}=-RT\ln K^{\ominus}$$

标准吉布斯自由与原电池电动势的关系是

$$\Delta G^{\ominus}=-zE^{\ominus}F$$

将上两式合并，得到

$$E^{\ominus}=\frac{2.303RT}{zF}\lg K^{\ominus} \tag{7.4a}$$

若电池反应是在 298 K 进行，将 R、T 和 F 的值代入上式：

$$E^{\ominus}=\frac{2.303\times 8.314\ \mathrm{J\cdot mol^{-1}}\times 298\ \mathrm{K}}{z96\,500\ \mathrm{C\cdot mol^{-1}}}\lg K^{\ominus}=\frac{0.059}{z}\lg K^{\ominus} \tag{7.4b}$$

$$\lg K^{\ominus}=\frac{zE^{\ominus}}{0.059}=\frac{z(E^{\ominus}_{正}-E^{\ominus}_{负})}{0.059} \tag{7.4c}$$

测定出原电池在 298 K 时的标准电动势后，即可根据式（7.4a）计算在原电池中发生的氧化还原反应的标准平衡常数。

例 7.6 求电池反应 $Sn+Pb^{2+}=Pb+Sn^{2+}$在 298 K 时的标准平衡常数。

解： 上述反应可设计成下列电池：

$$\mathrm{Sn|Sn^{2+}(1\ mol\cdot L^{-1})\,\|\,Pb^{2+}(1\ mol\cdot L^{-1})|Pb}$$

$$E^{\ominus}=E^{\ominus}(\mathrm{Pb^{2+}/Pb})-E^{\ominus}(\mathrm{Sn^{2+}/Sn})$$
$$=(-0.126\ \mathrm{V})-(-0.138\ \mathrm{V})=0.012\ \mathrm{V}$$

根据式（7.4c）：

$$\lg K^{\ominus}=\frac{2\times 0.012}{0.059}=0.41$$
$$K^{\ominus}=2.55$$

因此，将 Sn 插到 1 mol · L^{-1} Pb^{2+}溶液中，平衡时，溶液中：

$$[\mathrm{Sn^{2+}}]/[\mathrm{Pb^{2+}}]=2.55$$

例 7.7 求电池反应 $Zn+Cu^{2+}=Zn^{2+}+Cu$ 在 298 K 时的标准平衡常数。

解： 上述反应可设计成下列电池：

$$\mathrm{Zn|Zn^{2+}(1\ mol\cdot L^{-1})\,\|\,Cu^{2+}(1\ mol\cdot L^{-1})|Cu}$$

$$E^{\ominus}=E^{\ominus}(\mathrm{Cu^{2+}/Cu})-E^{\ominus}(\mathrm{Zn^{2+}/Zn})$$
$$=0.342\ \mathrm{V}-(-0.762\ \mathrm{V})=1.104\ \mathrm{V}$$

$$\lg K^{\ominus}=\frac{2\times 1.104}{0.059}=37.42$$
$$K^{\ominus}=2.6\times 10^{37}$$

从上面两个例子可以看出两电极的标准电极电势相差越大，平衡常数就越大，反应进行也越彻底。因此，可以直接用 $E^{\ominus}$的大小来估计氧化还原反应进行的程度。

7.4 能斯特方程 Nernst Equation

影响电极电势的因素主素有：电极的本性、氧化型物种的浓度（或分压）和还原型物种的浓度（或分压）。对于任何给定的电极，其电极电势与两物种浓度及温度的关系遵循能斯特方程（Nernst equation）。

设电池反应：

$$2Fe^{3+}+Sn^{2+}\longrightarrow Sn^{4+}+2Fe^{2+}$$

根据化学反应等温式：

$$\Delta G=\Delta G^{\ominus}+RT\ln\frac{[Fe^{2+}]^2[Sn^{4+}]}{[Fe^{3+}]^2[Sn^{2+}]}$$

将式（7.3）和式（7.3a）代入，得

$$-zEF=-zE^{\ominus}F+RT\ln\frac{[Fe^{2+}]^2[Sn^{4+}]}{[Fe^{3+}]^2[Sn^{2+}]}$$

$$E=E^{\ominus}+\frac{RT}{zF}\ln\frac{[Fe^{3+}]^2[Sn^{2+}]}{[Fe^{2+}]^2[Sn^{4+}]}$$

$$E(Fe^{3+}/Fe^{2+})-E(Sn^{4+}/Sn^{2+})=E^{\ominus}(Fe^{3+}/Fe^{2+})-E^{\ominus}(Sn^{4+}/Sn^{2+})+\frac{RT}{zF}\ln\frac{[Fe^{3+}]^2[Sn^{2+}]}{[Fe^{2+}]^2[Sn^{4+}]}$$

$$=\left\{E^{\ominus}(Fe^{3+}/Fe^{2+})+\frac{RT}{zF}\ln\frac{[Fe^{3+}]^2}{[Fe^{2+}]^2}\right\}-\left\{E^{\ominus}(Sn^{4+}/Sn^{2+})+\frac{RT}{zF}\ln\frac{[Sn^{4+}]}{[Sn^{2+}]}\right\}$$

上式可分别写成

$$E(Fe^{3+}/Fe^{2+})=E^{\ominus}(Fe^{3+}/Fe^{2+})+\frac{RT}{zF}\ln\frac{[Fe^{3+}]^2}{[Fe^{2+}]^2}$$

$$E(Sn^{4+}/Sn^{2+})=E^{\ominus}(Sn^{4+}/Sn^{2+})+\frac{RT}{zF}\ln\frac{[Sn^{4+}]}{[Sn^{2+}]}$$

上两式分别表示电对 Fe^{3+}/Fe^{2+} 和 Sn^{4+}/Sn^{2+} 的电极电势各自与 Fe^{3+}、Fe^{2+} 和 Sn^{4+}、Sn^{2+} 的浓度以及温度的关系。归纳成一般式，设有电极反应：

$$Ox+ze^{-}\rightleftharpoons Red$$

则有

$$E(Ox/Red)=E^{\ominus}(Ox/Red)+\frac{RT}{zF}\ln\frac{[Ox]}{[Red]} \tag{7.5}$$

式（7.5）称为能斯特方程。式中，z 称为电极反应中电子的化学计量数，常称为电子转移数和得失电子数。[Ox]/[Red]表示电极反应中氧化型一方各物种浓度乘积与还原型一方各物种浓度乘积之比。其中浓度的幂等于它们各自在电极反应中的化学计量数。当反应式中出现分压为 p 的气体时，则在公式中应以 $p/p^{\ominus}$ 代替活度。纯固体和纯液体的浓度为常数，被认为是 1，因此它们不出现在浓度项中。离子的浓度则可近似地以物质的浓度代替。

由于离子强度的影响，严格地说，式（7.5）中的平衡浓度应以活度代替，即

$$E(Ox/Red)=E^{\ominus}(Ox/Red)+\frac{RT}{zF}\ln\frac{\alpha(Ox)}{\alpha(Red)}$$

在本书中，一般不考虑离子强度的影响，因此常用式（7.5）的形式。将 R、F 的值代入式（7.5）并取常用对数，在 25 ℃得到能斯特方程的数值方程

$$E(Ox/Red)=E^{\ominus}(Ox/Red)+\frac{0.059}{z}\lg\frac{[Ox]}{[Red]} \tag{7.5b}$$

从式（7.5）可以看出氧化型物种的浓度越大或还原型物种的浓度越小，则电对的电极电势越高，说明氧化性物种获得电子的倾向越大；反之，氧化型物种浓度越小或还原型物种的浓度越大，则电对的电极电势越低，说明氧化型物种获得电子的倾向越小。

下面举例说明如何正确地表示能斯特方程。

已知 $$Cl_2(g)+2e^- \rightleftharpoons 2Cl^-$$

$$E(Cl_2/Cl^-)=E^\ominus(Cl_2/Cl^-)+\frac{0.059}{2}\lg\frac{p(Cl_2)}{p^\ominus[Cl^-]^2}$$

已知 $$MnO_2(s)+4H^++2e^- \rightleftharpoons Mn^{2+}+2H_2O$$

$$E(MnO_2/Mn^{2+})=E^\ominus(MnO_2/Mn^{2+})+\frac{0.059}{2}\lg\frac{[H^+]^4}{[Mn^{2+}]}$$

已知 $$O_2(g)+4H^++4e^- \rightleftharpoons 2H_2O(l)$$

$$E(O_2/H_2O)=E^\ominus(O_2/H_2O)+\frac{0.059}{4}\lg\frac{p(O_2)}{p^\ominus}[H^+]^4$$

下面通过例7.8的计算进一步说明氧化型物种和还原型物种的浓度对电极电势的影响。

例7.8 已知 $Fe^{3+}+e^- \rightleftharpoons Fe^{2+}$，$E^\ominus(Fe^{3+}/Fe^{2+})=0.771\ V$

试计算：（1）$[Fe^{3+}]=1\ mol\cdot L^{-1}$，$[Fe^{2+}]=1.0\times10^{-3}\ mol\cdot L^{-1}$ 时的 $E(Fe^{3+}/Fe^{2+})$；

（2）$[Fe^{3+}]=1.0\times10^{-3}\ mol\cdot L^{-1}$，$[Fe^{2+}]=1\ mol\cdot L^{-1}$ 时的 $E(Fe^{3+}/Fe^{2+})$。

解：根据式（7.5b）

$$E(Fe^{3+}/Fe^{2+})=E^\ominus(Fe^{3+}/Fe^{2+})+\frac{0.059}{1}\lg\frac{[Fe^{3+}]}{[Fe^{2+}]}$$

$$=0.771\ V+0.059\lg\frac{1.0}{1.0\times10^{-3}}\ V=0.948\ V$$

$$E(Fe^{3+}/Fe^{2+})=0.771\ V+0.059\lg\frac{1.0\times10^{-3}}{1.0}\ V=0.594\ V$$

需要说明的是，电对有可逆和不可逆之分。这里我们不去讨论可逆和不可逆的定义，简单地说，把由可逆电对组成的原电池对环境所做的功反过来施加于电池，可使系统和环境都回复到初态。不能回到初态的，就是不可逆电对。严格地说，只有可逆电对才遵循能斯特方程。将能斯特方程应用于不可逆电对时，只是一种粗略的近似计算，与实际电势可能有较大的出入。尽管如此，这种近似计算仍有一定的参考价值。

7.5 电极电势的应用 Applications of Electrode Potential

本节中再从以下几方面说明电极电势的应用。

7.5.1 判断氧化剂和还原剂的强弱

前面已经提到氧化剂和还原剂的强弱可用有关电对的电极电势来衡量。某电对的标准电极电势越小，其还原型物种作为还原剂也越强；标准电极电势越大，其氧化型物种作为氧化剂也越强（参见表7-1）。

根据标准电极电势表可选择合适的氧化剂或还原剂。例如，要把 Fe^{2+} 与 Co^{2+}、Ni^{2+} 分离，首先要把 Fe^{2+} 氧化为 Fe^{3+}，然后使 Fe^{3+} 以黄钠铁矾 $NaFe(SO_4)_2 \cdot 12H_2O$ 从溶液中沉淀析出，因而要选择一种只能将 Fe^{2+} 氧化为 Fe^{3+}，而不能氧化 Co^{2+} 和 Ni^{2+} 的氧化剂。从标准电极电势表查得下列标准电极电势：

半反应	$E^{\ominus}/V$
$Fe^{3+}+e^- \rightleftharpoons Fe^{2+}$	0.771
$ClO_3^-+6H^++6e^- \rightleftharpoons Cl^-+3H_2O$	1.451
$ClO^-+2H^++2e^- \rightleftharpoons Cl^-+H_2O$	1.482
$NiO_2+4H^++2e^- \rightleftharpoons Ni^{2+}+2H_2O$	1.678
$Co^{3+}+e^- \rightleftharpoons Co^{2+}$	1.83

从标准电极电势可以看出，$E^{\ominus}(ClO_3^-/Cl^-)$ 和 $E^{\ominus}(ClO^-/Cl^-)$ 大于 $E^{\ominus}(Fe^{3+}/Fe^{2+})$，而小于 $E^{\ominus}(NiO_2/Ni^{2+})$ 和 $E^{\ominus}(Co^{3+}/Co^{2+})$，因此，可在酸性溶液中使用氯酸钠或次氯酸钠作为氧化剂，Fe^{2+} 可被氧化，而 Ni^{2+} 和 Co^{2+} 则不能。发生的氧化还原反应是

$$NaClO_3+6FeSO_4+3H_2SO_4 = NaCl+3Fe_2(SO_4)_3+3H_2O$$

$$NaClO+2FeSO_4+H_2SO_4 = NaCl+Fe_2(SO_4)_3+H_2O$$

从化学计量关系看，1 mol $NaClO_3$ 可以氧化 6 mol $FeSO_4$，而 1 mol NaClO 只能氧化 2 mol $FeSO_4$，显然用 $NaClO_3$ 较合适。

从上面的例子，我们可以归纳出一条规律，一般地说，处于标准电极电势表右上方的氧化剂可氧化左下方的还原剂；反之，则不能反应，称为对角线规则。

分析化学上，从含有 Cl^-、Br^-、I^- 的混合溶液中做个别离子的定性鉴定时，常用 $Fe_2(SO_4)_3$ 将 I^- 氧化成 I_2，再用 CCl_4 将 I_2 萃取出来（紫红色），其原理就是选择一个合适的氧化剂，只能氧化 I^-，而不能氧化 Cl^-。这从下面的标准电极电势可以看出：

半反应	$E^{\ominus}/V$
$I_2+2e^- \rightleftharpoons 2I^-$	0.536
$Fe^{3+}+e^- \rightleftharpoons Fe^{2+}$	0.771
$Br_2+2e^- \rightleftharpoons 2Br^-$	1.066
$Cl_2+2e^- \rightleftharpoons 2Cl^-$	1.358

$E^{\ominus}(Fe^{3+}/Fe^{2+})$ 大于 $E^{\ominus}(I_2/I^-)$，而小于 $E^{\ominus}(Br_2/Br^-)$ 和 $E^{\ominus}(Cl_2/Cl^-)$，因此，Fe^{3+} 可把 I^- 氧化成 I_2（$2Fe^{3+}+2I^- = 2Fe^{2+}+I_2$），而不能氧化 Br^- 和 Cl^-，它们仍留在溶液中。

重铬酸钾法测定铁的例子也是很典型的。有关电对的半反应和标准电极电势如下：

半反应	$E^{\ominus}/V$
$Sn^{4+}+2e^- \rightleftharpoons Sn^{2+}$	0.151
$Hg_2Cl_2+2e^- \rightleftharpoons 2Hg+2Cl^-$	0.268
$2HgCl_2+2e^- \rightleftharpoons Hg_2Cl_2+2Cl^-$	0.68
$Fe^{3+}+e^- \rightleftharpoons Fe^{2+}$	0.771
$Cr_2O_7^{2-}+14H^++6e^- \rightleftharpoons 2Cr^{3+}+7H_2O$	1.232

用 $Cr_2O_7^{2-}$ 标准溶液滴定前，需预先将 Fe^{3+} 还原为 Fe^{2+}，为此，采用标准电极电势比它低的 $SnCl_2$ 作还原剂。过量的 Sn^{2+} 用电势比它高的 $HgCl_2$ 氧化除去，产物 Hg_2Cl_2 为白色沉淀，不被 $Cr_2O_7^{2-}$ 氧化。但是加入的 $SnCl_2$ 又不能太多，否则可能将 Hg_2Cl_2 还原成能被

$Cr_2O_7^{2-}$ 氧化的黑色 Hg 沉淀，从而造成正误差。因此，如果加入 $HgCl_2$ 后得到的是黑色或灰色沉淀，则应弃去重做。

7.5.2 判断氧化还原反应进行的方向

前面说到用标准电极电势 $E^{\ominus}$ 判断氧化还原的方向：在标准状态下，标准电极电势数值大的电对中的氧化型物种（氧化剂）氧化标准电极电势数值小的电对中的还原型物种（还原剂）。也就是通常讲的对角线方向相互反应：凡是右上方的还原型物种，能自发地和左下方的氧化型物种发生氧化还原反应。例如：

$$Zn^{2+}+2e^- \rightleftharpoons Zn;\ E^{\ominus}(Zn^{2+}/Zn)=-0.762\ V$$

$$Cu^{2+}+2e^- \rightleftharpoons Cu;\ E^{\ominus}(Cu^{2+}/Cu)=0.342\ V$$

Cu^{2+} 可氧化 Zn，这是因为凡是按上述对角线方向进行的反应，其原电池的标准电动势 $E^{\ominus}$ 总是正值，这种反应可自发地进行。反之，如果按另一对角线方向进行反应，则 $E^{\ominus}<0$，一般地说，反应不能自发进行。这里用 $E^{\ominus}$ 来判断反应的方向。当然，原则上应该用 E 判断。但是因为浓度对电极电势的影响并不是很大，一般当两个电对标准电势之差大于 0.2 V 时，就很难依靠改变浓度而使反应逆转。因此，为方便起见，一般仍可用标准电极电势来估计反应进行的方向。

例 7.9 试分别判断反应：

$$Sn+Pb^{2+} \rightleftharpoons Pb+Sn^{2+}$$

在标准状态和 $[Sn^{2+}]=1\ mol\cdot L^{-1}$，$[Pb^{2+}]=0.1\ mol\cdot L^{-1}$ 时能否自发进行。

解： 在标准状态，即 $[Pb^{2+}]=[Sn^{2+}]=1\ mol\cdot L^{-1}$ 时

$$E^{\ominus}=E^{\ominus}(Pb^{2+}/Pb)-E^{\ominus}(Sn^{2+}/Sn)$$
$$=(-0.126\ V)-(-0.138\ V)=0.012\ V$$

所以反应可自发进行。但是，如 $[Sn^{2+}]=1\ mol\cdot L^{-1}$，$[Pb^{2+}]=0.1\ mol\cdot L^{-1}$，则

$$E(Pb^{2+}/Pb)=E^{\ominus}(Pb^{2+}/Pb)+\frac{0.059}{2}\lg[Pb^{2+}]$$

$$=-0.126+\frac{0.059}{2}\lg 0.1=-0.156\ V$$

$$E=E(Pb^{2+}/Pb)-E^{\ominus}(Sn^{2+}/Sn)$$
$$=-0.156\ V-(-0.138\ V)=-0.018\ V$$

所以正反应不能自发地进行，而逆反应却可自发地进行。

7.5.3 判断氧化还原反应进行的程度

一个反应的完全程度可用平衡常数来判断。氧化还原反应的平衡常数与有关电对的标准电极电势有关。

设两个半反应分别为

$$Ox_1+z_1e^- \rightleftharpoons Red_1;\ E_1=E_1^{\ominus}+\frac{0.059}{z_1}\lg\frac{[Ox_1]}{[Red_1]}$$

$$Ox_2+z_2e^- \rightleftharpoons Red_2;\ E_2=E_2^{\ominus}+\frac{0.059}{z_2}\lg\frac{[Ox_2]}{[Red_2]}$$

两式分别乘以 z_2 和 z_1，得到总的氧化还原反应：

$$z_2\mathrm{Ox}_1+z_1\mathrm{Red}_2 \rightleftharpoons z_2\mathrm{Red}_1+z_1\mathrm{Ox}_2$$

当反应达到平衡时，$\Delta G_{(1)}=0$，$E_1=E_2$，因此

$$E_1^{\ominus}+\frac{0.059}{z_1}\lg\frac{[\mathrm{Ox}_1]}{[\mathrm{Red}_1]}=E_2^{\ominus}+\frac{0.059}{z_2}\lg\frac{[\mathrm{Ox}_2]}{[\mathrm{Red}_2]}$$

$$E_1^{\ominus}-E_2^{\ominus}=\frac{0.059}{z_2}\lg\frac{[\mathrm{Ox}_2]}{[\mathrm{Red}_2]}-\frac{0.059}{z_1}\lg\frac{[\mathrm{Ox}_1]}{[\mathrm{Red}_1]}$$

$$=\frac{0.059}{z_1z_2}\lg\frac{[\mathrm{Ox}_2]^{z_1}[\mathrm{Red}_1]^{z_2}}{[\mathrm{Ox}_1]^{z_2}[\mathrm{Red}_2]^{z_1}}$$

因为平衡时

$$\frac{[\mathrm{Ox}_2]^{z_1}[\mathrm{Red}_1]^{z_2}}{[\mathrm{Ox}_1]^{z_2}[\mathrm{Red}_2]^{z_1}}=K^{\ominus}$$

所以

$$\lg K^{\ominus}=\frac{z_1z_2(E_1^{\ominus}-E_2^{\ominus})}{0.059}$$

式中，z_2 和 z_1 是两个半电池反应电子的化学计量数（得失电子数）的最小公倍数。若 $z_2=z_1=z$，氧化还原反应为

$$\mathrm{Ox}_1+\mathrm{Red}_2 \rightleftharpoons \mathrm{Red}_1+\mathrm{Ox}_2$$

$$\lg\frac{[\mathrm{Ox}_2][\mathrm{Red}_1]}{[\mathrm{Ox}_1][\mathrm{Red}_2]}=\lg K^{\ominus}=\frac{z(E_1^{\ominus}-E_2^{\ominus})}{0.059}$$

可见，氧化还原反应平衡常数 $K^{\ominus}$值的大小是直接由氧化剂和还原剂两电对的标准电极电势之差决定的，相差越大，$K^{\ominus}$值越大，反应也越完全。

从氧化还原滴定分析的要求来看，两个电对的电极电势值相差多少才可用于定量分析呢？对于不同类型的氧化还原反应，要求也不一样。下面通过例 7.10 来说明。

例 7.10 若要求计量点时反应的完全程度达到 99.9%，则当：（1）$z_2=z_1=1$，（2）$z_2=2$，$z_1=1$ 和（3）$z_2=z_1=2$，两电对的标准电极电势至少应各相差多少伏特？

解：要求计量点时反应完全程度达到 99.9%，即

$$\frac{[\mathrm{Ox}_2]}{[\mathrm{Red}_2]}\geqslant 10^3 \quad \frac{[\mathrm{Red}_1]}{[\mathrm{Ox}_1]}\geqslant 10^3$$

（1）当 $z_2=z_1=1$ 时，则

$$K=\frac{[\mathrm{Ox}_2][\mathrm{Red}_1]}{[\mathrm{Ox}_1][\mathrm{Red}_2]}\geqslant 10^6$$

由式（7.4c）

$$\frac{E_1^{\ominus}-E_2^{\ominus}}{0.059}\geqslant \lg 10^6$$

所以 $\Delta E^{\ominus}=E_1^{\ominus}-E_2^{\ominus}\geqslant 0.35\ \mathrm{V}$

（2）$z_2=2$，$z_1=1$ 时

$$K=\frac{[\mathrm{Ox}_2][\mathrm{Red}_1]^2}{[\mathrm{Red}_2][\mathrm{Ox}_1]^2}\geqslant 10^9$$

由式（7.4a）

$$\frac{1\times2\times(E_1^{\ominus}-E_2^{\ominus})}{0.059}\geqslant\lg 10^9$$

所以 $\Delta E^{\ominus}=E_1^{\ominus}-E_2^{\ominus}\geqslant0.27\ \mathrm{V}$

（3）$z_2=z_1=2$ 时

$$K=\frac{[\mathrm{Ox_2}][\mathrm{Red_1}]}{[\mathrm{Ox_1}][\mathrm{Red_2}]}\geqslant10^6$$

由式（7.4c）

$$\frac{2\times(E_1^{\ominus}-E_2^{\ominus})}{0.059}\geqslant\lg 10^6$$

所以 $\Delta E^{\ominus}=E_1^{\ominus}-E_2^{\ominus}\geqslant0.18\ \mathrm{V}$

由此可见，要使氧化还原反应能够定量地进行，氧化剂和还原剂之间的标准电极电势之差在 0.2~0.4 V 即可。这是不难达到的，因为有许多不同强度的氧化剂或还原剂可供选择。

7.5.4 元素标准电极电势图及其应用

如果一种元素有几种氧化态，就可形成多种氧化还原电对。例如，铁有 0、+2 和+3 等氧化态，因此就有下列几种电对及相应的标准电极电势：

半反应	$E^{\ominus}$/V
$Fe^{2+}+2e^-\rightleftharpoons Fe$	−0.447
$Fe^{3+}+e^-\rightleftharpoons Fe^{2+}$	0.771
$Fe^{3+}+3e^-\rightleftharpoons Fe$	−0.037
$FeO_4^{2-}+8H^++3e^-\rightleftharpoons Fe^{3+}+4H_2O$	2.20

物理学家拉蒂默（Latimer），把不同氧化态间的标准电极电势按照氧化态依次降低的顺序排成图解：

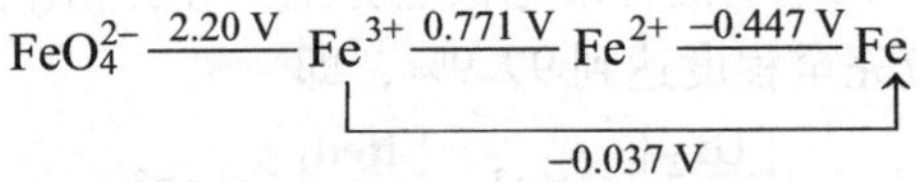

两种氧化态之间连线上的数字是该电对的标准电极电势。这种表示一种元素各氧化态之间标准电极电势的图解叫作元素电势图，又称拉蒂默图（Latimer diagram）。元素电势图在无机化学中有重要的应用。

1. 判断氧化剂强弱

因为元素电势图将分散在标准电势表中不同价态的电极电势表示在同一图中，因此，使用更加方便。以锰在酸性（pH=0）和碱性（pH=14）介质中的电势图为例：

酸性溶液中

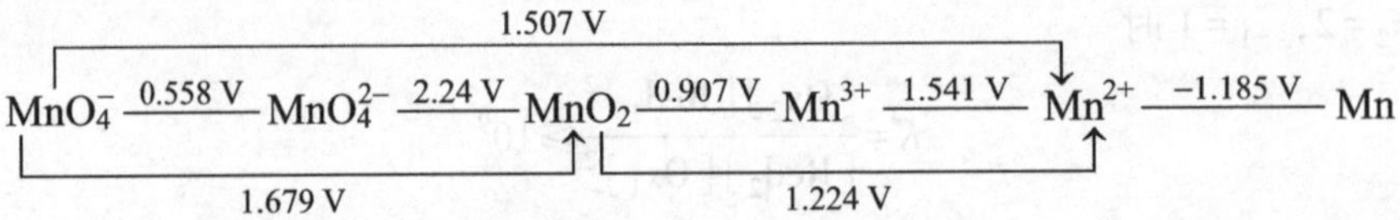

碱性溶液

$$MnO_4^- \xrightarrow{0.558\ V} MnO_4^{2-} \xrightarrow{0.60\ V} MnO_2 \xrightarrow{-0.2\ V} Mn(OH)_3 \xrightarrow{0.15\ V} Mn(OH)_2 \xrightarrow{-1.55\ V} Mn$$

$$E^{\ominus}(MnO_4^-/MnO_2) = 0.595\ V \qquad E^{\ominus}(MnO_2/Mn(OH)_2) = -0.045\ V$$

可见，在酸性介质中，MnO_4^-、MnO_4^{2-}、MnO_2 都是强氧化剂，因为它们作为氧化型物种时，$E^{\ominus}$值都较大。但在碱性介质中，它们的 $E^{\ominus}$值都较小，表明它们在碱性溶液中氧化能力较弱。

2. 判断是否发生歧化反应

元素电势图可用来判断一个元素的某一氧化态能否发生歧化反应（dismutation reaction）。同一元素不同氧化态的任何3种物种组成的两个电对按氧化态由高到低排列如下：

$$A \xrightarrow{E^{\ominus}_{左}} B \xrightarrow{E^{\ominus}_{右}} C$$

$$\xrightarrow[\text{氧化态降低}]{}$$

假设B能发生歧化反应，生成氧化态较低的物种C和氧化态较高的物种A，那么，必然 $E^{\ominus}_{右}>E^{\ominus}_{左}$，则 $E^{\ominus}=E^{\ominus}_{右}-E^{\ominus}_{左}>0$。假设B不能发生歧化反应，则 $E^{\ominus}=E^{\ominus}_{右}-E^{\ominus}_{左}<0$。根据锰的电势图可以判断，在酸性溶液中，$MnO_4^{2-}$ 会发生歧化反应：

$$3MnO_4^{2-}+4H^+ = 2MnO_4^-+MnO_2+2H_2O$$

在碱性溶液中，$Mn(OH)_3$ 可发生歧化反应：

$$2Mn(OH)_3 = Mn(OH)_2+MnO_2+2H_2O$$

3. 从相邻电对 $E^{\ominus}$ 求算另一个未知电对的 $E^{\ominus}$

例7.11 已知

$$MnO_4^- \xrightarrow{0.558\ V} MnO_4^{2-} \xrightarrow{2.24\ V} MnO_2$$

$$MnO_4^- \xrightarrow{E^{\ominus}(MnO_4^-/MnO_2)} MnO_2$$

试求 $E^{\ominus}(MnO_4^-/MnO_2)$。

解：这3个电对的电极反应为

$MnO_4^-+e^- = MnO_4^{2-}$　　$E_1^{\ominus}=0.558\ V$

$MnO_4^{2-}+4H^++2e^- = MnO_2+2H_2O$　　$E_2^{\ominus}=2.24\ V$

$MnO_4^-+4H^++3e^- = MnO_2+2H_2O$　　$E_3^{\ominus}=?\ V$

将电对 MnO_4^-/MnO_4^{2-} 和 MnO_4^{2-}/MnO_2 分别与标准氢电极组成原电池，这两个电池的反应和在标准状态下的电池电动势分别为

$$MnO_4^-+1/2H_2 = MnO_4^{2-}+H^+ \tag{1}$$

$$E_1^{\ominus}=E_1^{\ominus}-E^{\ominus}(H^+/H_2)=0.558\ V$$

$$MnO_4^{2-}+2H^++H_2 = MnO_2+2H_2O \tag{2}$$

$$E_2^{\ominus}=E_2^{\ominus}-E^{\ominus}(H^+/H_2)=2.24\ V$$

$$MnO_4^- + H^+ + 3/2H_2 \rightleftharpoons MnO_2 + 2H_2O \quad (3)$$

式(1)、(2)和(3)的平衡常数为 K_1、K_2 和 K_3。而式(1)+(2)=(3)，则 $K_1K_2=K_3$，即 $\lg K_3=\lg K_1+\lg K_2$。

$$\frac{z_3E_3^{\ominus}}{0.059}=\frac{z_1E_1^{\ominus}}{0.059}+\frac{z_2E_2^{\ominus}}{0.059}$$

$$z_3E_3^{\ominus}=z_1E_1^{\ominus}+z_2E_2^{\ominus}$$

又

$$z_3=z_1+z_2$$

$$E_3^{\ominus}=\frac{z_1E_1^{\ominus}+z_2E_2^{\ominus}}{z_1+z_2}$$

所以 $$E_3^{\ominus}=\frac{z_1E_1^{\ominus}+z_2E_2^{\ominus}}{z_1+z_2}=\frac{(1\times0.558)\ \mathrm{V}+(2\times2.24)\ \mathrm{V}}{3}=1.679\ \mathrm{V}$$

将例 7.11 推广成一般式，有

$$E^{\ominus}=\frac{z_1E_1^{\ominus}+z_2E_2^{\ominus}+z_3E_3^{\ominus}+\cdots}{z_1+z_2+z_3+\cdots}$$

式中，$E_1^{\ominus}$，$E_2^{\ominus}$，$E_3^{\ominus}$，…分别为依次相邻电对 A/B，B/C，C/D，…的标准电极电势；z_1，z_2，z_3，…表示相应电对电子的化学计量数（电子转移数）；$E^{\ominus}$表示所要求的电对 A/D 的标准电极电势。

例 7.12 在碱性溶液中：

$$BrO_3^- \xrightarrow{0.54\ \mathrm{V}} BrO^- \xrightarrow{0.45\ \mathrm{V}} Br_2 \xrightarrow{1.066\ \mathrm{V}} Br^-$$

试求 $E^{\ominus}(BrO_3^-/Br^-)$。

解：电对的半反应

$$BrO_3^- + 3H_2O + 6e^- \rightleftharpoons Br^- + 6OH^-$$

$$E^{\ominus}(BrO_3^-/Br^-)=\frac{(4\times0.54)\ \mathrm{V}+(1\times0.45)\ \mathrm{V}+(1\times1.066)\ \mathrm{V}}{6}=0.61\ \mathrm{V}$$

7.5.5 其他应用

很多氧化还原反应不仅与溶液中离子的浓度有关，而且与溶液的 pH 有关。如果指定浓度，那么，电极电势仅与溶液的 pH 有关。在定温和一定浓度的条件下，以电对的电势为纵坐标，溶液的 pH 为横坐标，可画出一系列的电势-pH 关系图，这种图称为电势-pH 图。

水作为溶剂本身也具有氧化还原性，并且与酸度有关。水的氧化还原性与下列电对有关。

水被氧化，放出氧气：

$$O_2(g) + 4H^+ + 4e^- \rightleftharpoons 2H_2O(l);E^{\ominus}(O_2/H_2O)=1.229\ \mathrm{V}$$

$$E(O_2/H_2O)=E^{\ominus}(O_2/H_2O)+\frac{0.059}{4}\lg p(O_2)/p^{\ominus}[H^+]^4$$

$$=1.229+0.059\lg[H^+]$$

$$=1.229-0.059\mathrm{pH}$$

水被还原，放出氢气：

$$2H^+ + 2e^- \rightleftharpoons H_2(g);E^{\ominus}(H^+/H_2) = 0.000\ V$$

$$E(H^+/H_2) = E^{\ominus}(H^+/H_2) + \frac{0.059}{2}\lg\frac{[H^+]^2}{p(H_2)/p^{\ominus}}$$

当 $p(H_2) = p^{\ominus}$ 时

$$E(H^+/H_2) = E^{\ominus}(H^+/H_2) + \frac{0.059}{2}\lg[H^+]^2$$

$$= E^{\ominus}(H^+/H_2) + 0.059\lg[H^+] = -0.059pH$$

可见，两电对的电极电势都只是 pH 的函数。

用电化学方法可以求得化学反应的平衡常数，而溶度积常数也是平衡常数，故也可用电化学方法测定难溶盐的溶度积常数。关键是要设计个合理的原电池。下面通过例题来说明。

例 7.13 利用原电池测定 AgCl 的溶度积 $K_{sp}(AgCl)$。

解： AgCl 的沉淀平衡：

$$AgCl(s) \rightleftharpoons Ag^+ + Cl^-$$

可将其分解为两个半反应：

负极 $AgCl(s) + e^- \rightleftharpoons Ag + Cl^-$；$E^{\ominus}(AgCl/Ag) = 0.222\ 2\ V$

正极 $Ag^+ + e^- \rightleftharpoons Ag(s)$；$E^{\ominus}(Ag^+/Ag) = 0.799\ 6\ V$

电池符号 $(-)Ag, AgCl(s) | KCl(1\ mol \cdot L^{-1}) \| AgNO_3(1\ mol \cdot L^{-1}) | Ag(+)$

电池反应 $Ag^+ + Cl^- = AgCl(s)$

电池电动势 $E^{\ominus} = E^{\ominus}(Ag^+/Ag) - E^{\ominus}(AgCl/Ag)$

$$= 0.799\ 6\ V - 0.222\ 2\ V = 0.577\ 4\ V$$

$$\lg K^{\ominus} = \frac{z \times E^{\ominus}}{0.059} = \frac{1 \times 0.577\ 4}{0.059} = 9.77$$

$$K^{\ominus} = 5.86 \times 10^9$$

$$K_{sp}(AgCl) = \frac{1}{K^{\ominus}} = \frac{1}{5.86 \times 10^9} = 1.71 \times 10^{-10}$$

例 7.14 设计一原电池，测定 $PbSO_4$ 溶度积。

解： 可设计成下列电池反应：

$$Pb(s) + Sn^{2+}(1\ mol \cdot L^{-1}) = Pb^{2+}(x\ mol \cdot L^{-1}) + Sn(s)$$

这里 Pb^{2+} 的浓度受 SO_4^{2-} 浓度控制，为此，加入足量的 SO_4^{2-}，使 Pb^{2+} 生成 $PbSO_4$，并控制 $[SO_4^{2-}] = 1\ mol \cdot L^{-1}$。这时

$$[Pb^{2+}] = \frac{K_{sp}(PbSO_4)}{[SO_4^{2-}]} = K_{sp}(PbSO_4)$$

实验测得该电池电动势为 0.217 V。

正极 $Sn^{2+}(1\ mol \cdot L^{-1}) + 2e^- = Sn(s)$；$E^{\ominus}(Sn^{2+}/Sn) = -0.138\ V$

负极 $Pb^{2+}(x\ mol \cdot L^{-1}) + 2e^- = Pb(s)$；$E^{\ominus}(Pb^{2+}/Pb) = -0.126\ V$

则电池电动势

$$E^{\ominus} = \left\{E^{\ominus}(Sn^{2+}/Sn) + \frac{0.059}{2}\lg[Sn^{2+}]\right\} - \left\{E^{\ominus}(Pb^{2+}/Pb) + \frac{0.059}{2}\lg[Pb^{2+}]\right\}$$

$$=\{E^{\ominus}(Sn^{2+}/Sn)-E^{\ominus}(Pb^{2+}/Pb)\}+\frac{0.059}{2}\lg\frac{1}{[Pb^{2+}]}$$

$$0.217=-0.318-(-0.126)-\frac{0.059}{2}\lg[Pb^{2+}]$$

$$\lg[Pb^{2+}]=-7.76,\ [Pb^{2+}]=1.74\times10^{-8}\ mol\cdot L^{-1}$$

$$K_{sp}(PbSO_4)=[Pb^{2+}][SO_4^{2-}]=1.74\times10^{-8}$$

思考题

1. 用氧化数法配平下列反应式。

（1） $Zn(s)+HNO_3(aq,稀)\longrightarrow Zn(NO_3)_2(aq)+NH_4NO_3(aq)+H_2O(l)$

（2） $PbS(s)+HNO_3(aq)\longrightarrow Pb(NO_3)_2(aq)+H_2SO_4(aq)+NO(g)+H_2O(l)$

（3） $Na_2S_2O_3(aq)+I_2(aq)\longrightarrow NaI(aq)+Na_2S_4O_6(aq)$

（4） $KIO_3(aq)+KI(aq)+H_2SO_4(aq)\longrightarrow I_2(aq)+K_2SO_4(aq)$

（5） $Na_2SO_3(aq)+Cl_2(g)+H_2O(l)\longrightarrow NaCl(aq)+H_2SO_4(aq)$

2. 已知电对 $Ag^+(aq)+e^-\rightleftharpoons Ag$ 的 $E^{\ominus}(Ag^+/Ag)=0.800\ V$，$Ag_2C_2O_4$ 的溶度积 $K_{sp}(Ag_2C_2O_4)=5.4\times10^{-12}$，求电对 $Ag_2C_2O_4(s)+2e^-\rightleftharpoons 2Ag(s)+C_2O_4^{2-}(aq)$ 的标准电极电位。

3. 写出下列原电池的电极反应式和电池反应式，并计算电池电动势。

（1） $Zn|Zn^{2+}(0.1\ mol\cdot L^{-1})\ \|\ I^-(0.1\ mol\cdot L^{-1}),I_2|Pt$

（2） $Pt|Fe^{2+}(1\ mol\cdot L^{-1}),Fe^{3+}(1\ mol\cdot L^{-1})\ \|\ Ce^{4+}(1\ mol\cdot L^{-1}),Ce^{3+}(1\ mol\cdot L^{-1})|Pt$

（3） $Pt|H_2(p^{\ominus})|H^+(0.001\ mol\cdot L^{-1})\ \|\ H^+(1\ mol\cdot L^{-1})|H_2(p^{\ominus})|Pt$

4. 已知电对

$H_3AsO_4(aq)+2H^+(aq)+2e^-\rightleftharpoons HAsO_2(aq)+2H_2O(l)$；$E^{\ominus}(H_3AsO_4/HAsO_2)=+0.560\ V$

$I_2(aq)+2e^-\rightleftharpoons 2I^-(aq)$；$E^{\ominus}(I_2/I^-)=0.536\ V$，

试计算下列反应的平衡常数：

$$H_3AsO_4+2I^-+2H^+\rightleftharpoons HAsO_2+I_2+2H_2O$$

如果溶液的 pH=7，反应朝什么方向进行？

如果溶液中的 $[H^+]=6\ mol\cdot L^{-1}$，反应朝什么方向进行？

5. 插铜丝于盛有 $1\ mol\cdot L^{-1}\ CuSO_4$ 溶液的烧杯中，插银丝于盛有 $1\ mol\cdot L^{-1}\ AgNO_3$ 溶液的烧杯中，两杯溶液以盐桥相连，将铜丝和银丝相接，则有电流产生而形成原电池。

（1）绘图表示电池的组成，并标明正、负极。

（2）在正、负极上各发生什么反应？以方程式表示。

（3）写出电池反应式。

（4）这种电池的电动势是多少？

（5）加氨水于 $CuSO_4$ 溶液中，电压如何变化？如果把氨水加到 $AgNO_3$ 溶液中，又是怎样的变化？

6. 如果下列原电池的电动势是 0.200 0 V：

$Cd|Cd^{2+}(x\ mol\cdot l^{-1})\ \|\ Ni^{2+}(2.00\ mol\cdot L^{-1})Ni|$，则 Cd^{2+} 的浓度应该是多少？

7. 铁棒放在 0.010 0 mol · L^{-1} $FeSO_4$ 溶液中作为一个半电池。另一半电池为锰棒插在 0.100 mol · L^{-1} $MnSO_4$ 溶液中，组成原电池，已知：$E^{\ominus}(Fe^{2+}/Fe) = -0.440$ V，$E^{\ominus}(Mn^{2+}/Mn) = -1.182$ V。试求：（1）电池的电动势。（2）反应的平衡常数。

8. 已知：

$$PbSO_4(s) + 2e^- \rightleftharpoons Pb(s) + SO_4^{2-}(aq);\ E^{\ominus}(PbSO_4/Pb) = -0.355\ V$$

$$Pb^{2+}(aq) + 2e^- \rightleftharpoons Pb(s);\ E^{\ominus}(Pb^{2+}/Pb) = -0.126\ V$$

求 $PbSO_4$ 的溶度积。

9. 已知 25 ℃时，$Ag^+(aq) + e^- \rightleftharpoons Ag(s)$；$E^{\ominus}(Ag^+/Ag) = 0.799$ V

（1）求反应 $2Ag(s) + 2H^+(aq) \rightleftharpoons 2Ag^+(aq) + H_2(g)$ 的平衡常数。

（2）原电池自发反应 $2Ag(s) + 2H^+(aq) + 2I^-(aq) \rightleftharpoons 2AgI(s) + H_2(g)$，当 $[H^+] = [I^-] = 0.1$ mol · L^{-1}，$p(H_2) = 100$ kPa 的电势为 0.03 V，求该电池的 $E^{\ominus}$ 以及上述反应的平衡常数 K。

第8章
非金属元素选述
Non-Metallic Elements Selected Description

非金属元素位于元素周期表中 p 区的右上角（氢除外），共22种（包括氢）。其中，B、Si、As、Se、Te称为准金属，它们既有金属性，又有非金属性。At为人工合成元素。虽然非金属元素仅占元素总数1/5左右，但是无机化合物中的酸、碱、盐、单质、氧化物、氢化物和有机化合物中的烷烃、烯烃、炔烃、醇、醚等均与非金属元素存在着密切的关系。本章主要介绍非金属元素中的卤素、氧硫、氮磷、碳硅硼等。

8.1 卤素 Halogen Family

卤族元素指周期表ⅦA族元素，包括氟、氯、溴、碘、砹，简称卤素，在希腊原文为成盐元素的意思。这是由于这些元素是典型的非金属元素，能与典型的金属化合生成典型的盐而得名。通常所讲的卤素指的是氟、氯、溴、碘四种元素，如图8-1所示。

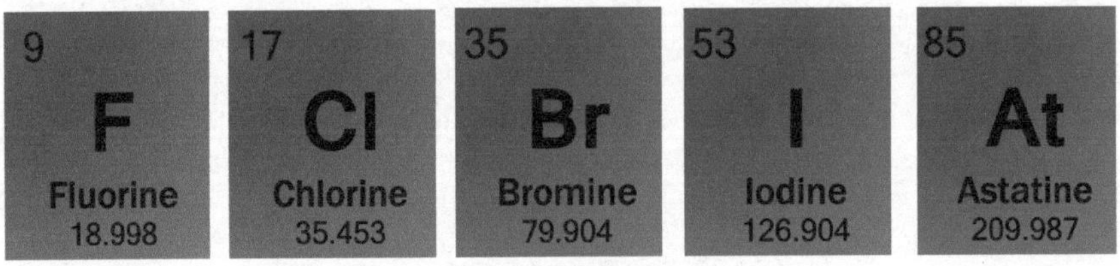

图8-1　卤族元素

卤素在自然界中通常以化合态存在。氟主要存在于萤石(CaF_2)、冰晶石(Na_3AlF_6)和氟磷灰石[$Ca_5F(PO_4)_3$]等矿物（图8-2）中，地壳中的含量约为9.5×10^{-4}。氯主要以NaCl形式存在于海洋、盐湖、盐井中。溴是第一个从海水中提取的元素，地球上99%的溴元素以Br^-的形式存在于海水中，所以人们也把它称为海洋元素。另外，在一些矿泉水、盐湖水中也含有少量溴。碘在自然界中的含量不高，因被海藻类植物吸收而富集，智利硝石和石油产区的矿井水中含碘较高。砹是放射性元素，仅微量而短暂地存在于镭、锕和钍的蜕变产物中。

8.1.1 卤素的性质

卤素的基本性质见表8-1。

(a)　　(b)　　(c)

图 8-2　含氟矿物

(a) 萤石；(b) 氟磷酸钙；(c) 冰晶石

表 8-1　卤素的基本性质

基本性质	氟(F)	氯(Cl)	溴(Br)	碘(I)
价电子构型	$2s^2 2p^5$	$3s^2 3p^5$	$4s^2 4p^5$	$5s^2 5p^5$
价态	−1	−1、+1、+3、+5、+7	−1、+1、+3、+5、+7	−1、+1、+3、+5、+7
原子半径/pm	71.7	99	114	133
第一电离能/($kJ \cdot mol^{-1}$)	1 681	1 251	1 140	1 008
第一电子亲和能/($kJ \cdot mol^{-1}$)	328.16	348.57	324.53	295.15
电负性(Pauling 标度)	4.00	3.16	2.96	2.66

从表 8-1 可以看出，卤素基态原子的价电子构型为 ns^2np^5，其中都有 7 个价电子，有得到 1 个电子达到 8 电子稳定结构的倾向，形成氧化数为-1 的阴离子，而表现出非金属性元素的特征。

除 F 外，Cl、Br、I 的价电子层中都存在着空的 d 轨道，当其与电负性大的元素结合成键时，均表现出+1、+3、+5、+7 氧化态，它们的最高氧化数与其族序数一致。

8.1.2　卤素单质

1. 卤素单质的物理性质

卤素单质均为双原子分子（X_2），两原子通过共价单键相连，分子间以色散力结合。随着原子序数的递增，卤素单质分子半径依次增大，相对分子质量也依次增加，色散力逐渐增大，因此，单质的熔沸点依次增高，卤素单质的存在状态呈现出由气体、液体到固体的变化规律，见表 8-2。卤素单质均是易挥发的有毒物质。

表 8-2　卤素单质的物理性质

物理性质	F_2	Cl_2	Br_2	I_2
常温下聚集态	气态	气态	液态	固态
颜色	淡黄色	黄绿色	红棕色	紫黑色

续表

物理性质	F_2	Cl_2	Br_2	I_2
熔点/℃	−219.67	−101.5	−7.2	113.7
沸点/℃	−188.12	−34.04	58.8	184.4
溶解度/[g·(100 g H_2O)$^{-1}$]	与水发生反应	0.732	3.4	0.03

常温下，氟单质呈淡黄色气体，与水能发生剧烈的化学反应。氯单质呈黄绿色气体，易液化，工业上称为液氯，常将其储存于钢瓶中运输。氯气溶于水得到氯水，氯气易溶于 CCl_4、CS_2 等非极性溶剂。溴单质呈红棕色液体，液溴与皮肤接触会造成创伤，单质溴溶于水得到溴水，溴在水中的溶解度是卤素单质中最大的，100 g 水中可溶解 3.4 g 溴，溴易溶于 CCl_4、CS_2 等非极性溶剂。碘单质为紫黑色固体，略带金属光泽，加热则变为紫黑色的蒸气，蒸气遇冷又重新凝聚成固体，因此利用升华法可提纯碘。碘在水中溶解度最小，难溶于水，但易溶于 CCl_4、CS_2 等非极性溶剂。利用这一性质，可以用 CCl_4 从水中提取 I_2，这种方法称为 CCl_4 萃取法，其必要的条件是 CCl_4 和水不互溶。

虽然 I_2 在水中溶解度小，但在 KI 或其他碘化物溶液中溶解度增大，而且随 I^- 浓度增大而增大，这是由于生成了易溶于水的 KI_3，实验室可用此法配制 I_2 溶液。

$$I_2+I^- = I_3^-$$

X_2 在 CCl_4 中的颜色：F_2 呈无色，Cl_2 呈淡黄色，Br_2 呈橙色（或红色），I_2 呈紫色。而 I_2 溶于水、KI(aq)、乙醇或乙醚中则呈棕色。

2. 卤素单质的化学性质

卤素均为活泼的非金属元素，卤素单质具有强氧化性，从电极电势上看，卤素单质以氟的氧化性最强。卤素单质的氧化性次序为 $F_2>Cl_2>Br_2>I_2$，其主要表现在与金属、非金属和水的反应。

（1）与金属反应

F_2 可以和所有金属直接化合，生成高氧化数氟化物。在 F_2 与 Cu、Ni、Mg 作用时，由于金属表面生成一薄层致密的氟化物保护膜而终止反应，所以 F_2 可储存在 Cu、Ni、Mg 或其合金容器中。

Cl_2 可与各种金属反应，但干燥的 Cl_2 不与 Fe 反应，因此 Cl_2 可以储存在铁罐中。

Br_2 和 I_2 常温下只能与活泼金属作用，与不活泼金属在加热情况下才可以发生反应。

$$3X_2+2Fe = 2FeX_3$$

$$X_2+Mg = MgX_2(X=F、Cl、Br、I)$$

（2）与非金属反应

F_2 可与除 O_2、N_2、He、Ne 以外的所有非金属直接化合生成高价氟化物，如 CF_4、SF_6 等。大多数氟化物都具有挥发性。

Cl_2 也能和大多数非金属单质直接作用，但不及 F_2 反应剧烈。产物的组成往往与 Cl_2 的用量有关，如 P 在 Cl_2 中的反应

$$2P(s)+3Cl_2(g) = 2PCl_3(l) \quad （无色发烟液体）$$

$$2P(s)+5Cl_2(g)(过量) = 2PCl_5(g) \quad （淡黄色固体）$$

Br_2 和 I_2 可以与许多非金属单质反应，但不如 F_2、Cl_2 反应剧烈，一般多形成低价化合物。例如，与 P 的反应，主要产物是 PBr_3（无色液体）和 PI_3（红色固体）。

X_2 与 H_2 的直接化合反应，从 F_2 到 I_2，越来越难，充分说明了卤素活泼性顺序。F_2 与 H_2 相遇即可发生爆炸，无法控制，所以无实际意义。

$H_2+Cl_2 = 2HCl$（常温反应缓慢，在加热或光照条件下发生链反应，速率相当大，爆炸）

$H_2+Br_2 = 2HBr$（需加热且反应缓慢，但高温 HBr 不稳定，易分解）

$H_2+I_2 \rightleftharpoons 2HI$（反应在有催化剂及高温下才能进行，反应缓慢且可逆）

（3）与水的反应

卤素单质在水中虽然溶解度较小，但仍以溶解为主。与水可能发生以下两类反应（表 8-3）：

$$X_2+H_2O = 2HX+\frac{1}{2}O_2 \quad \text{（分解水的反应）} \tag{8.1}$$

$$X_2+H_2O = HX+HXO \quad \text{（歧化反应）} \tag{8.2}$$

表 8-3　卤素和氧的相关电对的电极电势

电对	X_2/X^-				O_2/H_2O（或 OH^-）		
	F	Cl	Br	I	酸性溶液（pH=0）	中性溶液（pH=7）	碱性溶液（pH=14）
$E^{\ominus}$/V	3.053	1.358	1.087	0.535	1.229	0.816	0.401

由表 8-3 可推断出，除碘以外，卤素均能与水按反应（8.1）进行，但反应速率不同：氟与水反应剧烈，且反应的趋势最大；氯与水反应因活化能较高，所以实际上速率很小；碘与水不反应。事实上，氯和溴与水发生第二类反应，即歧化反应。例如：

$$Cl_2+H_2O = HCl+HClO$$

由于氟不呈正氧化态的化合物，所以它与水不发生歧化反应。其他卤素单质可发生歧化反应，且歧化反应进行的程度与溶液的 pH 有关，碱性条件有利于歧化反应的进行。卤素单质在碱性条件的歧化反应有两类，即

$$X_2+2OH^- = XO^-+X^-+H_2O \tag{8.3}$$

$$3X_2+6OH^- = XO_3^-+5X^-+3H_2O \tag{8.4}$$

卤素单质歧化反应的产物与温度有关。常温下 Cl_2 和低温下 Br_2 按反应（8.3）进行。高温（>75 ℃）下 Cl_2 和常温下 Br_2 按反应（8.4）进行。I_2 在任何温度下均按反应（8.4）进行。卤素单质的歧化反应与介质的酸碱性相关，在酸性介质中发生逆歧化反应。

3. 卤素单质的用途

随着科技的发展，氟的用途也日益广泛。如在原子能工业中，UF_4 和 UF_6 用于同位素分离，为核反应堆提供燃料；SF_6 因具有较高的电绝缘能力而广泛应用于电力部门。氟还可作为火箭燃料的高能氧化剂、制造制冷剂（CCl_2F_2）、杀虫剂（CCl_3F）、塑料单体（—F_2C—CF_2—）等。

氯常用于合成盐酸、药剂，用作造纸的漂白剂、饮用水的消毒剂等，在染料、炸药及塑

料生产中均有广泛的应用。氯是一种重要的化工原料。

溴主要用于制造有机溴化物，这些有机溴化物可以用作农业杀虫剂、阻燃剂、汽油抗震剂的添加剂（$C_2H_4Br_2$）；溴还可以制造溴化银，用于照相。NaBr、KBr用作镇静剂。

碘广泛应用于医药、照相、橡胶制造等行业。为避免甲状腺疾病，可在食盐中添加少量碘化物。碘的碘化钾溶液或碘的酒精溶液具有杀菌作用，常用来处理外部创伤。

4. 卤素单质的制备

卤素单质的制备方法主要有以下几种。

（1）电解法

因氟单质具有高的化学活性和氧化性，因此氟单质的制备采用电解氧化法。因为HF导电性差，所以要加入强电解质KF，常用的电解质是KHF_2-HF（3∶2）的混合物。用铜或铜镍合金材料制造电解槽，石墨为阳极，钢为阴极；电解时，阳极产生氟，在阴极生成氢气。

阳极　　$2F^- \rightleftharpoons F_2 + 2e^-$

阴极　　$2HF_2^- + 2e^- \rightleftharpoons H_2 + 4F^-$

总反应　　$2HF_2^- = 2F^- + H_2 + F_2$

要注意防止F_2和H_2混合发生爆炸，通常在电解槽中加一隔膜将阳极生成的氟和阴极生成的氢分开。电解过程中随着HF的挥发，电解质的熔点会很快升高，需不断补充无水氟化氢，使反应继续进行。

电解法还可以制备氯和溴，但不能制备碘，这是因为析出的碘又能溶于碘化物中，形成I_3^-。

Cl_2常温下加压可液化，装入钢瓶中，钢瓶表面涂绿色。

（2）氢卤酸氧化法

在工业上可用氧气（或空气）催化氧化氢卤酸的方法制备除氟以外的卤素单质。例如，在催化剂$CuCl_2$或$AlCl_3$的作用下制备Cl_2。

$$4HCl + O_2 = 2H_2O + 2Cl_2$$

实验室常用二氧化锰、高锰酸钾等氧化剂氧化浓盐酸制备氯气。

$$MnO_2 + 4HCl(浓) \xlongequal{\triangle} MnCl_2 + Cl_2\uparrow + 2H_2O$$

$$2KMnO_4 + 16HCl(浓) = 2MnCl_2 + 2KCl + 5Cl_2\uparrow + 8H_2O$$

也常用氯化钠和浓硫酸来代替浓盐酸。例如

$$2NaCl + 3H_2SO_4 + MnO_2 = MnSO_4 + 2NaHSO_4 + Cl_2\uparrow + 2H_2O$$

用KBr、KI代替NaCl可以制备相应的单质溴和碘。

（3）卤素间的置换反应法

工业上常用氯气通入海水或卤水中（用盐酸酸化至pH=4~5），使溴离子氧化的方法制备单质溴。

$$2Br^- + Cl_2 = 2Cl^- + Br_2$$

然后用空气吹出游离的Br_2，并以Na_2CO_3吸收使发生歧化反应，生成NaBr和$NaBrO_3$：

$$3Na_2CO_3 + 3Br_2 = 5NaBr + NaBrO_3 + 3CO_2$$

再用H_2SO_4酸化，使Br^-与BrO_3^-发生逆歧化反应，从而使Br_2从溶液中重新析出。

$$5NaBr + NaBrO_3 + 3H_2SO_4 = 3Na_2SO_4 + 3Br_2 + 3H_2O$$

工业上也用类似方法用碘化物制备碘。例如，将氯气与藻灰的浸取液反应。

$$2I^- + Cl_2 = 2Cl^- + I_2$$

请注意，上述反应的氯气不要过量，否则会使生成的碘进一步氧化为碘酸。

$$I_2 + 5Cl_2 + 6H_2O = 2HIO_3 + 10HCl$$

8.1.3　卤化氢和氢卤酸

卤素与氢形成的纯的无水二元化合物 HX 称为卤化氢，其水溶液称为氢卤酸，虽然都表示为 HX，但两者的性质差异很大，不可混淆。

1. 物理性质

卤化氢包括 HF、HCl、HBr、HI，在常温下它们都是无色的有刺激性臭味的气体。遇潮湿空气则发烟（结合成雾），卤化氢极易溶于水，形成氢卤酸。其熔沸点从 HCl 到 HI 递增。其中，HF 由于 F 的原子半径小、电负性大和存在分子间氢键而具有较高的熔沸点。

2. 化学性质

（1）酸性

卤化氢溶于水得到相应的氢卤酸，因为它们是极性分子，在水的作用下解离成 H^+ 和 X^-。氢卤酸的酸性从 HF 到 HI 依次增强。除 HF 是弱酸外，其余均为强酸。

（2）还原性

除 HF 之外，其他卤化氢或氢卤酸均有一定的还原性。卤素单质的氧化性从 F_2 到 I_2 依次减弱，X^-(或 HX)的还原性从 F^- 到 I^- 依次增强，即还原能力的次序为：$I^- > Br^- > Cl^- > F^-$，HI>HBr>HCl>HF。

还原能力的大小可从它们的标准电极电势加以解释。

氢碘酸在常温下可以被空气中的氧气所氧化。

$$4HI(aq) + O_2 = 2I_2 + 2H_2O$$

HBr(aq)不易被空气氧化，HCl(aq)不被空气氧化，迄今尚未找到能氧化 HF(aq)的氧化剂。

（3）热稳定性

在加热条件下，卤化氢分解为卤素单质和氢气。

$$2HX = H_2 + X_2$$

形成卤化氢分子时，释放的热量越多，则分子越稳定，热分解温度越高。由于卤化氢的 $\Delta_f H_m^\ominus$ 不同，从 HF(g)到 HI(g)的 $\Delta_f H_m^\ominus$ 分别为 −273.3、−92.3、−6.4、26.5（单位均为 $kJ \cdot mol^{-1}$），所以它们的热稳定性不同。可见形成 HF 时，释放的热量最多，因此 HF 热稳定性最高。从 HF 到 HI，$\Delta_f H_m^\ominus$ 依次增大，热稳定性依次减小，即热稳定性：HF>HCl>HBr>HI。

（4）HF 的特殊性

HF 是弱酸，氢氟酸是氢卤酸中唯一一个弱酸，在水溶液中解离为

$$HF(aq) \rightleftharpoons H^+ + F^- \quad K_a^\ominus = 6.3 \times 10^{-4} \tag{8.5}$$

当 HF 浓度增大时，F^- 与 HF 因形成氢键而缔合。

$$HF(aq) + F^- \rightleftharpoons HF_2^- \quad K_1^\ominus = 5.2 \tag{8.6}$$

反应（8.6）的 $K^\ominus$ 值大，表明 HF_2^- 浓度较大。事实上，HF_2^- 是一种非常稳定的离子。由于 F^- 的消耗，反应（8.5）右移，氢离子浓度增大。所以稀的 HF 是弱酸，在 HF 浓溶液

中，随着 HF 浓度的增大，HF 分子间的氢键增强，有缔合二聚分子$(HF)_2$存在，而$(HF)_2$的酸性比 HF 的强，浓的氢氟酸的酸性较强。其他氢卤酸均属于强酸，不存在类似的问题。

氢氟酸能与 SiO_2 或硅酸盐反应，氟化氢和氢氟酸都能与 SiO_2 或硅酸盐反应生成易挥发的 SiF_4 气体。

$$SiO_2+4HF = SiF_4\uparrow+2H_2O \tag{8.7}$$

$$CaSiO_3+6HF = CaF_2+SiF_4\uparrow+3H_2O \tag{8.8}$$

因此，氢氟酸用于玻璃的蚀刻及矿物的溶解。由于氢氟酸可以腐蚀玻璃，所以不应将其储存在玻璃容器中，通常将其保存在铅、石蜡或塑料容器中。

氢氟酸有强的腐蚀性，对细胞组织、骨骼有严重的破坏作用。氢氟酸接触皮肤后可引起肿胀并形成溃疡，具有强的疼痛感，对骨、软骨组织有损伤，不易愈合。若发现皮肤上沾有氢氟酸，应立即用大量的稀氨水或清水冲洗。

3. 氢卤酸的用途

氢氟酸因其特殊性，可以用于溶解各种硅酸盐、刻蚀玻璃及制造各种毛玻璃，还可以用作制冷剂、塑料和推进剂等。

盐酸是化学工业中重要的强酸之一，用于制备金属氯化物、染料和多种化学药品，在电镀、搪瓷、食品、医药等行业也有广泛的应用。人的胃液中有少量的盐酸，以促进消化和杀死病菌。

氢溴酸可以制备某些金属溴化物和某些烷基溴化物，医药上可以合成镇静剂、麻醉剂等。氢溴酸也是一种良好的矿物溶剂。

氢碘酸主要用于制备药物、染料和香料等。

4. 卤化氢的制备

一般以卤化物或卤素单质为原料制备卤化氢。

(1) 直接合成法

卤素单质直接与氢气化合而成卤化氢。

$$H_2+X_2 = 2HX$$

化合作用随着卤素原子序数的递增趋于缓和。根据前面介绍的卤素单质与氢气反应的条件可知，此法只适用于 HCl 的制备。

(2) 金属卤化物与浓硫酸反应

金属卤化物和浓硫酸作用是制备氟化氢与氯化氢重要方法之一。

在铂或铅的容器中加热萤石(CaF_2)和浓硫酸的混合物，可制得氟化氢。

$$CaF_2(s)+H_2SO_4(\text{浓}) = CaSO_4+2HF\uparrow$$

用水吸收气态的 HF 则生成氢氟酸。氢氟酸能腐蚀玻璃，因此，应储存在铅、蜡密封的塑料（聚乙烯）瓶中。氯化氢也能用浓 H_2SO_4 与 NaCl 反应制得，反应要分两步进行。

$$NaCl(s)+H_2SO_4(\text{浓}) = HCl\uparrow+NaHSO_4 \tag{8.9}$$

$$NaCl(s)+NaHSO_4 = HCl\uparrow+Na_2SO_4 \tag{8.10}$$

第二步反应需要加热到 773 K 才能进行，因此，在实验室一般只能完成第一步反应。因 Br^- 和 I^- 具有较强的还原性，浓硫酸会使生成的 HBr 和 HI 进一步氧化成单质，因此不能用此法制备。

$$NaBr(s)+H_2SO_4(\text{浓}) = HBr\uparrow+NaHSO_4 \tag{8.11}$$

$$2HBr+H_2SO_4(浓) \xlongequal{} Br_2+SO_2+2H_2O \quad (8.12)$$

$$NaI(s)+H_2SO_4(浓) \xlongequal{} HI+NaHSO_4 \quad (8.13)$$

$$8HI+H_2SO_4(浓) \xlongequal{} 4I_2+H_2S+4H_2O \quad (8.14)$$

若用非氧化性的浓 H_3PO_4 代替浓 H_2SO_4，可制得 HBr 和 HI。

$$NaBr(s)+H_3PO_4(浓) \xlongequal{\triangle} HBr+NaH_2PO_4 \quad (8.15)$$

（3）非金属卤化物同水的反应

实验室制法：向红磷与水的混合物中缓慢地加入溴，或将水缓慢地滴加到磷与碘的混合物上，就可连续地制取溴化氢和碘化氢。

$$2P(s)+3X_2 \xlongequal{} 2PX_3$$

$$PX_3+3H_2O \xlongequal{} H_3PO_3+3HX$$

总的反应方程式为

$$2P+3X_2+6H_2O \xlongequal{} 2H_3PO_3+6HX \quad (8.16)$$

工业上常用此法制备氢溴酸。

8.1.4 卤化物

卤素和电负性较小的元素形成的化合物为卤化物。按组成卤化物元素的属性分为金属卤化物和非金属卤化物。按组成卤化物的键型可分为离子型和共价型（其中有些过渡型，即由离子型向共价型过渡）两类，但是没有严格的界限。

1. 卤化物的熔沸点

硼、碳、硅、氮、氢、硫、磷等非金属卤化物均为共价型，共价型卤化物大多数具有易挥发、熔沸点低等特点。所有金属都能形成卤化物。碱金属（锂除外）、碱土金属（铍除外）、低氧化态的过渡金属（*d* 区元素）以及镧系、锕系元素的卤化物大多数属于离子型或接近离子型，如 NaX、$BaCl_2$、$FeCl_2$、$LaCl_3$ 等，其特点是熔沸点高，易溶于水。大多数高氧化态的金属离子极化能力较大，其卤化物表现出一定的共价性，如 $FeCl_3$、AgCl、$SnCl_4$、$TiCl_4$ 等。在周期表中，卤化物的键型没有明显的规律性（过渡金属有多种氧化态），即便如此，还是能总结出一些规律的。

卤离子的大小和变形性在决定卤化物的性质方面起重要作用。同一金属卤化物，由于卤离子的半径依次增大，卤离子的变形性也依次增大，将导致金属卤化物键型的转变。例如，AlX_3，自 $F^- \rightarrow I^-$ 半径增大，变形性增大，铝与卤素之间的化学键由离子键变成了共价键。通常，若同是离子型分子，则氟化物熔点最高；同是共价型分子，则碘化物熔点最高。AlX_3 的熔点分别为 2 250 ℃（270 MPa）、192.6 ℃（加压）、97.5 ℃和 118.28 ℃，由高→低→高，其原因是键型分别为离子型、过渡型、共价型、共价型。

对于同一金属不同氧化数的卤化物，通常氧化数高的卤化物具有更多的共价性，表现为熔沸点略低些，挥发性要强些，溶解性小些等。例如 $SnCl_4$ 和 $SnCl_2$ 的熔点分别为-34.07 ℃和 247.0 ℃；$PbCl_4$ 和 $PbCl_2$ 沸点分别为 105 ℃（爆炸分解）和 950 ℃（不分解）。几乎所有金属的氟化物都是离子型化合物。

卤化物的这些性质在生产和研究方面得到广泛的运用。盐浴往往选用离子型卤化物，如 NaCl、KCl、$BaCl_2$。利用它们各自的熔沸点较高，稳定性相当好，不易受热分解的特点，可以选用熔融态的离子型卤化物作为高温盐浴的热介质。在碘钨灯中，利用 WI_2 易挥发、稳定性较差的特性在灯管中加入少量碘，当钨丝受热升华到灯管壁（温度维持在 250 ℃ ~ 260 ℃）时，与碘化合成 WI_2，然后 WI_2 蒸气又扩散到整个灯管，碰到高温的钨丝便重新分解，并把钨留在灯丝上，这样反复的结果能提高碘钨灯的发光效率和寿命。

2. 金属卤化物的溶解性

离子型卤化物大多易溶于水，共价型卤化物易溶于有机溶剂。

对于金属氟化物，因为 F^- 半径和 Cl^- 有明显差值，而 Cl^-、Br^-、I^- 半径差值较小，因此，氟化物和其他卤化物的溶解性有明显的差别。Li 和碱土金属以及 La 系元素多价金属氟化物的晶格能较高，远高于其在溶解过程中的水合热，所以，这些金属氟化物在水中难溶解，如 LiF、MgF_2、CaF_2、SrF_2、BaF_2 等难溶，其氯化物可溶。通常氯化物可溶的卤化物，溴、碘也可溶，且更易溶。由于 Hg(Ⅰ)和 Ag(Ⅰ)与变形性小的 F^- 形成的氟化物表现离子性，而溶于水。但 Hg(Ⅰ)和 Ag(Ⅰ)的氯化物难溶，溴化物、碘化物更难溶，这是由于 Cl^-、Br^-、I^- 变形性依次增大，形成卤化物的共价性逐渐增加，溶解度依次减小。常见的难溶金属卤化物（氟化物除外）见表 8-4。

表 8-4 常见的难溶金属卤化物（氟化物除外）

金属	Cu(Ⅰ)	Ag(Ⅰ)	Hg(Ⅰ)	Pb(Ⅱ)	Tl(Ⅰ)	Pt(Ⅱ)
氯化物	CuCl(白)	AgCl(白)	Hg_2Cl_2(白)	$PbCl_2$(白,无)	TlCl(白)	$PtCl_2$(棕)
溴化物	CuBr(白)	AgBr(淡黄)	Hg_2Br_2(白)	$PbBr_2$(白)	TlBr(白)	$PtBr_2$(棕)
碘化物	CuI(白)	AgI(黄)	Hg_2I_2(黄)	PbI_2(黄)	TlI(红,黄)	PtI_2(黑)

3. 卤离子的配位性

卤素离子外层具有 4 对孤电子对，所以可作为配位体，能与金属和非金属离子形成多种配合物。例如 HF 可通过氢键与活泼金属的氟化物形成各种酸式盐，如 KHF_2（KF−HF）、$NaHF_2$（NaF−HF）等，还可与四氟化硅直接生成比 H_2SO_4 酸性还强的氟硅酸。

$$SiF_4+2HF = 2H^+ + SiF_6^{2-} \tag{8.17}$$

又如 CdS、Sb_2S_3 等不溶于水和弱酸，但能溶于浓 HCl，也是因为生成了 $CdCl_4^{2-}$ 和 $SbCl_6^{3-}$ 配离子。再如，难溶于水的 HgI_2 在过量 I^- 存在下由于形成［HgI_4］$^{2-}$ 而溶解。

$$Hg^{2+}+2I^- = HgI_2\downarrow（红色）$$

$$HgI_2+2I^- = [HgI_4]^{2-}（无色）$$

碘难溶于水，但易溶于碘化物中，主要是由于形成了 I_3^-。

$$I_2+I^- = I_3^- \tag{8.18}$$

I_3^- 可以解离生成 I_2，因此，多碘化物溶液的性质实际上和碘溶液的相同，实验室常用此反应获得较高浓度的碘水溶液。

8.1.5 拟卤素

由两个或两个以上电负性较大的元素组成的负一价的阴离子，在形成离子型或共价型化合物时，表现出与卤素阴离子相似的性质，这些离子称为拟卤离子。相应的中性分子的性质也与卤素单质相似，称为拟卤素。目前已知的拟卤素有十几种，较重要的拟卤素见表 8-5。

表 8-5 几种重要的拟卤素

拟卤素	氰	氧氰	硫氰	叠氮酸根
拟卤分子	$(CN)_2$	$(OCN)_2$	$(SCN)_2$	$(N_3)_2$
拟卤离子	CN^-(氰根)	OCN^-(氧氰根)	SCN^-(硫氰根)	N_3^-(叠氮酸根)
拟卤酸	HCN(氢氰酸)	HOCN(氰酸)	HSCN(硫代氰酸)	HN_3(叠氮酸)
$K_a^\ominus$	6.16×10^{-10}	3.47×10^{-4}	6.31×10^{1}	2.51×10^{-5}

拟卤素的很多性质与卤素的具有相似性，主要表现为以下几点。

1. 易挥发性

拟卤素是由两个对称的基团结合而成的共价型分子，游离状态时均有挥发性和刺激性气味。例如，$(CN)_2$ 在常温常压下呈现气态，苦杏仁味，无色，可燃，剧毒。

2. 氢化物的水溶液显弱酸性

除了硫代氰酸（HSCN）酸性较强外，其他酸均为弱酸，酸性均比氢卤酸的弱。酸的解离常数见表 8-5。氢氰酸和氰化物均是剧毒，NaCN 的致死量为 0.05 g。主要是 CN^- 与酶系统的金属作用，导致中枢神经系统瘫痪。

3. 歧化反应

拟卤素在水或碱性介质中发生类似于卤素单质的歧化反应。

$$(CN)_2+H_2O = HCN+HOCN \qquad (8.19)$$

$$(CN)_2+2OH^- = CN^-+OCN^-+H_2O \qquad (8.20)$$

4. 氧化还原性

拟卤素单质有氧化性，拟卤离子有还原性，见表 8-6。

表 8-6 卤素和拟卤素的标准电极电势

电对	$(CN)_2/HCN$	$(SCN)_2/SCN^-$	Cl_2/Cl^-	Br_2/Br^-	I_2/I^-
$E^\ominus$/V	0.373	0.77	1.358	1.066	0.535

比较表 8-6 中卤素和拟卤素的标准电极电势值可知，Cl_2、Br_2 可以氧化 CN^- 和 SCN^-；$(SCN)_2$ 可以氧化 I^-；I_2 可以氧化 CN^-。利用氰离子的强还原性，对含氰离子的水溶液进行处理，转化为无毒或低毒的产物，例如 $ClO^-+CN^- = Cl^-+OCN^-$。也可利用过氧化氢（H_2O_2）、高锰酸钾（$KMnO_4$）溶液等处理。

5. 配位性

氰离子（CN^-）和硫氰酸根离子（SCN^-）容易与金属形成稳定的配合物。CN^- 的配位原子一般为金属，如$[Fe(CN)_6]^{4-}$、$[Ag(CN)_2]^-$等。SCN^- 是两可配体，与金属离子配位时可形成键合异构体，如与软酸作用时，利用其软碱部分 S 原子配位（形成 M-SCN），称为硫氰酸根配体；与硬酸作用时，利用其硬碱部分 N 原子配位（形成 M-NCS），称为异硫氰酸根配体。

硫氰酸盐的一个灵敏反应是与铁(Ⅲ)离子形成血红色的配合物，例如 $Fe^{3+}+nSCN^- = [Fe(SCN)_n]_{3-n}(n=1\sim6)$，此反应用来检验 Fe^{3+}。

8.1.6 卤素的含氧酸及其盐

氟的含氧酸仅限于次氟酸 HFO。氯、溴和碘均应有四种类型的含氧酸，见表8-7。

表8-7 卤素的含氧酸

名称	氧化数	氟	氯	溴	碘
次卤酸	+1	HFO	HClO	HBrO	HIO
亚卤酸	+3	—	$HClO_2$	$HBrO_2$	—
卤酸	+5	—	$HClO_3$	$HBrO_3$	HIO_3
高卤酸	+7	—	$HClO_4$	$HBrO_4$	HIO_4、H_5IO_6

1. 含氧酸的结构

在卤素含氧酸 H_mXO_n（X＝F、Cl、Br、I）中都含有 O—H 键，而不是 X—H 键。除 F 外，其余卤素都有+1、+3、+5、+7 四种氧化数的含氧酸。在卤素含氧酸根的离子结构中，Cl、Br 均以 sp^3 杂化轨道和氧结合，电子构型均为四面体，离子构型依 ClO^-、ClO_3^-、ClO_4^- 顺次为直线形、三角锥形、四面体形，其中高碘酸的形式特殊，分子式为 H_5IO_6。H_5IO_6 中 I 以 sp^3d^2 杂化轨道成键，分子构型为八面体。

卤素的含氧酸和含氧酸盐的许多重要性质，如酸性、稳定性、氧化性，都与卤素含氧酸的结构相关。

2. 次卤酸及其盐

（1）酸性

次卤酸均为弱酸，酸强度随着 X 的原子序数增大，从 HClO 到 HIO 依次减小。

	HClO	HBrO	HIO
$K_a^\ominus$	3.98×10^{-8}	2.82×10^{-9}	3.16×10^{-11}

（2）稳定性

在 233 K 时，控制 F_2 与冰的反应可得到 HFO 和 HF，但 HFO 极不稳定，易挥发分解成 HF 和 O_2。Cl_2、Br_2 微溶于水，发生歧化反应生成 HXO。HClO 是弱酸，若向氯水溶液中加入能和 HCl 作用的 Ag_2O、HgO 或 $CaCO_3$，则可制得较纯的 HClO 水溶液。

$$2Cl_2+Ag_2O+H_2O = 2AgCl+2HClO \qquad (8.21)$$

$$2Cl_2+2HgO+H_2O = HgO\cdot HgCl_2+2HClO \qquad (8.22)$$

$$2Cl_2+CaCO_3+2H_2O = CaCl_2+H_2CO_3+2HClO \qquad (8.23)$$

HXO 不稳定，仅存在于溶液中，至今尚未制得纯的 HXO。

HXO 和 XO^- 都容易歧化分解，其分解速率和溶液的浓度、pH 及温度有关。分解反应为

$$2HXO = 2H^++2X^-+O_2$$

或

$$2XO^- = 2X^-+O_2 \qquad (8.24)$$

$$3HXO = 3H^++2X^-+XO_3^- \text{ 或 } 3XO^- = 2X^-+XO_3^- \qquad (8.25)$$

HXO 分解速率比 XO^- 的还要大，而且不同条件下分解方式不同，例如：

$$2HClO \xlongequal{h\nu} 2HCl+O_2$$

$$3HClO \xrightarrow{\triangle} 2HCl+HClO_3$$

$$2HClO \xrightarrow{干燥剂} Cl_2O+H_2O$$

Cl_2O 是黄红色的气体，是 HClO 的酸酐。HBrO 更不稳定，而 HIO 极不稳定，几乎很难得到。

在次卤酸盐中，次氯酸盐比较稳定，但尚未制得纯的次氯酸盐（成品中含 Cl^- 和 ClO_3^-）。次溴酸盐在低于 0 ℃时能稳定存在，在 50 ℃～80 ℃时，BrO^- 将定量地转变成 BrO_3^-。而次碘酸盐极不稳定，在室温下很快就歧化分解了。

（3）氧化性

次氯酸及其盐都是强氧化剂，次氯酸盐中有实际用途的是次氯酸和次氯酸钙。NaClO 可以将浓 HCl 氧化成氯气：

$$NaClO+2HCl = NaCl+Cl_2\uparrow+H_2O \qquad (8.26)$$

在碱性介质中，可以把 Mn(Ⅱ)氧化成 Mn(Ⅳ)：

$$NaClO+2NaOH+MnSO_4 = MnO(OH)_2\downarrow+NaCl+Na_2SO_4 \qquad (8.27)$$

将 I^- 氧化成 I_2 单质：

$$NaClO+2I^-+H_2O = NaCl+2OH^-+I_2 \qquad (8.28)$$

碱金属的次卤酸盐易水解，其溶液显碱性。

$$NaClO+H_2O = HClO+NaOH \qquad (8.29)$$

次氯酸及其盐都是漂白剂。将氯气通入熟石灰[$Ca(OH)_2$]中就可得到次氯酸钙和氯化钙的混合物，即漂白粉。

$$2Cl_2+2Ca(OH)_2 = CaCl_2+Ca(ClO)_2+2H_2O \qquad (8.30)$$

漂白粉在空气中放置会逐渐失效，这是因为它与空气中的 CO_2 作用生成 HClO，HClO 不稳定，会立即分解，这也是空气中的 CO_2 能促进漂白粉起漂白作用的原因。

$$Ca(ClO)_2+CO_2+H_2O = CaCO_3\downarrow+2HClO \qquad (8.31)$$

漂白粉对呼吸系统有损害，与易燃物品混合时易引起燃烧、爆炸。

3. 卤酸及其盐

（1）酸性

氯酸（$HClO_3$）和溴酸（$HBrO_3$）是强酸，碘酸（HIO_3）是中强酸（$K_a^\ominus=1.57\times10^{-1}$），酸性依次减弱。因为从 Cl 到 I，随着原子序数的增加，半径和变形性增大，抵抗氢离子的反极化作用能力减弱，HXO/H—O—X 中的 O—X 键减弱，H—O 键逐渐变强，不易解离出 H^+，所以酸性依次减弱，即 $HClO_3>HBrO_3>HIO_3$。

（2）热稳定性

HXO_3 的稳定性高于 HXO，但也容易分解。$HClO_3$ 的稳定性较 $HBrO_3$ 和 HIO_3 的差。$HClO_3$ 和 $HBrO_3$ 只存在于溶液中，$HClO_3$ 的最大浓度为 40%（质量分数）溶液，$HBrO_3$ 最大浓度为 50%（质量分数）溶液，当超过它们的最大浓度时，就会发生爆炸性分解：

$$8HClO_3 = 4HClO_4+2Cl_2\uparrow+3O_2\uparrow+2H_2O \qquad (8.32)$$

$$3HClO_3 = HClO_4+2ClO_2+H_2O \qquad (8.33)$$

$$4HBrO_3 = 2Br_2+5O_2\uparrow+2H_2O \qquad (8.34)$$

卤酸中最稳定的是碘酸，它是一种白色固体，受热时脱水生成 I_2O_5。I_2O_5 是白色固体，

为 HIO_3 的酸酐，是最稳定的卤素氧化物，分解温度约为 300 ℃。

$$2HIO_3 \xlongequal{170\ ℃} I_2O_5+H_2O \tag{8.35}$$

$$4HIO_3 \xlongequal{>300\ ℃} 2I_2+5O_2+2H_2O \tag{8.36}$$

卤酸的稳定性为 $HClO_3<HBrO_3<HIO_3$。

卤酸盐的热分解反应比较复杂。例如，在 MnO_2 作催化剂时，$KClO_3$ 可于较低温度下分解为 KCl 和 O_2，这是大家所熟悉的分解反应。

$$2KClO_3 \xlongequal{MnO_2} 2KCl+3O_2\uparrow \tag{8.37}$$

若无催化剂，在 356 ℃时 $KClO_3$ 熔化，400 ℃时分解为 $KClO_4$ 和 KCl。

$$4KClO_3 \xlongequal{400\ ℃} KCl+3KClO_4 \tag{8.38}$$

$KBrO_3$ 和 KIO_3 的热分解产物是相应的卤化物和 O_2，得不到高卤酸盐。这是因为 $KBrO_4$ 的分解温度（>270 ℃）低于 $KBrO_3$ 的分解温度（390 ℃）。卤酸盐热分解难易程度及分解产物常与其盐中阳离子的极化能力有关，极化能力越强，分解的温度越低。例如，$KClO_3$ 的热分解温度为 400 ℃，而 $LiClO_3$ 的为 270 ℃，$AgClO_3$ 也于 270 ℃时开始分解。事实上，卤酸盐的热分解反应很复杂，因阳离子的不同、加热温度的不同以及催化剂的不同而影响产物。

卤酸盐中比较重要的是 $KClO_3$ 和 $NaClO_3$。$NaClO_3$ 易潮解，而 $KClO_3$ 不吸潮，可制得干燥产品。利用 $KClO_3$ 溶解度小的特点，可用 $NaClO_3$ 与 KCl 通过复分解反应制备 $KClO_3$。

$$NaClO_3+KCl = KClO_3+NaCl \tag{8.39}$$

卤酸盐最重要的性质是热稳定性和氧化性。

（3）氧化性

在卤素含氧酸中，溴酸的氧化性最强，这反映了 *p* 区同族元素的不规则性。

	BrO_3^-/Br_2	ClO_3^-/Cl_2	IO_3^-/I_2
$E_A^\ominus/V$	1.482	1.47	1.195

常温下，在酸性介质中，溴酸盐能将 Br^- 氧化成为单质，碘酸盐能将 I^- 氧化成 I_2。这些反应均能定量、快速完成，所以溴酸钾、碘酸钾是分析化学常用的、重要的分析试剂。

$$BrO_3^-+5Br^-+6H^+ = 3Br_2+3H_2O \tag{8.40}$$

$$IO_3^-+5I^-+6H^+ = 3I_2+3H_2O \tag{8.41}$$

上述反应和 X_2 在碱中歧化为 XO_3^- 和 X^- 互为逆反应。

同样条件下，氯酸盐和 Cl^- 的反应不完全（且有副产物 ClO_2 生成）。这是因为在酸性溶液中 ClO_3^-/Cl_2 和 Cl_2/Cl^- 两个电对的电极电势差小（$E^\ominus_{ClO_3^-/Cl_2}-E^\ominus_{Cl_2/Cl^-}=0.11\ V$）。

酸性溶液中卤酸根离子的氧化能力为 $BrO_3^->ClO_3^->IO_3^-$。

碘酸的氧化性弱于氯酸和溴酸，Cl_2、HNO_3、H_2O_2 和 O_3 都可将单质碘氧化为碘酸，这是制备碘酸的方法。溴酸盐在酸性介质中能将单质 Cl_2 和 I_2 分别氧化为氯酸和碘酸，其自身被还原成单质。

$$2BrO_3^-+2H^++Cl_2 = 2HClO_3+Br_2 \tag{8.42}$$

$$2BrO_3^-+2H^++I_2 = 2HIO_3+Br_2 \tag{8.43}$$

氯酸钾固体是强氧化剂，与碳、硫、磷等易燃物质及有机物混合时，受到摩擦或撞击立即猛烈爆炸。$KClO_3$ 大量用于制造火柴、焰火、炸药等。“安全火柴”头的组分为 $KClO_3$、

S、Sb_2S_3、玻璃粉和糊精胶。$KClO_3$ 有毒，内服 23 g 即可致命。$NaClO_3$ 主要用于制备 ClO_2、其他氯酸盐及高氯酸盐，常用作除草剂。

4. 高卤酸及其盐

（1）酸性

高氯酸($HClO_4$)是无机酸中最强的酸，在水中完全解离为 H^+ 和 ClO_4^-。高溴酸($HBrO_4$)是强酸，强度接近于 $HClO_4$。但高碘酸属于中强酸，一般存在两种形式——正高碘酸(H_5IO_6)和偏高碘酸(HIO_4)。在强酸性溶液中以 H_5IO_6 形式存在的称为正高碘酸，$K_{a_1}^{\ominus}=2.3\times10^{-2}$，$K_{a_2}^{\ominus}=4.9\times10^{-9}$，$K_{a_3}^{\ominus}=2.5\times10^{-15}$。

（2）稳定性

无水 $HClO_4$ 是无色黏稠、震动易分解的不稳定液体。市售 $HClO_4$ 的浓度是 70%。浓 $HClO_4$ 溶液不稳定，受热分解。

$$4HClO_4 = 2Cl_2\uparrow + 7O_2\uparrow + 2H_2O \qquad (8.44)$$

浓 $HClO_4$（>70%）遇有机物后，受击立即发生爆炸，因此，使用时务必小心。储存 $HClO_4$ 必须远离有机物。$HBrO_4$ 是亮黄色，更不稳定，越浓越容易分解，目前制得的最大浓度可达 55%。正高碘酸在真空下加热脱水转化为偏高碘酸（HIO_4）。高氯酸盐则比较稳定，$KClO_4$ 的热分解温度高于 $KClO_3$。

（3）氧化性

高卤酸都是强的氧化剂，高碘酸的氧化能力大于高氯酸，BrO_4^- 的氧化能力最强，相关标准电极电势为

	BrO_4^-/BrO_3^-	H_5IO_6/IO_3^-	ClO_4^-/ClO_3^-
$E_A^{\ominus}/V$	1.853	1.601	1.189

浓的高氯酸多以分子形式存在，此时 H^+ 的反极化作用使 $HClO_4$ 不稳定，显示强氧化性。而冷和稀的 $HClO_4$ 溶液的氧化能力低于 $HClO_3$ 的，没有明显的氧化性，不与 H_2S、SO_2、HNO_2、HI 及 Zn、Al、Cr(Ⅱ)反应。例如，稀 $HClO_4$ 与 Zn 反应时，只显示其酸性。

$$Zn + 2HClO_4 = Zn(ClO_4)_2 + H_2\uparrow \qquad (8.45)$$

未酸化的高氯酸盐氧化性很弱，只有在酸性条件下高氯酸盐才具有强氧化性。高碘酸的氧化能力比高氯酸的强，H_5IO_6 在酸性条件下可将 Mn^{2+} 氧化成 MnO_4^-。

$$5H_5IO_6 + 2Mn^{2+} = 2MnO_4^- + 5IO_3^- + 7H_2O + 11H^+ \qquad (8.46)$$

$Mg(ClO_4)_2$ 和 $Ca(ClO_4)_2$ 可作为干燥剂，NH_4ClO_4 可用作现代火箭的推进剂。

（4）溶解性

高氯酸盐和高溴酸盐溶解性异常，与氯化物和溴化物不同，其离子半径较大的 K^+、NH_4^+、Ru^+、Cs^+ 的盐微溶，其他高氯酸盐和高溴酸盐都易溶于水。分析化学上常用 ClO_4^- 检出 K^+、Rb^+、Cs^+。高碘酸盐基本上都是难溶的。

8.2 氧和硫 Oxygen and Sulfur

氧族元素是元素周期表上ⅥA 族元素，这一族包含氧、硫、硒、碲、钋五种元素，其中钋为金属，碲为准金属，氧、硫、硒是典型的非金属元素，如图 8-3 所示。氧占地壳总量

的 46.60%，其含量居于各元素之首。化合态的氧以水、氧化物和含氧酸盐的形式存在；游离态的氧约占空气总体积的 21%，它与生物呼吸、物质燃烧等过程存在密切关系。硫大约占地壳组成的 0.048%，除游离态的单质硫外，也有化合态的硫化物如黄铁矿（FeS_2）、黄铜矿（$CuFeS_2$）、方铅矿（PbS）、闪锌矿（ZnS）及一些硫酸盐如石膏（$CaSO_4 \cdot 2H_2O$）、芒硝（$Na_2SO_4 \cdot 10H_2O$）等。硒和碲是稀有的分散元素，在自然界中存在极少，硒大约占地壳组成的 5×10^{-8}，碲大约占 5×10^{-9}，主要来自冶炼工业，如精炼铜时的阳极泥中。钋为放射性元素。

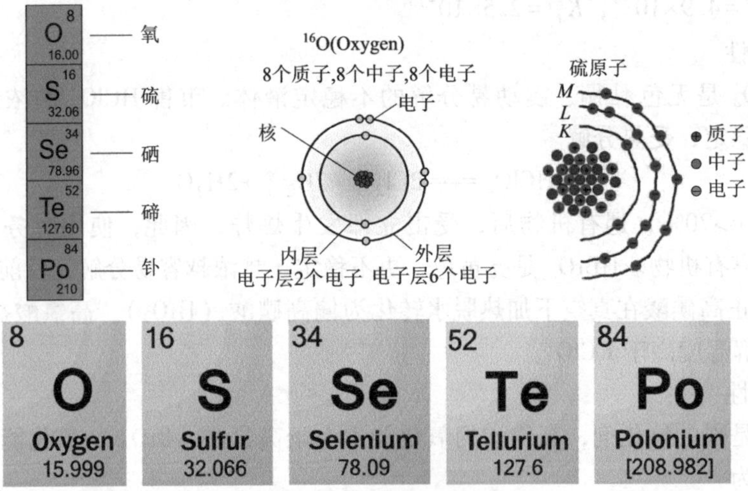

图 8-3　氧族元素

8.2.1　氧族元素的性质

氧族元素的 ns^2np^4 价电子层中有 6 个价电子，决定了它们都具有非金属元素的特性。它们都能结合两个电子，形成氧化数为−2 的离子化合物或共价化合物。

氧的电负性仅次于氟，由于氧的价电子层中没有可被利用的 d 轨道，所以，在一般的化合物中，氧的氧化数为−2。由氧到硫，电负性和电离能突然降低，因此硫、硒、碲能显正氧化数，当同电负性大的元素结合时，它们价电子层中空的 nd 轨道也可参与成键，所以这些元素可显示+2、+4、+6 氧化数。氧族元素的性质见表 8-8。

表 8-8　氧族元素的性质

性　质	氧(O)	硫(S)	硒(Se)	碲(Te)
价电子构型	$2s^22p^4$	$3s^23p^4$	$4s^24p^4$	$5s^25p^4$
主要氧化数	−2,−1	−2,+4,+6	−2,+4,+6	−2,+4,+6
原子半径/pm	73	103	117	137
第一电离能/($kJ \cdot mol^{-1}$)	1 314	1 000	941	869
第一电子亲和能/($kJ \cdot mol^{-1}$)	141.0	200.4	195.0	190.1
电负性(Pauling 标度)	3.44	2.58	2.55	2.1

8.2.2　氧及其化合物

1. 氧和臭氧

氧气（O_2）和臭氧（O_3）是氧的两种单质，如图 8-4 所示。

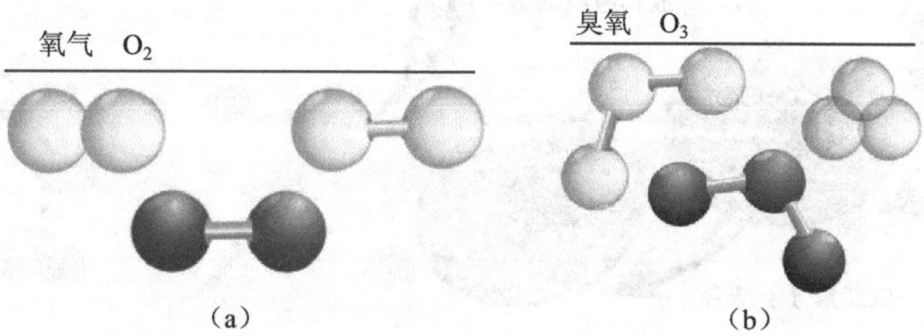

图 8-4　氧元素的两种单质

O_2 是一种无色、无臭的气体，在 90 K 时凝聚成淡蓝色的液体，到 54 K 时凝聚成淡蓝色固体。O_2 有明显的顺磁性，是非极性分子，不易溶于极性溶剂水中，20 ℃时，1 dm^3 水中只能溶解 30 cm^3 O_2。O_2 在水中的溶解度虽小，但它是水生动植物赖以生存的基础。

氧是非常活泼的非金属元素，但氧气分子由于键能很大，所以比较稳定，在空气中能以游离态存在。在加热条件下，除卤素、少数贵金属（如 Au 和 Pt）和稀有气体外，氧几乎能和所有元素直接化合，表现为氧化性。氧和大多数单质直接化合成氧化物。例如：

$$2Mg+O_2 \xlongequal{} 2MgO \quad (8.47)$$

$$S+O_2 \xlongequal{} SO_2 \quad (8.48)$$

氧和大多数非金属氢化物反应。例如：

$$2H_2S+O_2 \xlongequal{} 2S+2H_2O \quad (8.49)$$

$$2H_2S+3O_2 \xlongequal{燃烧} 2SO_2+2H_2O \quad (8.50)$$

氧和低价氧化物反应生成高价氧化物。例如：

$$2CO+O_2 \xlongequal{} 2CO_2 \quad (8.51)$$

氧和硫化物反应。例如：

$$2Sb_2S_3+9O_2 \xlongequal{} 2Sb_2O_3+6SO_2 \quad (8.52)$$

O_2 分子上的孤电子对作为路易斯碱的电子给予体向中心金属原子（离子）配位，形成配合物。例如，人体血液循环中，血红蛋白中的血红素 Hb 是叶啉衍生物与 Fe(Ⅱ)形成的配合物，具有与 O_2 配合的功能，与氧形成氧合血红蛋白，在人体内的输氧过程中起着极其重要的作用。

$$HbFe(Ⅱ)+O_2 \underset{人体各组织}{\overset{肺}{\rightleftharpoons}} HbFe(Ⅱ) \leftarrow O_2(氧合血红蛋白) \quad (8.53)$$

血红蛋白在肺部吸收氧后形成配合物，随着动脉血输送到人体各部分，再送到人体各组织的器官中，释放出氧后形成血红素，随着静脉血被送回肺部循环，如图 8-5 所示。

O_3 是 O_2 的同素异形体，因有特殊气味而得名。

在紫外线辐射下，通过电子放射将双原子氧气分解成氧原子，氧原子与氧分子结合成臭氧分子可自然形成臭氧，如图 8-6 所示。

$$O_2(g) \xlongequal[UV]{h\nu} 2O(g) \quad (8.54)$$

$$O(g)+O_2(g)=\!=\!=O_3(g) \tag{8.55}$$

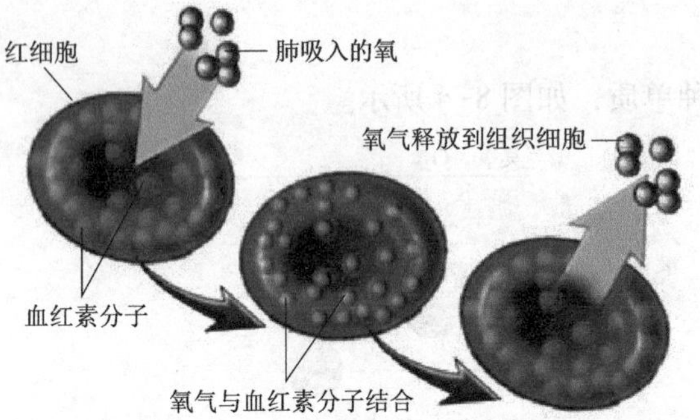

图 8-5　血红蛋白运输氧示意图

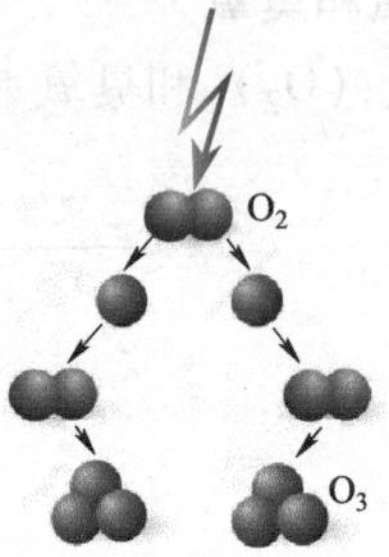

图 8-6　放射条件下 O_2 转变为 O_3

工业上，用干燥的空气或氧气，采用 5~25 kV 的交流电压进行无声放电制取臭氧。

在 O_3 分子中，中心 O 原子采取 sp^2 杂化，该 O 原子除与另外两个原子生成两个 σ 键外，还有一个未杂化的 p 轨道含一对孤电子对，与另外两个配位 O 原子分别各提供一个 p 电子，在三个 O 原子之间形成一个垂直于分子平面的三中心四电子的离域的 π 键（π_3^4），如图 8-7 所示，键角为 116. 8°，键长为 127. 8 pm，使 O_3 分子呈 V 形结构。

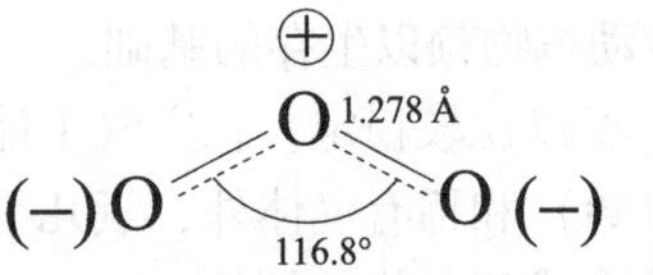

图 8-7

臭氧是一种具有刺激性臭味的淡蓝色气体。臭氧是极性分子，较氧易溶于水。臭氧不稳定，易分解为氧气。

臭氧是一种很强的氧化剂，它的氧化能力比氧气的强。它可以将湿润的硫氧化成硫酸，将黑色硫化铅氧化为白色的硫酸铅，将碘离子氧化为单质碘。

$$S+3O_3+H_2O=\!=\!=H_2SO_4+3O_2 \tag{8.56}$$

$$PbS+2O_3=\!=\!=PbSO_4+O_2 \tag{8.57}$$

$$2I^-+O_3+H_2O=\!=\!=I_2+2OH^-+O_2 \tag{8.58}$$

淀粉-碘化钾试纸可以检验臭氧的存在。臭氧层离地面 20~30 km，在地球上空形成一把“保护伞”，将太阳光中 99% 的紫外线过滤掉，这对地球上生命的生存十分重要。

$$2O_3(g)\xlongequal{UV}3O_2(g) \tag{8.59}$$

臭氧技术的应用主要有以下几个方面：

① 饮用水、工业废水、生活污水、游泳池水处理和医院污水处理；

② 食品行业和制药行业中的空气杀菌消毒及原料、加工器具和场地的清洗消毒；

③ 水果、蔬菜和食品的保鲜和运输；

④ 医学中的臭氧治疗和疾病预防；

⑤ 化学工业中的纸浆和纺织品的漂白；

⑥ 水产养殖业中的用水处理；

⑦ 家庭居室空气净化消毒、蔬菜瓜果表面的残留农药降解；

⑧ 畜禽养殖场的空气杀菌消毒、除臭、除异味等。

2. 过氧化氢

在自然界中，仅在露、雨和雪中有极少量的过氧化氢。

纯的过氧化氢是一种无色黏稠状液体。过氧化氢结构如图 8-8 所示，结构表明，过氧化氢分子存在一个过氧键—O—O—，由于氧原子是 sp^3 杂化，氧原子上两对孤电子对的排斥力使得∠HOO 小于 109°28′。H_2O_2 的极性比 H_2O 的大，可以与水以任意比互溶。过氧化氢的水溶液称为双氧水，是电解质的良好溶剂，常用试剂浓度为 30%~35%。

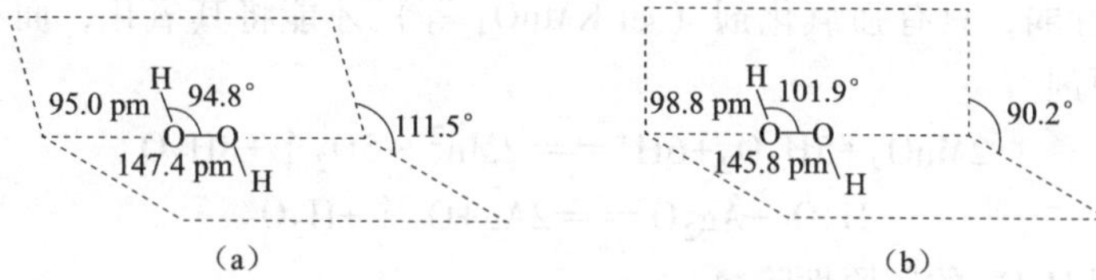

图 8-8 H_2O_2 分子结构

（a）气态；（b）固态（晶体）

H_2O_2 是一种比酸性水稍强的弱酸，在水中微弱解离：

$$H_2O_2 \rightleftharpoons H^+ + HO_2^- \qquad K_1^\ominus = 2.4\times10^{-12} \tag{8.60}$$

其酸的强度比 HCN 的更弱，不能使石蕊溶液变红，但可与氢氧化物反应生成过氧化物。例如 H_2O_2 与氢氧化钡反应生成过氧化钡沉淀。

$$H_2O_2 + Ba(OH)_2 = BaO_2 + 2H_2O \tag{8.61}$$

因此，BaO_2、Na_2O_2 可以看作 H_2O_2 的盐。过氧化物不同于氧化物，可以看成一种特殊的盐。过氧化氢的盐的特点在于含有过氧基。

由于过氧化氢分子中存在过氧键（—O—O—），且过氧键键能较低，因此其稳定性较差，易分解。从元素电势图

$$E_A^\ominus/V \quad O_2 \xrightarrow{0.695} H_2O_2 \xrightarrow{1.776} H_2O \qquad E_B^\ominus/V \quad O_2 \xrightarrow{-0.076} H_2O_2 \xrightarrow{-0.878} OH^-$$

可见 $E_{右}^\ominus > E_{左}^\ominus$，$H_2O_2$ 在碱性溶液中均不稳定，发生歧化分解。

$$2H_2O_2 = 2H_2O + O_2\uparrow \tag{8.62}$$

H_2O_2 在较低温度和高纯度时还是比较稳定的，若受热到 153 ℃以上便猛烈分解。H_2O_2 在碱性溶液中的分解速率远比在酸性溶液中的大，电极电势为 1.78~0.695 V 的物质都是 H_2O_2 分解反应的催化剂，如重金属离子 Fe^{3+}、Fe^{2+}、Mn^{2+} 和 Cr^{3+} 等杂质的存在都大大加速 H_2O_2 的分解。波长为 320~380 nm 的光（紫外光）也促使 H_2O_2 的分解。为了阻止 H_2O_2 的分解，必须针对热、光、介质、重金属离子四大因素采取措施。一般在实验室里把过氧化氢装在棕色塑料瓶内并存放在阴凉处，避光、防碱，有时加入一些稳定剂，如微量的锡酸钠（Na_2SnO_3）、焦磷酸钠（$Na_4P_2O_7$）或 8-羟基喹啉等，抑制所含杂质的催化作用。

在 H_2O_2 分子中，氧的氧化数为-1，处于中间价态，因此，过氧化氢既有氧化性又有还原性。由相关电极电势可见，H_2O_2 在酸性、碱性溶液中都是一种较强氧化剂。下述反应是定性检出和定量测定 H_2O_2 或过氧化物的常用反应。

$$H_2O_2 + 2I^- + 2H^+ = I_2 + 2H_2O \tag{8.63}$$

油画的染料含 Pb，长时间与空气中的 H_2S 作用，生成 PbS（黑色）而发暗，用 H_2O_2 涂刷得 $PbSO_4$，可变白、翻新。

$$PbS+4H_2O_2 \xlongequal{} PbSO_4(白)+4H_2O \quad (8.64)$$

表现 H_2O_2 氧化性的反应还有

$$H_2O_2+2Fe^{2+}+2H^+ \xlongequal{} 2Fe^{3+}+2H_2O \quad (8.65)$$

$$H_2O_2+Mn(OH)_2 \xlongequal{} MnO_2+2H_2O \quad (8.66)$$

$$3H_2O_2+2NaCrO_2+2NaOH \xlongequal{} 2Na_2CrO_4+4H_2O \quad (8.67)$$

利用 H_2O_2 的氧化性，可漂白毛、丝织物和油画。纯 H_2O_2 还可用作火箭燃料的氧化剂。H_2O_2 在酸中还原性弱，只有强氧化剂（如 $KMnO_4$ 等）才能将其氧化，而在碱性介质中是一种中等强度还原剂。

$$2MnO_4^-+5H_2O_2+6H^+ \xlongequal{} 2Mn^{2+}+5O_2\uparrow+8H_2O \quad (8.68)$$

$$H_2O_2+Ag_2O \xlongequal{} 2Ag+O_2\uparrow+H_2O \quad (8.69)$$

在工业上利用 H_2O_2 的还原性除氯。

$$H_2O_2+Cl_2 \xlongequal{} 2Cl^-+O_2+2H^+ \quad (8.70)$$

H_2O_2 是一种较理想的常用氧化（还原）剂，因为它在反应中本身的产物只有 H_2O 或 O_2，同时，剩余的 H_2O_2 很容易受热分解为 H_2O 和 O_2，不会给反应体系引入杂质离子，是“干净的”氧化（还原）剂。质量分数大于 27% 的 H_2O_2 水溶液会灼伤皮肤，使用时要小心。

8.2.3 硫及其化合物

1. 单质硫

（1）单质硫的同素异形体

晶体硫有环状和链状两种情况。环状以 S_8 环最稳定，呈环状或皇冠状。S_8 环又能以不同的晶形生成几种同素异形体，其中最常见的是斜方硫和单斜硫。

斜方硫呈黄色，单斜硫呈浅黄色，它们均能溶于 CS_2、C_6H_6 等非极性溶剂，而链状硫则不溶。S_4、S_8、S_{12} 分子的形状如图 8-9 所示。

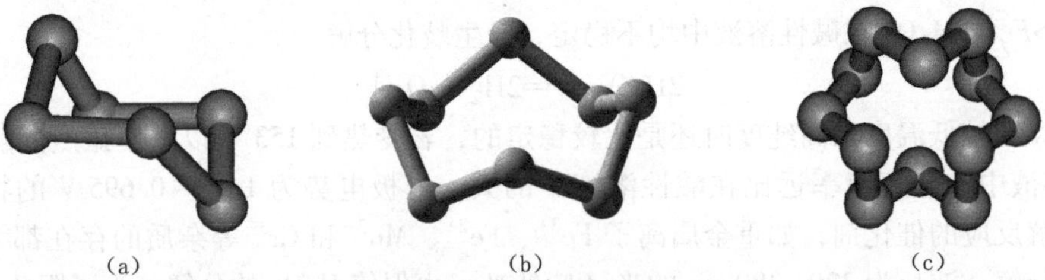

图 8-9 几种单质硫结构

(a) S_4；(b) S_8；(c) S_{12}

硫单质加热至 160 ℃以后，环状的硫分子开始断裂形成链状的线形分子，只有当温度高于 1 727 ℃以后，才开始有单原子的硫分子出现。

（2）单质硫的化学性质

硫和绝大部分金属与非金属都能直接化合。

$$2Al+3S \xlongequal{} Al_2S_3 \quad (8.71)$$

$$Fe+S \xlongequal{} FeS \quad (8.72)$$

$$Hg+S \xlongequal{研磨} HgS \quad (8.73)$$

$$2S+C \xlongequal{} CS_2 \tag{8.74}$$

当硫遇到强氧化性的物质时，作还原剂。例如，硫与浓硝酸或浓硫酸作用，被氧化为硫酸或二氧化硫。

$$S+2HNO_3(浓) \xlongequal{} H_2SO_4+2NO \tag{8.75}$$

$$S+2H_2SO_4(浓) \xlongequal{\triangle} 3SO_2+2H_2O \tag{8.76}$$

硫在沸腾的碱液中发生歧化反应。

$$3S+6NaOH \xlongequal{} 2Na_2S+Na_2SO_3+3H_2O \tag{8.77}$$

硫在工业中很重要，它为生产橡胶制品的重要原料；可用来杀真菌；用作化肥；用于制造黑色火药、焰火、火柴等；作为原料制造某些农药（如石灰硫黄合剂）；医疗上，还可用来制硫黄软膏医治某些皮肤病等。

2. 硫化氢、硫化物和多硫化物

（1）硫化氢

硫化氢是一种无色、有毒、有臭鸡蛋气味的气体，空气中含有体积分数为 0.1% 的 H_2S 会迅速引起头疼、晕眩等症状，吸入大量 H_2S 会造成昏迷甚至死亡。经常与 H_2S 接触会引起嗅觉迟钝、消瘦、头痛等慢性中毒。使用 H_2S 气体时，必须在通风橱中操作。空气中 H_2S 的允许含量不得超过 0.01 $mg \cdot dm^{-3}$。

硫化氢在 213 K 时凝聚成液体，187 K 时凝固。H_2S 在水中的溶解度较小，其水溶液称为氢硫酸。在 25 ℃、101.325 kPa 条件下，饱和溶液中 H_2S 的浓度约为 0.1 $mol \cdot dm^{-3}$。

H_2S 的水溶液是二元弱酸，在水中分两步解离：

$$H_2S \rightleftharpoons H^+ + HS^- \qquad K_{a_1}^{\ominus}=8.91\times10^{-8} \tag{8.78}$$

$$HS^- \rightleftharpoons H^+ + S^{2-} \qquad K_{a_2}^{\ominus}=1.26\times10^{-13} \tag{8.79}$$

在 H_2S 中，硫处于最低氧化态 -2，所以硫化氢的一个重要化学性质是具有还原性。$E^{\ominus}_{S/H_2S}=0.14$ V，$E^{\ominus}_{S/S^{2-}}=-0.48$ V，可见，无论是在酸性还是在碱性溶液中，H_2S 都具有较强的还原性。

H_2S 能在空气中燃烧生成二氧化硫和水，若空气不足，则生成单质硫和水。

$$2H_2S+O_2(不足) \xlongequal{} 2S\downarrow+2H_2O \tag{8.80}$$

H_2S 水溶液暴露在空气中易被氧化析出游离硫，而使溶液变浑浊。

$$2H_2S+O_2 \xlongequal{} 2S\downarrow+2H_2O \tag{8.81}$$

因此，实验室中使用的 H_2S 的水溶液必须现用现配，否则，会被氧化而失效。

单质碘和 Fe^{3+} 也能将 H_2S 氧化而析出硫。更强的氧化剂（如单质 Br_2、Cl_2）可以把 H_2S 氧化成硫酸。

$$H_2S+I_2 \xlongequal{} S\downarrow+2HI \tag{8.82}$$

$$H_2S+2Fe^{3+} \xlongequal{} 2Fe^{2+}+S\downarrow+2H^+ \tag{8.83}$$

$$H_2S+4Br_2+4H_2O \xlongequal{} H_2SO_4+8HBr \tag{8.84}$$

在工业上，常用硫铁矿或硫化物与无氧化性酸反应制备 H_2S。在实验室中，是由金属硫化物同酸作用来制备的。

$$FeS+H_2SO_4(稀) \xlongequal{} H_2S\uparrow+FeSO_4 \tag{8.85}$$

$$FeS+2HCl \xlongequal{} H_2S\uparrow+FeCl_2 \tag{8.86}$$

若用稀 H_2SO_4，产物中含有少量 SO_2 和 H_2（因为合成的 FeS 中含有少量的 Fe）；若用 HCl，则生成的 H_2S 气体中含有少量 HCl 气体。

硫化氢气体具有毒性和臭味，实验时常用新配制的 H_2S 饱和水溶液或硫代乙酰胺作为代用品，可以减少有毒 H_2S 气体逸出，降低实验室中空气的污染程度。硫化氢的水溶液可由硫代乙酰胺水解得到。在酸性溶液中，硫代乙酰胺水解生成 H_2S，可代替 H_2S。水解反应为：

$$CH_3CSNH_2+H_2O \xlongequal{} CH_3CONH_2+H_2S\uparrow \tag{8.87}$$

长时间煮沸，CH_3CONH_2 进一步水解：

$$CH_3CONH_2+H_2O \xlongequal{} CH_3COONH_4 \tag{8.88}$$

在碱性溶液中，硫代乙酰胺水解生成 S^{2-}，可以代替 Na_2S 使用。水解反应为：

$$CH_3CSNH_2+3OH^- \xlongequal{} CH_3COO^-+NH_3+S^{2-}+H_2O \tag{8.89}$$

在氨溶液中，硫代乙酰胺水解生成 HS^-，可以代替 $(NH_4)_2S$ 使用。水解反应为：

$$CH_3CSNH_2+2NH_3 \xlongequal{} CH_3C(NH_2)NH+NH_4^++HS^-$$

硫代乙酰胺的水解速率随温度升高而增大，反应一般在沸水浴中进行。在碱性溶液中，其水解速率较在酸性溶液中的大。

（2）硫化物

在硫化物中，非金属硫化物并不多，而金属硫化物可看成氢硫酸盐。因为氢硫酸是二元酸，可形成酸式盐和正盐，正盐即硫化物。酸式盐都易溶于水。除了碱金属和碱土金属的硫化物，金属硫化物大多难溶于水，但硫化物之间溶解度不尽相同，并具有特征的颜色，因此，在分析化学中常用 H_2S 体系分析法分离金属离子。

轻金属硫化物包括碱金属、碱土金属（除 Be 外）、铝及铵离子的硫化物。碱金属（包括 NH_4^+）的硫化物和 BaS 易溶于水，由于水解而使溶液呈碱性，所以碱金属硫化物俗称硫化碱。例如：

$$Na_2S+H_2O \xlongequal{} NaOH+NaHS \tag{8.90}$$

碱土金属硫化物溶于水（BeS 难溶），也发生水解作用。例如

$$2CaS+2H_2O \xlongequal{} Ca(OH)_2+Ca(HS)_2 \tag{8.91}$$

所生成的酸式硫化物可溶于水。若将溶液煮沸，水解可进行完全。

$$Ca(HS)_2+2H_2O \xlongequal{} Ca(OH)_2+2H_2S \tag{8.92}$$

由于氢硫酸是弱酸，因此，所有硫化物在水溶液中均发生不同程度的水解作用。例如 $0.10\ mol\cdot dm^{-3}$溶液的水解度为 94%；Al_2S_3 完全水解为 $Al(OH)_3$ 和 H_2S；即使是难溶硫化物（如 PbS），其溶解的部分也明显水解。

重金属硫化物一般都难溶于水并且具有特征颜色。Al_2S_3 和 ZnS 为白色，MnS 为浅粉色，As_2S_3 和 As_2S_5 为浅黄色，SnS_2 和 CdS 为黄色，Sb_2S_3 和 Sb_2S_5 为橙色，SnS 为灰褐色，Bi_2S_3 为暗棕色，HgS 为黑色或红色，其余均为黑色。

硫化物的组成、性质均和相应氧化物的相似。只是硫化物的碱性弱于相应氧化物的。例如

硫化物	NaSH	Na_2S	As_2S_3	As_2S_5	Na_2S_2
性质	碱性	碱性	两性	酸性	碱性

含氧化合物	NaOH	Na_2O	As_2O_3	As_2O_5	Na_2O_2
性质	碱性	碱性	还原性	酸性	氧化性

同周期元素最高氧化态硫化物从左到右酸性增强，如第五周期的 Sb_2S_5 的酸性强于 SnS_2 的。同族元素相同氧化态的硫化物从上到下酸性减弱，碱性增强，如 As_2S_5 的酸性强于 Sb_2S_5 的，Sb_2S_3 为两性，Bi_2S_3 为碱性。在同种元素硫化物中，高氧化态硫化物的酸性强于低氧化态硫化物的酸性，如 As_2S_5、Sb_2S_3 的酸性分别强于 As_2S_3、Sb_2S_3 的。

酸性硫化物可溶于碱性硫化物，如 As_2S_3、As_2S_5、Sb_2S_3、Sb_2S_5、SnS_2、HgS 等酸性或两性硫化物可与 Na_2S 反应。

$$As_2S_3+3Na_2S \Longrightarrow 2Na_3AsS_3 \quad (\text{硫代亚砷酸钠}) \tag{8.93}$$

$$HgS+Na_2S \Longrightarrow Na_2HgS_2 \tag{8.94}$$

在可溶性硫化物的浓溶液中加入硫粉，硫溶解而生成相应的多硫化物，就好像碘化钾溶液可以溶解单质碘一样。

$$Na_2S+(x-1)S \Longrightarrow Na_2S_x \tag{8.95}$$

$$(NH_4)_2S+(x-1)S \Longrightarrow (NH_4)_2S_x \tag{8.96}$$

碱金属多硫化物 M_2S_x（$x=2\sim6$，个别 x 可高达 9）溶液的颜色可随着溶解的硫的增多而由无色变为黄色、橙黄色，最深为红色。实验室中的 Na_2S 溶液放置时颜色会越来越深，就是因为 Na_2S 易被空气氧化，产生的 S 溶于 Na_2S 生成 Na_2S_x（多硫化物）。

当多硫化物 M_2S_x 中的 $x=2$ 时，如 Na_2S_2 或 $(NH_4)_2S_2$，称为过硫化物。过硫化物实际上是过氧化物的同类化合物。因此，过硫化物与过氧化物相似，也具有氧化性，但其氧化性弱于过氧化物的。

多硫化物能氧化 As(Ⅲ)、Sb(Ⅲ)、Sn(Ⅱ)的硫化物，或把这些金属的硫代亚酸盐氧化为硫代酸盐。

$$MS_3^{3-}+S_2^{2-} \Longrightarrow MS_4^{3-}+S^{2-} \quad (M=As、Sb) \tag{8.97}$$

SnS 显碱性，不溶于 Na_2S 中，但可溶于多硫化物中。

$$SnS+S_2^{2-} \Longrightarrow SnS_2+S^{2-} (\text{SnS 先被 } S_2^{2-} \text{ 氧化成酸性的 } SnS_2)$$

$$SnS_2+S^{2-} \Longrightarrow SnS_3^{2-} \tag{8.98}$$

在酸性溶液中很不稳定，易歧化分解生成单质 S 和 H_2S。

$$M_2S_x+2H^+ \Longrightarrow 2M^+ +(x-1)S\downarrow +H_2S\uparrow \tag{8.99}$$

Na_2S、$(NH_4)_2S$ 遇酸发生浑浊，就是因为其中所含多硫化物发生了上述反应。

多硫化物是分析化学常用试剂，Na_2S_2 在制革工业中用作原皮的脱毛剂，硫酸工业的重要原料黄铁矿 FeS_2 是多硫化物的一种。在农业上用作杀虫剂的石灰硫是四硫化钙 CaS_4。

3. 硫(Ⅳ)的含氧化合物

硫的氧化物有 S_2O、SO、S_2O_3、SO_2、SO_3、S_2O_7、SO_4，其中较重要的是 SO_2 和 SO_3。硫的含氧酸有 H_2SO_3、H_2SO_4、$H_2S_2O_7$、$H_2S_2O_3$、$H_2S_4O_6$、H_2SO_5、$H_2S_2O_8$ 和 $H_2S_2O_4$ 等，其中较重要的是 H_2SO_3、H_2SO_4、$H_2S_2O_3$ 和 $H_2S_2O_8$。

（1）二氧化硫的结构和性质

SO_2 分子呈 V 形结构，其成键方式与 O_3 的类似，S 原子 sp^2 杂化，S 原子和两个配位 O 原子除了以 σ 键结合外，还形成一个三中心四电子的大 π 键 π_3^4，如图 8-10 所示。

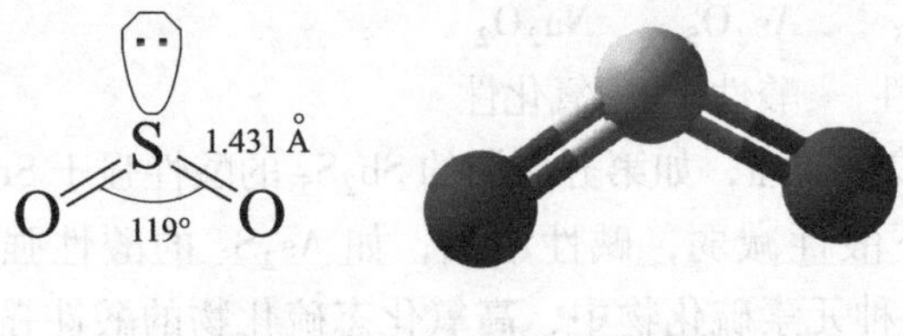

图 8-10　二氧化硫分子结构

SO_2 又称亚硫酸酐，是一种有强烈刺激性和恶臭的无色气体，是空气中的污染物之一。SO_2 是极性分子，易溶于水，其水合物是亚硫酸（H_2SO_3）。SO_2 较易液化，在常压下 263 K 就能液化。液态 SO_2 是一种良好的非水溶剂。以液态 SO_2 作溶剂时，它既不放出质子，也不接受质子，这是它与水不同的地方。

在 SO_2 分子中，硫的氧化数为+4，介于−2 与+6 之间，所以 SO_2 既有氧化性，又有还原性，但以还原性为主，只有遇到强还原剂时，才表现出氧化性。反应式（8.100）～（8.102）表现了二氧化硫的还原性。

$$Br_2+SO_2+2H_2O = H_2SO_4+2HBr(I_2\text{ 有类似反应}) \quad (8.100)$$

$$SO_2(g)+Cl_2(g) \xlongequal{\text{活性炭}} SO_2Cl_2(l) \quad (8.101)$$

$$2SO_2(g)+O_2(g) \xlongequal[723\ K]{V_2O_5} 2SO_3 \quad (8.102)$$

SO_2 遇见更强的还原剂时，也能表现氧化性。例如：

$$SO_2+2H_2S = 3S+2H_2O \quad (8.103)$$

此反应在气态时也能进行，可认为是火山产生天然硫的原因。

$$SO_3+2CO \xlongequal[723\ K]{\text{铝矾土}} 2CO_2+S \quad (8.104)$$

这是从烟道气中分离、回收硫的一种方法。SO_2 能和一些有机色素结合成无色有机化合物。例如，品红溶液通入 SO_2 立即变为无色，因此可用作纸张、草编制品等的漂白剂。SO_2 的漂白作用不同于漂白粉的氧化漂白作用。SO_2 可作配体，以不同的方式与过渡金属形成配合物。

（2）SO_2 的制备

以下反应是采用还原法从高价到+4 价：

$$2CaSO_4+C = 2CaO+2SO_2\uparrow +CO_2 \quad (8.105)$$

$$2H_2SO_4(\text{浓})+Zn = ZnSO_4+SO_2\uparrow +2H_2O \quad (8.106)$$

工业上经常采用氧化法制备二氧化硫。从低价到+4 价，如硫（如硫矿）和硫化物（如黄铁矿）的燃烧。

$$S+O_2 = SO_2 \quad (8.107)$$

$$3FeS_2+8O_2 = Fe_3O_4+6SO_2 \quad (8.108)$$

实验室中则采用置换法来制备 SO_2。

$$SO_3^{2-}+2H^+ = SO_2\uparrow +H_2O \quad (8.109)$$

二氧化硫主要用于生产硫酸和亚硫酸盐，也用作消毒剂和防腐剂，还可用作漂白剂等。SO_2 也是一种大气污染物。在高空中，二氧化硫与空气中的氧及水蒸气发生化学反应形成硫酸，硫酸含在雨水中即形成“空气杀手”——酸雨。酸雨同二氧化硫一样加速了桥梁等建筑物的腐蚀速率。但是，它的最危险的影响是逐步降低了水和土壤的 pH，导致生态体系的显著改变。SO_2 的职业性慢性中毒会引起丧失食欲、大便不通和气管炎症。空气中 SO_2 含量不得超过 0.02 $mg \cdot dm^{-3}$。

（3）亚硫酸及其盐

二氧化硫溶于水，生成很不稳定的亚硫酸，H_2SO_3 只存在于水溶液中（光谱证明），从来也没有得到过游离的纯 H_2SO_3。SO_2 在水中主要是物理溶解，SO_2 分子与 H_2O 分子之间的作用是较弱的，因此，亚硫酸可写成 $SO_2 \cdot xH_2O$。市售亚硫酸试剂中 SO_2 量不少于6%。

SO_2 是二元中强酸，H_2SO_3 在水溶液中存在下列解离平衡：

$$H_2SO_3 \rightleftharpoons H^+ + HSO_3^- \qquad K_{a_1}^{\ominus} = 1.41\times10^{-2} \tag{8.110}$$

$$HSO_3^- \rightleftharpoons H^+ + SO_3^{2-} \qquad K_{a_2}^{\ominus} = 6.31\times10^{-8} \tag{8.111}$$

可见，H_2SO_3 是二元中强酸，可形成正盐和酸式盐两种类型，如 Na_2O_3 和 $NaHSO_3$。除碱金属及铵的亚硫酸盐极易溶于水外，其他金属的亚硫酸盐均难（或微）溶于水，但都能溶于强酸。亚硫酸氢盐的溶解度大于相应正盐的溶解度。

亚硫酸及其盐的不稳定性从元素电势图可见，$E_{右}^{\ominus} > E_{左}^{\ominus}$，亚硫酸及其盐无论是在酸性还是在碱性溶液中均可歧化分解。

$$E_A^{\ominus}/V \quad SO_4^{2-} \xrightarrow{0.20} H_2SO_3 \xrightarrow{0.45} S \qquad E_B^{\ominus}/V \quad SO_4^{2-} \xrightarrow{-0.92} SO_3^{2-} \xrightarrow{-0.66} S$$

$$4Na_2SO_3 \xlongequal{\triangle} 3Na_2SO_4 + Na_2S \tag{8.112}$$

$$3H_2SO_3 = 2H_2SO_4 + S + H_2O \tag{8.113}$$

亚硫酸盐或亚硫酸氢盐遇到强酸即可分解放出 SO_2，这是实验室制取少量 SO_2 的方法。

$$SO_3^{2-} + 2H^+ = H_2O + SO_2\uparrow \tag{8.114}$$

$$HSO_3^- + H^+ = H_2O + SO_2\uparrow \tag{8.115}$$

（4）亚硫酸及其盐的氧化还原性

在亚硫酸及其盐中，硫的氧化数是+4，居中间氧化态，所以亚硫酸及其盐既有氧化性又有还原性，从硫的元素电势图看，$E_{S(+6)/S(+4)}^{\ominus}$ 值较小（或为负值），说明 S(Ⅳ)的还原性是主要的。例如，亚硫醇及其盐的溶液能使 I_2 还原为 I^-，Br_2、Cl_2 被还原为 Br^-、Cl^-。亚硫盐比亚硫酸具有更强的还原性。Na_2SO_3 在溶液和空气中均易被氧化成 Na_2SO_4，因此亚硫酸盐常被用作还原剂。例如

$$H_2SO_3 + I_2 + H_2O = H_2SO_4 + 2HI \tag{8.116}$$

$$2Na_2SO_3 + O_2 = 2Na_2SO_4 \tag{8.117}$$

亚硫酸及其盐只有遇到更强的还原剂时，才表现出氧化性。例如

$$H_2SO_3 + 2H_2S = 3S + 3H_2O \tag{8.118}$$

亚硫酸盐有很多实际用途，如 $Ca(HSO_3)_2$ 大量用于造纸工业，用它溶解木质素来制造纸浆。Na_2SO_3 和 $NaHSO_3$ 大量用于染料工业，用作漂白织物时的去氯剂。例如：

$$Na_2SO_3 + Cl_2 + H_2O = Na_2SO_4 + 2HCl \tag{8.119}$$

另外，农业上使用 $NaHSO_3$ 作为抑制剂，促使农作物增产。这是因为 $NaHSO_3$ 能抑制植物的光呼吸（消耗能量和营养），从而提高净光合作用。

4. 硫(Ⅵ)的含氧化合物

（1）三氧化硫

虽然 S(Ⅳ)的化合物具有还原性，但要使 SO_2 氧化为 SO_3 却比氧化亚硫酸和亚硫酸盐慢得多。当有催化剂存在并加热时，能加速 SO_2 的氧化反应。

$$2SO_2(g) + O_2(g) \xrightleftharpoons[>450\ ℃]{V_2O_5} 2SO_3(g) \tag{8.120}$$

气态 SO_3 为单分子，分子中的中心 S 原子采取 sp^2 杂化与 3 个氧原子形成 σ 键，成为平

面正三角形，$SO_3(g)$ 分子中的 π_4^6 如图 8-11 所示。与此同时，中心 S 原子的 3 个电子与 3 个氧原子各提供的一个 p 电子形成一个 π_4^6 键，垂直于杂化的 σ 轨道。

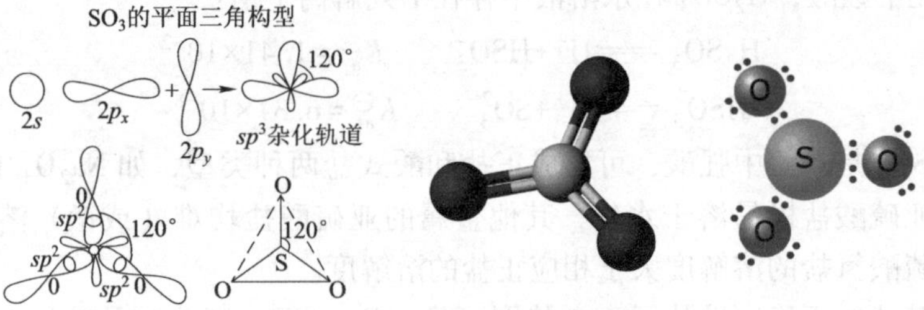

图 8-11　SO_3 分子结构

气态 SO_3 分子构型为平面三角形，键角∠OSO 为 120°，S 和 O 之间的键长为 143 pm，比 S—O 单键的键长（155 pm）短，所以具有双键的特征。

纯净的 SO_3 是无色、易挥发的固体，熔点为 16.3 ℃，沸点为 44.5 ℃，20 ℃时密度为 1.92 g · cm^{-3}。SO_3 极易与水化合生成硫酸，同时释放出大量的热。

$$SO_3(g)+H_2O(l) = H_2SO_4(aq) \tag{8.121}$$

SO_3 溶于 H_2SO_4 得发烟硫酸，以 $H_2SO_4 \cdot xSO_3$ 表示其组成。发烟硫酸的试剂有含 SO_3 20%～25%和 50%～53%两种。与 SO_2 不同，SO_3 是一种强氧化剂，特别是在高温时能氧化磷、碘化物、铁、锌等金属。例如：

$$5SO_3+2P = 5SO_2+P_2O_5 \tag{8.122}$$

$$SO_3+2KI = K_2SO_3+I_2 \tag{8.123}$$

（2）硫酸

硫酸是重要的基本化工原料。目前我国主要是用接触法生产硫酸，其主要过程为

$$\text{S 或 }FeS_2 \xrightarrow[\text{燃烧}]{O_2} SO_2 \xrightarrow[V_2O_5]{O_2} SO_3 \xrightarrow[\text{吸收}]{H_2O} H_2SO_4 \tag{8.124}$$

在 H_2SO_4 分子中，中心 S 原子采取 sp^3 不等性杂化，其中 2 条杂化轨道与—OH 中的氧原子形成 2 条 σ 键，另外 2 个氧原子接受硫原子的电子对形成 2 个 σ 配键，同时，这 2 个氧原子的 2p 轨道中的孤电子对进入硫原子的 3d 轨道形成 d-$p\pi$ 配键，构成 S ═O 双键，H_2SO_4 分子的结构如图 8-12 所示。

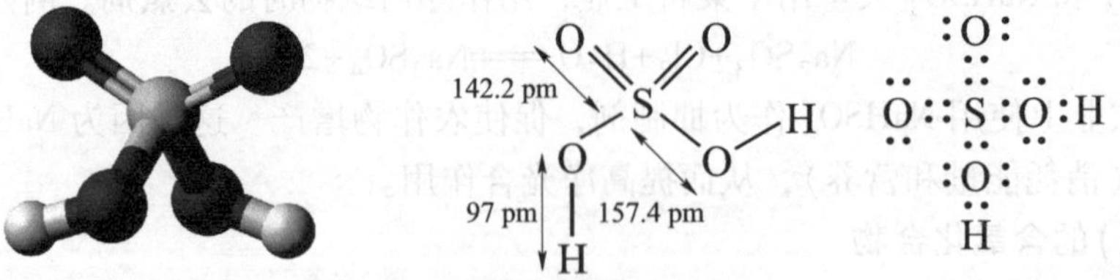

图 8-12　硫酸分子结构

低温下，硫酸可结晶成晶体，由 X 射线衍射法测得的纯硫酸的晶体结构表明 S—O 和 S—OH 的键长不完全相等。硫酸是高沸点酸，纯 H_2SO_4 是无色油状液体，凝固点为 283.36 K，沸点为 611 K（质量分数为 98.3%），密度为 1.854 g · cm^{-3}，相当于浓度为 18 mol · dm^{-3}。因为硫酸分子间形成氢键，所以硫酸的沸点很高，利用此性质将其与某些挥

发性酸的盐共热，可以将挥发性酸置换出来。例如

$$Na_2SO_3(s)+2H_2SO_4 \xlongequal{} 2NaHSO_4+H_2SO_3 \tag{8.125}$$

$$NaCl(s)+H_2SO_4 \xlongequal{} NaHSO_4+HCl\uparrow \tag{8.126}$$

H_2SO_4 是强的二元酸，在稀溶液中第一步解离是完全的，第二步解离程度则较低。

$$HSO_4^- \rightleftharpoons H^+ +SO_4^{2-} \qquad K_{a_2}^{\ominus}=1.0\times10^{-2} \tag{8.127}$$

硫酸是 SO_3 的水合物，除了硫酸 $H_2SO_4(SO_3 \cdot H_2O)$ 和焦硫酸 $H_2S_2O_7(2SO_3 \cdot H_2O)$ 外，SO_3 和 H_2O 还生成一系列的水合物，如 $H_2SO_4 \cdot H_2O(SO_3 \cdot 2H_2O)$、$H_2SO_4 \cdot 2H_2O(SO_3 \cdot 3H_2O)$、$H_2SO_4 \cdot 4H_2O(SO_3 \cdot 5H_2O)$。这些水合物很稳定，因此浓硫酸有很强的吸水性。当它与水混合时，由于形成各种水合物而释放出大量的热，若不小心将水倾入 H_2SO_4，将会因为产生剧热而导致爆炸。因此，在稀释硫酸时，只能在搅拌过程中把硫酸缓慢地倾入水中，绝不能把水倾入硫酸中。

由于硫酸的强氧化性和脱水性，它对动植物组织有很强的腐蚀性，如果在工作中不小心将浓硫酸洒落在皮肤上，应该立即用大量水冲洗（勿用力摩擦），然后用稀氨水浸润伤处，最后再用水冲洗，这样才不至于造成严重的灼伤。

浓硫酸是工业上和实验室中最常用的干燥剂，用来干燥不与浓硫酸起反应的各种物质，如氯气、氢气和二氧化碳等气体。浓硫酸不但能吸收游离的水，而且能从一些有机化合物中夺取与水分子组成相当的氢和氧，使这些有机物炭化，如蔗糖或纤维可被浓硫酸脱水。

$$C_{12}H_{22}O_{11} \xlongequal{\text{浓硫酸}} 12C+11H_2O \tag{8.128}$$

因此，浓硫酸能严重地破坏动植物的组织，如损坏衣服和烧坏皮肤等，使用时必须注意安全。

稀硫酸的氧化性是由 H^+ 的氧化作用所引起的，所以只能与电位顺序在氢以前的金属如 Mg、Zn、Fe 等反应而放出氢气。

$$Fe+H_2SO_4 \xlongequal{} FeSO_4+H_2\uparrow \tag{8.129}$$

浓硫酸的氧化性是由 H_2SO_4 中处于最高氧化态的 S(Ⅵ)所产生的。加热时，浓硫酸的氧化性更显著，它可以氧化许多金属和非金属，硫酸的还原产物一般为 SO_2。例如：

$$C+2H_2SO_4 \xlongequal{} CO_2\uparrow+2SO_2\uparrow+2H_2O \tag{8.130}$$

$$Cu+2H_2SO_4 \xlongequal{} CuSO_4+SO_2\uparrow+2H_2O \tag{8.131}$$

但金和铂在加热时也不与浓硫酸反应。此外，冷的浓硫酸不与铁、铝等金属作用，这是因为，在冷的浓硫酸中，铁、铝表面生成一层致密的保护膜，保护金属不与硫酸继续反应，这种现象称为钝化。所以，可用铁、铝器皿盛放浓硫酸。

硫酸是化学工业中一种重要的化工原料，其年产量可衡量一个国家的重化工生产能力。硫酸大部分消耗在化肥工业中，在石油、冶金等许多部门也有大量消耗。

（3）硫酸盐

硫酸是二元酸，所以能生成正盐和酸式盐两种类型的盐。在酸式盐中，只有碱金属元素（Na、K）能形成稳定的固态盐。酸式盐易溶于水，其水溶液因 HSO_4^- 部分解离而使溶液显酸性。酸式盐加热脱水可生成焦硫酸盐。

在硫酸盐中除 $SrSO_4$、$BaSO_4$、$PbSO_4$ 难溶，$CaSO_4$、Ag_2SO_4 微溶，其余均易溶于水。

$$Ba^{2+}+SO_4^{2-} \rightleftharpoons BaSO_4\downarrow \qquad K_{sp}^{\ominus}=1.08\times10^{-10} \tag{8.132}$$

$$Pb^{2+}+SO_4^{2-} \rightleftharpoons PbSO_4\downarrow \quad K_{sp}^{\ominus}=2.53\times10^{-8} \tag{8.133}$$

大多数硫酸盐结晶时常带有结晶水，如 $CuSO_4\cdot5H_2O$（胆矾或蓝矾）、$FeSO_4\cdot7H_2O$（绿矾）、$ZnSO_4\cdot7H_2O$（皓矾）、$Na_2SO_4\cdot10H_2O$（芒硝）、$MgSO_4\cdot7H_2O$（泻盐）等。这些结晶水在结构上并不完全相同，有些是阴离子结晶水，如 $CuSO_4\cdot5H_2O$ 和 $FeSO_4\cdot7H_2O$，它们的组成可以分别写成 $[Cu(H_2O)_4]^{2+}[SO_4(H_2O)]^{2-}$ 和 $[Fe(H_2O)_6]^{2+}[SO_4(H_2O)]^{2-}$，这个水合阴离子的结构一般认为是水分子通过氢键和 SO_4^{2-} 中的氧原子相连接。

许多硫酸盐有形成复盐的趋势。复盐是由两种或两种以上的简单盐类所组成的晶形化合物，常见的组成有两类：

一类的组成符合通式 $M^{I}SO_4\cdot M^{II}SO_4\cdot6H_2O$，式中 M^{I} 为 NH_4^+、Na^+、K^+、Rb^+、Cs^+；M^{II} 为 Fe^{2+}、Co^{2+}、Ni^{2+}、Zn^{2+}、Cu^{2+}、Hg^{2+}。例如，莫尔盐 $(NH_4)_2SO_4\cdot FeSO_4\cdot6H_2O$、镁钾矾 $K_2SO_4\cdot MgSO_4\cdot6H_2O$。

另一类的组成符合通式 $M^{I}SO_4\cdot M_2^{III}(SO_4)_3\cdot24H_2O$，式中，$M^{III}$ 为 V^{3+}、Cr^{3+}、Fe^{3+}、Co^{3+}、Al^{3+}、Ga^{3+} 等，如明矾 $K_2SO_4\cdot Al_2(SO_4)_3\cdot24H_2O$、铬矾 $K_2SO_4\cdot Cr_2(SO_4)_3\cdot24H_2O$。许多硫酸盐有很重要的用途。例如，$Al_2(SO_4)_3$ 是净水剂、造纸充填剂和媒染剂，$CuSO_4\cdot5H_2O$ 是消毒剂和农药，$FeSO_4\cdot7H_2O$ 是农药和治疗贫血的药剂，也是制造蓝黑墨水的原料，$Na_2SO_4\cdot10H_2O$ 是重要的化工原料等。

由于硫酸根难被极化而变形，因此，硫酸盐均为离子晶体。硫酸盐的热稳定性和分解方式与阳离子电荷、半径以及阳离子的电子构型有关。硫酸盐受热分解的基本形式是产生金属氧化物和 SO_3。例如：

$$MgSO_4 = MgO+SO_3\uparrow \tag{8.134}$$

若金属离子有强的极化作用，其氧化物在强热时也可能进一步分解。例如

$$4Ag_2SO_4 = 8Ag+2SO_3\uparrow+2SO_2\uparrow+3O_2\uparrow$$

（SO_3 部分分解，可写出许多配平的反应方程式）　(8.135)

若阳离子有还原性，则可能将 SO_3 部分还原。例如：

$$2FeSO_4 \xlongequal{\triangle} Fe_2O_3+SO_3\uparrow+SO_2\uparrow \tag{8.136}$$

将 SO_3 溶于浓硫酸时，得到组成为 $H_2SO_4\cdot xSO_3$ 的发烟硫酸，当 $x=1$，就形成焦硫酸 $H_2S_2O_7$。至今尚未制得纯的焦硫酸。它是一种无色的晶状固体，熔点为 35 ℃。

焦硫酸也可以看成由两分子硫酸间脱去一分子水所得的产物。

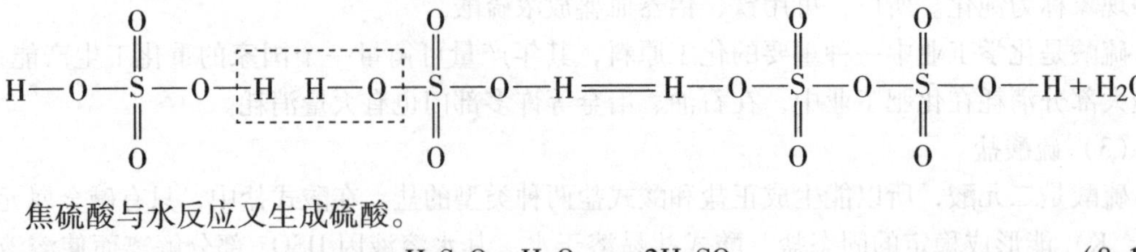

焦硫酸与水反应又生成硫酸。

$$H_2S_2O_7+H_2O = 2H_2SO_4 \tag{8.137}$$

焦硫酸比浓硫酸有更强的氧化性、吸水性和腐蚀性。它还是良好的磺化剂，工业上用于制造某些染料、炸药和其他有机磺酸化合物。

将碱金属的硫酸氢盐加热脱水制得焦硫酸盐，再加强热就进一步分解为正盐和三氧化

硫。例如：

$$2NaHSO_4 \xlongequal{\triangle} Na_2S_2O_7+H_2O \tag{8.138}$$

$$Na_2S_2O_7 \xlongequal{\triangle} Na_2SO_4+SO_3\uparrow \tag{8.139}$$

因此，在某些实验中可用 $NaHSO_4$ 代替 $Na_2S_2O_7$。

焦硫酸盐水解后生成 HSO_4^-。由于 $S_2O_7^{2-}$ 在水中水解，因此无法配制焦硫酸盐溶液。焦硫酸盐的重要作用是熔矿作用，指将某些难溶的碱性或两性氧化物（如 Fe_2O_3、Al_2O_3、Cr_2O_3、TiO_2 等）与 $K_2S_2O_7$ 或 $KHSO_4$ 共熔时，可使其矿物转变成可溶性硫酸盐。例如：

$$Fe_2O_3+3K_2S_2O_7 \xlongequal{\triangle} Fe_2(SO_4)_3+3K_2SO_4 \tag{8.140}$$

$$Al_2O_3+3K_2S_2O_7 \xlongequal{\triangle} Al_2(SO_4)_3+3K_2SO_4 \tag{8.141}$$

这是分析化学中处理难溶样品的一种重要方法。

5. 硫代硫酸及其盐

凡含氧酸分子中的氧原子被硫原子取代而得的酸称为硫代某酸，其对应的盐称为硫代某酸盐。硫代硫酸（$H_2S_2O_3$）可以看成 H_2SO_4 分子中一个氧原子被硫原子取代而得的产物，其键连关系如图 8-13 所示。硫代硫酸极不稳定，至今尚未制得纯的硫代硫酸，但其盐可以稳定存在，如 $Na_2S_2O_3 \cdot 5H_2O$ 是最重要的硫代硫酸盐。

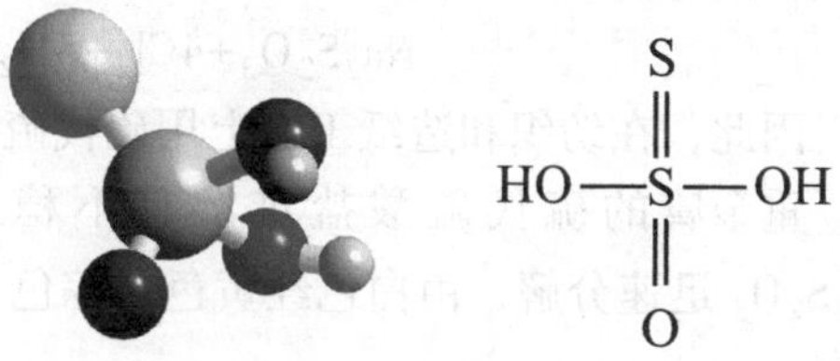

图 8-13　硫代硫酸分子结构

$S_2O_3^{2-}$ 的构型和 SO_4^{2-} 的相似，均为四面体形。$S_2O_3^{2-}$ 中的两个硫原子是不等价的。其中，中心 S 原子的氧化数为+6，另一个 S 原子的氧化数为−2，两个 S 原子的平均氧化数是+2。

制备 $Na_2S_2O_3$ 的方法有两种：

一种方法是在沸腾的温度下使亚硫酸钠溶液同硫粉反应。

$$Na_2SO_3+S \xlongequal{} Na_2S_2O_3 \tag{8.142}$$

另一种方法是将 Na_2S 和 Na_2CO_3 以 2∶1 的物质的量比配成溶液，然后通入 SO_2，反应大致可分三步进行。

首先，Na_2CO_3 和 SO_2 生成 Na_2SO_3：

$$Na_2CO_3+SO_2 \xlongequal{} Na_2SO_3+CO_2\uparrow \tag{8.143}$$

其次，Na_2S 和 SO_2 作用生成 Na_2SO_3 和 H_2S：

$$Na_2S+SO_2+H_2O \xlongequal{} Na_2SO_3+H_2S \tag{8.144}$$

H_2S 是强还原剂，遇到 SO_2 时析出硫：

$$2H_2S+SO_2 \xlongequal{} 3S\downarrow+2H_2O \tag{8.145}$$

最后，Na_2SO_3 与 S 作用生成 $Na_2S_2O_3$：

$$Na_2SO_3+S \xlongequal{} Na_2S_2O_3 \tag{8.146}$$

将上面三个反应合并，得到以下的总反应：

$$2Na_2S+Na_2CO_3+4SO_2 \xlongequal{} 3Na_2S_2O_3+CO_2\uparrow \tag{8.147}$$

溶液浓缩后，冷却至 293～303 K 时即可析出 $Na_2S_2O_3$ 晶体。在制备 $Na_2S_2O_3$ 时，溶液必须控制在碱性范围内，否则将会有硫析出而使产品变黄。利用上述方法制得的硫代硫酸钠常含一些硫酸钠和亚硫酸钠等杂质。

市售 $Na_2S_2O_3 \cdot 5H_2O$ 俗称海波或大苏打。它是无色透明的晶体，易溶于水，其水溶液显弱碱性。$Na_2S_2O_3$ 在中性溶液或碱性溶液中稳定，在酸性溶液中因为生成的硫代硫酸不稳定而分解为单质 S、SO_2 气体和 H_2O。用此反应可鉴定 $S_2O_3^{2-}$ 的存在。

$$S_2O_3^{2-}+2H^+ = S\downarrow +SO_2\uparrow +H_2O \qquad (8.148)$$

硫代硫酸钠是中等强度的还原剂。

$$S_4O_6^{2-}+2e^- \rightleftharpoons 2S_2O_3^{2-} \qquad E_A^{\ominus}=0.08\ \text{V}$$

碘可将硫代硫酸钠氧化成连四硫酸钠 $Na_2S_4O_6$：

$$2Na_2S_2O_3+I_2 = Na_2S_4O_6+2NaI \qquad (8.149)$$

上述反应很重要，分析化学中的碘量法就是利用这一反应来定量测定碘。较强的氧化剂如氯、溴等，可将硫代硫酸钠氧化为硫酸钠。

$$Na_2S_2O_3+4Cl_2+5H_2O = Na_2SO_4+H_2SO_4+8HCl \qquad (8.150)$$

因此，在纺织和造纸工业上用硫代硫酸钠作脱氯剂。

重金属的硫代硫酸盐难溶且不稳定，如 Ag^+ 和 $S_2O_3^{2-}$ 生成 $Ag_2S_2O_3$，在溶液中，$Ag_2S_2O_3$ 迅速分解，由白色经黄色、棕色，最后生成黑色的 Ag_2S。用此法也可鉴定 $S_2O_3^{2-}$ 的存在。

$$2Ag^++S_2O_3^{2-} = Ag_2S_2O_3\downarrow(\text{白}) \qquad (8.151)$$

$$Ag_2S_2O_3+H_2O = Ag_2S\downarrow +H_2SO_4 \qquad (8.152)$$

硫代硫酸钠的另一个重要性质是配合性，它可与一些金属离子形成稳定的配离子，最重要的是硫代硫酸银配离子，如不溶于水的 AgBr 可以溶解在 $Na_2S_2O_3$ 溶液中，就是基于此种性质。

$$AgBr+2S_2O_3^{2-} = [Ag(S_2O_3)_2]^{3-}+Br^- \qquad (8.153)$$

这些配合物均不稳定，遇酸分解。例如

$$2[Ag(S_2O_3)_2]^{3-}+4H^+ = Ag_2S\downarrow +SO_4^{2-}+3S\downarrow +3SO_2\uparrow +2H_2O \qquad (8.154)$$

约 90% 的硫代硫酸钠被用作照相业的定影液，在造纸和纺织工业中，硫代硫酸钠用于还原残留的氯漂白剂，也用于烟道气脱硫。

6. 过硫酸及其盐

凡含氧酸的分子中含有过氧键的，称为过某酸。硫酸分子中含有过氧键就称为过硫酸。过硫酸也可以看成过氧化氢 H—O—O—H 分子中的氢原子被磺酸基（$—SO_3H$）取代的产物。

单取代物：若 H—O—O—H 中一个 H 被 HSO_3^- 取代后得 $H—O—O—SO_3H$，即 H_2SO_5，称为过一硫酸，其键连关系如图 8-14（a）所示。双取代物：另一个 H 也被 HSO_3^- 取代后，则得 $HSO_3—O—O—SO_3H$，即过二硫酸，其键连关系如图 8-14（b）所示。

在过氧键—O—O—中，氧原子的氧化数是-1，而不同于其他氧原子（-2），其中硫原子的氧化数仍然是+6。通常，过二硫酸分子 $H_2S_2O_8$ 中，形式上 S 的氧化数为+7。

过硫酸盐如过二硫酸铵、过二硫酸钾、过二硫酸钠等都是强氧化剂，其标准电极电势为

$$S_2O_8^{2-}+2e^- \rightleftharpoons 2SO_4^{2-} \qquad E_A^{\ominus}=2.01\ \text{V}$$

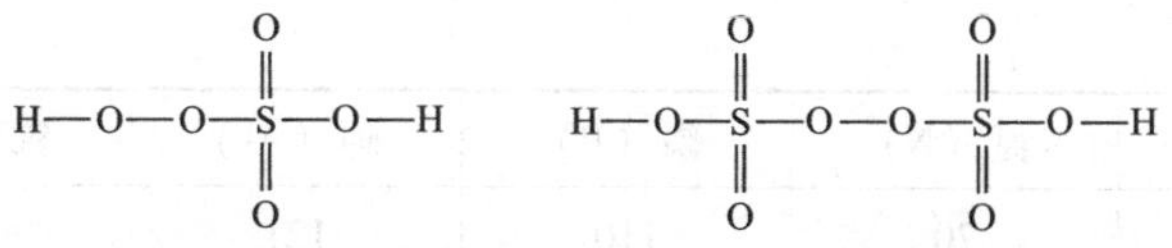

图 8-14　H_2SO_5 和 $H_2S_2O_8$ 的结构示意图

如，过二硫酸钾和铜的反应：

$$Cu+K_2S_2O_8 = CuSO_4+K_2SO_4$$

再如，过二硫酸盐在 Ag^+ 的催化作用下能将 Mn^{2+} 氧化成紫红色的 MnO_4^-。

$$2Mn^{2+}+5S_2O_8^{2-}+8H_2O \xlongequal{Ag^+} 2MnO_4^-+10SO_4^{2-}+16H^+ \quad (8.155)$$

此反应在钢铁分析中用于锰含量的测定。过硫酸及其盐的氧化性实际上是由过氧键引起的，它们作为氧化剂参与氧化还原反应时，过氧键断裂，过氧键中两个 O 原子的氧化数从 −1 降到 −2，而 S 的氧化数不变，仍是 +6。

过二硫酸及其盐均不稳定，加热时容易分解，如 $K_2S_2O_8$ 受热会放出 SO_3 和 O_2。

$$2K_2S_2O_8 \xlongequal{\triangle} 2K_2SO_4+2SO_3\uparrow+O_2\uparrow \quad (8.156)$$

绝大多数过二硫酸盐（>65%）作为聚合反应的引发剂，用于生产聚丙烯腈和乳液聚合法合成聚氯乙烯等过程，其余的用于从蚀刻、印刷电路板到漂白等众多领域。

7. 连二亚硫酸及其盐

$H_2S_2O_4$ 是二元弱酸（$K_{a_1}^{\ominus}=4.47\times10^{-1}$，$K_{a_2}^{\ominus}=3.16\times10^{-3}$）。它的盐比它的酸稳定。连二亚硫酸钠（$Na_2S_2O_4\cdot 2H_2O$）是染料工业常用的还原剂，俗称保险粉。保险粉还原性极强，其水溶液可以吸收空气中的氧气，以保护其他物质不被氧化。

$$2Na_2S_2O_4+O_2+2H_2O = 4NaHSO_3 \quad (8.157)$$

$$Na_2S_2O_4+O_2+H_2O = NaHSO_3+NaHSO_4 \quad (8.158)$$

8.3　氮和磷 Nitrogen and Phosphorus

8.3.1　氮族元素的性质

氮族是位于 p 区正中间的第ⅤA 族元素，其性质呈现强的递变规律。N、P 是典型的非金属元素，Sb 和 Bi 为金属元素，As 是介于非金属和金属之间的准金属元素，从上到下呈现出典型非金属-半金属-金属的一个完整过渡。这一点与ⅥA、ⅦA 族不同。氮族元素的基本性质见表 8-9。

表 8-9　氮族元素的基本性质

性　质	氮（N）	磷（P）	砷（As）	锑（Sb）	铋（Bi）
价电子构型	$2s^22p^3$	$3s^23p^3$	$4s^24p^3$	$5s^25p^3$	$6s^26p^3$
主要氧化数	−3、−2、−1、+1～+5	−3、+3、+5	−3、+3、+5	+3、+5	+3、+5

续表

性　质		氮（N）	磷（P）	砷（As）	锑（Sb）	铋（Bi）
共价半径/pm		70	110	121	141	154.7
离子半径/pm	M^{3-}	171	212	222	245	213
	M^{3+}	16	44	58	76	96
	M^{5+}	13	35	46	62	74
第一电离能/(kJ · mol^{-1})		1 402	1 012	947	834	703
第一电子亲和能/（kJ · mol^{-1}）		—	72.03	78.15	100.1	91.3
电负性(Pauling 标度)		3.04	2.19	2.18	2.05	2.02

如图 8-15 所示，氮族元素价电子构型为 ns^2np^3，有 5 个价电子，价层 p 轨道处于较为稳定的半充满状态。所以本族元素在成键时表现出既不容易失去电子形成+3 价离子，也不容易得到电子形成-3 价离子，而是容易通过共用电子对形成较稳定的共价键的特征，主要氧化数有-3、+3、+5。

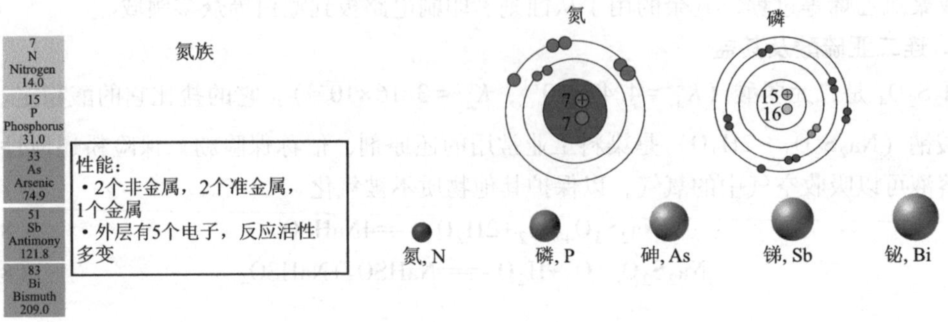

图 8-15　氮族元素

自上而下氧化数为+3 的物质稳定性增加，而+5 氧化态的物质稳定性降低。这是因为自上而下过渡到铋时，由于铋原子半径较大，成键时电子云重叠程度较小，铋原子出现了 4f 和 5d 能级，而 f、d 电子对原子核的屏蔽作用较小，6s 电子又具有较大的钻穿作用，所以 6s 能级显著降低，从而使 6s 电子成为惰性电子对而不易参与成键，铋常显+3 价。这种自上而下低氧化态比高氧化态物质稳定的现象，称为惰性电子对效应。本节主要介绍与含能材料相关的氮和磷元素及其化合物。

N 和 P 是典型的非金属，原子的价电子构型类似，但性质上有很大差别。其原因是 N 价层没有 d 轨道，2s 电子不能向 d 轨道跃迁，最多形成 3 个共价键、1 个配位键（N 的孤电子对），所以 N 原子的配位数不超过 4。而 P 原子的最外电子层有空的 d 轨道，这些 d 轨道也可能参与成键，P 原子的最高配位数可达到 6，如在 PCl_5 中存在 PCl_6^-，其中 P 的杂化轨道为 sp^3d^2。还有 P 除了能形成 σ 配键外，还有空的 3d 空轨道，可以接受过渡金属反馈回来的电子对，形成反馈 π 键，所以配位能力更强。

8.3.2　氮及其化合物

氮在自然界中以单质和化合物形式存在，在地壳中的含量为0.004 6%，在大气中以N_2的形式存在，约占大气的78.1%（体积分数）。化合态的氮分布很广，氮在人体内的质量分数超过5%，是组成氨基酸和蛋白质等的主要元素，也是植物生长的必需元素；自然界最大的含氮矿源为智利硝石（$NaNO_3$）矿。

1. 氮的单质

氮气是无色无味的气体，微溶于水（在273 K和100 kPa下100 cm^3 水能溶解24 cm^3 氮气）。N_2 中因形成三键而键长（109.5 pm）很短，两个氮原子的 p_x 电子形成1个σ键后，p_y 和 p_z 电子又分别形成两个方向互相垂直的π键，如图8-16所示。N_2 在常温下很不活泼，不与 O_2、H_2O、酸和碱等化学试剂反应。当 $T=3\,000$ ℃时，N_2 的解离度仅为0.1%，可认为不分解，但植物根瘤上生活的一些固氮细菌能够在常温常压下把空气中的 N_2 变成氮化物。在放电条件下，N_2 与 O_2 生成NO。

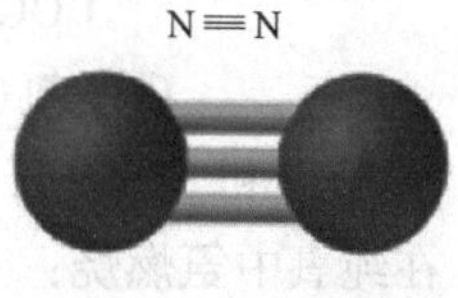

图8-16　氮气的三键

氮主要用于合成氨，以氨为原料可以制造硝酸、化肥和炸药等。由于在常温下具有化学惰性，因此氮气常被用来作保护气体，液氮可以作制冷剂。

2. 氮的氢化物

氮的氢化物主要有氨（NH_3）、联氨（N_2H_4）、羟胺（NH_2OH）和叠氮酸（HN_3）。本节主要介绍前三种化合物。

（1）氨和铵盐（-3氧化数）

在常温常压下，氨是具有刺激性气味的无色气体。NH_3 有较大的极性且分子间能形成氢键，所以其熔沸点高于同族的 PH_3。

氨极易溶于水，是在水中溶解度最大的气体之一。0 ℃时，1 dm^3 水能溶解1 200 dm^3 的氨，在20 ℃时，1 dm^3 水可溶解700 dm^3 氨。氨溶于水则为氨水，每1 cm^3 氨水的质量小于1 g，氨含量越高，氨水的密度越小。一般市售浓氨水每1 cm^3 的质量为0.91 g，含 NH_3 的质量分数约28%。液氨是很好的强离子化溶剂，能溶解许多无机盐。

在氨分子中，氮采取不等性 sp^3 杂化，有一对孤电子对、三个N—H σ键，分子呈三角锥形结构。由于孤电子对对成键电子对的排斥作用，氨分子中N—H共价单键之间的键角变小至107°18′，这种结构使得 NH_3 分子有较强的极性，其偶极矩为1.66*D*，也使得 NH_3 有较强的配位能力。

NH_3 分子的结构特点和分子中N的氧化数决定了它的许多物理性质和化学性质。在一般情况下，氨很稳定。它能参加的化学反应可归纳成4类：配位反应，氨分子的孤电子对向其他反应物配位，有时称为加合反应；取代反应，NH_3 分子的氢可被其他基团取代；氨解反应，类似于水解反应；氧化反应，NH_3 中氮元素具有最低氧化数（-3），被氧化成较高氧化数。下面详细述之。

氨分子中的孤电子对与其他分子或离子成配位键，得到氨的配合物。例如，$Ag(NH_3)_2^+$、$Cu(NH_3)_4^{2+}$、$Cr(NH_3)_6^{3+}$、$Pt(NH_3)_4^{2+}$ 等。常利用生成氯的配合物使一些不溶于水的化合物溶解，如AgCl、$Cu(OH)_2$、$Zn(OH)_2$ 等能溶解在氨水中。

氨中的三个氢可依次被取代，生成相应的氨基、亚氨基和氮化物等衍生物。例如，氨与金属钠的反应，得到白色氨基钠固体，Na 取代了 NH_3 的一个 H 原子。

$$2Na+2NH_3 \xlongequal{} 2NaNH_2+H_2 \quad (8.159)$$

在加热条件下氨与金属反应生成氮化物：

$$3Mg+2NH_3 \xlongequal{} Mg_3N_2+3H_2 \quad (8.160)$$

铵盐与氯气反应生成三氯化氮：

$$NH_4Cl+3Cl_2 \xlongequal{} 4HCl+NCl_3 \quad (8.161)$$

与水类似，液氨可自偶解离：

$$2NH_3 \rightleftharpoons NH_4^+ + NH_2^- \quad (8.162)$$

氨解反应与水解反应类似：

$$\underset{\text{碳酰氯(光气)}}{COCl_2(l)}+4NH_3(l) \xlongequal{} \underset{\text{碳酰胺(尿素)}}{CO(NH_2)_2(aq)}+2NH_4Cl(aq) \quad (8.163)$$

在 NH_3 和 NH_4^+ 中，N 处于最低氧化数（−3），在一定条件下能失去电子而被氧化。例如，在纯氧中氨燃烧：

$$4NH_3+3O_2 \xlongequal{} 2N_2+6H_2O \quad (8.164)$$

在铂催化剂的作用下，氨可被氧化成氧化亚氮：

$$4NH_3+5O_2 \xlongequal{} 4NO+6H_2O \quad (8.165)$$

氯或溴也能在气态或溶液中把氨氧化，氨也可被 HNO_2 氧化：

$$2NH_3+3Br_2 \xlongequal{} 6HBr+N_2 \quad (8.166)$$

$$NH_3+HNO_2 \xlongequal{} N_2\uparrow+2H_2O \quad (8.167)$$

氨与酸可以形成相应的铵盐。铵盐中酸根的酸性越强，铵盐的稳定性越强，因为铵离子半径为 143 pm，与钾离子（133 pm）和铷离子（147 pm）的半径相近。因此，铵盐的性质与碱金属盐类的相似。

铵盐一般是无色易溶于水的晶体，在水中都有一定程度的水解。

$$NH_4^+ + H_2O \rightleftharpoons NH_3\cdot H_2O + H^+ \quad (8.168)$$

铵盐受热容易分解，分解产物与阴离子对应的酸的挥发性、氧化性以及分解温度有关。一般情况可分为以下几种情况：若是不挥发性非氧化性酸的铵盐，分解生成 NH_3 和酸式盐或者酸；若是挥发性非氧化性酸的铵盐，分解生成 NH_3 和相应的酸；若是强氧化性酸的铵盐，分解生成 N_2 或氮的氧化物。

$$(NH_4)_2SO_4 \xlongequal{\triangle} NH_3\uparrow+NH_4HSO_4$$

$$(NH_4)_3PO_4 \xlongequal{\triangle} 3NH_3\uparrow+H_3PO_4$$

$$NH_4Cl \xlongequal{\triangle} NH_3\uparrow+HCl\uparrow$$

$$NH_4NO_3 \xlongequal{\triangle} N_2O\uparrow+2H_2O \qquad N_2O \xlongequal{} N_2\uparrow+\frac{1}{2}O_2\uparrow$$

$$NH_4NO_2 \xlongequal{\triangle} N_2\uparrow+2H_2O$$

$$(NH_4)_2Cr_2O_7 \xlongequal{\triangle} Cr_2O_3+N_2\uparrow+4H_2O$$

$$2NH_4ClO_4 \xlongequal{\triangle} N_2\uparrow+Cl_2\uparrow+2O_2\uparrow+4H_2O$$

NH_4Cl 可除去金属表面的氧化物，所以 NH_4Cl 称为硇砂。

$$2NH_4Cl+3CuO \xlongequal{\triangle} 3Cu+N_2\uparrow+3H_2O+2HCl$$

在含有 NH_4^+ 的溶液中加入强碱可以生成能使红色石蕊试纸变蓝的 NH_3，这是检验 NH_4^+ 的常用方法。

用奈斯勒（Nessler）试剂可以进行定量检验，奈斯勒试剂是碱性四碘合汞（Ⅱ）酸钾溶液，即 K_2HgI_4 的 KOH 溶液，能与 NH_4^+ 生成红棕色沉淀，反应为

$$NH_4^+ + 2HgI_4^{2-} + 4OH^- =\!=\!=$$ 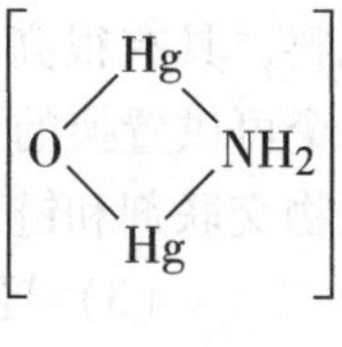 $$I\downarrow + 7I^- + 3H_2O \qquad (8.169)$$

（2）联氨（−2 氧化数）

与氮和氧形成过氧化物类似，氮也可形成过氮化物，最简单的过氮化物为 N_2H_4，称为联氨或肼。N_2H_4 也可以看成 NH_3 内的一个 H 被—NH_2 取代的衍生物，N 上仍有孤电子对。

联氨分子的极性很大，偶极距 $\mu=1.85D$，说明它是顺式结构。N—N 键长为 144.9 pm，N—H 键长为 102.1 pm，∠HNH 为 108°，∠NNH 为 112°，扭转角为 90°～95°，沿 N—N 键轴方向观察，如图 8-17 所示。

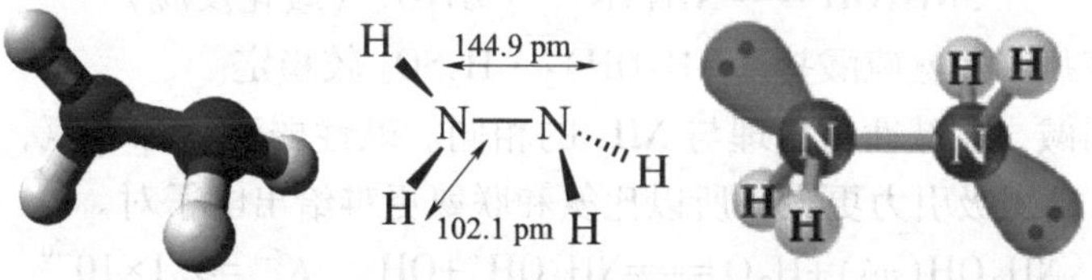

图 8-17　联氨分子结构

联氨的水溶液显弱碱性，是二元弱碱，显碱性的机理与 NH_3 的相同。联氨碱性弱于氨的，这是因为 N 上的孤电子对受到 NH_2 基团吸引力大，所以比氨更难给出电子对。

$$N_2H_4+H_2O \rightleftharpoons N_2H_5^+ + OH^- \qquad K_{b_1}^{\ominus}=8.5\times10^{-7} \qquad (8.170)$$

$$N_2H_5^+ + H_2O \rightleftharpoons N_2H_6^{2+} + OH^- \qquad K_{b_2}^{\ominus}=8.9\times10^{-16} \qquad (8.171)$$

过渡金属离子的存在会加速 N_2H_4 的分解。

$$N_2H_4 \xlongequal{Pb\ 或\ Ni} N_2\uparrow+2H_2\uparrow \qquad (8.172)$$

$$3N_2H_4 =\!=\!= N_2\uparrow+4NH_3(\text{歧化分解})$$

为增加其稳定性，加明胶可以吸附或螯合金属离子，也可制成相应的盐类，如硫酸盐（$N_2H_4\cdot H_2SO_4$）、盐酸盐（$N_2H_4\cdot 2HCl$）等。

N_2H_4 的氧化数为−2，处于中间价态，既有氧化性，又有还原性。

酸中 $E^{\ominus}_{N_2H_5^+/NH_4^+}=1.27\ V$，$E^{\ominus}_{N_2/N_2H_5^+}=-0.23\ V$；

碱中 $E^{\ominus}_{N_2H_4/NH_3}=0.1\ V$，$E^{\ominus}_{N_2/N_2H_4}=-1.15\ V$。

联氨无论在酸中还是碱中作氧化剂，由于动力学原因，其反应速率都非常小，以至于无实际意义，因此只是一个强还原剂，特别是在碱性介质中。

$$N_2H_4+4AgBr═══4Ag+N_2\uparrow+4HBr$$

$$N_2H_4+2H_2O_2═══N_2\uparrow+4H_2O$$

$$5N_2H_4+4MnO_4^-+12H^+═══5N_2\uparrow+4Mn^{2+}+16H_2O$$

$$N_2H_4+HNO_2═══HN_3+2H_2O$$

联氨与空气混合可燃烧并放出大量的热，$(CH_3)_2NNH_2$（偏二甲肼）可作为火箭燃料。

$$N_2H_4(l)+O_2(g)═══N_2(g)+2H_2O(l) \quad \Delta_c H_m^{\ominus}=-622\ kJ\cdot mol^{-1} \qquad (8.173)$$

联氨是一种应用广泛的化工原料，具有很高的燃烧热，可用作火箭和燃料电池的燃料。由于联氨分子有 2 个亲核的氮和 4 个可供置换的氢，可以合成各种衍生物，其中包括塑料发泡剂、抗氧剂、各种聚合物、聚合物交联剂和链延长剂、农药、除草剂和药品等。

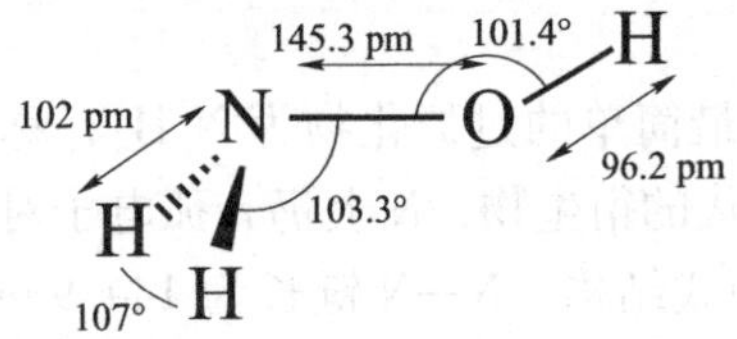

图 8-18　羟氨分子结构

（3）羟氨（-1 氧化数）

羟氨可看成 NH_3 内的一个 H 被—OH 取代的衍生物，N 上仍有孤电子对可以配位。羟氨分子中的 N 和 O 都是以不等性 sp^3 杂化轨道形成 σ 键。羟氨分子的结构如图 8-18 所示。

羟氨是白色固体，不稳定，在 15 ℃左右发生热分解，反应方程式为：

$$3NH_2OH═══NH_3+N_2\uparrow+3H_2O \quad （歧化反应）$$

其水溶液及其盐如羟氨硫酸盐 $(NH_2OH)_2\cdot H_2SO_4$ 较稳定。

羟氨是一元弱碱，显碱性的机理与 NH_3 的相同。碱性弱于氨和联氨，其原因是 N 上的孤电子对受到 OH 基团吸引力更大，所以比氨和联氨更难给出电子对。

$$NH_2OH(aq)+H_2O═══NH_3OH^++OH^- \quad K_b^{\ominus}=9.1\times10^{-9} \qquad (8.174)$$

羟氨和联氨一样，既有氧化性，又有还原性，但以还原性为主。

$$2NH_2OH+2AgBr═══2Ag+N_2\uparrow+2HBr+H_2O \qquad (8.175)$$

羟氨在酸中、碱中均是还原剂，特别是在碱性介质中是强还原剂，可使银盐、卤素还原，本身则被氧化为 N_2、N_2O、NO 等气体产物脱离体系，不会给反应体系带来杂质，因此常用于有机反应中。

3. 氮的氧化物

氮的氧化物有多种，包括 N 的氧化态从+1 到+5 的一系列氧化物，如 N_2O、NO、N_2O_3 和 N_2O_5。氮的氧化物中除 N_2O（笑气）的毒性较小外，其他都有毒性。工业尾气和汽车尾气中含有各种氮的氧化物（主要是 NO 和 NO_2，以 NO_x 表示），NO_x 能破坏臭氧层，产生光化学烟雾，是造成大气污染的原因之一。目前处理废气中 NO_x 的方法之一是用 Cr_2O_3 作催化剂，通入适量的 NH_3 将其还原为氮。

$$6NO+4NH_3═══5N_2+6H_2O \qquad (8.176)$$

在氮的氧化物中，以 NO 和 NO_2 较为重要。下面着重介绍 NO 和 NO_2。其结构如图 8-19 所示。

（1）氧化亚氮的性质

NO 呈无色气体，但在固态或液态时呈蓝色。NO 是奇电子分子，有顺磁性。NO 分子内有孤电子对，易与很多金属形成配合物，其结构如图 8-19 所示。例如，NO 与 $FeSO_4$ 溶液

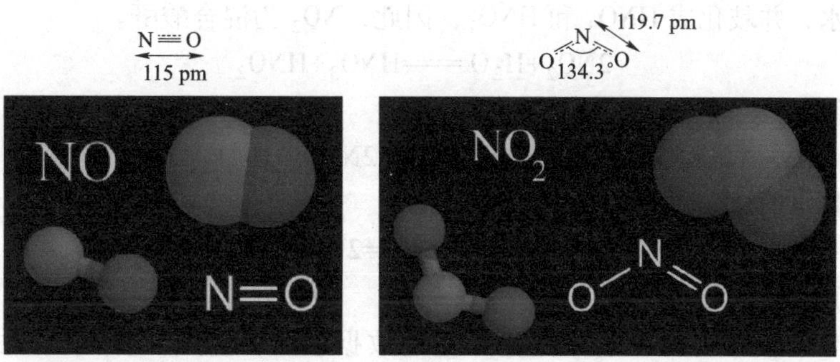

（a）　　（b）

图 8-19　NO（a）和 NO_2（b）的分子结构

形成棕色可溶性的硫酸亚硝酰合铁（Ⅱ）配合物。

$$NO+FeSO_4 \xlongequal{\quad} [Fe(NO)]SO_4 \tag{8.177}$$

NO 不助燃，微溶于水，但不与水反应，也不与酸、碱反应，在大气中极易与氧发生反应生成红棕色的二氧化氮。

氧化亚氮是人体最有效的血管扩张剂，是机体内一种应用广泛而性质独特的信号分子，尤其是在心脑血管调节、神经细胞间的信息交流与传递、血压恒定的维持、免疫体系的宿主防御反应中等方面，都起着十分重要的作用。如果人体不能制造出足够的 NO，会导致一系列严重的疾病，如高血压、血凝失常、免疫功能损伤、神经化学失衡、性功能障碍以及精神痛苦等。

伊格纳罗（L. J. Ignarm）等三位美国科学家成功发现 NO 是一种可以传递信息的气体，它可以通过细胞薄膜，去调节另一细胞的功能。他们的发现开创了生物体系信息传递的新理论。正是这一重大发现和对 NO 的研究，使他们获得 1998 年诺贝尔医学奖。

（2）二氧化氮的分子结构与性质

NO_2 分子为 V 形结构，键角为 134.25°，键长为 119.7 pm。分子内中心 N 原子采取 sp^2 等性杂化，形成两个 σ 键，另一个单电子处于 N 的一个 sp^2 杂化轨道上，剩余 p_z 轨道形成 π_3^4 离域 π 键。从图 8-20 可见 NO_2 也是奇电子分子，有顺磁性，是棕红色气体，易聚合成抗磁性、无色的二聚体 N_2O_4。

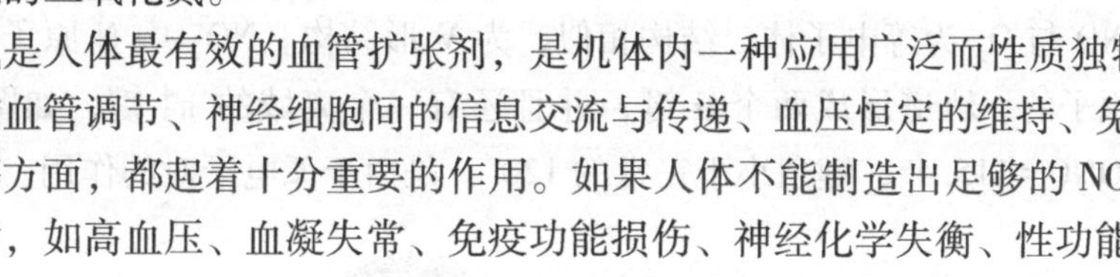

（a）　　（b）

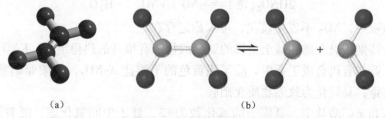

图 8-20　NO_2 和 N_2O_4

（a）N_2O_4；（b）NO_2 与 N_2O_4 的可逆反应

$$2NO_2 \xlongequal{\quad} N_2O_4 \qquad \Delta_r H_m^{\ominus} = -57.2\ kJ \cdot mol^{-1} \tag{8.178}$$

键角∠ONO = 134°和未成对电子占据杂化轨道使 NO_2 容易发生二聚作用，都证实了 N 采取 sp^2 等性杂化和形成 π_3^4。

NO_2 溶于水，并歧化成 HNO_3 和 HNO_2，因此，NO_2 为混合酸酐。

$$2NO_2+H_2O \xlongequal{\quad} HNO_3+HNO_2 \tag{8.179}$$

HNO_2 不稳定，受热立即分解：

$$3HNO_2 \xlongequal{\quad} HNO_3+2NO\uparrow+H_2O \tag{8.180}$$

NO_2 溶于热水的总反应式为：

$$3NO_2+H_2O(热) \xlongequal{\quad} 2HNO_3+NO \tag{8.181}$$

（3）亚硝酸及其盐

亚硝酸有顺式和反式两种结构。红外光谱数据表明，室温下反式比顺式更稳定。如图 8-21 所示。

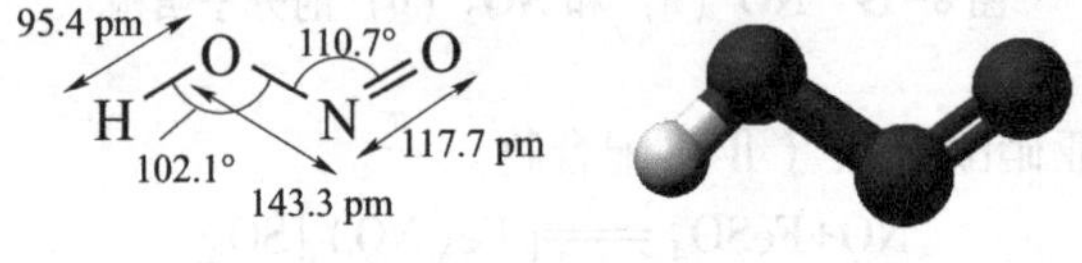

图 8-21　亚硝酸分子结构

亚硝酸根 NO 与 O_3 为等电子体，结构相似，为 V 形结构。NO_2^- 中 N 原子以 sp^2 不等性杂化轨道与氧原子的 p 轨道形成两个 σ 键，并且还有一个离域的 π_3^4 键，如图 8-22 所示。在 NO_2^- 中，∠ONO=115.4°，键角小于正常的 120°，是由于孤电子对的作用。

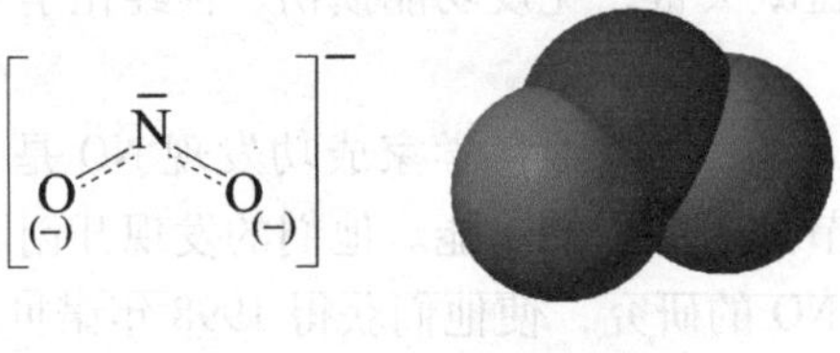

图 8-22　亚硝酸根结构

亚硝酸（HNO_2）是一种弱酸（$K_a^{\ominus}=7.24\times10^{-4}$），酸性略强于乙酸。亚硝酸只能存在于稀冷的溶液中，温度稍高（室温）或浓度稍大，则易发生歧化分解。

$$3HNO_2(稀) \xlongequal{\quad} HNO_3+2NO\uparrow+H_2O \tag{8.182}$$

$$2HNO_2(浓) \xlongequal{\quad} NO\uparrow+NO_2\uparrow+H_2O \tag{8.183}$$

在碱性溶液中，NO_2^- 不发生歧化，可以稳定存在。

亚硝酸盐特别是碱金属和碱土金属的亚硝酸盐都有很高的热稳定性。KNO_2 和 $NaNO_2$ 大量用于染料工业和有机合成工业中。除了浅黄色的不溶盐 $AgNO_2$，一般亚硝酸盐易溶于水。亚硝酸盐均有毒，易转化为致癌物质亚硝胺。

在亚硝酸和亚硝酸盐中，氮原子的氧化数为+3，处于中间氧化态，既有氧化性又有还原性。在酸性溶液中，$E^{\ominus}_{HNO_2/NO}=0.983\ V$，所以 HNO_2 氧化性较强，其还原产物最常见的是 NO。例如

$$2HNO_2+2I^-+2H^+ \xlongequal{\quad} 2NO\uparrow+I_2+2H_2O \tag{8.184}$$

这个反应可以定量地进行，能用于测定亚硝酸盐的含量。

在稀溶液中，NO_2^- 的氧化性比 NO_3^- 的强。例如 NO_2^- 在稀溶液中可氧化 I^-，但 NO_3^- 不能

氧化 I^-，这是由动力学原因所致。亚硝酸和稀硝酸可以据此加以鉴别。

请注意，HNO_2 及其盐的氧化还原性不仅和溶液的酸碱性有关，还和与它反应的氧化剂或还原剂的相对强弱有关。在酸性溶液中，当遇到更强的氧化剂时，HNO_2、NO_2^- 作还原剂，$E^{\ominus}_{NO_3^-/HNO_2}=0.934\ V$，其氧化产物总是 NO_3^-。

$$2MnO_4^-+5NO_2^-+6H^+ = 2Mn^{2+}+5NO_3^-+3H_2O \qquad (8.185)$$

NO_2^- 是两可配体，可以分别以 N 或 O 原子参与配位，以 N 原子配位（$M \leftarrow NO_2^-$）称为硝基配合物，以 O 原子配位（M←ONO—）称为亚硝酸根配合物。例如，在弱酸性条件下 Co^{2+} 与 NO_2^- 反应，首先 Co^{2+} 被 NO_2^- 氧化为 Co^{3+}，后者再与 NO_2^- 作用生成亚硝基配离子 $[Co(NO_2)_6]^{3-}$。

$$3K^++Co^{2+}+7NO_2^-+2H^+ = K_3[Co(NO_2)_6]\downarrow(\text{黄色})+NO\uparrow+H_2O$$

此反应可用来检验 K^+、Co^{2+} 或 NO_2^-。

碱金属和碱土金属的亚硝酸盐都有很高的热稳定性。

KNO_2 和 $NaNO_2$ 大量用于染料工业和有机合成工业中。除了浅黄色的不溶盐 $AgNO_2$ 外，一般亚硝酸盐易溶于水。亚硝酸盐均有毒，易转化为致癌物质亚硝胺。

（4）硝酸及其盐

硝酸分子具有平面结构，其中心 N 原子采取 sp^2 杂化，它的未杂化 p 轨道上的一对电子和两个氧原子的成单 p 电子形成一个离域的 π_3^4 键，如图 8-23 所示。键角∠HON = 102.2°，由两个端氧形成的键角∠ONO = 130.27°，硝酸中 H—O 键长为 96 pm，N—O（端）键长为 119.9 pm，N—O（羟基）键长为 140.6 pm，有分子内氢键。

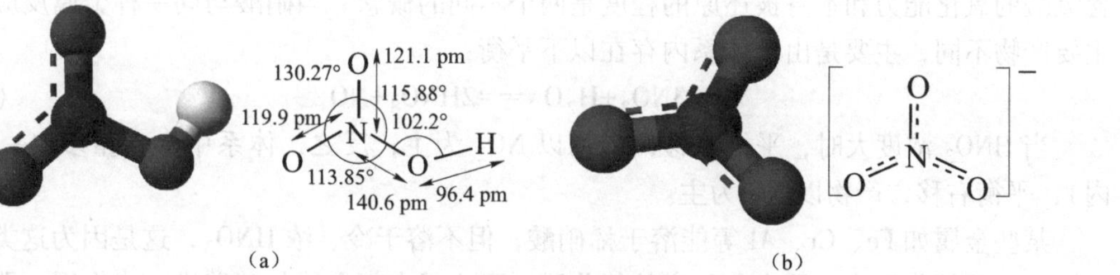

图 8-23 硝酸（a）和硝酸根离子（b）结构图

硝酸根离子为正三角形结构，有 3 个 N—O σ 键，键长为 121 pm，有 1 个 π_4^6 键。离子的对称性高，因而硝酸盐在正常状况下是稳定的。

纯硝酸是无色液体，沸点为 83 ℃，是具有挥发性的强酸，可以任何比例与水互溶。市售浓硝酸是恒沸溶液，含 HNO_3 的质量分数为68%，沸点为 394.8 K，密度为 $1.42\ g\cdot cm^{-3}$，物质的量浓度约为 $16\ mol\cdot dm^{-3}$。

硝酸具有不稳定性、强氧化性、硝化作用三大化学特性，这里只介绍前两项。浓硝酸受热或见光就会逐渐分解，使溶液呈黄色。

$$4HNO_3 \xrightarrow{h\nu,\ \triangle} 4NO_2\uparrow+O_2\uparrow+2H_2O \qquad (8.186)$$

常用的浓 HNO_3 因溶解了过多 NO_2 而呈棕黄色，称为发烟硝酸，反应活性比硝酸的更强。

由于硝酸分子中的氮处于最高氧化态，以及硝酸分子的不稳定性，决定其具有强氧化性，它几乎可以氧化所有的单质（除氯、氧、稀有气体和 Au、Pt、Ir 等贵金属外）。硝酸浓度越大，其氧化性越强（发烟硝酸的氧化性比纯硝酸的还强），而且硝酸自身可被还原成一系列低氧化态的氮的化合物，例如：

$$\overset{+4}{N}O_2—H\overset{+3}{N}O_2—\overset{+2}{N}O—\overset{+1}{N_2}O—\overset{0}{N_2}—\overset{-1}{N}H_2OH—\overset{-2}{N_2}H_4—\overset{-3}{N}H_4^+$$

具体以何种产物为主，不仅与硝酸本身的浓度有关，还取决于还原剂的本性和温度。

浓硝酸和非金属反应还原产物多数为 NO。例如：

$$S+2HNO_3 \longequal H_2SO_4+2NO\uparrow \quad (8.187)$$

$$3P+5HNO_3+2H_2O \longequal 3H_3PO_4+5NO\uparrow \quad (8.188)$$

浓硝酸和金属（包括活泼金属和不活泼金属）反应，均以 NO_2 为主要产物。例如：

$$Cu+4HNO_3(浓) \longequal Cu(NO_3)_2+2NO_2\uparrow+2H_2O$$

稀硝酸与不活泼金属反应，以 NO 为主要产物。例如：

$$3Cu+8HNO_3(稀) \longequal 3Cu(NO_3)_2+2NO\uparrow+4H_2O \quad (8.189)$$

较稀硝酸与较活泼金属反应，以 N_2O 为主要产物。例如：

$$4Zn+10HNO_3(较稀) \longequal 4Zn(NO_3)_2+N_2O\uparrow+5H_2O \quad (8.190)$$

很稀硝酸与活泼金属反应，产物为铵盐。例如：

$$4Zn+10HNO_3(很稀) \longequal 4Zn(NO_3)_2+NH_4NO_3+3H_2O \quad (8.191)$$

可见稀硝酸与还原剂反应，产物多为 NO。HNO_3 越稀，还原产物的氧化数越低；金属越活泼，还原产物的氧化数越低。

氧化能力强的氧化剂，本身被还原的程度（指氧化数下降的程度）不一定就大，因为含氧酸的氧化能力和本身被还原的程度是两个不同的概念。当硝酸与同一种金属反应时，其主要产物不同，主要是由于体系内存在以下平衡：

$$3NO_2+H_2O \rightleftharpoons 2HNO_3+NO \quad (8.192)$$

当 HNO_3 浓度大时，平衡左移，产物以 NO_2 为主；反之，体系中水含量多（一定范围内），平衡右移，产物以 NO 为主。

某些金属如 Fe、Cr、Al 等能溶于稀硝酸，但不溶于冷、浓 HNO_3，这是因为这类金属表面被浓硝酸氧化形成一层十分致密的氧化膜，阻止了内部金属与硝酸进一步作用，即钝化现象。经浓硝酸处理后的钝态金属就不易再与稀酸作用。

尽管浓硝酸具有很强的氧化性，但 Au、Pt 等金属在浓硝酸中仍然很稳定，它们可溶于王水中。

浓盐酸和浓硝酸的体积比约为 3 : 1 的混合溶液称为王水。王水能溶解许多不溶于硝酸的金属，如金和铂等。

$$Au+HNO_3+4HCl \longequal HAuCl_4+NO\uparrow+2H_2O \quad (8.193)$$

$$3Pt+4HNO_3+18HCl \longequal 3H_2PtCl_6+4NO\uparrow+8H_2O \quad (8.194)$$

王水能够溶解金和铂的原因主要是，大量 Cl^- 的存在能够形成稳定的配离子 $AuCl_4^-$ 和 $PtCl_6^{2-}$，使溶液中金属离子浓度减小，电对 $AuCl_4^-/Au$ 和 $PtCl_6^{2-}/Pt$ 的标准电极电势值比电对 Au^{3+}/Au 和 Pt^{4+}/Pt 低得多，所以，反应的结果更倾向于生成稳定的配离子，而不是相应的盐。这是 Au 的两种还原反应竞争的结果。相关的电极电势为

$$E^{\ominus}_{Au^{3+}/Au}=1.498\ V,\ E^{\ominus}_{AuCl_4^-/Au}=1.002\ V,\ E^{\ominus}_{NO_3^-/NO}=0.957\ V$$

可见，王水能溶解 Au 和 Pt 的主要原因不是王水的氧化能力比浓硝酸的强，而是 Cl^- 的配位使金属的还原能力增强起决定性作用。总之，王水是具有酸、氧化剂、配合剂（Cl^-）的三效试剂，而 Cl^- 的配位起了决定性的影响。

硝酸盐大多数都是无色、易溶于水的晶体，其水溶液没有氧化性。硝酸盐的重要性质就是它的热稳定性，固体硝酸盐常温时较稳定，高温时受热迅速分解，分解产物与硝酸盐中相应的金属阳离子的性质有关。碱金属、部分碱土金属（比 Mg 活泼性强的金属）硝酸盐的分解产物多为亚硝酸盐。例如：

$$2NaNO_3 \xlongequal{\triangle} 2NaNO_2 + O_2\uparrow \tag{8.195}$$

在 Mg 和 Cu 之间的金属硝酸盐，因其亚硝酸盐也不稳定，受热继续分解，生成金属氧化物、NO_2 和 O_2。例如：

$$2Pb(NO_3)_2 \xlongequal{\triangle} 2PbO + 4NO_2\uparrow + O_2\uparrow \tag{8.196}$$

在 Cu 以后的金属，因其亚硝酸盐和氧化物都不稳定，受热继续分解，生成金属单质、NO_2 和 O_2。例如：

$$2AgNO_3 \xlongequal{\triangle} 2Ag + 2NO_2\uparrow + O_2\uparrow \tag{8.197}$$

上述硝酸盐热分解的一般规律与金属离子的价电子构型有关，可用离子极化观点加以解释。硝酸盐受热分解均有氧气放出，可助燃。无水固体硝酸盐都是强氧化剂，可用于熔矿、配制火药及各种焰火等。

请注意，含有结晶水的硝酸盐受热时，HNO_3 首先挥发，使体系酸度降低，部分盐水解，形成碱式盐。

$$Mg(NO_3)_2 \cdot 6H_2O \xlongequal{\quad} Mg(OH)NO_3 + HNO_3 + 5H_2O$$

利用亚硝酸盐有还原性而硝酸盐没有还原性这一性质可以鉴别二者。亚硝酸盐与浓硝酸作用有 NO_2 生成，而硝酸盐与浓硝酸作用无 NO_2 生成。最为著名的鉴别方法是棕色环实验。在试管中加入硝酸盐与硫酸亚铁混合溶液，再缓慢沿着试管壁倒入浓硫酸，在浓硫酸与水溶液的界面有棕色的 $Fe(NO)^{2+}$ 生成，从试管的侧面可观察到棕色环；用亚硝酸盐代替硝酸盐进行实验，得到棕色溶液而观察不到棕色环。相关的反应为：

$$NO_3^- + 3Fe^{2+} + 4H^+ \xlongequal{\quad} NO\uparrow + 3Fe^{3+} + 2H_2O \tag{8.198}$$

$$NO + Fe^{2+} \xlongequal{\quad} Fe(NO)^{2+} \tag{8.199}$$

8.3.3　磷及其化合物

自然界的磷主要以磷灰石 $Ca_5(PO_4)_3$(F、Cl、OH)、磷钙石 $Ca_3(PO_4)_2$ 存在。在生物体内也有大量的磷，骨头中 $Ca_5(PO_4)_3(OH)$ 形成矿物质部分，牙齿中含有 $Ca_5(PO_4)_3F$，大脑和神经细胞中含有复杂的有机磷的衍生物，可见磷是重要的生命元素之一。

磷的性质与氮的有很大的差别，主要是由于磷原子的价电子层结构是 $3s^23p^3$，第三电子层有 5 个价电子，还有 5 个空的 $3d$ 轨道，可以形成离子键、共价键和配位键。

1. 磷单质

磷有多种同素异形体，其中常见的是白磷（又称黄磷）、红磷和黑磷。通常所说的磷单质指的就是白磷。纯白磷是无色透明的晶体，遇光逐渐变为黄色，所以又称黄磷。白磷可溶于苯和二硫化碳中，白磷有剧毒，误食 0.1 g 就能致死。白磷晶体是由分子组成的分子晶体，P_4 分子是四面体构型，如图 8-24 所示。分子中 P—P 键长是 221 pm，键角∠PPP＝60°，所以 P_4 分子具有张力，这种张力的存在使每一个 P—P 键的键能减弱，仅 201 kJ · mol^{-1}，易于断裂，因此，白磷在常温下有很高的化学活性。

图 8-24　P_4 分子构型（a）及白磷（b）、红磷（c）和紫磷（d）

白磷与空气接触时发生缓慢氧化作用，部分反应能量以光能的形式放出，这种现象称为磷光现象。白磷的燃点为 34 ℃，可自燃，因此，通常将白磷储存于水中以隔绝空气。白磷的还原性强，与氧化剂反应剧烈，同卤素单质激烈地反应，在氯气中也能自燃生成 PCl_3 或 PCl_5。白磷在空气中燃烧时呈黄色火焰，生成 P_4O_6 或 P_4O_{10}。与冷浓硝酸反应激烈生成磷酸。

$$P_4+10HNO_3+H_2O \xlongequal{} 4H_3PO_4+5NO\uparrow+5NO_2\uparrow \quad (8.200)$$

白磷在热的浓碱溶液中发生歧化反应生成磷化氢和次磷酸盐。

$$P_4+3KOH+3H_2O \xlongequal{\triangle} PH_3\uparrow+3KH_2PO_2 \quad (8.201)$$

白磷在 H_2O 中的歧化速率相当小，可以忽略，因此，少量的白磷可以放在 H_2O 中保存。

2. 磷的化合物

磷的化合物主要有氢化物、卤化物、氧化物、含氧酸及其盐。

（1）磷的氢化物

磷和氢可组成一系列氢化物，如 PH_3、P_2H_4、$P_{12}H_{16}$ 等，其中重要的是 PH_3，称为膦。膦是一种无色、大蒜气味的剧毒气体。与 NH_3 相似，PH_3 具有三角锥形的结构，但其键角要小得多，仅为 93.6°。PH_3 分子的偶极矩 $\mu=0.58D$，极性比 NH_3 的弱得多，在水中的溶解度比 NH_3 的小得多。膦的碱性比 NH_3 的弱得多，其碱式解离常数约为 10^{-28}。PH_3 中 P 的氧化数为−3，它是一个强还原剂。

$$P_4+12H^++12e^- \rightleftharpoons 4PH_3 \qquad E^\ominus=-0.063\ V \quad (8.202)$$

$$P_4+12H_2O+12e^- \rightleftharpoons 4PH_3+12OH^- \qquad E^\ominus=-0.87\ V \quad (8.203)$$

在 150 ℃下，PH_3 能与氧气燃烧生成 H_3PO_4。

$$PH_3+2O_2 \xlongequal{} H_3PO_4 \qquad \Delta_cH_m=-1\ 272\ kJ\cdot mol^{-1} \quad (8.204)$$

平时制得的磷化氢在空气中能自燃，是因为在这个气体中常含有更活泼、易自燃的联膦 P_2H_4，它与联氨是类似物，也是强还原剂。膦能从某些金属盐（Cu^{2+}、Ag^+、Hg^{2+}）溶液中将金属置换出来。

$$8CuSO_4+PH_3+4H_2O \xlongequal{} H_3PO_4+4H_2SO_4+4Cu_2SO_4 \quad (8.205)$$

$$4Cu_2SO_4+PH_3(\text{过量})+4H_2O \xlongequal{} H_3PO_4+4H_2SO_4+8Cu \quad (8.206)$$

PH_3 的配位能力比 NH_3 的强，这是由于配合物中的中心离子可以向 PH_3 配体中的磷原子的 3d 空轨道反馈电子，形成反馈 π 键。

（2）磷的卤化物

卤化磷主要有三卤化磷 PX_3 和五卤化磷 PX_5 两种类型，常见的是磷的氯化物。如图 8-25 所示。

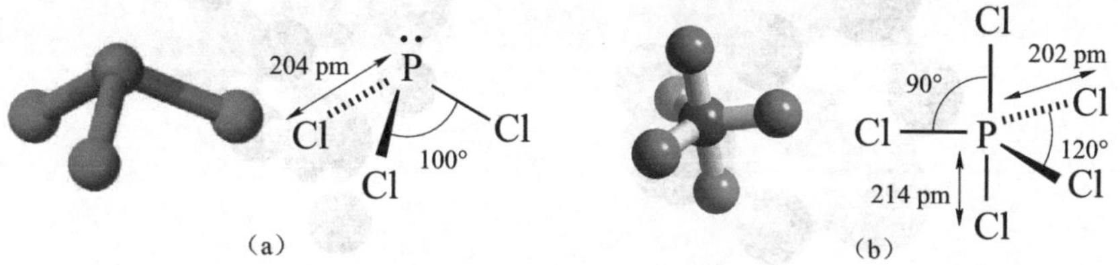

图 8-25 三氯化磷和五氯化磷

（a）三氯化磷；（b）五氯化磷

PF_3（无色气体），PCl_3（无色液体），PBr_3（无色液体），PI_3（红色固体）

PF_5（无色气体），PCl_5（白色固体），PBr_5（黄色固体），PI_5（不易生成）

在一定条件下，氯、溴单质可直接与白磷反应得到相应的三氯化磷和三溴化磷。过量的卤素单质与磷反应可得到五卤化磷。在三卤化磷分子中，磷原子采取 sp^3 杂化，分子呈三角锥形，磷原子上还有一对孤电子对。在五卤化磷分子中，磷原子采取 sp^3d 杂化，在蒸气状态下，分子呈三角双锥形，磷原子位于锥体的中央。

卤化磷的最重要的性质是其水解性，五氯化磷完全水解生成磷酸，控制条件可部分水解为三氯氧磷（氯化磷酰或氯氧化磷）。三氯氧磷在制药生产中经常用于合成磷酸酯或作为卤化剂。

$$PX_3+3H_2O = H_3PO_3+3HX \quad (8.207)$$

$$PCl_5+H_2O(\text{不足量}) = POCl_3+2HCl \quad (8.208)$$

$$POCl_3+3H_2O(\text{过量}) = H_3PO_4+3HCl \quad (8.209)$$

在固态时，PCl_5 形成离子晶体，在其晶格中含有正四面体的 $[PCl_4]^+$ 和正八面体的 $[PCl_6]^-$，两者以离子键相结合。

（3）磷的氧化物

磷的氧化物主要有三氧化二磷 P_4O_6 和五氧化二磷 P_4O_{10} 两种。磷在不充分的空气中燃烧生成的氧化物为 P_4O_6。P_4O_6 可以看作以 P_4 为基础形成的，P_4 分子中的 P—P 键因有张力而不稳定，氧分子进攻时断裂，在每两个 P 原子间嵌入一个氧原子，于是形成了 P_4O_6 分子，如图 8-26 所示。形成 P_4O_6 分子后，4 个 P 原子的相对位置并不发生变化，分子中的氧原子全部为桥氧，分子具有类似球状的结构而容易滑动，因此 P_4O_6 分子有滑腻感。在 P_4O_6 分子中，每个磷原子上还有一个孤电子对，向氧原子空的 p 轨道配位，形成 d-$p\pi$ 配键；同时，氧原子 p 轨道中的电子对向磷原子空的 d 轨道配位，形成 d-$p\pi$ 配键，即每个磷上又增加一个端氧，形成 P_4O_{10}。分子中有 6 个桥氧和 4 个端氧，端氧与磷之间的化学键可以看成双键，如图 8-26 所示。

P_4O_6 是有滑腻感的白色吸潮性蜡状固体，有毒，易溶于有机溶剂中，溶于冷水时缓慢反应生成亚磷酸（H_3PO_3）。和热水反应时，发生歧化反应生成膦和磷酸。

$$P_4O_6+6H_2O(\text{冷}) = 4H_3PO_3 \quad (8.210)$$

$$P_4O_6+6H_2O(\text{热}) = PH_3\uparrow+3H_3PO_4 \quad (8.211)$$

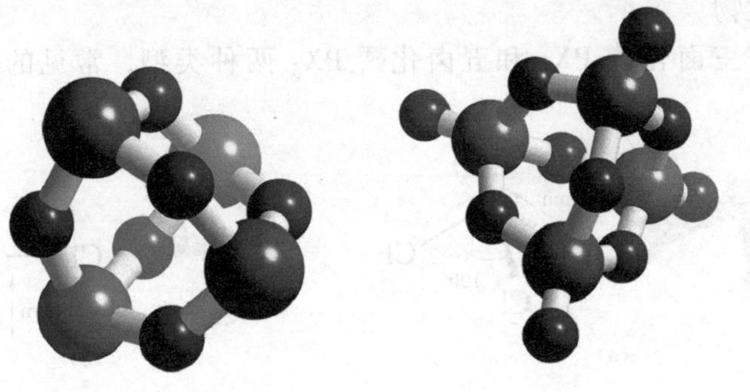

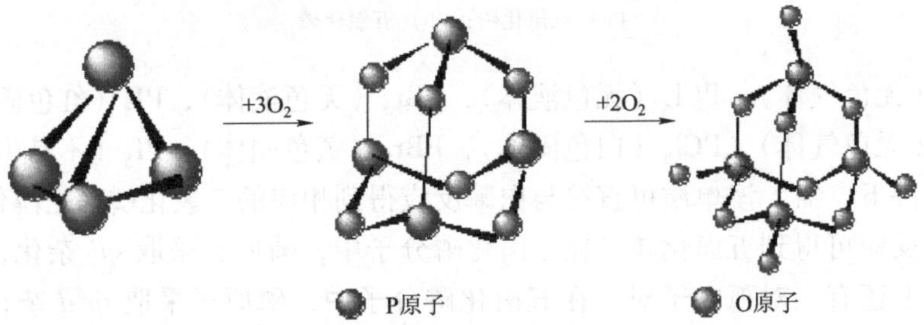

图 8-26　P_4O_6 和 P_4O_{10}的结构与生成反应

P_4O_{10}是白色粉末状固体，是磷酸酐。P_4O_{10}同水作用时放出大量的热，生成 P(Ⅴ)的各种含氧酸。水量不足时，生成偏磷酸，水略多于上述情况时，将生成焦磷酸。

$$P_4O_{10}+2H_2O \xlongequal{} 4HPO_3 \quad (8.212)$$

$$4HPO_3+2H_2O \xlongequal{} 2H_4P_2O_7 \quad (8.213)$$

当有足量的水、加热并有硝酸催化时，P_4O_{10}将很快地完全转化为磷酸。

$$P_4O_{10}+6H_2O \xlongequal{} 4H_3PO_4$$

P_4O_{10}有很强的吸水性，在空气中很快就潮解，是最强的干燥剂之一。P_4O_{10}还可以从许多化合物中夺取化合态的水，是强脱水剂。

$$P_4O_{10}+6H_2SO_4 \xlongequal{} 6SO_3\uparrow+4H_3PO_4 \quad (8.214)$$

$$P_4O_{10}+12HNO_3 \xlongequal{} 6N_2O_5+4H_3PO_4 \quad (8.215)$$

（4）磷的含氧酸及其盐

磷有多种氧化数的含氧酸，其中较重要的见表 8-10。

表 8-10　磷的含氧酸

名称	次磷酸	亚磷酸	磷酸	焦磷酸	三磷酸	偏磷酸
化学式	H_3PO_2	H_3PO_3	H_3PO_4	$H_4P_2O_7$	$H_5P_3O_{10}$	$(HPO_3)_n$
P 的氧化数	+1	+3	+5	+5	+5	+5

纯的次磷酸（H_3PO_2）为白色固体，熔点为 26.5 ℃，易潮解。H_3PO_2的结构如图 8-27 所示，H_3PO_2 分子中含有一个—OH，为一元中强酸，酸性强于磷酸的。

$$H_3PO_2 \rightleftharpoons H^++H_2PO_2^- \quad K_a^{\ominus}=1.0\times10^{-2} \quad (8.216)$$

由于 H_3PO_2 分子中有两个 P—H 键，容易被氧原子进攻，因此，次磷酸及其盐都是强还原剂，特别是在碱性溶液中，还原能力更强。

$$E^{\ominus}_{H_3PO_3/H_3PO_2}=-0.499\ \text{V}$$

$$E^{\ominus}_{HPO_3^{2-}/H_2PO_2^-}=-1.65\ \text{V}$$

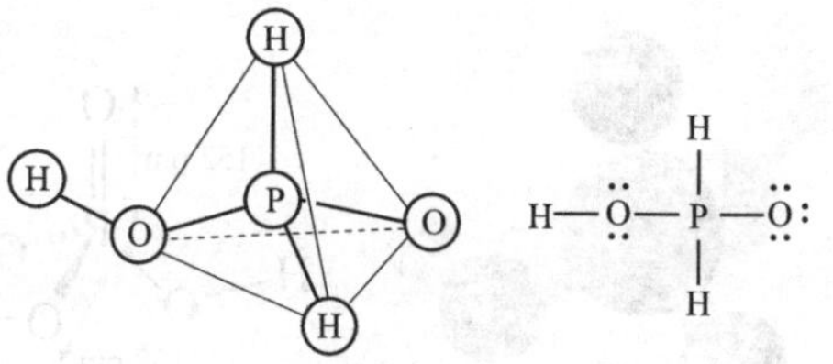

图 8-27 次磷酸分子的空间构型

卤素单质和重金属盐都能在溶液中将次磷酸或次磷酸盐氧化。

$$H_3PO_2+I_2+H_2O = H_3PO_3+2HI \qquad (8.217)$$

$$H_2PO_2^-+2Ni^{2+}+6OH^- = PO_4^{3-}+2Ni+4H_2O \qquad (8.218)$$

所以次磷酸盐常用于化学镀，将金属离子（如 Ni^{2+} 等）还原为金属，在其他金属表面或非金属（塑料）镀件上沉积，形成牢固的镀层。

H_3PO_2 及其盐都不稳定，受热歧化分解放出 PH_3。

$$3H_3PO_2 \xlongequal{\triangle} PH_3\uparrow +2H_3PO_3 \qquad (8.219)$$

纯的亚磷酸（H_3PO_3）为白色固体，熔点约 74.4 ℃，在水中有很高的溶解度，亚磷酸结构如图 8-28 所示。分子中含有两个—OH，为二元中强酸，酸性强于磷酸。$K^{\ominus}_{a_1}=3.72\times10^{-2}$，$K^{\ominus}_{a_2}=2.09\times10^{-7}$，可以形成 $H_2PO_3^-$ 和 HPO_3^{2-} 两类盐。

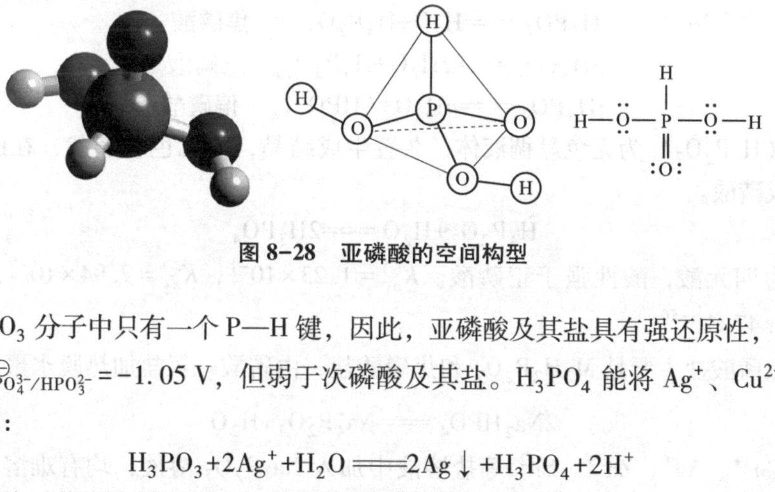

图 8-28 亚磷酸的空间构型

由于 H_3PO_3 分子中只有一个 P—H 键，因此，亚磷酸及其盐具有强还原性，$E^{\ominus}_{H_3PO_4/H_3PO_3}=-0.276\ \text{V}$，$E^{\ominus}_{PO_4^{3-}/HPO_3^{2-}}=-1.05\ \text{V}$，但弱于次磷酸及其盐。$H_3PO_4$ 能将 Ag^+、Cu^{2+} 等离子还原为金属。例如：

$$H_3PO_3+2Ag^++H_2O = 2Ag\downarrow +H_3PO_4+2H^+ \qquad (8.220)$$

亚磷酸受热时能发生歧化反应，碱性条件下更易进行。

$$4H_3PO_3 = 3H_3PO_4+PH_3\uparrow \qquad (8.221)$$

所以制备 H_3PO_3 要用 P_4O_6 和冷水反应。

氧化数为+5 的磷的含氧酸包括正磷酸、焦磷酸、多磷酸和偏磷酸。P_4O_{10}吸水生成磷酸的反应很慢，一般生成偏磷酸、焦磷酸和磷酸等的混合物，只有在 HNO_3 存在下煮沸水溶液，P_4O_{10}才能生成 H_3PO_4。

$$P_4O_{10}+6H_2O \xlongequal[HNO_3]{\triangle} 4H_3PO_4 \qquad (8.222)$$

正磷酸（H_3PO_4）一般简称为磷酸。H_3PO_4 分子为四面体构型，分子中 P 原子采取 sp^3 杂化，其中 3 个 sp^3 轨道与羟基氧原子形成 3 个 σ 键，1 个 sp^3 轨道被孤电子对占据并与另一

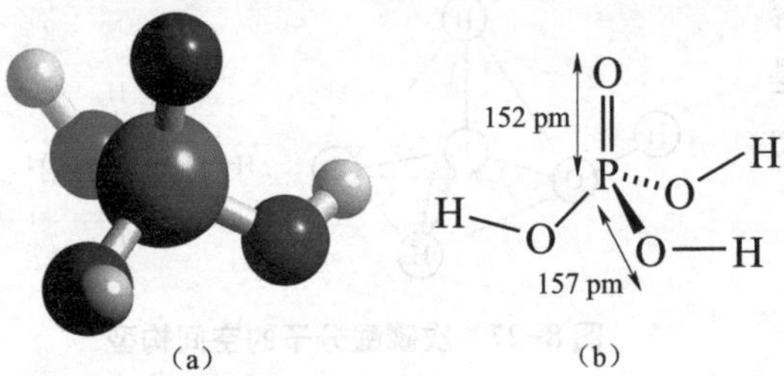

图 8-29　磷酸分子结构

个氧原子形成1个σ配键，此氧原子上的两对孤电子对和P原子的两条3*d*轨道形成2个*d*-*p*π配键（反馈键），使原来的π配键键长缩短、键能加大，接近双键。磷酸的分子结构如图8-29所示。

纯磷酸为无色晶体，熔点为42 ℃，沸点为407 ℃，属于高沸点酸。它能与水以任何比例互溶。市售磷酸是含85% H_3PO_4，相当于浓度为15 mol·dm^{-3}的黏稠状的浓溶液，磷酸溶液黏度较大的原因与浓溶液中存在较多氢键有关。

磷酸是无氧化性、难挥发的三元中强酸。磷酸有三个—OH，磷酸的 $K_{a_1}^{\ominus}=7.11\times10^{-3}$，$K_{a_2}^{\ominus}=6.34\times10^{-8}$，$K_{a_3}^{\ominus}=4.79\times10^{-13}$。

磷酸有很强的配合能力，可以与很多金属离子形成可溶性配合物，如磷酸与 Fe^{3+} 可以生成可溶性无色配合物 $H_3[Fe(PO_4)_2]$ 和 $H[Fe(HPO_4)_2]$，因此，分析化学中常用磷酸掩蔽 Fe^{3+} 的干扰。

$$Fe^{3+}(\text{浅黄色})+2H_3PO_4 = H_3[Fe(PO_4)_2](\text{无色})+3H^+ \qquad (8.223)$$

磷酸强热时发生脱水缩合反应，生成焦磷酸、三磷酸等多磷酸或偏磷酸，例如：

$$H_3PO_4 = H_2O+H_4P_2O_7 \quad \text{焦磷酸} \qquad (8.224)$$

$$3H_3PO_4 = 2H_2O+H_5P_3O_{10} \quad \text{三磷酸} \qquad (8.225)$$

$$nH_3PO_4 = nH_2O+(HPO_3)_n \quad \text{偏磷酸} \qquad (8.226)$$

焦磷酸（$H_4P_2O_7$）为无色黏稠液体，久置生成结晶，为无色玻璃状，在酸性溶液中会缓慢水解生成磷酸。

$$H_4P_2O_7+H_2O = 2H_3PO_4 \qquad (8.227)$$

焦磷酸为四元酸，酸性强于正磷酸。$K_{a_1}^{\ominus}=1.23\times10^{-1}$，$K_{a_2}^{\ominus}=7.94\times10^{-3}$，$K_{a_3}^{\ominus}=2.00\times10^{-7}$，$K_{a_4}^{\ominus}=4.47\times10^{-10}$。

常见的焦磷酸盐主要是 $M_2H_2P_2O_7$ 和焦磷酸盐，由磷酸一氢盐加热脱水聚合而来。

$$2Na_2HPO_4 \xlongequal{\triangle} Na_4P_2O_7+H_2O \qquad (8.228)$$

分别往 Cu^{2+}、Ag^+、Zn^{2+}、Sn^{2+} 等盐溶液中加入 $Na_4P_2O_7$ 溶液，均有难溶的焦磷酸盐沉淀生成，当 $Na_4P_2O_7$ 过量时，过量的 $P_2O_7^{4-}$ 与这些金属离子形成配离子（如 $[Cu(P_2O_7)_2]^{2-}$、$[Mn_2(P_2O_7)_2]^{4-}$）而使沉淀溶解，这些可溶的配阴离子常用于无氰电镀。

8.4 碳、硅、硼 Carbon, Silicon and Boron

8.4.1 碳、硅、硼通性

周期表中碳和硅是第ⅣA族非金属元素，硼是第ⅢA族非金属元素。

1. 电子构型

C、Si 价电子构型：ns^2np^2，价电子数=价电子轨道数，等电子原子。

B 价电子构型：$2s^22p^1$，价电子数<价电子轨道数，缺电子原子。

2. 成键特征

碳、硅、硼元素的电负性较大，要失去价电子层上的 1~2 个 p 电子成为正离子是困难的，它们倾向于将 s 电子激发到 p 轨道而形成较多的共价键，所以碳和硅的常见氧化态为+4，硼为+3。

碳原子不仅可以形成单键、双键、三键，碳原子之间还可以形成长的直链、支链和环形链等，纵横交错，变幻无穷。不仅碳原子间易形成多重键，而且能与其他元素如氮、磷、氧和硫形成多重键，构成了种类繁多的碳化合物。p-$p\pi$ 键是碳的成键特征。如图 8-30 所示。

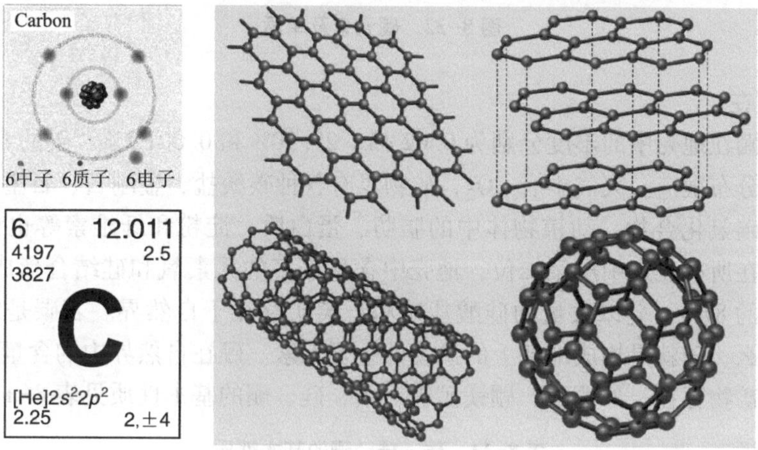

图 8-30　碳元素及其单质

与碳原子不同，硅原子半径较大，不易形成 p-$p\pi$ 键，所以 Si 的 sp 和 sp^2 态不稳定，很难形成多重键（双键或三键）。但可用 $3d$ 价电子轨道，以 sp^3d^2 杂化形成配位数为 6 的 σ 键，如 SiF_6^{2-}。或与 PO_4^{3-} 类似，形成 d-$p\pi$ 配键，如 SiO_4^{2-} 等。如图 8-31 所示，Si 是亲 O、亲 F 元素。

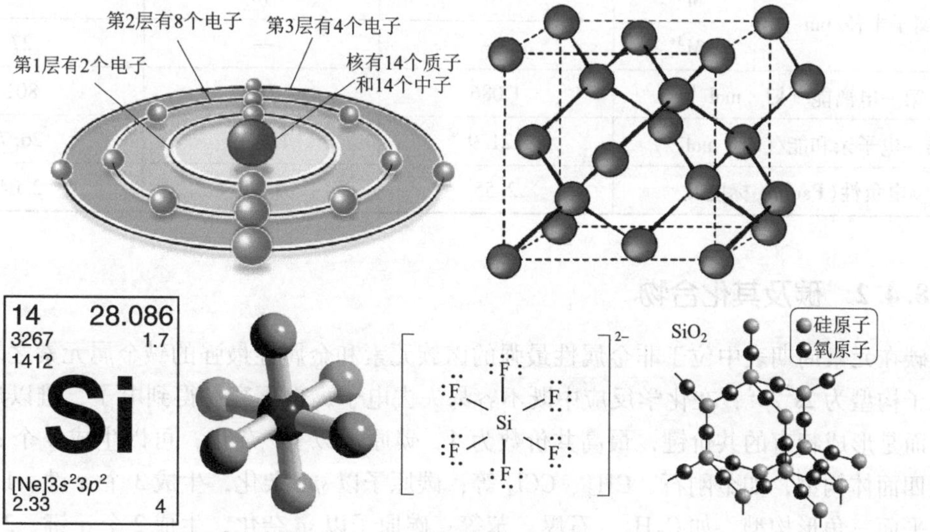

图 8-31　硅单质及其化合物的结构

硼原子是缺电子原子，易形成多中心键。图 8-32 所示为硼单质。

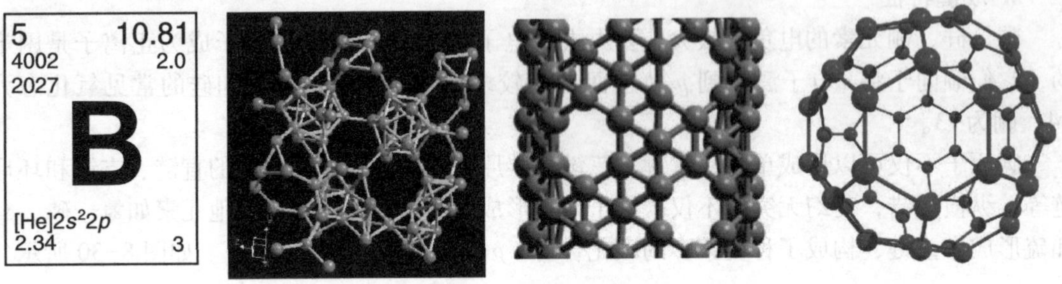

图 8-32　硼元素及单质

3. 自然存在

碳、硅、硼在地壳中的丰度分别为 0.023%、29.50% 和 0.001 2%。碳的含量虽然不多，但在自然界中分布很广。大气中有 CO_2，矿物界有各种碳酸盐、金刚石、石墨和煤，还有石油和天然气等碳氢化合物。动植物体中的脂肪、蛋白质、淀粉和纤维素等也都是碳的化合物。硅的含量在所有元素中居第二位，地壳中含量最多的元素氧和硅结合形成的二氧化硅，占地壳总质量的 87%。硅以大量的硅酸盐矿和石英矿存在于自然界。若碳是组成生物界的主要元素，那么，硅就是构成地球上的矿物的主要元素。硼在自然界中的含量很少，主要以硼酸盐形式的矿物存在，如硼砂、硼镁矿等。碳、硅、硼的基本性质见表 8-11。

表 8-11　碳、硅、硼的基本性质

基本性质		碳（C）	硅（Si）	硼（B）
价电子构型		$2s^2 2p^2$	$3s^2 2p^2$	$2s^2 2p^2$
主要氧化数		+4、+2、0	+4、0	+3、0
共价半径/pm		77	117	88
离子半径/pm	M^{4+}	16	40	—
	M^{3+}	—	—	27
第一电离能/(kJ · mol^{-1})		1 086	786	801
第一电子亲和能/(kJ · mol^{-1})		121.9	133.6	26.7
电负性(Pauling 标度)		2.55	1.90	2.04

8.4.2　碳及其化合物

碳在元素周期表中位于非金属性最强的卤族元素和金属性最强的碱金属元素之间。它的价电子构型为 $2s^22p^2$，在化学反应中既不容易失去电子，也不容易得到电子，难以形成离子键，而是形成特有的共价键，最高共价数为 4。碳原子以 sp^3 杂化，可以生成 4 个 σ 键，形成正四面体构型，如金刚石、CH_4、CCl_4 等；碳原子以 sp^2 杂化，生成 3 个 σ 键、1 个 π 键，形成平面三角形构型，如 C_2H_4、石墨、苯等；碳原子以 sp 杂化，生成 2 个 σ 键、2 个 π 键，形成直线形构型，如 CO_2、C_2H_2、HCN 等；碳原子以 sp 杂化，生成 1 个 σ 键、1 个 π 键、1

个配位 π 键和 1 对孤电子对，形成直线形构型，如 CO。

1. 碳单质

碳有多种同素异形体（金刚石、石墨和 C_{60} 等）和无定形体（活性炭）。金刚石是典型的原子晶体，在金刚石中，每个碳原子都以 sp^3 杂化轨道与邻近的 4 个碳原子以 σ 键相连接，形成三维网络骨架结构，如图 8-33（a）所示。这种结构使金刚石具有硬度大、熔沸点高、化学性质不活泼的性质。在所有物质中，金刚石的硬度最大。金刚石是熔点最高的单质，其熔点高达 3 550 ℃。由于金刚石晶体的每个碳原子都采取 sp^3 杂化，所有价电子都参与了共价键的形成，晶体中没有自由电子，所以金刚石不导电。透明的金刚石可以作宝石或钻石，价格极其高昂。除作装饰品外，黑色和不透明的金刚石在工业上用于制造钻头、精密仪器的轴和切割金属、玻璃矿石的工具。金刚石粉是优良的研磨材料，可以制砂轮。

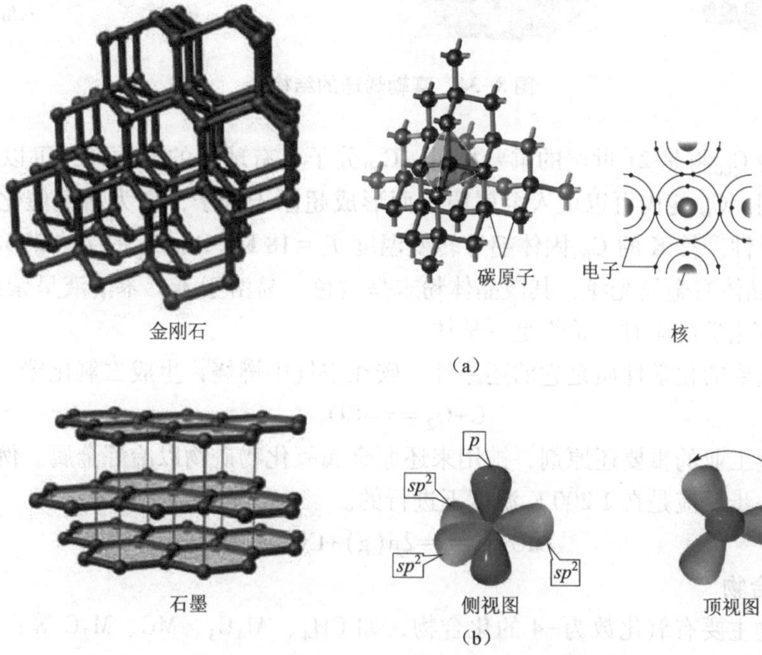

图 8-33　金刚石（a）和石墨（b）的结构

石墨是原子晶体、金属晶体和分子晶体之间的一种过渡型晶体，是碳的另一种固体单质，是较软的黑色固体，略有金属光泽。其熔点略低于金刚石。石墨晶体中每个碳原子以 sp^2 杂化轨道和邻近的 3 个碳原子以共价单键相连接，构成片层结构，如图 8-33（b）所示，每个碳原子均有一个未参与杂化的 p 电子，形成一个离域的大 π 键。这些离域电子可以在整个碳原子平面层中自由移动，所以石墨具有层向的良好导电导热性质。石墨的层与层之间是以分子间力结合起来的，由于层间的分子间力很弱，所以层间易于滑动，因此，石墨质软，具有润滑性。

由于石墨导电导热，具有化学惰性，耐高温，易于成型和机械加工，所以被大量用于制作电极、高温热电偶、坩埚、电刷、润滑剂和铅笔芯等。

20 世纪 80 年代中期，人们发现了碳元素还存在第三种晶体形态。其分子式 C_n 中 n 一般小于 200，称为碳原子簇。在种类繁多的碳原子簇中，人们对 C_{60} 研究得最为深入。C_{60} 分子中的 60 个碳原子构成近似于球形的三十二面体，即由 12 个正五边形和 20 个正六边形组成，相当于截角正二十面体。每个碳原子以 sp^2 杂化轨道和相邻三个碳原子相连，未参加杂化的 p 轨道在 C_{60} 的球面形成大 π 键。由于其形状酷似足球，因此称为足球烯，又称富勒烯。其结构如图 8-34 所示。将 C_{60} 称为足球烯、富勒烯，是因为 C_{60} 中有双键，但是必须强调的是，C_{60} 是碳的一种单质，而不是化合物，不是烯烃。

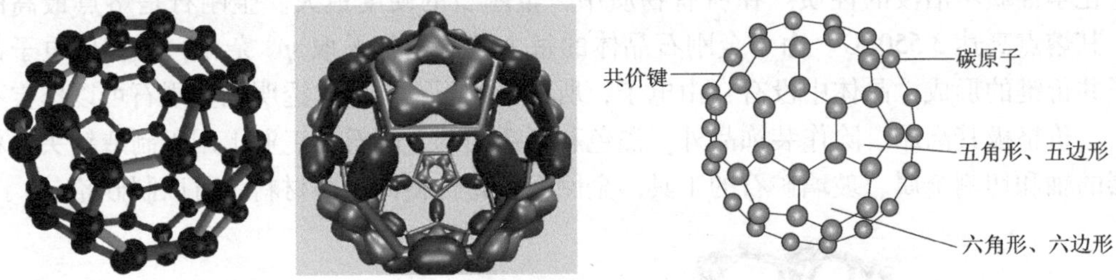

图 8-34　富勒烯球的结构

科学家认为 C_{60} 将是 21 世纪的重要材料。C_{60} 分子具有球形的芳香性，可以合成 $C_{60}F_n$，作为超级润滑剂。C_{60} 笼内可以填入金属原子而形成超原子分子，作为新型催化剂或催化剂载体，具有超导性。掺 K 的 C_{60} 固体超导转变温度 $T_c=18$ K，Rb_3C_{60} 的 $T_c=29$ K，它们是三维超导体。C_{60} 晶体有金属光泽，其微晶体粉末呈黄色，易溶于苯，苯溶液呈紫红色。C_{60} 分子很稳定，进行化学反应时，始终是一整体。

碳单质最重要的化学性质是它的还原性。碳在空气中燃烧，生成二氧化碳。

$$C+O_2 = CO_2$$

焦炭是冶金工业的重要还原剂，被用来还原金属氧化物矿物以冶炼金属。例如，提取金属锌，其中的一步反应是在 1 200 K 温度下进行的。

$$ZnO+C = Zn(g)+CO(g) \quad (8.229)$$

2. 碳的化合物

碳的化合物主要有氧化数为-4 的化合物，如 CH_4、Al_4C_3、MC、M_2C 等；氧化数为+2 的化合物，如 CO；氧化数为+4 的化合物，如 CO_2、碳酸及碳酸盐、$COCl_2$（氯化碳酰又称光气，是极毒的）、CS_2、CX_4 等。这里主要介绍 CO、CO_2、碳酸及碳酸盐、CS_2 和 CCl_4。

（1）一氧化碳

在 CO 分子中，碳原子采取 sp 杂化与氧原子成键。C 原子的 2 个 p 电子可以与 O 原子的 2 个成单的 p 电子形成一个 σ 键和一个 π 键，O 原子上的成对的 p 电子还可以与 C 原子上的一个空的 $2p$ 轨道形成一个配位键。如图 8-35 所示。

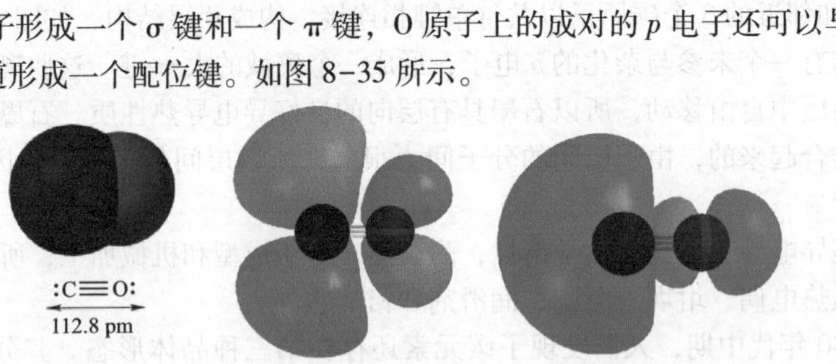

图 8-35　一氧化碳的成键特性及 HOMO、LOMO 分子及轨道

CO 是碳在氧气不充足的条件下燃烧的产物。工业上 CO 气体的大量生产，是将空气和水蒸气交替通入红热炭层。通入空气时的反应为：

$$2C+O_2 \xlongequal{} 2CO \tag{8.230}$$

放出大量的热，得到的气体的组成为

$$CO : CO_2 : N_2 = 25 : 4 : 70 (体积比)$$

这种混合气体称为发生炉煤气。通入水蒸气时的反应为：

$$C+H_2O \xlongequal{} CO+H_2 \tag{8.231}$$

这是一个吸热反应，得到的气体的组成为 $CO : CO_2 : H_2 = 40 : 5 : 50$（体积比），这种混合气体称为水煤气。炉煤气和水煤气都是 CO 气体的主要来源，都是工业上的燃料气。

CO 是一种无色、无臭的气体。在 CO 分子中，因 C 原子略带负电荷（分子内 π 配键所致），这个 C 原子比较容易向其他有空轨道的原子提供电子对形成配位键并生成许多羰基化合物。这也是 CO 分子的键能（1 072 kJ /mol）比 N_2 分子的大（942 $kJ \cdot mol^{-1}$），而它却比 N_2 活泼的一个原因。

CO 属于还原性气体。它是冶金过程中的还原剂，可以将金属氧化物矿物还原成金属。CO 气体可以还原溶液中的二氯化钯，使溶液变黑。

$$CO+PdCl_2+H_2O \xlongequal{} CO_2+2HCl+Pd\downarrow (黑色) \tag{8.232}$$

该反应十分灵敏，可用来检验 CO。

CO 与 CuCl 的酸性溶液的反应进行得很完全，可以用来定量吸收 CO。

$$CO+CuCl+2H_2O \xlongequal{} Cu(CO)Cl \cdot 2H_2O \tag{8.233}$$

在高温下，CO 作为一种配体，能与许多过渡金属反应生成金属羰基配合物，例如：

$$Fe+5CO \xlongequal{} Fe(CO)_5 \tag{8.234}$$

羰基配合物一般是剧毒的。CO 对人体的毒性也很大，原因是 CO 能与血红素（Hb）中的铁结合成羰基配合物，从而使血液失去输送氧的作用。

$$\underset{氧合血红蛋白}{HbFe(\text{II})\leftarrow O_2}+CO \xlongequal{} \underset{羰合血红蛋白}{HbFe(\text{II})\leftarrow CO}+O_2 \tag{8.235}$$

CO 对 HbFe(Ⅱ)配位能力为 O_2 的 230~270 倍，当空气中的 CO 的体积分数达到 0.1% 时，将会引起中毒。当血液中 50% 的血红蛋白与 CO 结合时，即可引起心肌坏死。

(2) 二氧化碳

CO_2 与人类的关系十分密切，它是人体内氧化还原反应的最终产物之一。实际上，只要氧气充足，碳的燃烧都将生成 CO_2。常温常压下 CO_2 是无色气体，在降温或减压下，CO_2 较容易变成液体或固体。高压钢瓶中的 CO_2 是以液态存在的，从钢瓶中取出 CO_2 使用时，液态 CO_2 迅速汽化，致使温度骤降，将生成固态 CO_2（干冰）。干冰可以升华，因此常用来作制冷剂。

工业上煅烧石灰石生产生石灰的过程中，有大量的 CO_2 生成。

$$CaCO_3 \xlongequal{} CaO+CO_2\uparrow \tag{8.236}$$

实验室中用碳酸盐和盐酸的作用来制备 CO_2。

$$CaCO_3+2HCl \xlongequal{} CaCl_2+H_2O+CO_2\uparrow \tag{8.237}$$

CO_2 分子是直线形的，一般认为 C、O 之间有双键：一个 σ 键和一个 π 键。它解释了 CO_2 分子的非极性及 CO_2 具有很高的热稳定性的原因。

但是结构数据表明，CO_2 中碳氧键长介于碳氧双键 C═O 和碳氧三键 C≡O 的键长之间。这一事实要用 CO_2 分子中存在大 π 键来解释。中心碳原子采取 *sp* 杂化方式，用 *sp* 杂化轨道与氧原子的 2*p* 轨道成 σ 键，形成直线形 CO_2 分子。在 *y* 方向，左边氧原子的 $2p_y$ 轨道有 1 个电子，右边氧原子的 $2p_y$ 轨道有 2 个电子，中心碳原子的 $2p_y$ 轨道有 1 个电子。于是在 *y* 方向形成一个离域的 π_3^4 大 π 键。同样，在 *z* 方向也形成一个 π_3^4 大 π 键，如图 8-36 所示。

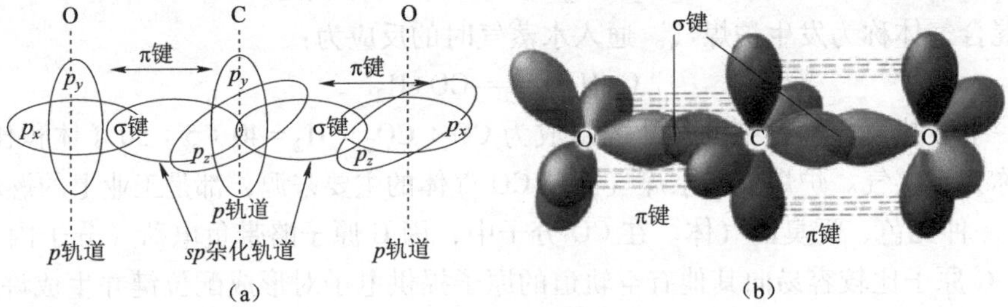

图 8-36　二氧化碳成键方式

CO_2 是工业上生产小苏打 $NaHCO_3$ 和碳酸氢铵 NH_4HCO_3 等的重要原料。

（3）碳酸和碳酸盐

二氧化碳溶于水生成碳酸。碳酸 H_2CO_3 是二元弱酸，其解离平衡常数如下：

$$H_2CO_3 \rightleftharpoons H^+ + HCO_3^- \quad K_{a_1}^{\ominus} = 4.45\times10^{-7} \tag{8.238}$$

$$HCO_3^- \rightleftharpoons H^+ + CO_3^{2-} \quad K_{a_2}^{\ominus} = 4.69\times10^{-11}$$

碳酸的盐类有两种：碳酸盐（正盐）和碳酸氢盐。$NaHCO_3$ 俗称小苏打，溶液显碱性。Na_2CO_3 俗称纯碱，溶液显碱性。图 8-37 所示为碳酸和碳酸氢根的结构。

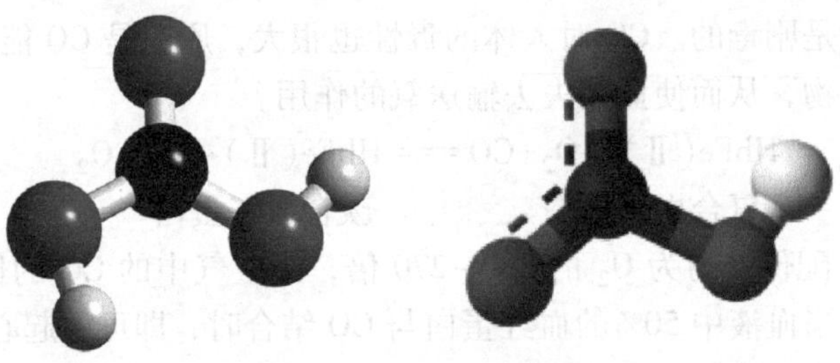

（a）　　（b）

图 8-37　碳酸和碳酸氢根

（a）碳酸；（b）碳酸氢根

下面重点介绍这两类盐在水中的溶解性、水解性和热稳定性。

碱金属（Li 除外）、铵（NH_4^+）和铊（Tl^+）的碳酸盐易溶于水。其他金属的碳酸盐难溶于水。例如，$(NH_4)_2CO_3$、Na_2CO_3 等易溶于水，$CaCO_3$、$MgCO_3$ 等难溶于水。对于难溶的碳酸盐，其相应的碳酸氢盐却有较大的溶解度。难溶的碳酸钙矿石在 CO_2 和水的长期侵蚀下，可部分地转变为 $Ca(HCO_3)_2$ 而溶解。

$$CaCO_3 + CO_2 + H_2O = Ca(HCO_3)_2 \tag{8.239}$$

对于易溶的碳酸盐，其相应的碳酸氢盐却有相对较低的溶解度。向浓的碳酸氨溶液通入 CO_2 至饱和，便可沉淀出 NH_4HCO_3，这是工业上生产碳铵肥料的基础。

碱金属和铵的碳酸盐和碳酸氢盐在水溶液中均因水解而分别显强碱性和弱碱性。

$$CO_3^{2-}+H_2O \rightleftharpoons HCO_3^-+OH^- \tag{8.240}$$

$$HCO_3^-+H_2O \rightleftharpoons H_2CO_3+OH^- \tag{8.241}$$

在金属盐类（碱金属和铵盐除外）溶液中加入 CO_3^{2-} 时，产物可能是碳酸盐、碱式碳酸盐或氢氧化物。究竟是哪种产物，一般取决于反应物的性质（金属离子的水解性）和生成物的性质（金属碳酸盐、氢氧化物的溶解）。

金属离子不水解，如 Ba^{2+}、Ca^{2+}、Ag^+等，其碳酸盐的溶解度又很小，则可沉淀为碳酸盐。例如：

$$Ca^{2+}+CO_3^{2-} = CaCO_3\downarrow \tag{8.242}$$

金属离子有一定程度的水解，如 Cu^{2+}、Zn^{2+}、Pb^{2+}等，其氢氧化物和碳酸盐的溶解度相差不多，则可沉淀为碱式碳酸盐。例如：

$$2Cu^{2+}+2CO_3^{2-}+H_2O = Cu_2(OH)_2CO_3\downarrow+CO_2\uparrow \tag{8.243}$$

$$2Mg^{2+}+2CO_3^{2-}+H_2O = Mg_2(OH)_2CO_3\downarrow+CO_2\uparrow \tag{8.244}$$

金属离子具有强水解性，特别是两性的金属离子，如 Al^{3+}、Cr^{3+}、Fe^{3+}等，其氢氧化物的溶解度很小，则可沉淀为氢氧化物。例如：

$$2Al^{3+}+3CO_3^{2-}+3H_2O = 2Al(OH)_3\downarrow+3CO_2\uparrow \tag{8.245}$$

$$2Fe^{3+}+3CO_3^{2-}+3H_2O = 2Fe(OH)_3\downarrow+3CO_2\uparrow \tag{8.246}$$

因此碳酸钠、碳酸铵常用作金属离子的沉淀剂。

热不稳定性是碳酸盐的一个重要性质，一般有下列热稳定性顺序：碱金属的碳酸盐>碱土金属碳酸盐>*d* 区、*ds* 区和 *p* 区重金属的碳酸盐。碳酸盐受热分解的难易程度与阳离子的极化作用有关。阳离子的极化作用越大，碳酸盐就越不稳定。例如：

$$Ca(HCO_3)_2 = CaCO_3+CO_2\uparrow+H_2O \tag{8.247}$$

H^+（质子）的极化作用最强，所以热稳定性：碳酸盐>碳酸氢盐>碳酸。

（4）碳的硫化物和卤化物

二硫化碳（CS_2）是易挥发（沸点为 226.9 K）、有毒的无色液体，极易燃。

$$CS_2+3O_2 = CO_2+2SO_2 \tag{8.248}$$

和 CO_2 相似，CS_2 也是直线形分子（S═C═S），其偶极矩为零，是常用的有机溶剂。CS_2 不溶于水，但在高于 150 ℃时，CS_2 与水反应。

$$CS_2+2H_2O = CO_2\uparrow+2H_2S \tag{8.249}$$

CS_2 可作有机物、磷和硫的溶剂，大量地被用于生产黏胶纤维，其次用于制玻璃纸和 CCl_4。农业上还用它控制虫害。在碳的卤化物中最常见的为四氯化碳。CCl_4 是非极性分子，稳定，不分解，密度比水的大。CCl_4 可以与乙醇及其他有机溶液完全互溶，是实验室常用的不燃溶剂。工业上和实验室中常用它溶解油脂和树脂。CCl_4 是常用的灭火剂，但不能扑灭着的金属钠。图 8-38 所示为四氯化碳和二硫化碳的结构。

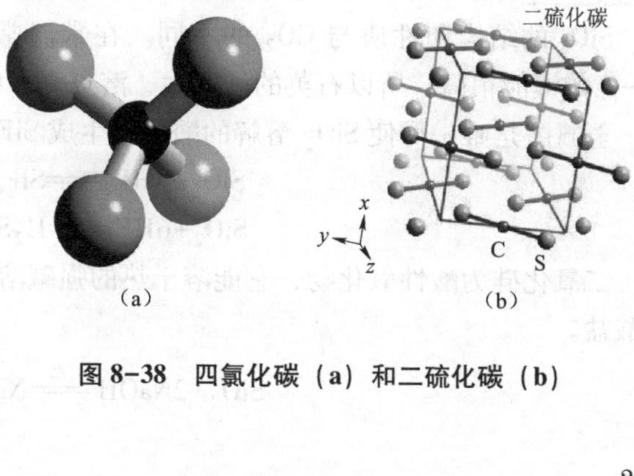

图 8-38　四氯化碳（a）和二硫化碳（b）

8.4.3 硅及其化合物

1. 硅单质

由于硅易于与氧结合，自然界中没有游离态的硅存在。

硅有晶态和无定形两种同素异形体。晶态硅又分为单晶硅和多晶硅，它们的结构类似于金刚石，晶体硬而脆，莫氏硬度为7，具有金属光泽，能导电，但导电率不及金属的，且随温度升高而增加，具有半导体性质，常用于电子工业以及炼钢和电力工业。

单质硅相对较稳定，但加热时与许多非金属单质化合，例如：

硅能与钙、镁、铜、铁、铂、铋等化合，生成相应的金属硅化物。如

$$SiC \xleftarrow{2\,000\ ℃\quad C} Si \xrightarrow{400\ ℃\quad Cl_2} SiCl_4$$

$$Si_3N_4 \xleftarrow{1\,000\ ℃\quad N_2} Si \xrightarrow{600\ ℃\quad O_3} SiO_2$$

$$2Mg+Si = Mg_2Si \tag{8.250}$$

Si 在含氧酸中被钝化，但与氢氟酸及其混合酸反应，生成 SiF_4 或 H_2SiF_6。

$$Si+4HF = SiF_4+2H_2\uparrow \tag{8.251}$$

$$SiF_4+2HF = H_2SiF_6 \tag{8.252}$$

$$3Si+4HNO_3+18HF = 3H_2SiF_6+4NO\uparrow+8H_2O \tag{8.253}$$

无定形硅能与碱猛烈反应，生成可溶性硅酸盐，并放出氢气。

$$Si+2OH^-+H_2O = SiO_3^{2-}+2H_2\uparrow \tag{8.254}$$

硅与在高温下的水蒸气反应：

$$Si+3H_2O(g) = H_2SiO_3+2H_2\uparrow \tag{8.255}$$

2. 硅的含氧化合物

SiO_2 分为晶态和无定形两大类。晶态 SiO_2 是石英的主要成分。纯石英为无色晶体，大而透明的棱柱状石英晶体称为水晶，紫水晶、玛瑙和碧玉等都是含杂质的有色石英晶体。砂子也是混有杂质的石英细粒。硅藻土和蛋白石则是无定形二氧化硅矿石，它们都是含不定量结晶水的 $SiO_2 \cdot nH_2O$。

SiO_2 通过 Si—O 键形成三维网格的原子晶体。在此晶体中，最基本的结构单元是硅氧四面体 SiO_4，即每个硅原子采取 sp^3 杂化轨道与四个氧原子结合，四面体顶点氧原子为两个四面体所共用。因此，从总体上看，Si∶O=1∶2，所以 SiO_2 是二氧化硅的最简式。但是此式不同于 CO_2（分子晶体），它并不表示单个分子。

SiO_2 的结构和性质与 CO_2 的不同。在常温常压下，SiO_2 为固体，是原子晶体，而且 Si—O 的键能很高，所以石英的硬度大、熔点高。CO_2 则为气体，是分子晶体。

氢氟酸是唯一可使 SiO_2 溶解的酸，将生成 SiF_4 或易溶于水的氟硅酸。

$$SiO_2+4HF = SiF_4\uparrow+2H_2O \tag{8.256}$$

$$SiO_2+6HF = H_2SiF_6+2H_2O \tag{8.257}$$

二氧化硅为酸性氧化物，它能溶于热的强碱溶液或溶于熔融的碳酸钠中，生成可溶性的硅酸盐。

$$SiO_2+2NaOH \xlongequal{\triangle} Na_2SiO_3+H_2O \tag{8.258}$$

$$SiO_2+Na_2CO_3 \xlongequal{熔融} Na_2SiO_3+CO_2 \tag{8.259}$$

玻璃的主要成分是 SiO_2，所以玻璃能被碱腐蚀。石英在 1 627 ℃左右熔化成黏稠液体，内部结构 SiO_2 四面体是杂乱排列的，因此，其结构呈无定形，冷却时因黏度大而不易再结晶，变成过冷液体，称为石英玻璃。石英玻璃具有许多特殊性质，如它的热膨胀系数小，可以耐受温度的剧变，用于制造耐高温的仪器。

石英可以拉成丝，这种丝有很高的强度和弹性，是制作光导纤维的原料。水晶可以制作镜片或光学仪器，玛瑙和碧玉可以作装饰宝石。硅藻土为多孔性物质，可以作工业用吸附剂和保温隔声材料。

硅酸是一种白色的胶冻状或絮状的固体，其组成较复杂，往往随生成条件而变，常用通式 $x SiO_2 \cdot y H_2O$ 来表示，是无定形 SiO_2 的水合物。在各种硅酸中，偏硅酸的组成最简单，所以也常用 H_2SiO_3 代表硅酸。硅酸是二元弱酸（$K^{\ominus}_{a_1}=2.2\times10^{-10}$，$K^{\ominus}_{a_2}=1.58\times10^{-12}$），比碳酸的酸性还弱。

硅酸在水中的溶解度较小，溶液呈微弱的酸性。单分子硅酸溶于水后聚合成多硅酸，形成硅酸溶胶。当浓度大或加入电解质时，形成硅酸凝胶。硅酸凝胶烘干并活化，便可制得硅胶。因硅胶具有许多细小的空隙，有较大的比表面积，有较强的吸附能力，常用作干燥剂、吸附剂和催化剂载体。若把凝胶用 $CoCl_2$ 溶液浸泡，则可制得变色硅胶。

硅酸盐中只有 Na_2SiO_3（偏硅酸钠，俗称水玻璃）和 K_2SiO_3 可溶于水，其他大多数硅酸盐难溶于水，且有特征颜色，如 $CuSiO_3$（蓝绿色）、$CoSiO_3$（紫色）、$MnSiO_3$（浅红色）、$NiSiO_3$（翠绿色）、$Fe_2(SiO_3)_3$（棕红色）。若在透明的 Na_2SiO_3 溶液中分别加入颜色不同的固体重金属盐，静置几分钟后，可以看到不同颜色的难溶重金属硅酸盐好像花草一样在水中不断生长，形成美丽的“水中花园”。

自然界存在的各种天然硅酸盐矿物约占地壳质量的 95%，最重要的天然硅酸盐是铝硅酸盐。由于 Al 也能形成 AlO_4 四面体，因此，Al 可以局部取代硅酸盐中硅的位置，这样的矿物就是铝硅酸盐。

分子筛是一类天然的或人工合成的沸石型的水合铝硅酸盐。它们都具有多孔的笼形骨架结构，在结构中有许多孔径均匀的通道和排列整齐、内表面相当大的空穴。这类铝硅酸盐的晶体只能让直径比空穴孔径小的分子进入孔穴，从而可使不同大小的分子得以分离，起到筛选分子的作用。通常把这样的天然铝硅酸盐称为沸石分子筛。

分子筛除了天然的各种沸石外，人工合成的已有几十种，A 型分子筛就是实际生产中最为广泛应用的一种人工合成的铝硅酸盐分子筛。分子筛具有吸附能力和离子交换能力，其吸附选择性远远高于活性炭等吸附剂，而且容量大，热稳定性好，并可以活化再生反复使用。分子筛广泛用于分离技术，如分离蛋白质、多糖和合成高分子等，还可用于干燥气体或液体、作催化剂载体等。图 8-39 所示为沸石结构。

8.4.4　硼及其化合物

B 原子是周期表ⅢA 族中唯一的非金属元素，其价电子构型是 $2s^2 2p^1$。B 原子的价电子少于价电子层数，是缺电子原子。与碳、硅相似，硼以形成共价型分子为特征。硼和硅在周期表中处于一条对角线上，它们的离子极化力接近，有许多性质相似。

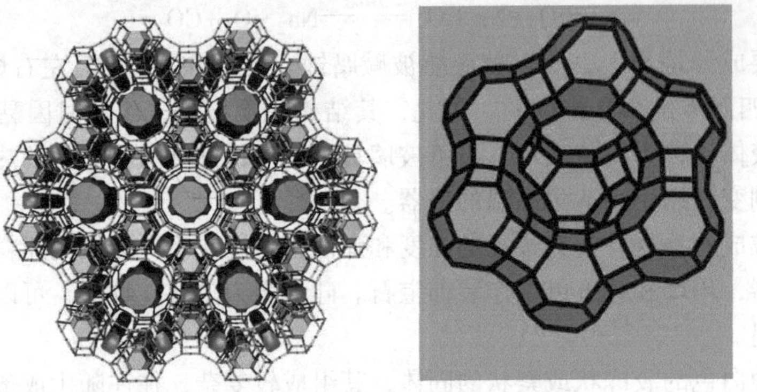

（a）　　　　　　　　　　（b）

图 8-39　沸石的结构示意图

硼及其化合物结构上的复杂性和键型上的多样性，丰富和扩展了现有的共价键理论，因此，硼及其化合物的研究在无机化学发展中占有独特的地位。

1. 硼单质

单质硼有多种复杂的晶体结构，但都是以 B_{12}的二十面体为基本结构单元，每个硼原子和 5 个硼原子相连，如图 8-40 所示。然后 B_{12}的这种二十面体间以不同的连接方式，不同的键型，形成不同类型的硼晶体。其中最普通的一种是 α-菱形硼。

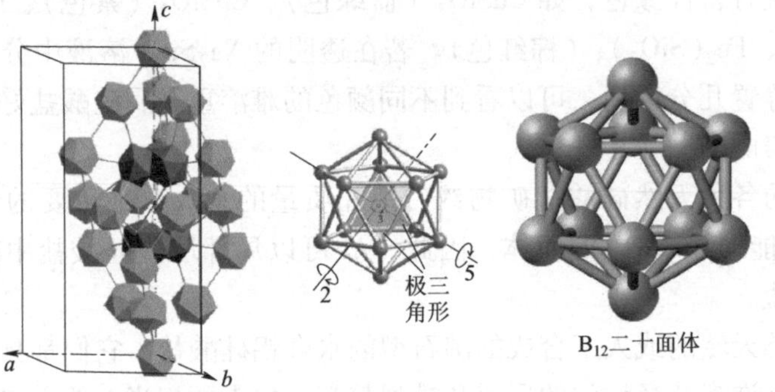

（a）　　　　（b）　　　　（c）

图 8-40　硼单质（B_{12}）

单质硼的晶体属于原子晶体，所以硼的熔点（2 300 ℃）、沸点（2 550 ℃）很高，硬度很大（在单质中仅次于金刚石）。化学性质也不活泼，但无定形硼和粉末状硼较活泼。无定形硼为棕色粉末，熔沸点高。

无定形硼在室温下与 F_2 反应得 BF_3，高温时，除 H_2、Te、稀有气体外，能与所有非金属如 O_2、S、卤素、N_2 等化合，分别得到 B_2O_3、B_2S_3、BX_3、BN 等。

B 和 O_2 的亲和力很强。

$$2B(s)+\frac{3}{2}O_2(g)=\!=\!=B_2O_3(s) \quad \Delta_f H_m^{\ominus}(B_2O_3)=-1\ 273.5\ kJ/mol \tag{8.260}$$

硼与水蒸气作用：

$$2B+6H_2O(g)\xlongequal{赤热}2B(OH)_3+3H_2 \tag{8.261}$$

硼与氧化性酸作用：

$$2B+3H_2SO_4(浓)=\!=\!=2H_3BO_3+3SO_2\uparrow \tag{8.262}$$

B和 O_2 的亲和力超过硅的，所以它能从许多稳定的氧化物（如 Si_2、P_{25}等）中夺取氧，用作还原剂。

$$3SiO_2+4B\xlongequal{强热}3Si+2B_2O_3 \tag{8.263}$$

因此，硼在炼钢工业中用作去氧剂。

2. 硼的化合物

（1）硼的氢化物

硼的氢化物的物理性质类似于烷烃，因此称为硼烷。多数硼烷组成是 B_nH_{n+4}、B_nH_{n+6}，少数为 B_nH_{n+8}、B_nH_{n+10}。硼有复杂的成键特征，但本节只介绍最简单的乙硼烷 B_2H_6。BH_3 不存在是由于B的价层轨道没有被充分利用，且配位数未达到饱和，又不能形成稳定的 sp^2 杂化态的离域大π键。

B_2H_6 中共只有12个价电子，B原子采取 sp^3 不等性杂化，2个B原子各与2个H原子形成4个B—H σ键，这4个键在同一平面上。位于该平面上下且对称的H原子与硼原子分别形成垂直于上述平面的2个三中心二电子键，一个在平面上方，另一个在平面下方，每一个三中心二电子键是由1个H原子和2个B原子共用2个电子构成的，称为氢桥键，如图8-41所示。

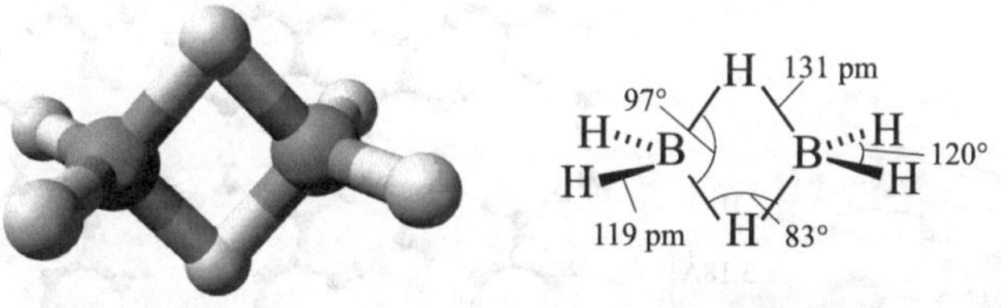

（a）　　　　（b）

图8-41　乙硼烷结构

B_2H_6 是理想的火箭燃料，但有很强的毒性，储存条件苛刻，易燃且易水解。

$$B_2H_6+3O_2=\!=\!=B_2O_3+3H_2O \tag{8.264}$$

$$B_2H_6+6H_2O=\!=\!=2H_3BO_3+6H_2 \tag{8.265}$$

在有机化学上，B_2H_6 是万能还原剂。

$$2NaH+B_2H_6=\!=\!=2NaBH_4 \tag{8.266}$$

另外，B_2H_6 可以制备聚合物，高温稳定，低温保持黏度不变。硼烷化合物可与蛋白质结合，能用于肿瘤治疗。

（2）硼的含氧化合物

硼是亲氧元素，有许多硼的含氧化合物，下面主要介绍三氧化二硼（B_2O_3）、硼酸（H_3BO_3）和硼砂（$Na_2B_4O_7\cdot 10H_2O$）等。

B_2O_3 是白色固体，易溶于水，生成硼酸。由于硼与氧形成的B—O键键能大，因此 B_2O_3 较稳定。其结构如图8-42所示。熔融的 B_2O_3 可熔解许多金属氧化物，反应得到特征颜色，称为硼珠实验。硼珠实验可用于定性分析中，用来鉴定金属离子。

B_2O_3 与 NH_3 反应，在500 ℃生成$(BN)_n$，与石墨、金刚石结构相似。

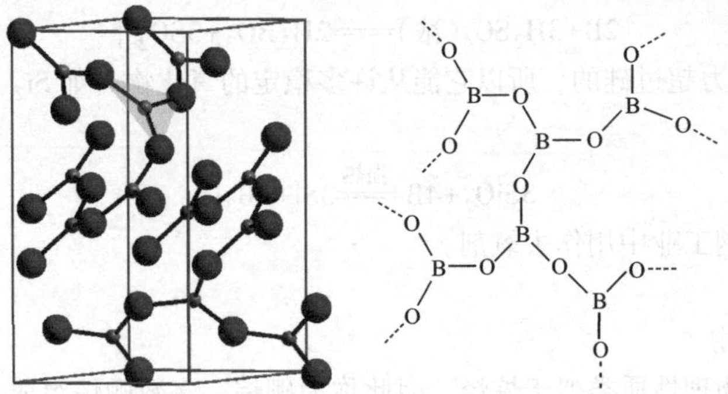

图 8-42　三氧化二硼的空间结构

$$B_2O_3(s)+2NH_3(g)\xlongequal{1\,000\ ℃}2BN(s)+3H_2O(g) \tag{8.267}$$

在 H_3BO_3 的晶体中，每个 B 原子以 3 个 sp^2 杂化轨道与 3 个 O 原子结合成平面三角形结构，每个 O 原子除了以共价键与 1 个 B 原子和 1 个 H 原子相结合外，还通过氢键与另一个 H_3BO_3 单元中的 H 原子结合而连成片层结构，如图 8-43 所示，层与层之间则以微弱的范德华力相吸引。所以硼酸晶体是片状的，有解离性，有滑腻感，可作润滑剂。由于硼酸的缔合（氢键）结构，在冷水中溶解度小，在热水中因部分氢键断裂而使溶解度增大。

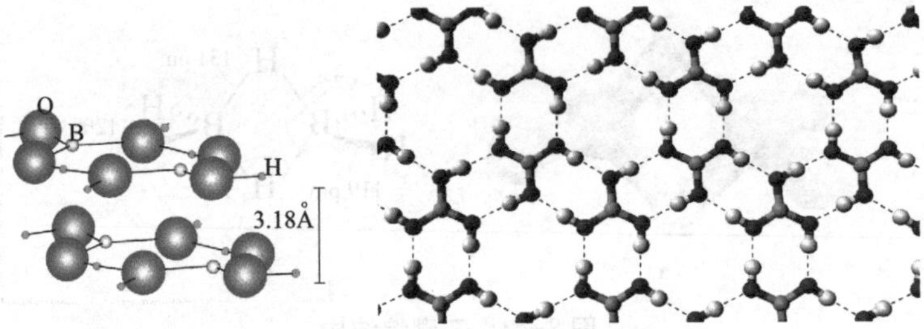

（a）　　　　　　　　　　（b）

图 8-43　硼酸层状结构（a）及缔合氢键（b）

H_3BO_3 为一元弱酸，$K_a^{\ominus}=5.8\times10^{-10}$，它的酸性并不是因为它本身给出质子，而是由于其是缺电子原子，它加合了来自水分子的 OH^- 而释放出 H^+。

利用硼酸的这种缺电子性质，加入多元醇（如甘油或甘露醇）生成稳定的配合物，可使硼酸的酸性增强。

$$B(OH)_3+H_2O = \left[\begin{array}{c} OH \\ | \\ HO—B—OH \\ | \\ OH \end{array}\right]^- +H^+$$

硼酸与碱反应：

$$2NaOH+4H_3BO_3 = Na_2B_4O_7+7H_2O \tag{8.268}$$

常利用硼酸和甲醇或乙醇在浓硫酸存在的条件下，生成的挥发性硼酸酯燃烧所特有的绿色火焰来鉴别硼酸根。

$$H_3BO_3+3CH_3OH = B(OCH_3)_3+3H_2O \quad (8.269)$$

硼酸被大量地用于玻璃和陶瓷工业。因为它是弱酸，对人体的受伤组织有缓和的防腐消毒作用，是医药上常用的消毒剂之一。硼酸也是减少排汗的收敛剂，为痱子粉的成分之一。此外，它还用于食物防腐。

硼砂($Na_2B_4O_7 \cdot 10H_2O$)是最重要的硼的含氧酸盐，是一种带有结晶水的四硼酸的钠盐。其四硼酸根离子$[B_4O_5(OH)_4]^{2-}$是由两个 BO_4 四面体和两个 BO_3 原子面通过共用顶角氧原子而连接成的，其键连关系如图 8-44 所示，所以硼砂的化学式可以写作 $Na_2B_4O_5(OH)_4 \cdot 8H_2O$。硼砂晶体在空气中易失去水而风化。受热到 400 ℃左右，将失去 8 个结晶水和 2 个羟基水，形成化学式为 $Na_2B_4O_7$ 的无水盐。基于这种结构单元的存在，硼砂的化学式经常写成 $Na_2B_4O_7 \cdot 10H_2O$。

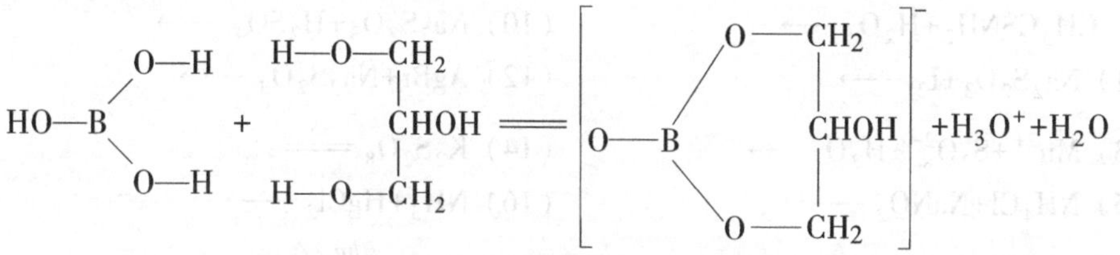

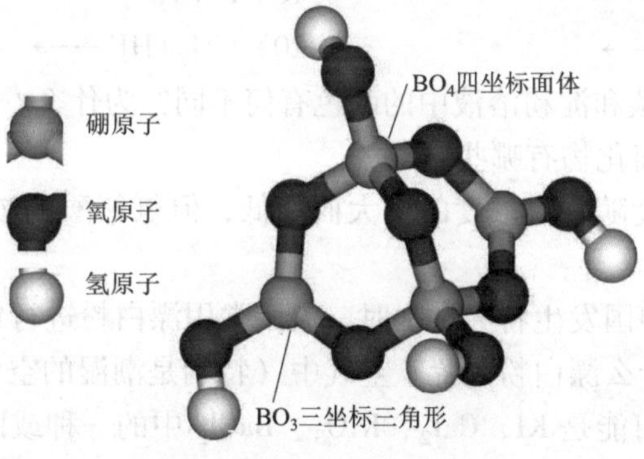

图 8-44　硼砂的酸根结构

硼砂是无色半透明的晶体或白色结晶粉末。在 878 ℃融化为玻璃体，熔融态的硼砂也能溶解一些金属氧化物，并依金属的不同而显出特征的颜色（硼酸也有此性质）。因此，在分析化学中可以用硼砂做硼砂珠实验，以鉴定金属离子。例如：

金属氧化物	CuO	Cu_2O	MnO_2	Cr_2O_3	Fe_2O_3	FeO	CoO	NiO
特征颜色	蓝	蓝	紫	绿	黄	绿	深蓝	褐

硼砂除了鉴别金属外，还可以用来焊接金属，因为它可以消除金属表面的氧化物。硼砂是强碱弱酸盐，可溶于水，在水溶液中水解而显强碱性。

$$B_4O_7^{2-}+H_2O = [HB_4O_7]^-+OH^- \quad (8.270)$$

也可写成：

$$[B_4O_5(OH)_4]^{2-}+5H_2O = 2H_3BO_3+2B(OH)_4^- \quad (8.271)$$

硼砂水解时得到等物质的量的酸和碱，所以这个水溶液具有缓冲作用，pH 为 9.23。常用于分析化学中的硼砂易于提纯，水溶液又显碱性，在实验室中常用它配制缓冲溶液或作为标定酸浓度的基准物质。

硼砂的水溶液由于水解而显强碱性，所以硼砂除了前面提过的用途以外，还是肥皂和洗衣粉的添料。

思考题

1. 完成下列反应方程式。

(1) Cl_2+OH^-(冷)$\longrightarrow$

(2) $Cl_2+OH^-\longrightarrow$

(3) $Na_2CO_3+Br_2\longrightarrow$

(4) $HBr+H_2SO_4$(浓)$\longrightarrow$

(5) $H_2S+I_2(aq)\longrightarrow$

(6) $HClO+HCl\longrightarrow$

(7) $Mn(OH)_2+H_2O_2\longrightarrow$

(8) $MnO_4^-+H_2O_2+H^+\longrightarrow$

(9) $CH_3CSNH_2+H_2O\longrightarrow$

(10) $Na_2S_2O_3+H_2SO_4\longrightarrow$

(11) $Na_2S_2O_3+I_2\longrightarrow$

(12) $AgBr+Na_2S_2O_3\longrightarrow$

(13) $Mn^{2+}+S_2O_8^{2-}+H_2O\longrightarrow$

(14) $K_2S_2O_8\xlongequal{\triangle}$

(15) $NH_4Cl+NaNO_2\longrightarrow$

(16) $NH_3+HgCl_2\longrightarrow$

(17) $(NH_4)_2Cr_2O_7\xlongequal{\triangle}$

(18) $HNO_3\xlongequal{h\nu,\ \triangle}$

(19) $N_2H_4+HNO_2\longrightarrow$

(20) $SiO_2+HF\longrightarrow$

2. I_2 在水、四氯化碳和淀粉溶液中的颜色有何不同？为什么？

3. 常见的难溶金属卤化物有哪些？

4. 一般弱酸的解离度随溶液浓度的增大而降低，但氢氟酸的浓溶液的解离度大于稀溶液，为什么？

5. 20世纪90年代中国发生特大洪水时，灾民常用漂白粉进行饮用水的杀菌消毒，但有些漂白粉已经失效。为什么漂白粉久置于空气中（特别是潮湿的空气中）会失效呢？

6. 有一白色固体，可能是 KI、CaI_2、KIO_3、$BaCl_2$ 中的一种或两种的混合物。根据下列事实判断固体的确切组成。

(1) 将白色固体溶于水得无色溶液；

(2) 将上述溶液用稀硫酸酸化，有白色沉淀生成，同时溶液变为黄色，再加入淀粉后溶液变蓝；向上述蓝色溶液中加入烧碱溶液，蓝色消失，但仍有白色沉淀存在。

7. 将一常见的易溶于水的钠盐 A 与浓硫酸混合后加热得无色气体 B。将 B 通入酸性高锰酸钾溶液后有黄绿色气体 C 生成。将 C 通入另一钠盐 D 的水溶液中则溶液变黄、变橙，最后变为红棕色，说明有单质 E 生成。向 E 中加入氢氧化钠溶液得无色溶液 F，当酸化该溶液时，又有 E 出现。请问 A、B、C、D、E、F 各为何物质？写出有关的化学反应方程式。

8. 解释下列现象。

(1) 碘在水溶液中溶解度较小，而在 CCl_4 和碘化钾水溶液中溶解度较大；

(2) 用浓硫酸与氯化物作用可以制得氯化氢，是否可以用同样的方法制取 HBr 和 HI?

9. 为什么在雷雨天气雨水常会有一种腥臭味？

10. 从保护环境角度出发，用 H_2O_2 作氧化还原剂有什么好处？试举例说明。目前工业上主要用什么方法制备过氧化氢？

11. 影响过氧化氧稳定性的因素有哪些？如何储存过氧化氢溶液？

12. 常见的金属硫化物中，哪些易溶于水？哪些可溶于稀盐酸？哪些可溶于浓盐酸？哪些可溶于硝酸溶液？哪些可溶于王水？

13. SO_2 的漂白性能与 Cl_2 的漂白性能有何不同？

14. 写出下列物质的化学式。

焦硫酸钠、过二硫酸钾、连四硫酸钠、保险粉、芒硝、海波、摩尔盐、皓矾、闪锌矿、方铅矿、重晶石、明矾、石膏

15. 现有五瓶无色溶液：Na_2S、Na_2SO_3、$Na_2S_2O_3$、Na_2SO_4、$Na_2S_2O_8$，均失去标签，试加以鉴定，并写出有关化学反应方程式。

16. 一无色钠盐溶于水得无色溶液 A，用 pH 试纸检验知 A 溶液显碱性。向 A 中滴加 $KMnO_4$ 溶液，则紫红色褪去，说明 A 被氧化为 B。向 B 溶液中加入 $BaCl_2$ 溶液得不溶于强酸的白色沉淀 C。向 A 溶液中加入盐酸，有无色气体 D 放出，将 D 通入 $KMnO_4$ 溶液则又得到无色的 B 溶液。向含有淀粉的 KIO_3 溶液中滴加少许 A，则溶液立即变蓝，说明有 E 生成，A 过量时，蓝色消失，得无色溶液 F。判断 A、B、C、D、E、F 各为何物质。写出有关的化学反应方程式。

17. 完成下列制备过程并写出有关的化学反应方程式。

（1）由纯碱和硫黄制备大苏打；

（2）由黄铁矿制备过二硫酸钾。

18. N_2H_4、NH_2OH、H_2O_2 具有很多类似性质，如容易分解、具有氧化还原性、都能作为电子对给予体等。试按酸性降低的次序排列这三种化合物。

19. 举例说明铵盐热分解的类型。

20. 金属与硝酸反应，就金属来讲，有几种类型？就硝酸的还原产物来讲，有几种类型？在与不活泼金属反应时，为什么浓 HNO_3 被还原的产物主要是 NO_2，而稀硝酸被还原的产物主要是 NO？

21. 举例说明硝酸盐的热分解类型。

22. 在用铜与硝酸反应制备硝酸铜时，应选用稀硝酸还是浓硝酸？

23. 氮族元素可以形成哪些氯化物？分别写出它们的水解反应方程式。

24. 虽然单质硅结构类似于金刚石，但其熔点、硬度比金刚石的差，为什么？

第9章

主族金属元素选述

Metallic Elements in Main Group Selected Description

9.1 碱金属及其化合物 Alkali Metals and Its Compounds

碱金属是周期表 ⅠA 族元素，包括锂、钠、钾、铷、铯、钫六种金属元素。其中锂、铷、铯是稀有金属，钫是放射性元素（本章不作讨论）。由于它们的氢氧化物都是易溶于水的强碱，所以称其为碱金属元素（图 9-1）。碱金属元素的基本性质见表 9-1。

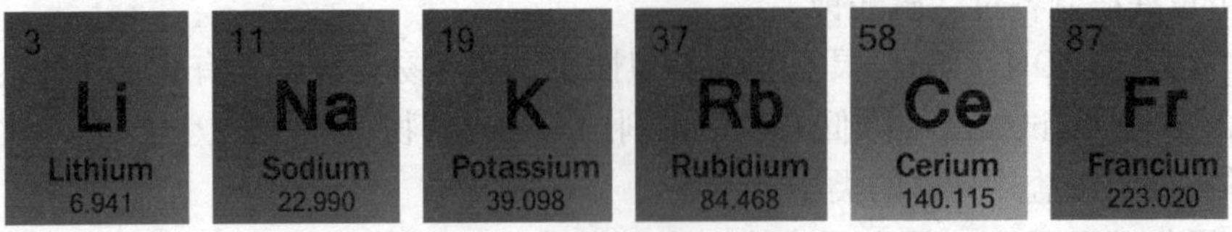

图 9-1 碱金属元素

表 9-1 碱金属元素的基本性质

性质	锂（Li）	钠（Na）	钾（K）	铷（Rb）	铯（Cs）
价电子构型	$2s^1$	$3s^1$	$4s^1$	$5s^1$	$6s^1$
第一电离能/（$kJ \cdot mol^{-1}$）	520	496	419	403	376
第二电离能/（$kJ \cdot mol^{-1}$）	7 298	4 562	3 051	2 632	2 234
电负性（Pauling 标度）	0.98	0.93	0.82	0.82	0.79
金属半径/pm	152	186	227	248	265
M^+半径/pm	59	99	137	152	167
$M^+ + e^- \rightleftharpoons M$　$E^\ominus$ / V	-3.04	-2.71	-2.93	-2.98	-3.03

9.1.1 碱金属通性

碱金属元素属于周期系的 *s* 区元素，为第 ⅠA 元素，碱金属元素原子的价电子构型为次外层为 8 电子（Li 为 2 电子）的稳定结构，对核电荷的屏蔽效应较强，所以这一个价电子离核较远，特别容易失去，因此，各周期元素的第一电离能以碱金属为最低。同一族元素自上而下随着核电荷数的增加，原子半径、离子半径逐渐增大，电离能、电负性逐渐减小，金属活泼性、还原性逐渐增强，均为活泼金属（H 除外）。碱金属元素的标准电极电势都很小，从 Na 到 Cs 逐渐减小，但 Li 比 Cs 还小，表现出反常性。这是由于与同族元素相比，Li 的原子半径和离子半径小，离子的静电作用力较强。

碱金属元素的原子很容易失去一个电子而呈+1 氧化态。由于碱金属元素第二电离能远远高于第一电离能，所以它们不会具有其他氧化态。碱金属元素在化合时多以离子键结合，但在某些情况下仍显一定程度的共价性。

由于碱金属的化学活泼性很强，在自然界中只能以化合态形式存在。除海水中存在大量的钠、钾的氯化物和硫酸盐外，在地壳中钠和钾的分布很广，丰度很高，在已发现的百余种元素中居于前十位，见表 9-2。其中主要矿物有：

Li：锂辉石 $LiAl(SiO_3)_2$。Na：岩盐 NaCl，芒硝 $Na_2SO_4 \cdot 10H_2O$，钠长石 $Na[AlSi_3O_8]$。K：光卤石 $KCl \cdot MgCl_2 \cdot 6H_2O$，钾长石 $K[AlSi_3O_8]$，明矾 $KAl(SO_4)_2 \cdot 12H_2O$。

表 9-2 地壳中主要含量元素的丰度（质量分数） %

元素	O	Si	Al	Fe	Ca	Na	K	Mg	Ti	H
丰度	46.60	27.72	8.13	5.00	3.63	2.83	2.59	2.09	0.44	0.14

其中 Na^+、K^+ 是人体必需的常量元素，其主要功能是维持体液的解离平衡、酸碱平衡和渗透平衡。

1. 碱金属单质

(1) 物理性质

碱金属是具有金属光泽的银白色金属。碱金属的密度都小于 $2\ g \cdot cm^{-3}$，其中锂、钠、钾的密度均小于 $1\ g \cdot cm^{-3}$，能浮在水面上，是典型的轻金属。碱金属是典型的软金属。这是由于碱金属原子半径较大，又只有 1 个价电子，所形成的金属键很弱。碱金属的硬度都小于 2，可以用刀切割；从 Li 到 Cs 的熔点分别为 180.5 ℃、97.8 ℃、63.5 ℃、39.3 ℃和 28.5 ℃，铯的熔点比人的体温还低。在碱金属的晶体中有活动性较强的自由电子，因而它们具有良好的导电性、延展性。钠的导电性比铜、铝的还好。

碱金属在常温下就能形成液态合金，其中最重要的合金有钠钾合金和钠汞齐。锂铅合金具有较大的硬度，可用来制造火车的机车轴承；锂铝合金具有高强度和低密度的性能，是制造航空、航天产品所需要的材料；钠汞齐因还原性缓和，常用作有机合成反应的还原剂；钠钾合金因其比热大、液化范围宽，可用作核反应堆的冷却剂。

碱金属对光十分敏感，铷、铯主要用于制造光电管。在一定波长光的作用下，碱金属的电子可获得能量而从金属表面逸出，从而产生光电效应。将碱金属的真空光电管安装在宾馆或会堂的自动门上，当光照射时，由光电效应产生电流，形成闭合回路，驱动装置，使门关上。当人走在自动门附近时，遮住了光，光电效应消失，电路断开，门就会自动打开。

(2) 化学性质

碱金属是化学活泼性很强的金属元素，其电负性和标准电极电势 $E^{\ominus}(M^+/M)$ 很小。碱金属单质最突出的化学性质是强还原性，能与大多数的非金属元素形成相应的化合物，如与氧气、水反应。碱金属都能与水反应，生成 MOH，并放出氢气。

$$M + H_2O \xlongequal{} MOH + H_2\uparrow \quad (M = Li, Na, K, Rb, Cs) \tag{9.1}$$

值得注意的是，室温下锂与水反应较慢，虽然锂的标准电极电势比铯的小，但它与水反应时不如钠剧烈。这是因为Li^+有较小的半径，在水溶液中极易与水分子结合形成水合离子而释放出较高的水合能，但因锂单质的熔点较高，放出的热量不足以使其熔化，分散性较差，因而降低了锂的反应活性。此外，反应生成的氢氧化锂的溶解度较小，覆盖在金属表面上，从而也降低了反应速率。其余的碱金属反应均剧烈。钠与水猛烈地发生作用，并放出大量的热；钾与水可发生燃烧，甚至爆炸起火。另外，利用这些金属与水反应的性质，常将钠作为某些有机溶剂的脱水剂，除去其中含有的极少量水。

碱金属与空气反应，缓慢反应生成普通氧化物。例如：

$$4Na+O_2 = 2Na_2O \tag{9.2}$$

燃烧时生成的产物分别为：

$$2Na+O_2 = Na_2O_2 \quad （过氧化钠） \tag{9.3}$$

$$K+O_2 = KO_2 \quad （超氧化钾） \tag{9.4}$$

锂在空气中燃烧时，除了生成氧化物Li_2O，还会生成氮化物。

$$4Li+O_2 = 2Li_2O \tag{9.5}$$

$$6Li+N_2 = 2Li_3N \tag{9.6}$$

碱金属有很高的反应活性，均不能存放于空气中，因此，要将它们保存在无水的煤油中。锂的密度很小，能浮在煤油上，所以将其保存在液状石蜡中。

2. 碱金属的氧化物和氢氧化物

碱金属的化合物大多数是离子型化合物，在过量的空气中燃烧时生成不同类型的氧化物，有普通的氧化物（M_2O）、过氧化物（M_2O_2）、超氧化物（MO_2）和臭氧化物（MO_3）等。碱金属在空气中燃烧，锂生成氧化锂（Li_2O），钠生成过氧化钠（Na_2O_2），而钾、铷、铯则生成超氧化物（KO_2、RbO_2、CsO_2）。

碱金属中的锂在空气中燃烧时，主要产物是Li_2O。其他碱金属的正常氧化物是用金属与它们的过氧化物或硝酸盐作用得到的，例如：

$$Na_2O_2+2Na = 2Na_2O \tag{9.7}$$

$$2KNO_3+10K = 6K_2O+N_2 \tag{9.8}$$

碱金属氧化物的颜色从Li_2O到Cs_2O依次加深，热稳定性和焰点也依次降低。Li_2O的熔点高达1 973 K以上，Na_2O在1 548 K时升华，而其余碱金属氧化物在未达到熔点前即可开始分解。

碱金属的氧化物与水作用生成氢氧化物。例如：

$$Na_2O+H_2O = 2NaOH \tag{9.9}$$

3. 过氧化物

所有碱金属都能形成相应的过氧化物M_2O_2，其中最重要的是Na_2O_2。Na_2O_2为白色粉末，工业品通常呈黄色，对热稳定，但易吸潮，与水或酸作用生成H_2O_2。

Na_2O_2分子中含有O_2^{2-}，其中O（-1）既可以被氧化，又可以被还原，因此Na_2O_2既有氧化性，又有还原性，在实际应用中以氧化性为主，经常用作漂白剂，是一种强氧化剂，能强烈地氧化一些金属，如熔融的过氧化钠能把Fe氧化成FeO_4^{2-}，与一些不溶于酸的矿石共熔可使矿石氧化分解，Na_2O_2兼有碱性。例如：

$$7Na_2O_2+2Fe(CrO_2)_2 = 4Na_2CrO_4+Fe_2O_3+3Na_2O \tag{9.10}$$

Na_2O_2在酸性条件下遇到像$KMnO_4$这样的强氧化剂时，也表现出还原性，即在酸性条件

下 Na_2O_2被 $KMnO_4$氧化而放出氧气。

Na_2O_2易吸潮，可与水或稀硫酸在室温下反应生成过氧化氢。

$$Na_2O_2+2H_2O = 2NaOH+H_2O_2 \quad (9.11)$$

$$Na_2O_2+H_2O = 2NaOH+\frac{1}{2}O_2\uparrow \quad (9.12)$$

$$Na_2O_2+H_2SO_4 = H_2O_2+Na_2SO_4 \quad (9.13)$$

Na_2O_2与二氧化碳反应放出氧气，用作供氧剂或二氧化碳吸收剂。

$$Na_2O_2+2CO_2 = 2Na_2CO_3+O_2 \quad (9.14)$$

因此，Na_2O_2可以用来作为氧气发生剂，用于高空飞行、水下工作和防毒面具的供氧剂和二氧化碳吸收剂。Na_2O_2在熔融时几乎不分解，但遇到棉花、木炭或铝粉等还原性物质时，就会发生爆炸，使用 Na_2O_2时应当注意安全。

4. 超氧化物

纯净的超氧化锂至今尚未制得，除锂之外，碱金属都能形成超氧化物 MO_2。其中，钾、铷、铯在空气中燃烧能直接生成超氧化物 MO_2晶体。在 30 MPa 和 773 K 下，Na_2O_2和 O_2可反应生成 NaO_2。一般来说，金属性很强的元素容易形成含氧较多的氧化物，因此钾、铷、铯易生成超氧化物。

超氧化物与水反应立即产生氧气和过氧化氢。例如：

$$2KO_2+2H_2O = 2KOH+H_2O_2+O_2\uparrow \quad (9.15)$$

因此，超氧化物也是强氧化剂。超氧化钾与二氧化碳作用放出氧气。

$$4KO_2+2CO_2 = 2K_2CO_3+3O_2 \quad (9.16)$$

KO_2较易制备，常用在急救器和消防队员的空气背包中，利用上述反应除去呼出的 CO_2和湿气并提供氧气。

5. 氢氧化物

碱金属的氢氧化物都是白色固体，易溶于水和醇类，溶解度从 LiOH 到 CsOH 依次递增。它们在空气中易吸水而潮解，所以固体 NaOH 常用作干燥剂。碱金属的氢氧化物均可由相应的氧化物与水反应制得，NaOH 也可在溶液中由以下方法制取。

$$Na_2CO_3+Ca(OH)_2 = 2NaOH+CaCO_3\downarrow \quad (9.17)$$

作为强碱的碱金属氢氧化物有一系列的碱性反应，现在以 NaOH 为例来说明。

（1）碱金属与两性金属反应

$$2Al+2NaOH+6H_2O = 2Na[Al(OH)_4]+3H_2\uparrow \quad (9.18)$$

$$Zn+2NaOH+2H_2O = Na_2[Zn(OH)_4]+H_2\uparrow \quad (9.19)$$

（2）与非金属 B、Si、卤素等反应

$$2B+2NaOH+6H_2O = 2Na[B(OH)_4]+3H_2\uparrow \quad (9.20)$$

$$Si+2NaOH+H_2O = Na_2SiO_3+2H_2\uparrow \quad (9.21)$$

（3）与酸反应

碱金属与酸发生中和反应生成盐和水，用 NaOH 溶液吸收 H_2S 气体，可制得 Na_2S。也可以与酸性氧化物反应生成盐和水，如用 NaOH 吸收 CO_2气体生成碳酸钠。

$$2NaOH+CO_2 = Na_2CO_3+H_2O \quad (9.22)$$

因此，存放 NaOH 必须要注意密封，以免吸收空气中的 CO_2 及水分，致使 NaOH 含有 Na_2CO_3。要配置不含有 Na_2CO_3 的 NaOH 溶液，可先制备很浓的 NaOH 溶液，在这种溶液中，Na_2CO_3 静置后即可析出沉淀，而上面的清液就是纯 NaOH 溶液。

（4）与二氧化硅反应

NaOH 与 SiO_2 发生缓慢反应生成可溶于水的硅酸：

$$2NaOH+SiO_2 \xlongequal{} Na_2SiO_3+H_2O \tag{9.23}$$

因此，盛放 NaOH 溶液的瓶子要用橡皮塞子而不能用玻璃塞子。否则，长期存放后，NaOH 和玻璃中的主要成分 SiO_2 作用生成带有黏性的 Na_2SiO_3，把玻璃瓶塞和瓶口黏结在一起。

（5）与盐反应

NaOH 与盐反应生成新的弱碱和盐。例如：

$$NaOH+NH_4Cl \xlongequal{} NH_3\uparrow +NaCl+H_2O \tag{9.24}$$

上述反应可用于实验室制备氨气。例如：

$$6NaOH+Fe_2(SO_4)_3 \xlongequal{} 2Fe(OH)_3\downarrow +3Na_2SO_4 \tag{9.25}$$

利用上述反应可除去溶液中的杂质 Fe^{3+}，以制得某些纯物质。

氢氧化钠的熔点较低并具有溶解金属氧化物和非金属氧化物的能力，因此，在工业生产和分析化学工作中用于矿物原料和硅酸盐类试样的分解。

总之，碱金属氢氧化物最突出的性质是它的强碱性。其中以 NaOH 和 KOH 最为重要，NaOH 称为烧碱、火碱或苛性碱，其强碱性所引起的腐蚀性能侵蚀衣服、玻璃、陶瓷以至稳定的金属铂，并能严重烧伤皮肤，尤其是眼睛的角膜。因此，制备或使用 NaOH 时应特别注意材料的选择和防护。在熔融或蒸发浓 NaOH 溶液时，要用银、镍或铁制的容器，在这三种金属中，尤其是银对 NaOH 有较强的抗腐蚀性能。KOH 和 NaOH 的性质相似，但价格比 NaOH 的高，除非有特殊需要，一般多用 NaOH。

9.1.2 碱金属盐类

碱金属盐类常见的有卤化物、碳酸盐、硝酸盐、硫酸盐和硫化物等。这里只介绍它们的共性和一些特性，并简单介绍几种重要的盐。

1. 盐类的通性

碱金属盐大多数是离子晶体，它们的熔点较高。这是由于占据各晶格点上的微粒之间有较强的离子键相互作用，熔融时仍然存在着离子，所以具有很强的导电能力。碱金属氟化物或氯化物的熔点在同一族中从上到下逐渐降低（除 Li 外），这是因为从上到下随着离子半径增加，晶格能逐渐降低，所以熔点下降；而 Li^+ 的离子半径很小，极化力较强，它的某些盐（如卤化物）中表现出不同程度的共价性。

碱金属离子本身无色，不论是在晶体中还是在水溶液中，都是无色的，所以除了与有色阴离子形成的盐有色之外，其余所有碱金属盐均无色。常见带色的碱金属盐，如 K_2CrO_4（黄色）、$K_2Cr_2O_7$（橙红色）、$KMnO_4$（紫黑色）等。

碱金属的盐类大多数都易溶于水，并与水形成水合离子，这是碱金属盐类的主要特征之一。钠和钾的一些可溶性盐中，钠盐的溶解性更好。碱金属盐类的溶解性的特点通常可用阴阳离子半径的相互匹配性规则来解释，阴阳离子半径相差大的化合物比相差小的易溶。例如：

碱金属卤化物的溶解度相对大小是 LiF<LiCl<LiBr<LiI；碱金属高氯酸盐的溶解度相对大小是 $NaClO_4>KClO_4>RbClO_4$。

热稳定性是指化合物受热时是否分解的性质，分解温度越高，则认为热稳定性越高，否则热稳定性越低。在同周期元素中，由于碱金属元素的原子半径最大，其离子的极化能力最弱，因此碱金属盐一般都具有较高的热稳定性，是最稳定的盐。一般酸式盐的热稳定性低于相应正盐。碳酸盐分解温度一般都在 800 ℃以上。例如 Na_2CO_3（熔点 851 ℃）熔化时很少分解，碳酸氢盐在 200 ℃以下可以分解为碳酸盐和 CO_2。

$$2NaHCO_3 \xlongequal{112\ ℃} Na_2CO_3+CO_2\uparrow+H_2O \tag{9.26}$$

卤化物和硫酸盐分解温度更高。较特殊的只有锂盐，其稳定性较差。硝酸盐热稳定性差，加热时易分解。例如：

$$4LiNO_3 \xlongequal{500\ ℃} 2Li_2O+4NO_2\uparrow+O_2\uparrow \tag{9.27}$$

$$2NaNO_3 \xlongequal{727\ ℃} 2NaNO_2+O_2\uparrow \tag{9.28}$$

$$2KNO_3 \xlongequal{670\ ℃} 2KNO_2+O_2\uparrow \tag{9.29}$$

碱金属盐尤其是硫酸盐和卤化物，具有形成复盐的能力。这些复盐有如下几种类型：

① 光卤石类，通式为 $MCl\cdot MgCl_2\cdot 6H_2O$，其中 $M^+=K^+$、Rb^+、Cs^+；

② 钾镁矾型，通式为 $M_2SO_4\cdot MgSO_4\cdot 6H_2O$，其中 $M^+=K^+$、Rb^+、Cs^+；

③ 明矾型，通式为 $M^{I}M^{III}(SO_4)_2\cdot 12H_2O$，其中 $M^{I}=Na^+$、K^+、Rb^+、Cs^+，$M^{III}=Al^{3+}$、Cr^{3+}、Fe^{3+}、Co^{3+}、Ga^{3+}、V^{3+}。

复盐形成的条件是：阳离子半径相差不大，晶形相同。Li^+因半径太小而不易形成复盐。复盐的溶解度一般比相应的简单碱金属盐小得多。

2. 重要的碱金属盐

（1）碳酸盐

碱金属碳酸盐中最重要的是碳酸钠（Na_2CO_3），俗名苏打、纯碱，通常为白色粉末，具有盐的通性。它易溶于水，其水溶液因水解而呈较强的碱性，在实验室可作为碱使用，以调节溶液的 pH。碳酸钠是重要的化工原料之一，广泛应用于轻工日化、建材、化学工业、食品工业、冶金、纺织、石油、国防、医药等领域。1859 年，比利时的索尔维以食盐、氨水、二氧化碳为原料，于室温下从溶液中析出碳酸氢钠，将它加热即可分解为碳酸钠，人们将此方法称为索氏制碱法，此法一直沿用至今。

1943 年，中国的侯德榜留学海外归来，他结合中国内地缺盐的国情，对索尔维法进行改进，将纯碱和合成氨两大工业联合，同时生产碳酸钠和化肥氯化铵，大大地提高了食盐利用率，称为侯氏制碱法。

索氏制碱法和侯氏制碱法的主要化学反应式均为：

$$NaCl+CO_2+NH_3\cdot H_2O = NaHCO_3\uparrow+NH_4Cl \tag{9.30}$$

析出了 $NaHCO_3$固体，经过滤得到碳酸氢钠固体：

$$2NaHCO_3 = Na_2CO_3+CO_2\uparrow+H_2O \tag{9.31}$$

索氏制碱法和侯氏制碱法所不同的是，索氏法在整个制取过程中 NH_3是循环使用的：

$$2NH_4Cl+Ca(OH)_2 = 2NH_3\uparrow+CaCl_2+2H_2O \tag{9.32}$$

所以索氏法的产品是 Na_2CO_3，副产品是 $CaCl_2$。

侯氏制碱法的产品是 Na_2CO_3，副产品 NH_4Cl 可以作为化工原料，也可以作为氮肥再利用。合成反应的中间产物 $NaHCO_3$ 部分可以直接出厂销售，其余的会被加热分解，生成的 CO_2 可以重新回到第一步。根据 NH_4Cl 溶解度比 NaCl 的大，而在低温下却比 NaCl 溶解度小的原理，在 5~10 ℃时向母液中加入食盐细粉，而使 NH_4Cl 单独结晶析出作氮肥。

侯氏制碱法优点是保留了氨碱法的优点，消除了它的缺点，使食盐的利用率提高到 96%。NH_4Cl 可作氮肥，可与合成氨厂联合，使合成氨的原料气 CO 转化成 CO_2，去除了 $CaCO_3$ 制 CO_2 这一工序。

（2）氯化物

氯化钠（NaCl）是卤化物中用途最广的。其广泛存在于自然界，可自海水或盐湖中晒制而得。这样直接得到的食盐含有硫酸钙和硫酸镁等杂质而被称为粗盐。把粗盐溶于水，加入适量的氢氧化钠、碳酸钠和氯化钡，使溶液中的 Ca^{2+}、Mg^{2+}、SO_4^{2-} 等离子形成沉淀析出，可制得精盐。

NaCl 是制造所有其他钠、氯的化合物的常用原料，在日常生活和工业生产中都是不可缺少的。我国有漫长的海岸线和丰富的内陆盐湖资源，四川自贡等地区还有含大量食盐的地下卤水以及许多盐矿。

（3）硫酸盐

无水硫酸钠（Na_2SO_4）俗称元明粉，可用 H_2SO_4 处理 NaOH 或 Na_2CO_3 制得。它大量用于玻璃、纸张、染料等的制造，也用于制硫化钠和硫代硫酸钠。当温度低于 32.4 ℃时，十水硫酸钠（$Na_2SO_4 \cdot 10H_2O$，俗称芒硝）从溶液中析出；如果温度高于 32.4 ℃，立即失去结晶水，析出无水盐 Na_2SO_4。Na_2SO_4 的溶解度随温度的升高而下降。32.4 ℃称为转变温度，此温度恒定，所以可作校正温度计的一个固定温度点。

硫酸钾（K_2SO_4）可从天然盐矿制得，可用作肥料及用于明矾制造。

（4）硝酸盐

硝酸盐中以硝酸钾最重要。KNO_3 由 $NaNO_3$ 和 KCl 复分解反应来制得。

$$NaNO_3+KCl \xlongequal{} NaCl+KNO_3 \tag{9.33}$$

先将 $NaNO_3$ 和 KCl 溶于热水，然后将溶液沸腾蒸发，由于高温时 NaCl 溶解度小于 KNO_3，所以在热溶液中 NaCl 析出。过滤掉 NaCl 后，溶液将冷却，由于 NaCl 的溶解度在冷水和热水中差不多，而 KNO_3 的溶解度随温度降低而大为减小，因此 KNO_3 析出。

钠和钾的硝酸盐可用作肥料，硝酸钾用于生产黑火药。钠和钾的盐类性质相似，可以相互代用，钠盐价格较钾盐价格低，所以一般总是使用钠盐，但钠盐在空气中易潮解，所以在制造黑火药时不能用 $NaNO_3$ 代替 KNO_3。

9.2 碱土金属及其化合物 Alkaline Earth Metals and Its Compounds

9.2.1 碱土金属通性

碱土金属是周期表中ⅡA 族元素，包括铍、镁、钙、锶、钡及镭六种金属元素，如图9-2 所示。其中铍是稀有金属，镭是放射性元素，由于镭在地壳中含量极少，所以本章不作讨论。因为ⅡA 族元素的氧化物兼有碱性和土性（化学上把难溶于水和难熔融的性质称为土性），所以把ⅡA 族元素称为碱土金属。碱土金属元素的性质见表 9-3。

图 9-2　碱土金属元素

表 9-3　碱土金属元素的性质

性质	铍（Be）	镁（Mg）	钙（Ca）	锶（Sr）	钡（Ba）
价电子构型	$2s^2$	$3s^2$	$4s^2$	$5s^2$	$6s^2$
第一电离能/（$kJ \cdot mol^{-1}$）	899	738	590	549	503
第二电离能/（$kJ \cdot mol^{-1}$）	1 757	1 451	1 145	1 064	965
电负性（Pauling 标度）	1. 57	1. 31	1. 00	0. 95	0. 89
金属半径/pm	111	160	197	215	217
M^{2+}离子半径/pm	27	57	100	113	136
$M^{2+}+2e^- \rightleftharpoons M$　$E^{\ominus}$/V	−1. 85	−2. 37	−2. 87	−2. 90	−2. 91

1. 结构及成键特征

碱土金属和碱金属都属于 *s* 区元素，碱土金属为ⅡA 族元素，价电子构型为比相邻的碱金属多一个核电荷，因而原子核对最外层两个 *s* 电子的作用增强，使碱土金属的原子半径较同周期的碱金属小，因此，碱土金属原子失去一个电子比相应的碱金属难，主要呈+2 价氧化态，在形成化合物时主要以离子键为主。其中铍的离子半径较小，电离能相对较高，形成共价键的倾向显著，所以在一定程度上表现出共价性。与碱金属的锂相似，铍也表现出与众不同的性质。碱土金属的原子半径从上至下依次增大，电离能和电负性同样依次序减小，金属活泼性也从上至下依次增强。但是从整个周期来看，碱土金属仍是活泼性相当强的金属元素，只是稍次于碱金属而已。它们都能与大多数非金属反应。例如，与氢、氧气反应，除了镁和铍外，它们都易溶于水，并与水反应形成稳定的氢氧化物，这些氢氧化物大多是强碱。

2. 存在形式

碱土金属在自然界均存在，前五种含量相对较多，镭为放射性元素，由玛丽·居里（M.Curie）和皮埃尔·居里（P.Cmrie）在沥青矿中发现。由于其碱土金属的活泼性较强，决定了碱土金属和碱金属同样不可能以单质的形式存在于自然界中，钙、锶、钡在自然界中的主要存在形式为难溶的碳酸盐和硫酸盐。例如：

Be：绿柱石 $3BeO \cdot Al_2O_3 \cdot 6SiO_2$。

Mg：白云石 $MgCO_3 \cdot CaCO_3$、菱镁矿 $MgCO_3$、光卤石 $KCl \cdot MgCl_2 \cdot 6H_2O$。

Ca：石灰石 $CaCO_3$、石膏 $CaSO_4 \cdot 2H_2O$、萤石 CaF_2、磷灰石 $Ca_5(PO_4)_3F$。

Sr：菱锶矿 $SrCO_3$、天青石 $SrSO_4$。

Ba：重晶石 $BaSO_4$、毒重石 $BaCO_3$。

其中 Ca^{2+}、Mg^{2+} 是生物体必需的元素，除了骨骼和牙齿外，体内钙主要存在于细胞外，参与血液凝固、激素释放、神经传导、肌肉收缩等生理过程。镁对 DNA 的复制和蛋白质的合成是必不可少的，且 Mg^{2+} 能激活多种酶，能催化十多个生物化学反应。

9.2.2 碱土金属单质

1. 物理性质

碱土金属都是具有金属光泽的银白色（铍为灰色）金属。容易与空气中的氧气及水蒸气作用，在表面形成氧化物和碳酸盐，从而失去光泽而变暗。碱土金属的密度略大于碱金属的，其密度一般小于 5 $g \cdot cm^{-3}$，仍然属于轻金属。碱金属与碱土金属均为金属晶体，但金属键并不牢固，所以熔沸点较低。碱土金属原子半径比相应的碱金属小，具有两个价电子，形成的金属键比碱金属的强，所以它们的熔沸点比碱金属的高。碱土金属的硬度略大于碱金属的，除铍和镁外，其他的硬度都小于 2，均可用刀切割，新切出的断面有银白色光泽，但在空气中迅速变暗。在碱土金属的晶体中有活动性较强的自由电子，因而它们具有良好的导电性、导热性。

铍在原子能工业中有很重要的应用。铍作为最有效的中子减速剂和反射剂之一，用于核反应堆。铍还可以用于 X 射线管的窗口材料。

镁的密度仅为 1.738 $g \cdot cm^{-3}$，是工业上常用的金属中最轻的一种。纯镁的机械强度很低。镁的化学性质活泼，在空气中极易被氧化，且镁的氧化膜结构疏松，不能起保护作用。纯镁的主要用途是配制合金，其次用于化学工业和制造照明弹、烟火等。镁合金中加入的元素主要有铝、锌和锰等。镁合金的密度小，单位质量材料的强度（比强度）高，能承受较大的冲击载荷，具有优良的机械加工性能，一般用于制造仪器、仪表零件，飞机的起落架轮，纺织机械中的线轴、卷线筒以及轴承体等。镁在炼钢工业中作为除氧剂和脱硫剂。

钡、钙可以用作真空管中的脱气剂，除去其中少量的氮、氧等气体。镁、钙等常用作冶金、无机合成和有机合成中的还原剂。

2. 化学性质

碱土金属的化学活泼性较强。它们也能直接或间接地与电负性较大的非金属元素形成相应的化合物。但碱土金属的活泼性不如碱金属的强，铍和镁表面容易形成致密的氧化物保护膜。

（1）与水反应

碱土金属的还原性强，都能与水反应，生成氢氧化物，并放出氢气。碱土金属与水反应不如碱金属剧烈。铍、镁与冷水作用很慢，因为金属表面形成一层难溶的氢氧化物，阻止金属与水的进一步作用。钙、锶、钡都容易与水反应。利用这些金属与水反应的性质，常将钙作为某些有机溶剂的脱水剂，除去其中含有的极少量水。

$$M+2H_2O = M(OH)_2+H_2\uparrow \quad (M=Be, Mg, Ca, Sr, Ba) \tag{9.34}$$

（2）与稀酸反应

碱土金属都能与稀酸反应，生成氢气。

$$M+2H^+ = M^{2+}+H_2\uparrow \quad (M=Be,Mg,Ca,Sr,Ba) \tag{9.35}$$

(3) 与碱反应

铍能与碱溶液发生反应，其他碱金属和碱土金属无此类反应。

$$Be+2OH^-+2H_2O = [Be(OH)_4]^{2-}+H_2\uparrow \quad (9.36)$$

(4) 焰色反应

同碱金属一样，碱土金属也可以在高温火焰中燃烧时产生有特征颜色的火焰。这可用于这些元素的定性或定量分析，这些性质与原子的价电子容易激发有关。当电子从较高能级回到较低能级时，便以光能的形式释放出能量，使火焰呈现特征的颜色。若将硝酸锶或硝酸钡与氯酸钾和硫等以适当比例混合，可制成红色或绿色的信号弹。

9.2.3 碱土金属的氧化物和氢氧化物

碱土金属和碱金属相同，都能生成氧化物、过氧化物、超氧化物、臭氧化物和氢氧化物。常见的是氧化物、过氧化物和氢氧化物。

1. 氧化物

碱土金属与氧化合一般形成氧化物，但工业生产上是通过碳酸盐、氢氧化物、硝酸盐、硫酸盐的热分解来制取的。碱土金属的氧化物都是白色，热稳定性从 BeO 到 BaO 同族自上而下依次降低。由于碱土金属离子带有两个正电荷，而离子半径又较小，所以氧化物的熔点都很高，从 BeO 到 BaO 熔点分别为 2 578 ℃、2 825 ℃、2 613 ℃、2 531 ℃和 1 973 ℃，其变化趋势和热稳定性相同。因此，氧化铍和氧化镁用于制造耐火材料和金属陶瓷。经过煅烧的 BeO 和 MgO 难溶于水，而 CaO、SrO、BaO 则可同水猛烈反应，生成相应的氢氧化物并放出大量热。

$$CaO(s) + H_2O(l) = Ca(OH)_2(s) \quad \Delta_r H_m^{\ominus} = -65.2\ kJ\cdot mol^{-1} \quad (9.37)$$

$$SrO(s)+H_2O(l) = Sr(OH)_2(s) \quad \Delta_r H_m^{\ominus} = -81.2\ kJ\cdot mol^{-1} \quad (9.38)$$

$$BaO(s) + H_2O(l) = Ba(OH)_2(s) \quad \Delta_r H_m^{\ominus} = -105.4\ kJ\cdot mol^{-1} \quad (9.39)$$

由上述反应的 $\Delta_r H_m^{\ominus}$ 可知，氧化物和水反应放出的热由 Ca 到 Ba 依次增多。其中生石灰 (CaO) 是重要的建筑材料。

2. 过氧化物

在碱土金属中，除铍不能生成过氧化物外，都能生成过氧化物。其中过氧化钡 (BaO_2) 与过氧化钠 (Na_2O_2) 相同，都可用作二氧化碳的吸收剂或供氧剂，可用于潜艇中。

$$2BaO_2+2CO_2 = 2BaCO_3+O_2 \quad (9.40)$$

实验室制备 H_2O_2 的方法就是利用过氧化钡与稀酸反应生成 H_2O_2。

$$BaO_2+H_2SO_4 = BaSO_4+H_2O_2 \quad (9.41)$$

3. 氢氧化物

碱土金属的氢氧化物除 $Be(OH)_2$ 和 $Mg(OH)_2$ 外，均可由相应的氧化物与水反应而得。碱金属和碱土金属的氢氧化物都是白色固体，它们在空气中易吸水而潮解，$Ca(OH)_2$ 与固体 NaOH 同样常用作干燥剂，对纤维和皮肤有强烈的腐蚀作用。碱土金属氢氧化物中，$Ca(OH)_2$ 最为重要，它大量用于建筑业中，并且是化学工业中大量使用的价格最低廉的强碱。

(1) 溶解性

与碱金属氢氧化物相比，碱土金属的氢氧化物的溶解度则小得多，其中 $Be(OH)_2$ 和

$Mg(OH)_2$是难溶的氢氧化物。对于碱土金属，由 $Be(OH)_2$到 $Ba(OH)_2$溶解度依次增大。这是由于随着金属离子半径的增大，正负离子之间的作用力逐渐减小，容易被水分子解离。

(2) 碱性

在碱金属和碱土金属的氢氧化物中，$Be(OH)_2$为两性氢氧化物，既能与酸作用，又能与碱作用，在强碱溶液中以$[Be(OH)_4]^{2-}$形式存在。

$$Be(OH)_2+2H^+ = Be^{2+}+2H_2O \tag{9.42}$$

$$Be(OH)_2+2OH^- = Be(OH)_4^{2-} \tag{9.43}$$

除 $Be(OH)_2$外，其他氢氧化物都是强碱或中强碱。同一主族的金属氢氧化物，从上到下碱性增强；同一周期的金属氢氧化物，从左到右碱性减弱。

9.2.4 碱土金属盐类

1. 盐类的通性

(1) 晶形和颜色

Be^{2+}、Mg^{2+}的半径小，极化力大，使其盐具有共价性（如 $BeCl_2$易溶于有机溶剂），其他碱金属和碱土金属的盐基本都是离子型的。碱土金属带两个正电荷，其离子半径比相应碱金属离子的小，极化力较强，因此碱土金属盐的离子键特征比碱金属盐的差。但同族元素随着金属离子半径的增大，键的离子性也增强。碱土金属离子本身无色，阴离子有色，则盐有色，如 $BaCrO_4$为黄色。

(2) 溶解性

碱金属的绝大部分盐易溶于水，但是相应的碱土金属盐溶解度小，通常与一价含氧酸阴离子形成的盐是易溶的。例如，碱土金属的硝酸盐、氯酸盐、高氯酸盐、酸式碳酸盐、磷酸二氢盐等均易溶，卤化物除氟化物外也是易溶的。碱土金属的硫酸盐、铬酸盐的溶解度差别较大。

通常碱土金属与半径小或电荷高的阴离子形成的盐较难溶。例如，碱土金属的氟化物、碳酸盐、磷酸盐以及乙二酸盐等都是难溶盐。钙盐中以 CaC_2O_4的溶解度为最小，因此常用生成白色 CaC_2O_4的沉淀反应来鉴定 Ca^{2+}。

常见的难溶盐有 $MgCO_3$、$MgNH_4PO_4$、CaC_2O_4、$CaCO_3$、$Ca_3(PO_4)_2$、$BaCrO_4$、$BaSO_4$等。在分析化学中常用 $BaSO_4$、$MgNH_4PO_4$沉淀分析 Ba^{2+}、SO_4^{2-}、Mg^{2+}。

(3) 热稳定性

碱土金属盐的热稳定性比碱金属的差，但常温下也都是稳定的。碱土金属的碳酸盐、硫酸盐等的稳定性都是随着金属离子半径的增大而增强，表现为它们的分解温度依次升高。

含氧酸盐的热稳定性规律可以用离子极化理论来说明。在碳酸盐中，阳离子半径越小，即 z/r 值越大，极化力越强，越容易从 CO_3^{2-}夺取 O^{2-}生成氧化物，同时放出 CO_2，表现为碳酸盐的热稳定性越差，受热容易分解。碱土金属离子的极化力比相应的碱金属强，因而碱土金属的碳酸盐的稳定性比相应的碱金属碳酸盐差。Li^+、Be^{2+}的极化力在碱金属和碱土金属中是最强的，因此 Li_2CO_3和 $BeCO_3$在其各自同族元素的碳酸盐中都是最不稳定的。例如，$BeCO_3$加热不到 100 ℃就分解，而 $BaCO_3$需在 1 360 ℃时才分解。

2. 重要的碱土金属盐

（1）卤化物

碱金属卤化物除氟化物外，一般易溶于水。水合 $BeCl_2$、$MgCl_2$ 在加热条件下按下式水解：

$$BeCl_2 \cdot 4H_2O \xlongequal{\triangle} BeO+2HCl+3H_2O \tag{9.44}$$

$$MgCl_2 \cdot 6H_2O \xlongequal{>408\ ℃} Mg(OH)Cl+HCl+5H_2O \tag{9.45}$$

$$MgCl_2 \cdot 6H_2O \xlongequal{>527\ ℃} MgO+2HCl+5H_2O \tag{9.46}$$

所以如果 $MgCl_2 \cdot 6H_2O$ 脱水而不水解，需要在 HCl 气流的保护下加热脱水。氯化钙可用作制冷剂，以 1.44∶1 的质量比使 $CaCl_2 \cdot 6H_2O$ 与冰水混合，可获得−55 ℃的低温。无水氯化钙是工业生产和实验室中最常用的干燥剂之一。氯化钡 $BaCl_2 \cdot 2H_2O$ 是重要的可溶性钡盐，从它出发可制备各种钡的化合物。可溶性钡盐对人、畜均有毒，对人的致死量为 0.8 g，使用时切忌入口。

（2）硫酸盐

重晶石的主要成分是 $BaSO_4$，是最重要的钡资源。由于 $BaSO_4$ 不溶于水，将重晶石粉与煤粉混合，在转炉中于 900~1 200 ℃下进行还原焙烧，使难溶盐转变为易溶于水的化合物。

$$BaSO_4+4C \xlongequal{} BaS+4CO\uparrow \tag{9.47}$$

$$BaSO_4+4CO \xlongequal{} BaS+4CO_2\uparrow \tag{9.48}$$

用水溶解后，再沉淀为碳酸盐备用。

$$2BaS+2H_2O \xlongequal{} Ba(OH)_2+Ba(HS)_2 \tag{9.49}$$

$$Ba(OH)_2+CO_2 \xlongequal{} BaCO_3\downarrow+H_2O \tag{9.50}$$

$$Ba(HS)_2+CO_2+H_2O \xlongequal{} BaCO_3\downarrow+2H_2S \tag{9.51}$$

利用碳酸钡可以制取各种钡盐。

$$BaCO_3+2HCl \xlongequal{} BaCl_2+CO_2\uparrow+H_2O \tag{9.52}$$

硫酸钙通常带有结晶水。$CaSO_4 \cdot 2H_2O$ 俗称石膏或生石膏，其半水化合物 $CaSO_4 \cdot \frac{1}{2}H_2O$ 称为熟石膏或烧石膏。石膏是一种矿物，为单斜晶体，呈板状或纤维状，也有细粒块状的，呈淡灰、微红、浅黄或浅蓝色。生石膏加热至 128 ℃，失去大部分结晶水，变成熟石膏；163 ℃以上时，结晶水全部失去。所以，在实验室中，无水硫酸钙是一种干燥剂。熟石膏粉末与水混合后有可塑性，但不久就硬化重新变成生石膏。此过程放出大量热并膨胀，因此可用于铸造模型和雕塑。硫酸钙和石膏可用作联合制造硫酸和水泥的原料，还可作油漆的白颜料、纸张的填料和豆腐的凝结剂。石膏是制造水泥的原料，可调节水泥的凝固时间。石膏是用来生产粉笔的原料。在土壤中加入石膏，可降低土壤的碱性。除此之外，生石膏可以用于外科医学上的固定，并可用于制造人造骨骼。但含硫酸钙的水就成为永久硬水。

硫酸钙的溶解度比较低，仅微溶于水，但溶于酸和铵盐溶液。硫酸镁 $MgSO_4 \cdot 7H_2O$ 为无色晶体，加热脱水生成无水 $MgSO_4$。

$$MgSO_4 \cdot 7H_2O \xlongequal{247\ ℃} MgSO_4+7H_2O \tag{9.53}$$

硫酸镁易溶于水，微溶于醇，不溶于乙酸和丙酮，用作媒染剂、泻盐、造纸、纺织、肥皂、陶瓷和油漆工业。

9.3 铝及其化合物 Aluminium and Its Compounds

9.3.1 铝单质

铝位于元素周期表中的ⅢA 族，价电子构型为 $3s^23p^1$、铝元素的丰度仅次于氧和硅，居第三位，也是地壳中含量最丰富的金属元素。单质铝是银白色光泽的轻金属，密度为 2.7 g · cm^{-3}，熔点为 657 ℃，沸点为 2 467 ℃。它具有良好的延展性、导热性和导电性，可用于制造电线与高压电缆。

铝是典型的两性元素，既能溶于酸，也能溶于碱。铝能置换出稀酸中的氢，但在冷的浓硝酸和浓硫酸中，铝由于钝化而不发生反应。因此，铝制品可用于储运浓 HNO_3、浓 H_2SO_4。铝也能溶解在强碱中。

$$2Al+6HCl \xlongequal{} 2AlCl_3+3H_2\uparrow \tag{9.54}$$

$$2Al+2NaOH+6H_2O \xlongequal{} 2Na[Al(OH)_4]+3H_2\uparrow \tag{9.55}$$

铝有很强的亲氧性，其氧化物 Al_2O_3 有很高的生成焓 $\Delta_f H_m^{\ominus}[Al_2O_3(s)]=-1\ 582\ kJ\cdot mol^{-1}$，比一般金属氧化物大得多。金属表面形成的一层致密 Al_2O_3 保护膜可阻止内层的铝被氧化，因而铝在空气及水中都稳定存在，可广泛地用于制造日用器皿及用作航空机件的轻合金。

铝有很强的还原性，$E^{\ominus}_{Al^{3+}/Al}=-1.66\ V$，可以还原许多金属氧化物以制取金属单质，这在金属冶炼上被称为铝热法或铝热还原法。在反应过程中释放出来的热量可以将反应混合物加热至 3 000 K 以上，使产物金属熔化而同氧化铝熔渣分层。例如：

$$2Al+Fe_2O_3 \xlongequal{} Al_2O_3+2Fe \tag{9.56}$$

铝还可以溶于热的浓硫酸中。

$$2Al+6H_2SO_4(热、浓) \xlongequal{} Al_2(SO_4)_3+3SO_2\uparrow+6H_2O \tag{9.57}$$

铝也可以在高温下与其他非金属（如 X、S、N、P 等）反应。例如：

$$2Al+3S \xlongequal{} Al_2S_3 \tag{9.58}$$

9.3.2 铝的化合物

铝是活泼金属，电负性为 1.61，但由于 Al^{3+} 电荷高、半径小，具有很强的极化能力，所以铝的化合物既有共价型，也有离子型。例如，Al^{3+} 与难变形的阴离子结合时，形成离子型化合物，如 Al_2O_3、AlF_3 等；而与易变性的阴离子结合时，形成共价化合物，如 $AlCl_3$ 等。铝的化合物以共价化合物为主。在形成共价化合物时，铝也是缺电子原子，铝的化合物是缺电子分子。铝的重要化合物有 Al_2O_3、$AlCl_3$、$Al_2(SO_4)_3\cdot 18H_2O$ 等，它们在工业中有很多重要的应用。

1. 氧化铝

加热氢氧化铝［$Al(OH)_3$］可使其脱水生成氧化铝（Al_2O_3）。在不同的温度条件下制得的 Al_2O_3 可以有不同的形态、不同的用途。目前制得的 Al_2O_3 至少有 8 种同质异晶（某些统一化学成分的物质，在不同条件下结晶成不同的晶形）的形态，一般用希腊字母分别表

示成 $\alpha-Al_2O_3$、$\beta-Al_2O_3$、$\gamma-Al_2O_3$等。其中主要的有两种，即 $\alpha-Al_2O_3$与 $\gamma-Al_2O_3$。

自然界中存在的结晶氧化物是 $\alpha-Al_2O_3$，称为刚玉；$Al(OH)_3$热分解得到的 $\alpha-Al_2O_3$称为人造刚玉。刚玉的化学性质稳定，不溶于水，也不溶于酸或碱，在催化剂中常用作载体；它有很高的熔点，可作耐火、耐高温材料。例如，用含少量 Fe_3O_4的刚玉粉制得的坩埚可烧至1 800 ℃。$\alpha-Al_2O_3$有很高的硬度（仅次于金刚石），可作高硬度材料和耐磨材料。纯的刚玉是白色不透明的，俗称白刚玉，若有少量杂质，便可呈现鲜明的颜色。例如，在 $\alpha-Al_2O_3$中含有少量Cr(Ⅲ)时，可制成红宝石，含少量铁（Ⅱ）、铁（Ⅲ）和钛（Ⅳ）的氧化物时，可制成蓝宝石。各种宝石均可用于制造机械轴承、钟表及各种饰品。

$\gamma-Al_2O_3$的化学性质与 $\alpha-Al_2O_3$的不同，它既能溶于酸，也能溶于碱，是典型的两性氧化物，被称为活性氧化铝，其硬度不高，化学性质较 $\alpha-Al_2O_3$活泼，当受到强热灼烧时，可以转化成 $\alpha-Al_2O_3$。$\gamma-Al_2O_3$有很大的表面积（$200\sim600\ m^3\cdot g^{-1}$，比同质量的活性炭表面积大2~4倍），所以有很强的吸附能力和催化活性，多用作吸附剂和催化剂。

2. 氢氧化铝

$Al(OH)_3$是典型的两性氢氧化物，其碱性略强于酸性。

$$Al(OH)_3+3H^+ = Al^{3+}+3H_2O \tag{9.59}$$

$$Al(OH)_3+OH^- = [Al(OH)_4]^- \tag{9.60}$$

根据其具有的弱碱性，医药工业上用作抗胃酸药，以中和胃酸和保护胃部溃疡面。

3. 铝盐

常见的铝盐有三氯化铝（$AlCl_3$）、硫酸铝［$Al(SO_4)_3$］和硝酸铝［$Al(NO_3)_3$］等。铝盐极易水解，一些弱酸的铝盐在水中几乎完全水解。例如，向 Al^{3+}溶液中滴加 Na_2CO_3或 Na_2S溶液，都生成 $Al(OH)_3$沉淀，而不能得到 $Al_2(CO_3)_3$或 Al_2S_3。

$$2Al^{3+}+3S^{2-}+6H_2O = 2Al(OH)_3\downarrow +3H_2S\uparrow \tag{9.61}$$

无水铝盐不能通过简单地将溶液加热进行蒸发浓缩的方法来制取，须用干法制得。例如，通过金属铝和氯气反应而得：

$$2Al+3Cl_2 = 2AlCl_3 \tag{9.62}$$

或通过氧化铝的氯化制取：

$$Al_2O_3+3Cl_2+3C = 2AlCl_3+3CO\uparrow \tag{9.63}$$

若控制蒸发条件，抑制水解，设法使铝盐从水溶液中析出，也可制得固体的铝盐，不过它们都含有结晶水，如 $AlCl_3\cdot6H_2O$、$Al_2(SO_4)_3\cdot18H_2O$、$Al(NO_3)_3\cdot6H_2O$等。

（1）卤化铝

因为 Al^{3+}有很强的极化能力，因此，在卤化铝中，除 AlF_3是离子型化合物外，$AlCl_3$、$AlBr_3$、AlI_3都是共价型化合物。而且它们均为缺电子分子，都易形成双聚分子 Al_2Cl_6、Al_2Br_6、Al_2I_6。卤化铝中最主要的是 $AlCl_3$，其中的Al是缺电子原子，存在空轨道，Cl原子有孤电子对，因此可通过配位键形成具有桥式结构的气态双聚分子 Al_2Cl_6，其结构如图9-3所示。

Al_2Cl_6分子有四个键和两个三中心四电子氯桥键。在800 ℃时，双聚分子完全分解为单分子，分子是平面三角形构型。

常温下，无水 $AlCl_3$是白色晶体，但常因为含有 $FeCl_3$而呈黄色，能溶于几乎所有的有机

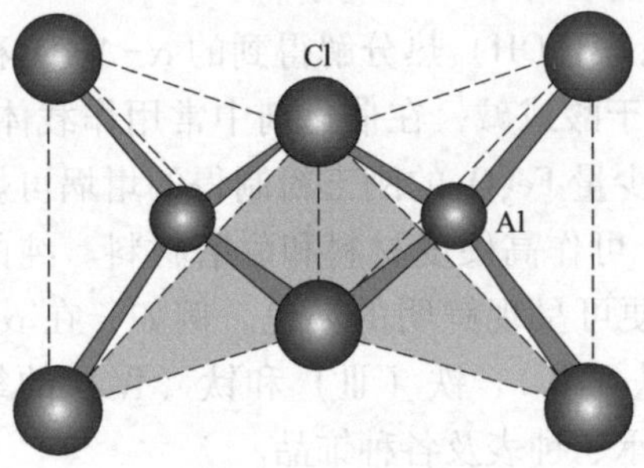

图 9-3　Al_2Cl_6结构

溶剂，在水中会发生强烈水解，甚至在空气中遇到水也会猛烈冒烟。应避免无水 $AlCl_3$ 接触皮肤，以免其水解释放出大量热而被灼伤。无水 $AlCl_3$ 最重要的工业用途是作为有机合成和石油化工的催化剂。

(2) 硫酸铝

无水硫酸铝为白色粉末，易溶于水，其水溶液因 Al^{3+} 的水解而呈酸性，硫酸铝易与碱金属硫酸盐结合形成复盐。例如，$KAl(SO_4)_2 \cdot 12H_2O$ 称为铝钾矾，俗称明矾。它们的组成可用通式 $M^{I}M^{III}(SO_4)_2 \cdot 12H_2O$ 来表示，这类化合物称为矾。其中 $M^{I}=Na^+$、K^+、Rb^+、Cs^+，$M^{III}=Al^{3+}$、Cr^{3+}、Fe^{3+}、Co^{3+}、Ga^{3+}、V^{3+}。

硫酸铝与明矾是工业上重要的铝盐，由于它们能水解生成 $Al(OH)_3$ 胶状沉淀，具有很强的吸附性能，所以被用作净水剂以吸附水中的悬浮杂质，其水解产物均有吸附和凝聚作用。

思考题

1. 铝是活泼金属，为什么能广泛应用在建筑、汽车、航空及日用品方面？

2. 铝在电位序中的位置远在氢之上，但它不能从水中置换出氢，却很容易从氢离子浓度比水低得多的碱溶液中把氢取代出来，试说明理由，并用化学方程式解释之。

3. *s* 区金属的氢氧化物中，哪些是两性氢氧化物？分别写出它们与酸碱反应的方程式。

4. 镁在空气中燃烧生成什么产物？产物与水反应有何现象发生？用方程式说明之。

5. 金属 Li 和 K 如何保存？如在空气中保存，会发生哪些反应？写出相应的化学方程式。

6. 为什么不能用水，也不能用 CO_2 来扑灭镁的燃烧？提出一种扑灭镁燃烧的方法。

7. 为什么选用过氧化钠作为潜水密封舱中的供氧剂？1 kg 过氧化钠在标准状况下可以得到多少升氧气？

8. 如何用简单可行的化学方法将下列各组物质分别鉴定出来？

(1) 金属钠和金属钾；

(2) 纯碱、烧碱和小苏打；

(3) 石灰石和石灰；

(4) 碳酸钙和硫酸钙；

(5) 硫酸钠和硫酸镁；

(6) 氢氧化铝、氢氧化镁和碳酸镁。

第 10 章

化学实验基础
Experimental Chemistry

10.1 化学实验的目的和学习方法 Aims and Learning Methods

化学是一门实验科学，化学中的定律和学说都来源于实验，同时又为实验所检验。要很好地领会和掌握化学的基本理论及基础知识，就必须认真进行实验。化学实验是本科生的实验必修课，在培养未来科技人才的化学教育中，占有特别重要的地位。

10.1.1 化学实验的目的

通过实验，可以获得大量物质变化的第一手的感性知识，进一步熟悉元素及其化合物的重要性质和反应，掌握重要化合物的一般分离和制备方法，帮助和加深对课堂讲授的基本理论及基础知识的理解与掌握。

通过实验，学生亲自动手，实际训练各种操作，可以培养学生正确、规范地进行化学实验的基本操作。

通过实验，也可以培养学生独立工作和独立思考的能力；独立准备和进行实验的能力；细致地观察和记录现象，归纳、综合、正确处理数据的能力；分析实验和用语言表达实验结果的能力以及一定的组织实验和研究实验的能力。

通过实验，还可以培养学生具有实事求是的科学态度，准确、细致、整洁等良好的科学习惯以及科学的思维方法，从而逐步使学生初步掌握科学研究的方法。

化学实验的任务就是要通过整个实验教学逐步达到上述各项目的，为学生进一步学习后继化学课程和实验、培养初步的科研能力打下基础。

10.1.2 无机化学实验的要求

根据实验教材上所规定的方法、步骤和试剂用量进行操作，实验中应做到以下几点。

① 按预习报告拟定的实验步骤独立操作，既要大胆，又要细心，仔细观察实验现象，认真测定实验数据，并及时、如实、详细地做好实验记录。

② 观察的现象、测定的数据要清楚地记录在专用的记录本（或预习报告）上。不用铅笔记录，不记在草稿纸或小纸片上。注意培养自己严谨的科学态度和实事求是的科学作风，不凭主观意愿删去自己认为不对的数据，不杜撰原始数据。原始数据不得涂改或用橡皮擦拭，如有记错，可在原始数据上画一道杠，再在旁边写上正确值。

③ 实验过程中要勤于思考，仔细分析，力争自己解决问题。若遇到疑难问题而自己难以解决时，可查资料或提请实验教师指导解答。

④ 如果发现实验现象和理论不符合，应首先尊重实验事实，在认真分析和检查其原因的同时，可以做对照实验、空白实验或自行设计的实验来核对，必要时应多次实验，从中得到有益的结论和科学思维的方法。

⑤ 在实验过程中应保持肃静，严格遵守实验室工作规则。

实验后做好结束工作，包括清洗仪器，整理药品，清理实验台面，清扫实验室，检查水、电，关好门窗等。做完实验仅仅是完成实验的一半，更为重要的一半是分析实验现象，整理实验数据，把直接得到的感性认识提高到理性思维阶段。要完成以下几点。

① 认真、独立完成实验报告。对实验现象进行解释，写出反应式，得出结论，对实验数据进行处理（包括计算、作图、误差表示等）。

② 分析产生误差的原因；对实验现象以及出现的一些问题进行讨论，敢于提出自己的见解；对实验提出改进意见或建议。

③ 回答问题。

④ 实验报告。

做完实验后，应对实验现象进行解释并做出结论，或根据实验数据进行处理和计算，独立完成实验报告，交指导教师审阅。若有实验现象、解释、结论、数据、计算等不符合要求，或实验报告写得草率者，应重做实验或重写报告。实验报告是实验的总结，是表达实验成果的一种形式。书写实验报告是一项重要的基本技能训练。通过书写实验报告，可以熟悉撰写科研论文的基本格式，学会绘图制表的方法；学会应用有关理论知识和相关文献资料对实验数据等进行整理分析，得出实验结论；培养学生独立思考、严谨求实的科学作风。实验报告的书写应做到：内容真实准确，结论明确，文字简练、语句通顺，字迹端正、整齐洁净，标点符号、外文缩写、单位度量等书写准确、规范。

讨论和分析主要是针对实验中的现象、出现的问题或产生的误差等，尽可能地结合本课程有关理论进行认真讨论和分析，提出自己的见解或体会，以提高自己的分析问题、解决问题的能力，为以后的初步科学研究奠定基础。实验结果分析是根据已知的理论知识对本实验结果进行实事求是、符合逻辑的分析推理，从而推导出正确的结论。如果实验出现非预期的结果，绝对不能舍弃或随意修改。要对“异常”的结果进行分析研究，找出出现“异常”结果的原因。有时，正是从某种“异常”的结果中发现新的有价值的东西，从而实现新理论的探讨，或者实验技术的改进等。

此外，还可对操作及实验结果中的难点和关键问题进行讨论，也可对实验方法、教学方法、实验内容等提出自己的意见，还可对书中列出的思考题给予解答等。

对于设计性实验报告，除一般实验报告的基本内容外，应重点突出对实验方案的设计和实验方案实施中出现的问题进行分析，进而对方案设计提出修正方案（每个人的实验原理、方法、所用实验条件和步骤应有所不同）。对实验结果与预期结果进行比较分析，提出自己的见解，总结自己的收获和体会。

对于综合性实验报告，除一般实验报告的基本内容外，重点突出对实验对象、问题和结果的分析，总结自己的收获、体会和建议。

实验报告的价值就在于用自己的话去表达所获得的感性认识，从而得出结论或规律。

10.2　学生实验室规则 Lab Rules

实验规则是人们从长期的实验室工作中归纳总结出来的，它是保持正常的实验环境和工作秩序，防止意外事故发生，做好实验的一个重要前提，必须人人做到，严格遵守。为了防止意外事故发生，保持正常的实验秩序和培养良好的学习风尚，需遵守下列实验规则。

① 实验前一定要做好预习和实验准备工作，检查实验所需的药品、仪器是否齐全。做规定以外的实验，应先经教师允许。

② 实验时要集中精神，认真操作，仔细观察，积极思考，如实、详细地做好实验记录。

③ 实验中必须保持肃静，不准大声喧哗，不得到处乱走，不准离开岗位。不得无故缺席，因故缺席而未做的实验应该补做。严禁在实验室吸烟和饮食，或把餐具带进实验室。

④ 爱护国家财物，规范使用仪器和实验室设备，节约水、电和消耗性药品。每人应取用自己的仪器，不得动用他人的仪器；公用仪器和临时公用的仪器用毕应洗净，并立即送回原处。如有损坏，必须及时登记补领，具体情况按化学实验室学生仪器赔偿制度赔偿。不能将仪器、药品带出实验室。

⑤ 实验台上的仪器应整齐地放在指定的位置上，并保持台面清洁。废纸、废药和碎玻璃等应倒入垃圾箱内，酸、碱性废液应倒入废液缸内，切勿倒入水槽，以防堵塞或锈蚀下水管道。

⑥ 按规定的用量取用药品，注意节约，不得浪费。称取药品后，应及时盖好原瓶盖。放在指定地方的药品不得擅自拿走。

⑦ 使用精密仪器时，必须严格按照操作规程进行操作，细心谨慎，避免粗枝大叶而损坏仪器。如发现仪器有故障，应立即停止使用，报告教师，及时排除故障。

⑧ 应将所用仪器洗净并整齐地放回实验柜内。实验台和试剂架必须擦净，实验柜内仪器应存放有序，清洁整齐。

⑨ 每次实验后由学生轮流值日，负责打扫和整理实验室，最后检查水、电，关好门、窗，以保持实验室的整洁和安全。

⑩ 新生实验前必须认真学习实验室安全知识及有关规章制度，熟悉实验室火灾、爆炸、中毒和触电事故的预防和急救措施。如果发生意外事故，应保持镇静，不要惊慌失措。遇有烧伤、烫伤、割伤时，应立即报告教师，及时急救和治疗。

10.3　实验室安全操作和事故处理 Safe Operations and Accident Treatments

进行化学实验时，要严格遵守有关水、电、煤气和各种仪器、药品的使用规定。化学药品中，很多是易燃、易爆、有腐蚀和有毒的。因此，重视安全操作，熟悉一般的安全知识是非常必要的。

注意安全不仅仅是个人的事情，一旦发生事故，不仅损害个人的健康，还会危及周围的人们，并使国家的财产受到损失，影响工作的正常进行。因此，首先需要从思想上重视实验室安全工作，绝不可麻痹大意。其次，在实验前应了解仪器的性能和药品的性质以及本实验中的安全事项。在实验过程中，应集中注意力，并严格遵守实验安全守则，以防意外事故的发生。再次，要学会一般的救护措施，一旦发生意外事故，可进行及时处理。最后，应掌握化学危险品的分类、性质和管理，化学品致毒途径等知识，以保持实验室和环境不受污染，保障实验者的人身安全。

10.3.1 实验室安全守则

① 为安全起见，实验时必须穿实验服。不许穿短裤，裤子也必须护住脚踝。不允许穿凉鞋或拖鞋，最好穿能遮盖脚趾和脚背的低跟鞋。披肩或更长的头发应当盘起来或束在后面。

② 不要用湿手、物接触电源。水、煤气、电一经使用完毕，应立即关闭水龙头、煤气开关，拉掉电闸。火柴用后应立即熄灭，不得乱扔。

③ 绝对不允许随意混合各种化学药品，以免发生意外事故。

④ 金属钾、钠和白磷（黄磷）等暴露在空气中易燃烧，所以金属钾、钠应保存在煤油中，白磷则可保存在水中，取用它们时要用镊子。一些有机溶剂（如乙醚、乙醇、丙酮、苯等）极易引燃，使用时必须远离明火、热源，用毕应立即盖紧瓶塞。

⑤ 混有氧气的氢气遇火易爆炸，操作时必须严禁接近明火。在点燃前，必须先检查并确保纯度。银氨溶液不能留存，因久置后会变成氮化银，易爆炸。某些强氧化剂（如氯酸钾、硝酸钾、高锰酸钾等）或其混合物不能研磨，否则将引起爆炸。

⑥ 应配备必要的护目镜。倾注药剂或加热液体时，容易溅出，不要俯视容器。尤其是浓酸、浓碱具有强的腐蚀性，切勿使其洒在皮肤或衣服上，更应该注意防护眼睛。稀释时（特别是浓硫酸），应将它们慢慢倒入水中，而不能相反进行，以避免迸溅。给试管加热时，切记不要使试管口向着自己或别人。

⑦ 不要俯向容器去闻放出的气味。正确的方法是面部应远离容器，用手把逸出的气流慢慢地煽向自己的鼻孔。能产生有刺激性或有毒气体（如硫化氢、氟化氢、氯气、一氧化碳、二氧化氮、二氧化硫、溴蒸气等）的实验必须在通风橱内进行。

⑧ 有毒药品（如重铬酸钾、钡盐、铅盐、砷的化合物、汞的化合物，特别是氰化物）不得进入口内或接触伤口。剩余的废液也不能随便倒入下水道，应倒入废液缸或教师指定的容器里。

⑨ 金属汞易挥发，并通过呼吸道而进入人体内，逐渐积累会引起慢性中毒。所以做金属汞的实验应特别小心，不得把金属汞洒落在实验台上或地上。一旦洒落，必须尽可能收集起来，并用硫黄粉盖在洒落的地方，使金属汞转变成不挥发的硫化汞（如果水银温度计不慎打破，也用同样的方法处理）。

⑩ 实验室所有的药品不得带出室外，用剩的药品应放在指定的位置。

注意：为了防止易挥发试剂造成的毒害，这类试剂一般不放在实验台的试剂架上，必须放在通风橱中。如浓盐酸、浓硝酸、浓氨水、甲酸、冰醋酸、氯水、次氯酸钠、溴水、碘水、硫代乙酰胺、二硫化碳、金属汞、三氯化磷、多硫化钠、多硫化铵等，在取用时不得拿出通风橱。

10.3.2 实验室事故的处理

① 创伤。伤处不能用手抚摸，也不能用水洗涤。若是玻璃创伤，应先把碎玻璃从伤处

挑出。轻伤可涂以紫药水，必要时用创可贴或绷带包扎。

② 烫伤。不要用冷水洗涤伤处。伤处皮肤未破时，可涂擦饱和碳酸氢钠溶液或用碳酸氢钠粉调成糊状敷于伤处，也可抹獾油或烫伤膏；如果伤处皮肤已破，可涂些紫药水或 1% 高锰酸钾溶液。

③ 受酸腐蚀致伤。先用大量水冲洗，再用饱和碳酸氢钠溶液（或稀氨水、肥皂水）洗，最后再用水冲洗。如果酸液溅入眼内，用大量水冲洗后，送校医院诊治。

④ 受碱腐蚀致伤。先用大量水冲洗，再用 2% 的乙酸溶液或饱和硼酸溶液洗，最后用水冲洗。如果碱液溅入眼中，用硼酸溶液洗。

⑤ 受溴腐蚀致伤。用苯或甘油洗濯伤口，再用水洗。

⑥ 受磷灼伤。用 5% 的硫酸铜溶液洗伤口，然后包扎。

⑦ 吸入刺激性或有毒气体。吸入氯气、氯化氢气体时，可吸入少量乙醇和乙醚的混合蒸气使之解毒。吸入硫化氢或一氧化碳气体而感到不适时，应立即到室外呼吸新鲜空气。但应注意氯气、溴中毒不可进行人工呼吸，一氧化碳中毒不可使用兴奋剂。

⑧ 毒物进入口内。将 5~10 mL 稀硫酸铜溶液加入一杯温水中，内服后，用手指伸入咽喉部，促使呕吐，然后立即送医院。

⑨ 触电。首先切断电源，然后在必要时进行人工呼吸。

注意：对不能及时处理的意外事故或伤势较重者，应立即送往医院。

化学危险药品是指受光、热、空气、水或撞击等外界因素的影响，可能引起燃烧、爆炸的药品，或具有强腐蚀性、剧毒性的药品。常用危险药品按危害性可分为以下几类来管理（见表 10-1）。

表 10-1 常用危险品及注意事项

类别		试剂举例	性质	注意事项
爆炸品		硝酸铵、苦味酸、三硝基甲苯	遇高热、摩擦、撞击等引起剧烈反应，放出大量气体，产生猛烈爆炸	存放于阴凉、低下处。轻拿、轻放
易燃品	易燃液体	丙酮、乙醚、甲醇、乙醇、苯等有机溶剂	沸点低、易挥发，遇火则燃烧，甚至引起爆炸	存放于阴凉处，远离热源。使用时注意通风，不得有明火
	易燃固体	赤磷、硫、萘、硝化纤维	燃点低，受热、摩擦、撞击或遇氧化剂，可引起剧烈连续燃烧爆炸	存放于阴凉处，远离热源。使用时注意通风，不得有明火
	易燃气体	氢气、乙炔、甲烷	因撞击、受热引起燃烧。与空气按一定比例混合，则会爆炸	使用时注意通风。如为钢瓶气，不得在实验室存放
	遇水易燃	钠、钾	遇水剧烈反应，产生可燃气体并放出热量，此反应热会引起爆炸	保存于煤油中，切勿与水接触
	自燃物品	黄磷	在适当温度下被空气氧化，放热，达到燃点而引起自燃	保存于水中

续表

类别	试剂举例	性质	注意事项
氧化剂	硝酸钾、氯酸钾、过氧化氢、过氧化钠	具有强氧化性，遇酸、受热，以及与有机物、易燃品、还原剂混合时，因反应引起燃烧或爆炸	不得与易燃品、易爆品、还原剂等一起存放
剧毒品	氰化钾、三氧化二砷、升汞、氯化钡	剧毒，少量侵入人体引起中毒，甚至死亡	专人、专柜保管，现用现领，用后的剩余物，不论固体或液体都应交回保管人，并应设有使用登记制度
腐蚀性药品	强酸、氟化氢、强碱、溴	具有强腐蚀性，触及物品造成腐蚀、破坏，触及人体皮肤，引起烧伤	不要与氧化剂、易燃品、爆炸品放在一起
放射性物品	铀、钍的金属化合物及其制品	具有放射性，对人体造成伤害	远离易燃易爆危险品存放，用不同材料做外包装容器，如铅罐、铁罐等

10.4 实验室用水的纯度 Purity of Water in Lab

在做化学实验时，水是不可缺少的，洗涤仪器、配制溶液等都需要大量的水，而且不同的实验对水的纯度的要求也不同。水的纯度直接影响到实验结果的准确性。所以，了解水的纯度、净化方法和检验纯度方法是十分必要的。这样才能根据实验工作的需要，正确选择不同纯度的水。

在实际工作中，表示水的纯度的主要指标是水中的含盐量（即水中各种阴、阳离子的数量）的多少。而含盐量的测定比较复杂，因此，目前通常用水的电阻率或导电率来表示（常用电导仪来测定）。化学实验中常用的水有自来水、蒸馏水和去离子水。

1. 自来水

自来水指一般城市生活用水。这是天然水（如河水、地下水等）经人工简单处理后得到的。它含有 K^+、Na^+、Ca^{2+}、Mg^{2+}、Al^{3+}、Fe^{3+}、CO_3^{2-}、HCO_3^-、SO_4^{2-}、Cl^-等杂质离子，可溶于水的 CO_2、NH_3等气体以及某些有机物和微生物等。

由于自来水的杂质较多，所以对一般的化学分析实验就不适用。在实验室里，自来水主要用于：洗涤仪器，实验中的加热用水、冷却用水，制备蒸馏水和去离子水。

2. 蒸馏水

将自来水在蒸馏装置中加热汽化，将蒸气冷凝就可得到蒸馏水。如图 10-1 所示。

由于杂质离子不挥发，所以蒸馏水中所含杂质比自来水中少得多，比较纯净。但其中仍含少量的杂质。这是因为冷凝管、接收容器本身的材料可能或多或少地进入蒸馏水。这些装

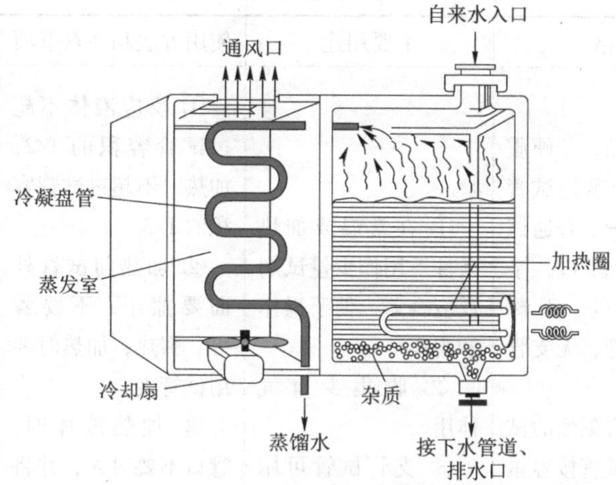

图 10-1 蒸馏水制备过程示意图

置一般所用材料是不锈钢、纯铝、玻璃等，所以可能进入金属离子。

尽管如此，蒸馏水仍然是实验室里最常用的较纯净的溶剂或洗涤剂，常用来配制溶液，做化学分析实验用。如要用蒸馏法制备更纯的水，可将蒸馏水进行多次蒸馏或用石英蒸馏器进行蒸馏。

3. 去离子水

通过离子交换柱后所得到的水即去离子水（也叫离子交换水）。离子交换柱中装有离子交换树脂，它是一种带有能交换的活性基团的高分子聚合物。分为两类：带有酸性基团，能与阳离子进行交换的叫阳离子交换树脂；带有碱性交换基团，能与阴离子进行交换的叫阴离子交换树脂。

进行交换时，一般将水先经过阳离子交换柱，水中的阳离子（如 Na^+、Ca^{2+} 等）被吸附在树脂上，树脂上的 H^+ 进入水中。然后再经过阴离子交换柱，水中的阴离子（如 HCO_3^-、Cl^- 等）被吸附，交换下来的 OH^- 进入水中，与交换下来的 H^+ 结合成 H_2O。最后再经过一个装有阴、阳离子交换树脂的混合柱，除去残存的阴、阳离子，这样得到纯度较高的去离子水。

10.5 仪器认领与基本操作 Physical Manipulations and Procedures

10.5.1 仪器的认领

熟悉化学实验常用仪器的规格和主要用途，掌握仪器的使用方法、使用中的注意事项及其缘由。常用仪器列于表 10-2。

表 10-2　化学试验常用仪器一览表

仪器	规格	主要用途	使用方法和注意事项	理由
试管 离心试管 支管试管  Test Tube	玻璃制品，分硬质和软质，有普通试管和离心试管。普通试管又分为翻口、平口，有刻度、无刻度，有支管、无支管等几种。 规格：有刻度的试管和离心试管按容量（mL）分，常用的有 5、10、15 等；无刻度试管按外径（mm）× 管长（mm），有 10×100、12 × 100、12 × 120 几种	① 在常温或加热条件下用作少量试剂反应容器，便于操作和观察 ② 收集少量气体用 ③ 支管试管可用于制少量气体，还可检验气体产物，也可接到装置中用 ④ 离心试管还可用于沉淀分离	① 反应液体不超过试管容积的 1/2，加热时不超过试管容积的 1/3 ② 加热前试管外面要擦干，不要骤冷、骤热，加热时要用试管夹 ③ 加热液体时，管口不要对人，并将试管倾斜，与桌面呈 45°，同时不断振荡，火焰上端不能超过管内液面 ④ 加热固体时，管口应略向下倾斜 ⑤ 离心管不可直接加热	① 防止振荡时液体溅出或受热溢出 ② 防止有水滴附着受热不匀，使试管破裂，以免烫手 ③ 防止液体溅出伤人，扩大加热面防止爆沸。防止受热不均匀使试管破裂 ④ 防止破裂
烧杯 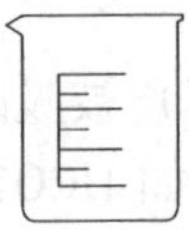 Beaker	玻璃质，分硬质和软质，有一般型和高型，有刻度和无刻度几种规格：按容量（mL）分，有 50、100、200、250、500 等	① 常温或加热条件下作大量物质反应容器，反应物质混合均匀 ② 配制溶液用 ③ 代替水槽用 ④ 做试管水浴	① 反应液体不超过烧杯容器的 2/3 ② 加热前要将烧杯外壁擦干，烧杯底要垫石棉网 ③ 壁薄，要小心轻放	① 防止搅动时液体溅出或沸腾时液体溢出 ② 防止玻璃受热不均匀而遭破裂
圆底烧瓶 蒸馏烧瓶 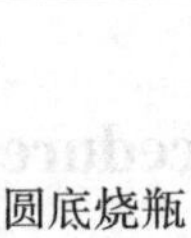 Flask	玻璃质，分硬质和软质，有长颈、短颈、细口、厚口和蒸馏烧瓶几种 规格：按容量（mL）分，有 50、100、250、500、1 000 等，此外还有微量烧瓶	① 圆底烧瓶，在加热或常温条件下供化学反应盛液用，因底部为圆形，因而受热面积大，耐压 ② 蒸馏烧瓶，液体蒸馏、少量气体发生装置用	① 盛放液体量不能超过烧瓶容量的 2/3，也不能太少 ② 固定在铁架台上，下垫石棉网加热，不能直接加热，加热前外壁要擦干 ③ 放在桌面上，要垫木环或石棉网	① 避免加热时喷溅或破裂 ② 避免加热时不均匀而破裂 ③ 防止滚动而打破

续表

仪器	规格	主要用途	使用方法和注意事项	理由
三角烧瓶 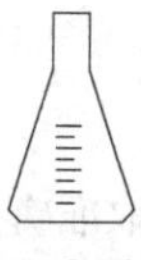 Conical Flask	玻璃制品，分硬质和软质，有塞和无塞，广口、细口和微型等几种 规格：按容量（mL）分，有 50、100、150、200、250 等	① 反应容器 ② 振荡方便，适用于滴定操作	① 盛液不能太多 ② 加热时下垫石棉网或置于水浴中	① 避免振荡时溅出液体 ② 防止受热不均匀而破裂
集气瓶 毛玻片  Gas Jar	玻璃质，有无色和棕色，瓶子上是磨砂 规格：按容量（mL）分，有 30、60、125、250 等	① 用于收集气体 ② 毛玻片用于盖装气体的集气瓶	① 不能直接加热 ② 做气体燃烧试验时瓶底应放少许砂子和水 ③ 收集气体后，用毛玻璃片盖住瓶口	① 防止瓶破裂 ② 防止气体逸出
量筒 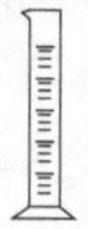 Measuring Cylinder	玻璃质 规格：按容量（mL）分，有 5、10、15、20、25、50、100、200 等。上口大、下部小的叫量杯	用于量取一定体积液体	① 应竖直放在桌面上，读数时，视线应和液面水平，读取与凹液面底相切的刻度 ② 不可加热，不可做实验容器 ③ 不可量热溶液或液体	① 读数准确 ② 防止破裂 ③ 容积不准确
称量瓶  Weighing Bottle	玻璃质，分高型、矮型两种 规格：按容量（mL）分，有 5、10、15、20、25、30、40 等	准确称取一定量固体药品时用	① 不能加热 ② 盖子是磨口配套的，不得丢失、弄乱 ③ 不用时应洗净，在磨口处垫上纸条	① 玻璃破裂 ② 易使药品玷污 ③ 防止粘连而打不开玻璃盖

续表

仪器	规格	主要用途	使用方法和注意事项	理由
移液管 洗耳球 滴管  Dropper	移液管为玻璃质，分刻度管型和单刻度大肚型两种。单刻度的也叫移液管，有刻度的也称吸量管 规格：在一定温度时，以刻度的体积（mL）分，有5、10、25、50等；少量的有0.5、1、2等。 此外，还有自动移液管，洗耳球为橡胶制品	① 移液管用于准确移取一定体积的液体 ② 洗耳球用于吸取液体	① 将液体吸入，液面超过刻度，再用食指摁住管口，轻轻转动放气，使液面降至刻度后，用食指按住管口，移往指定容器上，放开食指，使液体注入 ② 用时先用少量所移液体淋洗三次 ③ 一般吸管残留的最后一滴液体不要吹出	① 确保量取准确 ② 确保所取液体浓度或纯度不变 ③ 制管时已考虑
容量瓶  Measuring Flask	玻璃质 规格：按容量（mL）分，有50、100、150、200、250等	配制准确浓度溶液时用	① 溶质先在烧杯内全部溶解 ② 不能加热 ③ 瓶塞不可互换	① 配制准确 ② 避免影响容量瓶容积的精确度
分液漏斗 滴液漏斗  Separator Funnel	玻璃质，有球形、梨形 规格：按容量（mL）分，有50、100、250、500等	① 用于互不相溶的液液分离 ② 用于发生少量气体装置中的加液	① 不能加热 ② 塞上涂一薄层凡士林，旋塞处不能漏液 ③ 分液时，下层液体从漏斗管流出，上层液体从上口倒出 ④ 装气体发生器时，漏斗管应插入液面内（漏斗管不够长，可接管）	① 防止玻璃破裂 ② 旋塞旋转灵活，又不漏水 ③ 防止分离不清 ④ 防止气体自漏斗管喷出

续表

仪器	规格	主要用途	使用方法和注意事项	理由
漏斗 长颈漏斗  Funnel	玻璃质，分长颈和短颈两种 规格：按斗径（mm）分，有 30、40、60、100、120 等，此外，铜制热漏斗专用于热滤	① 过滤液体 ② 倾注液体 ③ 长颈漏斗常装配气体发生器，加液用	① 可直接加热 ② 过滤时，漏斗颈必须紧靠承接滤液的容器壁 ③ 长颈漏斗作加液漏斗时，斗颈应插入液面内	① 防止破裂 ② 防止滤液溅出 ③ 防止气体自漏斗泄出
布氏漏斗 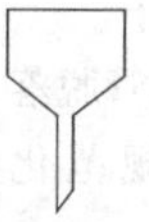 Funnel 抽滤瓶 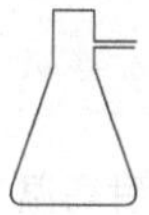 Suckion Flask	布氏漏斗为瓷质，规格以容量（mL）或口径（mm）表示 抽滤瓶为玻璃质，规格按容量（mL）分，有 50、100、250、500 等，两者配套使用	用于无机制备中晶体或沉淀的减压过滤（使用抽气管或真空泵降低抽滤瓶中的压力来减压过滤），加快过滤速度	① 不能直接加热 ② 滤纸要略小于漏斗的内径才能贴紧 ③ 先开抽气管，后过滤。过滤完毕后，分开抽气管与抽滤瓶的连接处，后关抽气管	① 防止玻璃破裂 ② 防止过滤液由边上漏滤，过滤不完全 ③ 防止抽气管水流倒吸
表面皿  Watch Glass	玻璃质 规格：按直径（mm）分，有 45、65、75、90 等	盖在烧杯上，防止液体迸溅或其他用途	不能用火直接加热	防止破裂
试管架  Test Tuberack	有木质和铝质的，有不同形状和大小的	放试管用	加热后的试管应用试管夹夹在悬放架上	避免试管骤冷或遇架上湿水使之炸裂
蒸发皿 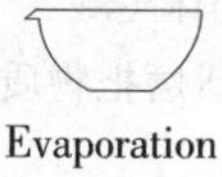 Evaporation Dish	瓷质，也有石英、铂制品 规格：按容量（mL）分，有 75、100 等	口大底浅，蒸发速度快，所以作蒸发、浓缩溶液用。随液体性质不同，可选用不同质的蒸发皿	① 耐高温，但不宜骤冷 ② 放在石棉网上加热	① 防止破裂 ② 受热均匀

续表

仪器	规格	主要用途	使用方法和注意事项	理由
温度计  Thermometer	玻璃质，常用的是水银温度计，量度范围有 0℃ ~ 100℃、0℃ ~ 200℃、0℃ ~ 300℃等	温度计用来测量温度	① 使用时小心，不要碰破下面盛装汞的部位（此处壁薄） ② 注意插入的位置	玻璃破裂
试管夹  Test-tube Holder	由木、竹或其他材料制成	夹持试管用	① 加热时夹在试管上端 ② 不要把拇指按在夹的活动部分 ③ 一定要从试管底部套上和取下试管夹	① 便于摇动试管，避免烧焦夹子 ② 避免试管脱落 ③ 操作规范化的要求
坩埚  Crucible	瓷质，也有石墨、石英、氧化钴、铁、镍或铂制品 规格：以容量（mL）分，有 10、15、25、50 等	强热、煅烧固体用。随固体性质不同，可选用不同质的坩埚	① 放在泥三角上直接强热或煅烧 ② 加热或反应完毕后，用坩埚钳取下时，坩埚钳应预热，取下后应放置在石棉网上	① 瓷质、耐高温 ② 防止骤冷而破裂，防止烧坏桌面
铁圈 铁架台 烧瓶夹双顶丝  Iron Stage	铁制品，铁架台一般为长方形的。烧瓶夹为铝制品。双顶丝为铜制品	用于固定或放置反应容器。铁圈还可代替漏斗架使用	① 仪器固定在铁架台上时，仪器和铁架的重心应落在铁架台底盘中部 ② 用烧瓶夹夹持仪器时，应以仪器不能转动为宜，不能过紧或过松 ③ 加热后的铁圈不能撞击或摔落在地	① 防止站立不稳而翻倒 ② 过松易脱落，过紧可能夹破仪器 ③ 以免断裂
研钵 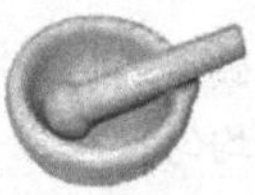 Mortar	瓷质，也有玻璃、玛瑙或铁制品 规格：以口径（mm）表示，分 75、100 等	① 研碎固体物质 ② 固体物质的混合。按固体的性质和硬度选用不同的研钵	① 大块物质只能压碎，不能舂碎 ② 放入量不能超过研钵容积的 1/3 ③ 易爆物质只能轻轻压碎，不能研磨	① 防止击碎研钵和杵，避免固体飞溅 ② 以免研磨把物质甩出 ④ 防止爆炸

续表

仪器	规格	主要用途	使用方法和注意事项	理由
漏斗架 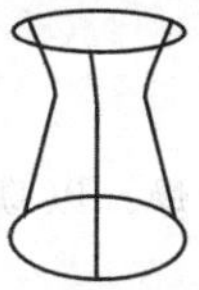 Filter Stand	木制品，上下装有玻璃板。带孔玻璃板固定于木架上层，以便放置玻璃漏斗	过滤时承接漏斗用	固定漏斗架时，不要倒放	以免损坏
三脚架  Tripod	铁制品，有大小、高低之分，比较牢固	放置较大或较重的加热容器	① 放置加热容器（除水浴锅外）应先放石棉网 ② 下面加热灯焰的位置要合适，一般用氧化焰加热	① 加热容器受热均匀 ② 加热温度高
燃烧匙  Ladle	匙头铜质，也有铁制品	检验物质的可燃性，进行固气燃烧反应用	① 放入集气瓶时，应由上而下慢慢放入，切不要触及瓶壁 ② 硫黄、钾、钠燃烧实验，应在匙底垫上少许石棉或砂子 ③ 用完立即洗净匙头并干燥	① 保证充分燃烧，防止集气瓶破裂 ② 发生反应，腐蚀燃烧匙 ③ 以免腐蚀匙头
泥三角 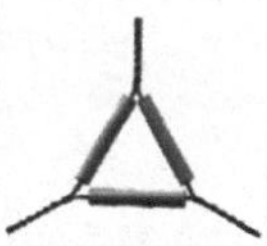 Pipeclay Triangle	由铁丝扭成，套着瓷管。有大小之分	用来放置坩埚等，直接用火焰灼烧	① 使用前应检查铁丝是否断裂，断裂的不能使用 ② 坩埚放置要正确，坩埚底应横着斜放在三个瓷管中的一个瓷管上 ③ 灼烧后小心取下，不要摔落	① 铁丝断裂，灼烧时坩埚不稳也易脱落 ② 灼烧得快 ③ 以免损坏
药勺 	由牛角、瓷或塑料制成，现多数是塑料的	用来放置坩埚等，直接用火焰灼烧	取用一种药品后，必须洗净，并用滤纸屑擦干后，才能取用另一种药品	避免玷污试剂，发生事故

续表

仪器	规格	主要用途	使用方法和注意事项	理由
镊子 Tweezer  三角锉 Triangular File 	铁制品，镊子表面电镀	三角锉用于玻璃管的截取及其他材料的加工 金属镊子用于夹取物品	使用方法及注意事项详见实验的基本操作	保持干燥，以防生锈
石棉网  Gauze with Asbestos	由铁丝编成，中间涂有石棉。有大小之分	石棉是一种不良导体，它能使受热物体均匀受热，不致造成局部高温	① 先检查，石棉脱落的不能用 ② 不能与水接触 ③ 不可卷折	① 起不到作用 ② 以免石棉脱落或铁丝锈蚀 ③ 石棉松脆，易损坏
钻孔器 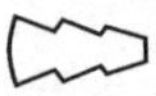 Pipe Orifice	铁制品（表面电镀），又叫打孔器。规格：1 mm×6 mm，由6支管口锋利的金属管和1支金属杆组成	用于塞子钻孔	塞子的钻孔	保持干燥，以防生锈
塑料洗瓶  Washing Bottle	塑料制品，容量一般为500 mL	盛装蒸馏水，洗涤结晶或沉淀物，或冲洗器皿	塑料洗瓶使用方便，用手捏挤即可	使用方便，安全可靠
坩埚钳  Crucible Tongs	铁制品，有大小长短的不同（要求开启或关闭钳子时不要太紧或太松）	夹持坩埚加热或往高温电炉中放、取坩埚（亦可用于夹取热的蒸发皿），也可钳镁条等燃烧	① 使用时，必须用干净的坩埚钳 ② 坩埚钳用后，应尖端向上平放在实验台上（如温度很高，则应放在石棉网上） ③ 实验完毕后，应将钳子擦干净，放入实验柜中	① 防止弄脏坩埚中药品 ② 保证坩埚钳尖端洁净，并防止烫坏实验台 ③ 防止坩埚钳腐蚀

续表

仪器	规格	主要用途	使用方法和注意事项	理由
螺旋夹 自由夹  Screw Clamp	铁制品，自由夹也叫弹簧夹、止水夹或皮管夹等多种名称。螺旋夹也叫节流夹	在蒸馏水贮瓶、制气或其他实验装置中沟通或关闭流体的通路。螺旋夹还可控制流体的流量	一般将夹子夹在连接导管的胶管中部（关闭）或夹在玻璃导管上（沟通）。螺旋夹还可随时夹上或取下 应注意：① 应使胶管夹在自由夹的中间部位；② 在蒸馏水贮瓶的装置中，夹子夹持胶管的部位应常变动；③ 实验完毕，应及时拆卸装置，夹子擦净放入柜中	① 防止夹持不牢，漏液或漏气 ② 防止长期夹持，胶管黏结 ③ 防止夹子弹性减小和夹子锈蚀
点滴板  Spot Plate	瓷质，也叫瓷板，有白色和黑色两种。点滴板每个凹穴容积为 1 mL	适用于点滴反应	① 用于做少量试液带色反应或观察沉淀 ② 不能用于需要加热的反应	节约试剂，减少污染

10.5.2 仪器的洗涤

化学实验室经常使用的仪器是玻璃仪器和瓷器，而这些仪器是否干净，直接影响到实验结果的准确性，所以应该保证所使用的仪器是很干净的。“干净”两字的含义绝不是日常所说的干净，而是具有纯洁的意思。

仪器洗涤的方法很多，应根据实验的要求、污物的性质、玷污的程度来选用。一般来说，附着在仪器上的污物既有可溶性的物质，也有土和其他不溶性物质，还有油污和有机物质，针对这些情况，可以分别采用下列方法洗涤。

（1）用水刷洗

用毛刷就水刷洗，既可以洗去可溶性物质，又可以使附着在仪器上的尘土和不溶性物质脱落下来，但不能洗去油污和有机物质。

（2）用去污粉、洗衣粉或合成洗涤剂刷洗

洗衣粉和合成洗涤剂的去污原理已众所周知，不必再述。去污粉是由碳酸钠、白土、细砂等物混合而成。碳酸钠是一种碱性物质，具有强的去污能力，而细砂的摩擦作用和白土的吸附作用则增强了仪器的清洗效果。

使用时，首先要把待洗涤的仪器用少许自来水湿润，再用湿润的毛刷蘸少许洗衣粉（去污粉），然后用毛刷来回用力刷洗。待仪器的内外壁都经过仔细地擦洗之后，用自来水冲去仪器内外的洗衣粉，冲洗到没有洗涤剂附着在仪器上为止。

（3）超声波清洗

超声波清洗器是利用超声波发生器所发出的高频振荡信号，通过换能器转换成高频机械振荡而传播到介质——清洗溶液中，超声波在清洗液中疏密相间地向前辐射，使液体流动而产生数以万计的微小气泡，这些气泡在超声波纵向传播形成的负压区形成、生长，而在正压区迅速闭合，在这种被称为“空化”效应的过程中气泡闭合可形成超过 1.01×10^{8} Pa（1 000 个大气压）的瞬间高压，连续不断产生的高压就像一连串小“爆炸”不断地冲击物件表面，使物件表面及缝隙中的污垢迅速“剥落”，从而达到物件表面净化的目的。超声波清洗器使用方法及注意事项如下。

① 将需要清洗的仪器放入清洗网架中，再把清洗网架放入清洗槽中，绝对不能将物件直接放入清洗槽底部，以免影响清洗效果和损坏仪器。

② 清洗槽内按比例放入清洗剂，注入水或水溶液，水位最低不得低于 60 mm，而最高不得超过 130 mm。在清洗槽内无水溶液的情况下，不应开机工作，以免烧坏清洗器。

③ 使用适当的化学清洗液，但必须与不锈钢制造的超声清洗槽相适应。不得使用强酸、强碱等化学试剂。应避免水溶液或其他各种有腐蚀性的液体浸入清洗器内部。

④ 将超声波清洗器接入 220 V/50 Hz 的三芯电源插座（使用电源必须有接地装置），按下 ON 电源开关，绿色开关电源指示灯会亮，表示电源正常，可以工作。

⑤ 根据仪器清洗要求，用温度控制器调节好所需要的温度，温度指示灯会亮，加热器已加热到所需要的温度时，温度指示灯会熄灭，加热器会停止工作；当温度降到低于所需要的温度时，会自动加热，温度指示灯会亮。

⑥ 当加热温度达到清洗要求时，同时风机会运转。根据仪器清洗要求设置定时器的工作时间，定时器位置可在 1~20 min 内任意调节，也可调在通常位置。一般清洗时间在 10~20 min，对于特别难清洗的物件可适当延长清洗时间。开启超声定时器，轴流风机必须运转，如不运转，立即停机，否则超声波清洗器会升温造成损坏。

⑦ 清洗完毕后，从清洗槽内取出网架，用自来水喷洗或漂洗干净。

仪器洗净的标志：器壁可被水润湿，如果把水加到仪器上，再把仪器倒转过来，水会顺着器壁流下，器壁上只留下一层既薄又均匀的水膜，并无水珠附着在上面，这样的仪器才算洗得干净。凡是已洗净的仪器，决不能用布或纸去擦拭。否则，布或纸的纤维会留在器壁上。

10.5.3 仪器的干燥

无机实验室最常用的干燥方法是晾干、烘干、烤干和吹干（图 10-2）。

(a) (b) (c) (d)

图 10-2 仪器的干燥方式

晾干：做完实验后，将仪器洗净，倒置在仪器架上或实验柜内，待下次实验使用。如果实验中操作失败需要重做，可用干燥仪器烤干或在恒温鼓风干燥箱中烘干或吹干。

烘干：洗净的仪器可以放在气流式烘干器上或放入干燥箱内烘干。气流式烘干器的使用方法比较简单，故不作介绍。干燥箱的全称是电热鼓风干燥箱（或电热恒温干燥箱），俗称烘箱，是化学实验室常用的设备。

烤干：烧杯和蒸发皿可以放在石棉网上用小火烤干。试管可以用试管夹夹住直接用小火烤干。操作时，试管要略微倾斜，管口向下，并不时地来回移动试管，把水滴赶掉。最后，烤到不见水珠时，使管口朝上，以便把水汽赶尽。

吹干：用压缩空气或电吹风机把仪器吹干。

注意：不能用布或纸来擦干仪器。因为用布或纸来擦干仪器，会将纤维附着在器壁上，反而将已洗净的仪器弄脏。

带有刻度的计量仪器不能用加热的方法进行干燥，因为加热会影响这些仪器的精密度。

10.5.4 无机化学实验中的加热和冷却

加热和冷却是无机化学实验中重要的基本操作。加热和冷却方式的选择以及操作方法的正确与否，直接关系到实验能否成功、实验仪器装置的完好和实验人员的安全。因此，在实验中必须明确加热和冷却的目的，正确选择加热和冷却的方式，清楚各种加热和冷却方式的温度范围。

1. 加热的主要目的

① 向吸热反应提供所需的热量，以提高反应物的平衡转化率。

② 加快化学反应的速度。不论是吸热反应还是放热反应，提高温度都能加快其反应，一般温度每升高 10 K，反应速率将加快 2~4 倍。对于那些活化能高的反应，对温度尤为敏感。

③ 加速物质在溶剂中的溶解和提高物质的溶解度。一般晶体物质的溶解度随温度的升高而增大。

④ 使物质熔化或加速物质的熔化。

⑤ 促使物质分解，以实现分离或得到分解产物。

⑥ 促使液体中溶解气体的逸出等。

冷却的主要目的如下：

① 移出放热反应的反应热，促使反应向正反应方向进行。

② 降低反应速率，控制反应进行的程度。

③ 抑制二次反应和其他副反应的进行，以提高主反应的选择性。

④ 防止热敏性物料的变质和分解。

⑤ 加速物质的冷却和冷凝。

⑥ 增大气体在溶剂中的溶解度。

2. 加热和冷却的方式

随着科学技术的发展，加热和冷却的方式越来越多，但在化学实验中常用的加热和冷却方式主要有以下几种。

加热的主要方式如下：

（1）火焰加热

火焰加热主要有酒精灯（图 10-3）、酒精喷灯、煤气灯加热等。它们都是利用可燃性物质，如酒精、煤气、液化石油气的燃烧来实现加热的。这种加热方式简单易行，可以利用不同的火焰和火焰的不同部位来获得所需的加热温度。但因为是明火加热，必须注意安全和远离易燃物质。

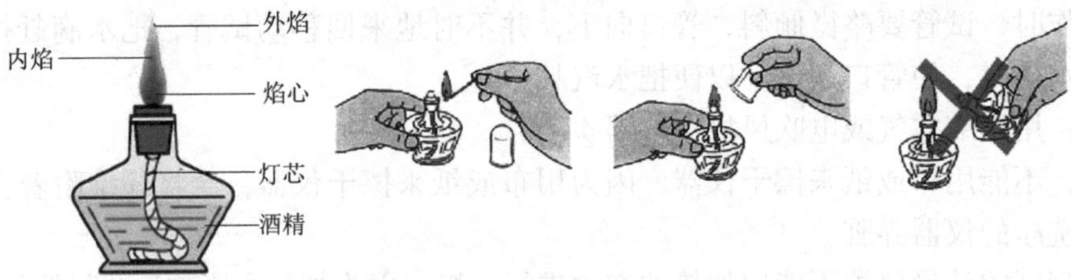

图 10-3　酒精灯的使用方法

（2）电加热

电加热主要有电炉加热、电阻加热和电弧加热等，如图 10-4 所示。电炉加热可以提供较大的加热面，一般加热温度可以控制，但是使用中要防止物料的溢出特别是易燃物料的溢出，以免发生事故。电阻加热通常是用电热套加热。电热套实际上是一只改装的电炉，它是将电阻丝用玻璃纤维物质包裹起来，做成半球形或其他适于容器放置的形状。这种加热装置方便安全，容器受热面积大而且受热均匀，其温度的高低可以用调压变压器进行控制。电弧加热可以获得很高的温度（高达 3 273 K），但在化学实验室中很少使用。

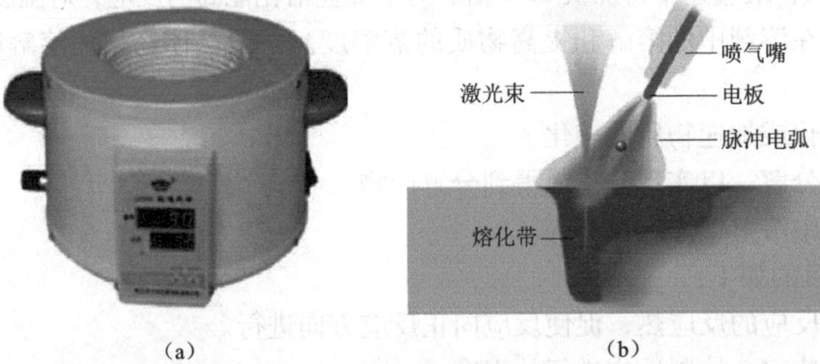

图 10-4　电加热装置（a）及电弧加热示意图（b）

（3）介质加热

介质加热实际上是将火焰加热与电加热的热量通过某种介质传递给待加热的物料。常用的有水浴、油浴、砂浴和空气浴加热，其共同的特征是物料受热均匀，受热面积大，可以防止局部过热。水浴加热安全可靠，水是一种热容很大的连续性介质，特别适用于温度不超过 373 K 的均匀加热，常用的仪器有电热恒温水浴锅。油浴是以某些油品为介质来加热物料，最常用的是液体石蜡，其加热温度高于水浴。由于油是易燃介质，在油浴加热时要特别注意防止着火。砂浴是以干净均匀的河砂为介质，将其盛于铁盘或蒸发皿中，把待加热的容器半埋在热砂中进行加热。

注意：砂子对热的传导能力较差，与水浴和油浴相比，温度分布不均匀，所以容器底部的砂层通常要薄些，使容器容易受热，周围的砂层要厚些，以防止热量的散失。

冷却的主要方式如下：

常用的冷却方式主要是介质冷却，即空冷、水冷和盐冷。空冷是以空气为冷却介质，或者置物料于空气中自然冷却，或者使空气强制流动，加速冷却。这种方式最为简单易行，但效率低、速度慢。水冷是以水为冷却介质，通常采用间壁式冷却，以防止水进入物料之中。当允许物料和水混合时，可将冷水直接加入热的物料之中，使之尽快冷却。水冷也包括冰冷和冰水混合物冷却，这样可以获得较低的冷却温度。特别是以冰水混合物作冷却剂时，可以控制冷却下限不低于 273 K。盐冷通常是以盐、冰、水的混合物为冷却剂的冷却方式，这种冷却剂是将无机盐、冰和水按一定比例混合而制得，其中以食盐、冰和水的混合物最为常用。盐冷可以获得比水冷更低的温度，有的可以获得零下几十度的低温。

常用的加热方式及其温度范围见表 10-3。

表 10-3 常用加热方式及其温度范围

火焰加热	温度范围/K	介质加热	温度范围/K	电加热
酒精灯	673~773	水浴	367~368	用调节装置来控制温度
酒精喷灯	1 173~1 273	油浴	373~523	
煤气灯	1 873~2 123	砂浴	1 173 以下	
煤气吹管	2 473	空气浴	1 073 以下	
氢氧焰	3 073			
氧炔焰	2 773~3 773			

10.6 测量与误差分析 Measurements and Error Analysis

10.6.1 误差

化学实验中信息的收集，有些是定量的（quantitative），有些是定性的（qualitative）。在任何一项分析中，可以用同一种方法分析、测定同一样品，虽然经过多次测定，但是测定结果总不会是完全一样，这说明测定中有误差。为此，必须了解误差的产生原因及其表示方法，尽可能地将误差减小到最小，以提高分析结果的准确度。

1. 误差的种类

根据误差产生的原因和性质，将误差分为系统误差、偶然误差和过失误差。

系统误差：系统误差又称可测误差，它是由分析操作过程中的某些经常原因造成的，在重复测定时，它会重复表现出来，对分析结果的影响比较固定。这种误差可以设法减小到可忽略的程度。化验分析中将系统误差归纳为以下几个方面。

① 仪器误差：这种误差是由于使用仪器本身不够精密所造成的。如未经校正的容量瓶、移液管、砝码等。

② 方法误差：这种误差是由于分析方法本身不够完善造成的。如化学计量点和终点不

符合或发生副反应等。

③ 试剂误差：这种误差是由于蒸馏水含杂质或试剂不纯等引起的。

④ 操作误差：这种误差是由于分析工作者分析技能不熟练、个人观察器官不敏锐和固有的习惯所致。如滴定终点颜色的判断偏深或偏浅，对仪器刻度表现读数不准确等。

偶然误差：又称随机误差。它是由于在测量过程中不固定的因素造成的。如：测量时的环境温度、湿度和气压的微小波动，都会使测量结果在一定范围内波动，其波动大小和方向不固定，因此，无法测量，也不可能校正，为不可测量误差。但偶然误差遵从正态分布规律。

① 同样大小的正负偶然误差，几乎有相等的出现机会。

② 小误差出现的机会多，大误差出现的机会少。

过失误差：是由操作不正确、粗心大意造成的。如加错砝码、溶液溅失。决不允许当作偶然误差。

2. 误差的表示

误差有两种表示方法：绝对误差和相对误差。

$$绝对误差（E）= 测得值 - 真实值$$

$$相对误差（E）=［测得值 - 真实值］/真实值 \times 100\%$$

要确定一个测定值的准确性，就要知道其误差或相对误差。要求出误差，必须知道真实值。但是真实值通常是不知道的。在实际工作中，人们常用标准方法通过多次重复测定，所求出的算术平均值作为真实值。

由于测得值（x）可能大于真实值（T），也可能小于真实值，所以绝对误差和相对误差都可能有正、有负。

3. 误差的消除

消除测定中的系统误差可以采用以下措施：

① 空白实验：由试剂或器皿引入的杂质所造成的系统误差，用空白实验加以校正。空白实验是指在不加试样的情况下，按试样分析规程在同样的操作条件下进行的测定。空白实验所得结果的数值为空白值。从试样的测定值中扣除空白值就得到比较准确的结果。

② 校正仪器：分析测定中，具有准确体积和质量的仪器，如滴定管、移液管、天平砝码等，都应进行校正，消除仪器不准所带来的误差。

③ 对照实验：用同样的分析方法，在同样条件下，用标样代替试样进行平行测定。标样中待测组分含量已知，且与试样中含量接近。将对照实验的测定结果与标样的已知含量相比，其比值即为校正系数。

消除测定中的偶然误差可以采用以下措施：

① 选择合适的分析方法：根据组分含量及对准确度的要求，在可能的条件下选择最佳的分析方法。

② 增加平行测定次数：增加平行测定次数可以抵消偶然误差。在一般分析测定中，测定次数为 3~5 次，基本上可以得到比较准确的分析结果。

③ 减少测量误差。

④ 消除测定中的过失误差。

4. 准确度和精密度的关系

准确度指在一定实验条件下多次测定的平均值与真值相符合的程度，以误差来表示。它用来表示系统误差的大小。在实际工作中，通常用标准物质或标准方法进行对照实验，在无标准物质或标准方法时，常用加入被测定组分的纯物质进行回收实验来估计和确定准确度。在误差较小时，也可通过多次平行测定的平均值作为真值 μ 的估计值。测定精密度好，是保证获得良好准确度的先决条件，一般来说，测定精密度不好，就不可能有良好的准确度。对于一个理想的分析方法与分析结果，既要求有好的精密度，又要求有好的准确度。

精密度是指多次重复测定同一量时各测定值之间彼此相符合的程度。其表征测定过程中随机误差的大小。精密度表示测量的再现性，是保证准确度的先决条件。一般来说，测量精密度不好，就不可能有良好的准确度；反之，测量精密度好，准确度不一定好，这种情况表明测定中随机误差小，但系统误差较大。

10.6.2 有效数字

在化学实验中，各种量的测量均受到测试仪器精度的限制。一般来说，任何一种仪器标尺读数的最后一位应该用内插法估计到两条刻度线间距的 1/10。因此，任何一个观测值的最后一位数字总是有一定误差的。最后一位数字虽然不够精确，但仍然是可信的，因而是“有效”的。记录时，保留这位数字才能正确地反映出观测的精确程度。这种在不丧失观测准确度的情况下，表示某个观测值所需要的最小位数，就是有效数字（significant figures）。它的构成包括若干位确定的数字和一位（只能是一位）不确定的数字。例如 38.67，这个数有 4 位有效数字，而 38.670 就有 5 位有效数字。

“0”是一个特殊的数字。当它出现在两个非零数字之间或小数点的右方的非零数字之后时，都是有效的。如 10.030 0 g，每个 0 都是有效的，共有 6 位有效数字。当 0 出现在小数点第一位非零数字左侧时，则是无效的。如 0.023 0 g，2 之前的两个 0 是无效的，这个数有 3 位有效数字，也可以表示为 23.0 mg，或 2.30×10^{-2} g。有效数字的位数不变。

应避免使用 68 000 这样有效数字含义不清楚的写法。这类数字最好用科学表示法。

有效数字的计算规则如下。

（1）加减法

加减法的有效数字按照各原始数据中小数点位数最少的数据确定。用科学表示法表示的数据，若指数不同时，应先换算成相同的指数，然后才能加减。

在计算过程中，可以先加减再修约（rounding）；也可以先将原始数据修约，然后再加减。为了减小舍入误差的累积，在修约各个数据时，可以比需要的最少位数多保留一位。

（2）乘除法

乘除法的积和商的有效位数按照原始数据中有效数字位数最少的数确定。

10.7 物理性质测定 Determination of Physical Properties

10.7.1 量的称量

天平按结构的特点分为等臂和不等臂两大类。天平按精度分级和命名是常用的分类方法，过去天平的分级单纯以能称准的最小质量来定。例如能称到 0.1 mg 或 0.2 mg 的天平称为“万分之一天平”或“分析天平”；能称到 0.01 mg 的天平称为“十万分之一天平”或“半微量分析天平”等。

称量质量用天平（balance），一般采用差减法（determine the mass by difference），即先称量容器的质量，加入样品后再称量，得到的质量减去容器质量即为样品质量。常用的称量方法如下。

1. 差减称量法

差减称样常用的称量器皿是称量瓶。称量瓶为带有磨口塞的小玻璃瓶，将试样或基准物质装入瓶内，可以直接在天平上称量。因为带有磨口塞，可以防止瓶中的试样吸收空气中的水分和 CO_2 等，因此适于称量易吸潮的试样。

使用称量瓶时，不能直接用手拿取，应该用洁净的纸条将其套住，再用手捏住纸条，以防手的温度高或沾有汗污等影响称量准确度。

其称量方法如下：

① 按图 10-5，将称量瓶放入天平盘，准确称量瓶加试样重，记为 W_1（g）。

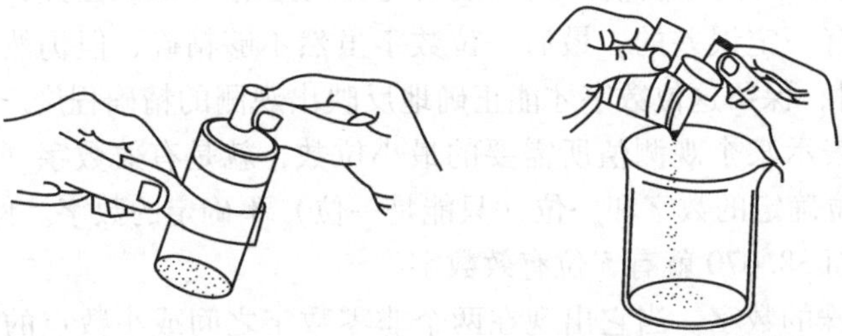

称量瓶的取放　　　　从称量瓶中倾出样品

图 10-5　称量瓶的使用

② 取下称量瓶，放在容器上方，将称量瓶倾斜，用称量瓶盖轻敲瓶口上部，使试样慢慢落入容器中。当倾出的试样已接近所需要的质量时，慢慢地将瓶竖起，再用称量瓶盖轻敲瓶口上部，使粘在瓶口的试样落在容器中，然后盖好瓶盖（上述操作都应在容器上方进行，防止试样丢失），将称量瓶再放回天平盘，称得质量，记为 W_2（g）。

如此继续进行，可称取多份试样。

第一份试样重 $=W_1-W_2$（g），第二份试样重 $=W_2-W_3$（g）。

应注意的是，如果一次倾出的试样不足所需要的质量范围时，可按上述的操作继续倾出。但如超出所需要的质量范围，不准将倾出的试样再倒回称量瓶中，此时只能弃去倾出的试样，洗净容器，重新称量。

2. 固定质量称量法

此时常以表面皿、称量铲或称量纸作称量器皿，称量方法如下：

① 准确称出称量器皿的质量。

② 在右边秤盘上加相当于试样质量的砝码，在左盘的称量器皿中加入略少于欲称量质量的试样，然后轻轻振动牛角勺，逐渐往称量器皿中增加试样，达到所需数值。

这种方法要求试样性质稳定；操作者要技术熟练，尽量减少增减试样的次数，才能保证称量准确、快速。称量完毕，须将所称取的试样完全转移至实验容器中。

3. 直接称量法

直接称量法是直接称量某一物体质量的方法。其所用仪器如图 10-6 所示。

（a）　　（b）　　（c）

图 10-6　托盘天平（a），机械分析天平（b）和电子天平（c）

10.7.2　液体体积的测量

液体体积的测量主要器皿有量筒（measuring cylinder）（图 10-7）、滴定管（buret）和移液管（pipet）。这些器皿上都标注“TD”，表示“to deliver”。而容量瓶（volumetric flask）上标注的是“TC”，表示“to contain”。因此，500 mL 容量瓶表示瓶内的体积是精确的 500 mL，但并不表示倒出来的体积也是精确的 500 mL，这是由于液体在瓶内壁形成薄膜而残留。

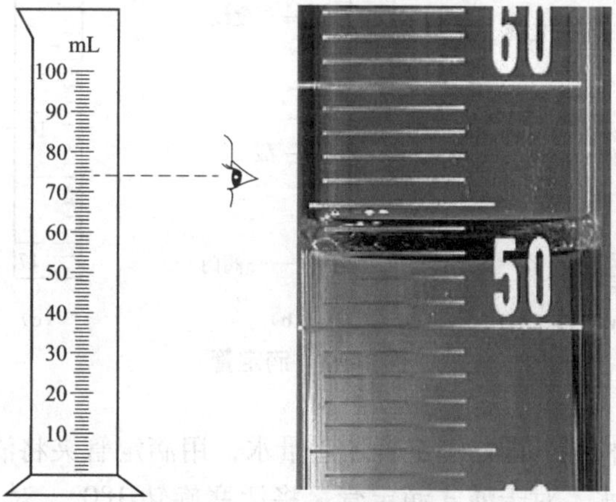

图 10-7　量筒的使用

1. 液体的粗量

量筒（graduated cylinder，measuring cylinder or graduated glass）是实验室中使用的一种量器，主要用玻璃，少数（特别是大型的）用透明塑料制造。用途是按体积定量量取液体。外观为竖长的圆筒形，上沿一侧有嘴，便于倾倒。下部有宽脚以保持稳定。圆筒壁上刻有容积量程，供使用者读取体积。最大衡量容积从几毫升到几升。筒壁自下而上印有刻度。

向量筒里注入液体时，应用左手拿住量筒，使量筒略倾斜，右手拿试剂瓶，使量筒瓶口紧挨着量筒口，使液体缓缓流入。待注入的量比所需要的量稍少时，把量筒放平，改用胶头滴管滴加到所需要的量。注入液体后，等 1~2 min，使附着在内壁上的液体流下来，再读出刻度值。否则，读出的数值偏小。读数时，应把量筒放在平整的桌面上，视线与量筒内液体的凹液面的最低处保持水平，再读出所取液体的体积数。否则，读数会偏高或偏低。

量筒面的刻度是指温度在 20 ℃时的体积数。温度升高，量筒发生热膨胀，容积会增大。由此可知，量筒是不能加热的，也不能用于量取过热的液体，更不能在量筒中进行化学反应或配制溶液。

在实验室里常常因为化学反应的性质和要求的不同而需配制不同的溶液。如果实验对溶液浓度的准确性要求不高，利用台秤、量筒等低准确度的仪器配制就能满足需求。量筒一般只能在精度要求不很严格时使用，通常应用于定性分析方面，一般不用于定量分析，因为量筒的误差较大。但在定量测定实验中，往往需要配制准确浓度的溶液，这就必须使用比较准确的仪器，如分析天平、移液管、容量瓶等来配制。

2. 滴定管

滴定管（burette）（图 10-8）分为碱式滴定管和酸式滴定管。前者用于量取对玻璃管有侵蚀作用的液态试剂；后者用于量取对橡皮有侵蚀作用的液体。滴定管容量一般为 50 mL，刻度的每一大格为 1 mL，每一大格又分为 10 小格，故每一小格为 0.1 mL。精确度是百分之一，即可精确到 0.01 mL。滴定管为一细长的管状容器，一端具有活栓开关，其上具有刻度指示量度。一般在上部的刻度读数较小，靠底部的读数较大。

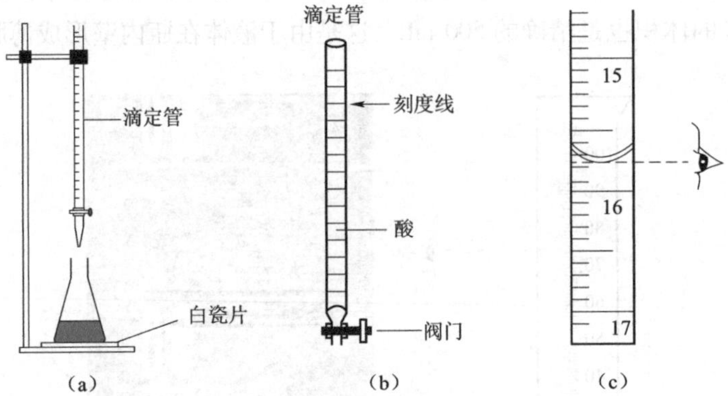

图 10-8　滴定管

滴定管使用前需要检漏，即向滴定管加适量水，用滴定管夹将滴定管固定在铁架台上，观察是否漏水，若不漏水，对于酸式滴定管，将活塞旋转 180°，对于碱式滴定管，轻轻挤压玻璃球，放出少量液体，再次观察滴定管是否漏水。

使用前要排空气泡，对于酸式滴定管，右手将滴定管倾斜 30°左右，左手迅速打开活塞，使溶液冲出，从而使溶液充满出口管；对于碱式滴定管，将玻璃珠上部橡皮管弯曲向上，挤压玻璃珠。

以前的滴定管所用的活栓都是玻璃做的，在盛装碱性滴定液时，因为考虑到玻璃活栓会因碱性液的腐蚀而卡住，所以用内含一圆珠的橡皮管来取代活栓的功用。只要以手轻压圆珠的侧面，滴定液即可流出。但是现今滴定管上的活栓已采用铁氟龙为材质，而铁氟龙对碱性液有很好的耐受性，故即使是滴定碱液，也不必再改用前述的橡皮管式活栓。

在滴定时，加入的液体量不必正好落于刻度线上，只要能正确地读取溶液的量即可。实验时，将滴定前管内液体的量减去滴定后管内液体的存量即为滴定溶液的用量。底部的开关可有效地控制滴定液的流速，使滴定完全时，可适时地停止滴定液流入其下的锥形瓶中。在远离滴定终点时，可快速地添加滴定液，节省实验所需的时间。若滴定管在欲使用时并未先完全晾干，则在正式添加滴定液前，滴定管应以待填充的滴定液洗涤两次，避免附着在管壁的液体污染滴定液。滴定管因管口狭小，填充滴定液时，宜细心充填，以防止滴定液漏出。必要时可辅以漏斗放于管口上端帮助充填。滴定管中装入液体后，管中不可有气泡，若有气泡，应用橡皮或其他不会敲破玻璃的物品轻敲管壁，让气泡浮出液面。活栓开关的通道内也可能会有空气存在，此时应快速地扭转活栓数次，则气泡即可排出。在滴定管使用时，应保持在垂直的位置，不宜倾斜，以免读取刻度时发生误差。读数时，应该垂直用手拿管的上端，将溶液面与眼睛对齐后再读数。

3. 液体的移取

将液体样品转移到另一个容器中时，如果是非定量的，可用胶头滴管进行量取。如果需要定量，则使用移液管或其他装置，如蠕动泵、注射泵、移液器、定量加液装置等，如图 10-9 所示。本节重点讲述移液管的使用方法。

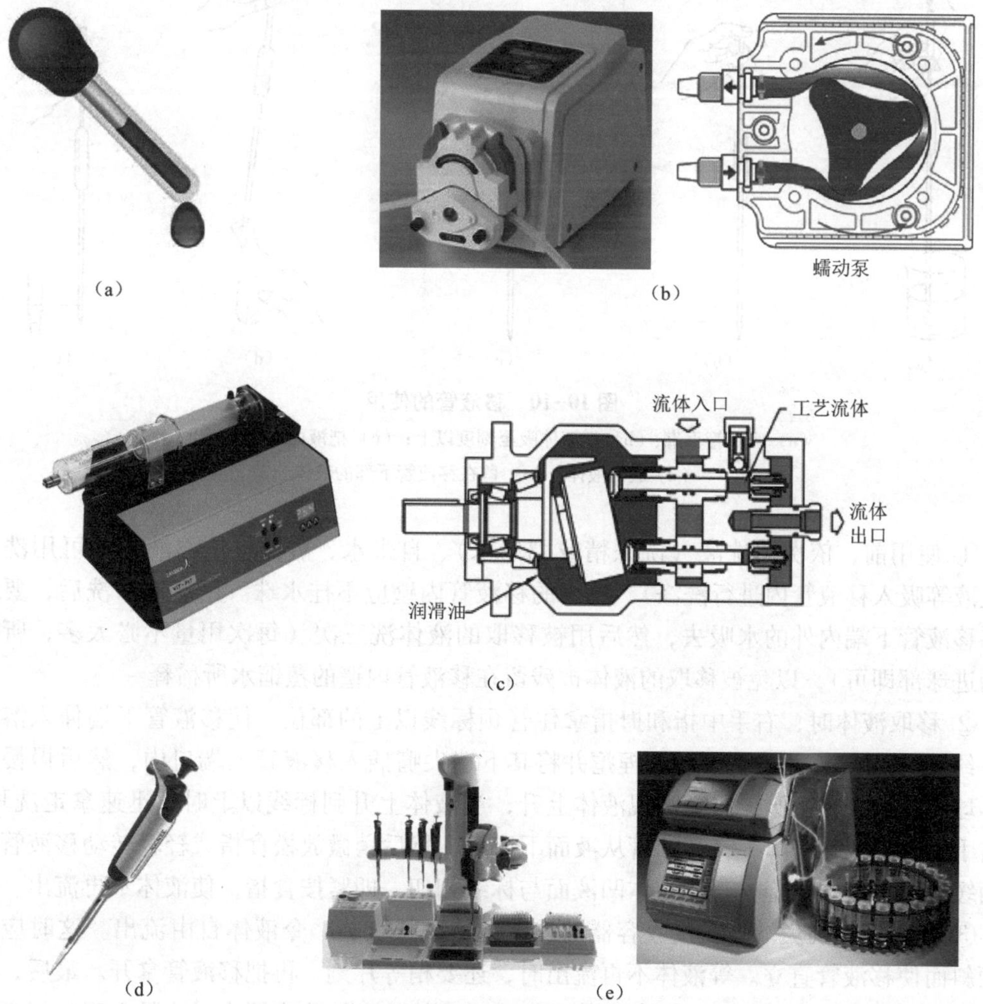

图 10-9　若干移液装置

(a) 胶头滴管；(b) 蠕动泵及其工作原理；(c) 注射泵及其工作原理；

(d) 移液器；(e) 自动加液装置

移液管（pipet）是一种量出式仪器，只用来测量它所放出溶液的体积。它是一根中间有一膨大部分的细长玻璃管。其下端为尖嘴状，上端管颈处刻有一条标线，是所移取的准确体积的标志。移液管有两种：转移用和测量用。转移用的移液管只有一个刻度，固定体积；测量用的移液管上有刻度，可以转移任何体积的液体。

如要求准确地移取一定体积的液体时，可用各种不同容量的移液管。常用的移液管有10 mL和15 mL带刻度的直形移液管，25 mL和50 mL的移液管中间为一个膨大的球部，上下均为较细的管颈，上管还刻有一根标线。每支移液管上都标有它的容量和使用温度，在一定的温度下，移液管的标线至下端出口间的容量是一定的。移液管使用方法如图10-10所示。

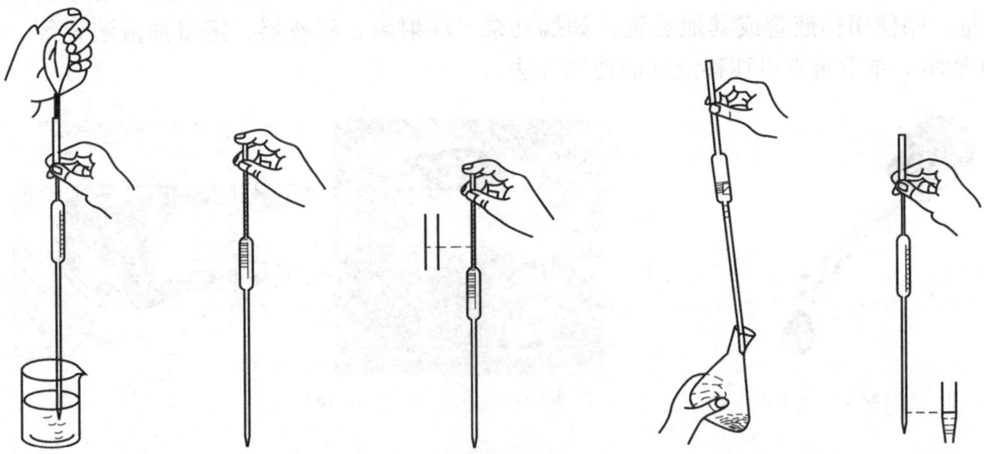

图10-10　移液管的使用

(a) 吸液管垂直；(b) 把液体吸至刻度以上；(c) 把液面调节至刻度；
(d) 放出液体；(e) 留在移液管下部的液体

① 使用前，依次用洗液（洗涤精或肥皂水）、自来水、蒸馏水洗移液管（可用洗耳球将洗液等吸入移液管内进行洗涤），洗净的移液管内壁应不挂水珠。用蒸馏水洗后，要用滤纸将移液管下端内外的水吸去，然后用被移取的液体洗三次（每次用量不必太多，所吸液体刚进球部即可），以免被移取的液体被残留在移液管内壁的蒸馏水所稀释。

② 移取液体时，右手中指和拇指拿住管颈标线以上的部位，使移液管下端伸入溶液液面下约1 cm处，左手拿洗耳球，捏瘪并将其下端尖嘴插入移液管上端口内，然后慢慢放松洗耳球使溶液轻轻上吸，眼睛注视液体上升，当液体上升到标线以上时，迅速拿走洗耳球，以右手的食指按住管口，将移液管从液面下取出，然后稍微放松食指或轻轻转动移液管，使液面缓慢、平稳地下降，直到液体凹液面与标线相切，即紧按食指，使液体不再流出。

③ 把移液管的尖端靠在接收容器的内壁上，放松食指，令液体自由流出。这时应使容器倾斜而使移液管直立。等液体不再流出时，还要稍等片刻，再把移液管拿开。最后，移液管的尖端还会剩余少量液体，不要用外力把这点液体吹入接收容器内，这是由于在标定移液管的体积时，并未把这部分液体计算在内。

④ 用以上操作，从移液管中自由流出的液体正好是移液管上标明的体积。如果实验要

求准确度较高，还要对移液管进行校正。

4. 溶液的配制

（1）利用固体试剂配制溶液

① 质量浓度配制。先算出配制一定质量溶液所需的固体试剂的用量。用台秤称取所需固体的质量，倒入烧杯中，再用量筒量取所需的蒸馏水，也注入烧杯中，搅动，使固体完全溶解，即得所需的溶液。将溶液倒入试剂瓶，贴标签，备用。

② 粗略配制摩尔浓度。先算出配制一定体积溶液所需的固体试剂的质量。用台秤称取所需的固体试剂，倒入带有刻度的烧杯中，加入少量的蒸馏水，搅动，使固体完全溶解后，用蒸馏水稀释至刻度，即得所需的溶液。将溶液倒入试剂瓶，贴上标签，备用。

③ 准确配制摩尔浓度。先算出配制给定体积的准确物质的量浓度溶液所需固体试剂的用量，并在分析天平上准确称出它的质量，放在干净的烧杯中，加适量的蒸馏水使其完全溶解。将溶液转移到容量瓶中，用少量蒸馏水洗涤烧杯 2~3 次，洗涤液也移入容量瓶中，再加蒸馏水至标线处，盖上塞子，将溶液摇匀即可。然后将溶液移入试剂瓶中，贴上标签，备用。

（2）由液体试剂配制溶液

① 体积比溶液的配制。按体积比，用量筒量取一定浓度的液体试剂和溶剂的用量，在烧杯中将两者混合，搅动，使其均匀，即成所需的体积比溶液。将溶液转移到试剂瓶中，贴上标签，备用。

② 粗略配制摩尔浓度。先用密度计测量液体试剂的密度，从有关的表中查出其相应的质量分数，算出配制一定物质的量浓度溶液所需液体或浓溶液的用量。用量筒量取所需的液体或浓溶液，注入带有刻度装有少量蒸馏水的烧杯中，混合，如果放热，需冷却至室温后，再用水稀释至刻度。搅动，使其均匀，然后移入试剂瓶，贴上标签，备用。

③ 准确配制摩尔浓度。先算出配制准确浓度溶液所需已知浓度（准确浓度）溶液的用量。然后用移液管移取所需溶液于给定体积的容量瓶中，再加蒸馏水至标线处，摇匀后，倒入试剂瓶，贴上标签，备用。

在配制溶液时，除注意准确度外，还要考虑试剂在水中的溶解度、热稳定性、挥发性、水解性等因素的影响。配制标准溶液的详细步骤请参考分析化学书籍。

配制具有一定摩尔浓度的溶液，需要使用容量瓶（volumetric flask）。如果为了加快溶解速率而采用了加热措施，则必须等溶液冷却到室温以后，才能倒入容量瓶中。容量瓶是一种细颈梨形的平底玻璃瓶，瓶口配有磨口、玻璃塞。容量瓶的颈部刻有标线，一般表示在 293 K 时，液体充至标线时的体积，容量瓶的使用如图 10-11 所示。容量瓶是为配制准确浓度的溶液用的，常和移液管配合使用。

容量瓶的使用方法如下：

① 使用前应先检查是否漏水。为此，在瓶内加水，塞好瓶塞，左手按住塞子，右手拿住瓶底，将瓶倒立片刻，观察瓶塞周围有无漏水现象。如不漏，把塞子旋转 180°，塞紧，倒置，试验这个方向是否漏水。不漏，方可使用。容量瓶的塞子是磨口的，为了防止打破和张冠李戴，一般用橡皮筋将它系在瓶颈上。

② 容量瓶是配制溶液用的，如果用固体物质配制溶液，应先将称好的固体物质放入干净的烧杯中，用少量的蒸馏水溶解。然后，将烧杯中的溶液沿玻璃棒小心地转移到容量瓶

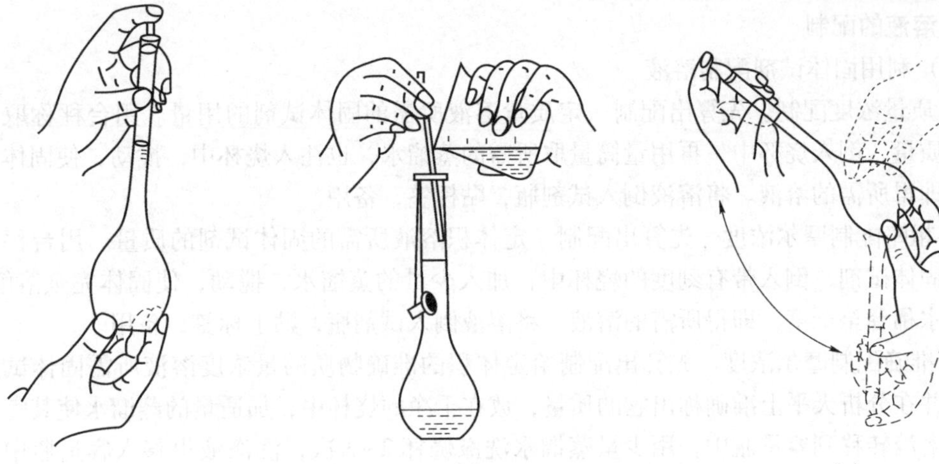

（a）　　　　　　（b）　　　　　　（c）

图 10-11　容量瓶的使用

（a）容量瓶的拿法；（b）溶液转移入容量瓶；（c）振荡容量瓶

中，用少量蒸馏水洗涤烧杯和玻璃棒 2~3 次，并将每次的洗涤液注入容量瓶中，再慢慢往瓶中加蒸馏水至颈部的标线（小心操作，切勿超过标线）。当瓶内溶液体积达到容积的 3/4 时，应将容量瓶沿水平方向摇动，使溶液初步混合，然后加蒸馏水至标线，塞瓶塞，用食指顶住瓶塞，用另一只手拿住瓶底，将瓶倒转和摇动多次，使溶液混合均匀。

③ 用浓溶液配制稀溶液时，为防止稀释放热使溶液溅出，一般应在烧杯中加少量的蒸馏水，将一定体积的浓溶液沿玻璃棒分数次慢慢地注入水中同时搅拌，待溶液冷却后，再转移到容量瓶中，将每次的洗涤液也转移到容量瓶中，最后加蒸馏水至标线并摇匀。如果溶液未冷却至室温就注入容量瓶中，溶液的体积就会有误差。

④ 必要时，容量瓶的体积也应该进行校正。

10.7.3　密度和温度的测量

测量温度用温度计（thermometer），常见的有水银温度计、热电偶等，如图 10-12 所示。根据具体实验条件选择合适的温度计。水银温度计只适用于室温附近的温度区间，如果测量高温（几百度到一千多度），则用热电偶。如果水银温度计不慎破裂，要立即仔细地用硫黄处理散落的水银。

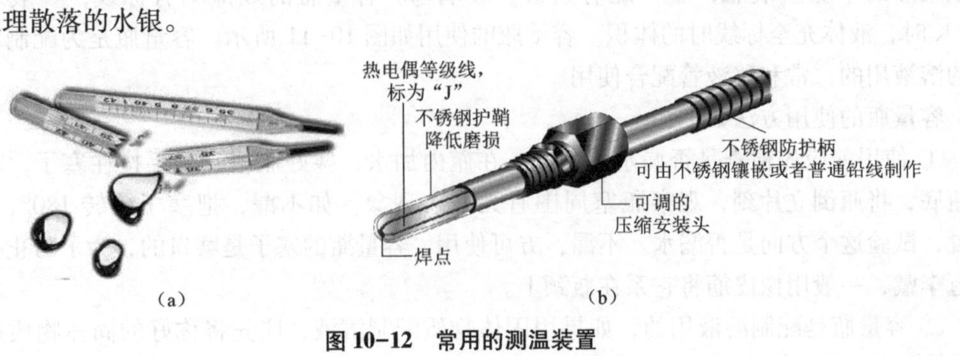

（a）　　　　　　（b）

图 10-12　常用的测温装置

（a）温度计；（b）热电偶（压缩型）

基础化学中主要的测温实验是熔点和沸点的测试。熔点（melting point）是指物质在大气压力下固态与液态处于平衡时的温度。固体物质熔点的测定，通常是将晶体物质加热到一定温度时，晶体就开始由固态转变为液态，测定此时的温度就是该晶体物质的熔点。熔点测定是辨认物质本性的基本手段，也是纯度测定的重要方法之一。因此，熔点仪在化学工业、医药研究中占有重要地位，是生产药物、香料、染料及其他有机晶体物质的必备仪器，也是实验室常用的基础仪器之一。纯净的固体有机物，一般都有固定的熔点，而且熔点范围（又称熔程或熔距，是指由始熔至全熔的温度间隔）很小，一般不超过 0.5 ℃~1 ℃；若物质不纯时，熔点就会下降，且熔点范围就会扩大。利用这一性质来判断物质的纯度和鉴别未知化合物。图 10-13 是熔点测试装置。

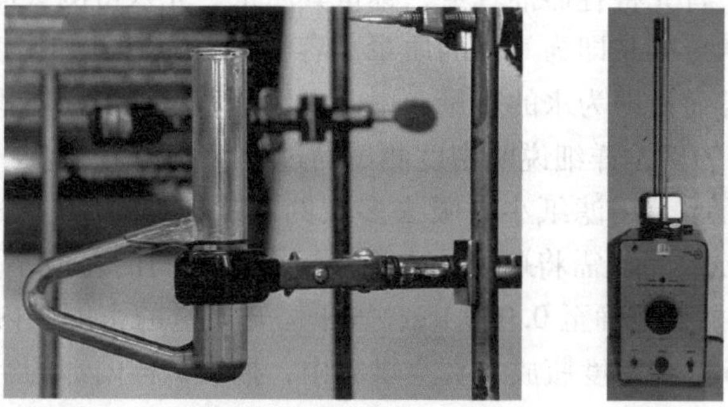

（a） （b）

图 10-13 熔点测试装置

（a）均热管；（b）托马斯胡佛装置

一个纯液体化合物受热时，其饱和蒸气压会升高，当饱和蒸气压达到与外界大气压相等时，液体开始沸腾，此时的温度称为液体的沸点（boiling point）。液体的沸点跟外部压强有关。当液体所受的压强增大时，它的沸点升高；压强减小时，沸点降低。例如，蒸汽锅炉里的蒸汽压强，约有几十个大气压，锅炉里的水的沸点可在 200 ℃以上。又如，在高山上煮饭，水易沸腾，但饭不易熟。这是由于大气压随地势的升高而降低，水的沸点也随高度的升高而逐渐下降。图 10-14 所示为沸点测试仪。

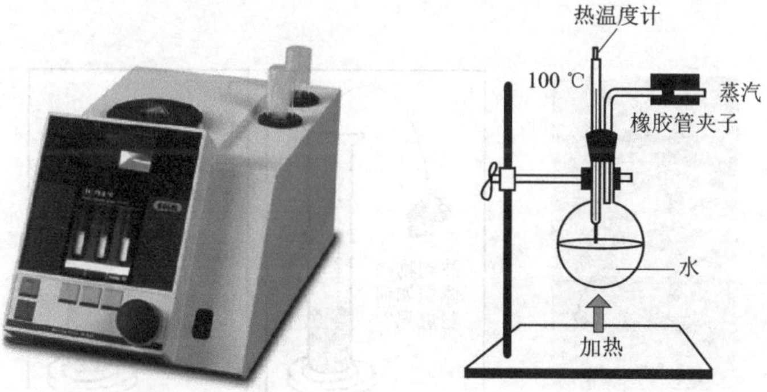

（a） （b）

图 10-14 沸点测试装置

除了温度之外，密度也是物质的重要特征量。在物理学中，把某种物质的质量与该物质体积的比值叫作这种物质的密度。密度是一个物理量，符号为 ρ。我们通常使用密度来描述物质在单位体积下的质量。密度测试的原理是：把试样放入密度瓶中，加入测定介质，试样的体积可由密度瓶体积减去测定介质的体积求得，而试样的密度为试样的质量与其体积之比。

液体样品的密度：可以用比重瓶（pycnometer）准确测量出液体的体积，用天平称量出样品的质量（差减法，先称量空瓶质量，装满样品后再称量）。如图 10-15（a）所示。

固体样品的密度：如果固体具备规则的形状，则可以通过测量其几何尺寸来计算体积，如果固体样品形状不规则，可以采用排水法来测量体积。如图 10-15（b）所示。

气体样品的密度：首先将容器抽真空，称量其质量；充入待测气体直到容器内的气压等于大气压，再称量；两者相减即为气体的质量。容器内再充满已知密度的液体（如水），称量其质量，减去空容器质量即为水的质量，由此可以计算出容器的体积，从而计算气体的密度。下面以 HMX 炸药为例，详细说明密度测试的过程。

密度瓶内注满蒸馏水，用滤纸小心吸去多余的水，仔细擦干瓶外的水后称量，精确至 0.000 1 g。重复 3~4 次，每次需将瓶内的水更换，各次之间的差应不大于 0.005 g，取其平均值。称取 8~10 g 试样，精确至 0.000 1 g，置于已知质量的密度瓶内，并注入蒸馏水，使液面高出试样约 10 mm，将密度瓶放入真空烘箱中，抽出试样内部的空气，直到试样内部不再逸出气泡为止。取出密度瓶，补加蒸馏水至瓶口，塞上瓶塞，恒温后，用滤纸吸去多余的水，仔细擦干瓶外的水后称量。试样的密度按下式计算：

$$\rho = \frac{m\rho_1}{m + m_1 - m_2} \tag{10.1}$$

式中，ρ——试样的密度，g/cm^3；

m——试样的质量，g；

ρ_1——介质（蒸馏水）的密度，g/cm^3；

m_1——充满介质的密度瓶的质量，g；

m_2——盛有试样和介质的密度瓶的质量，g。

每份试样平行测定两个结果，平行结果之差不应大于 0.01 g/cm^3，所得结果应表示至小数点后三位。

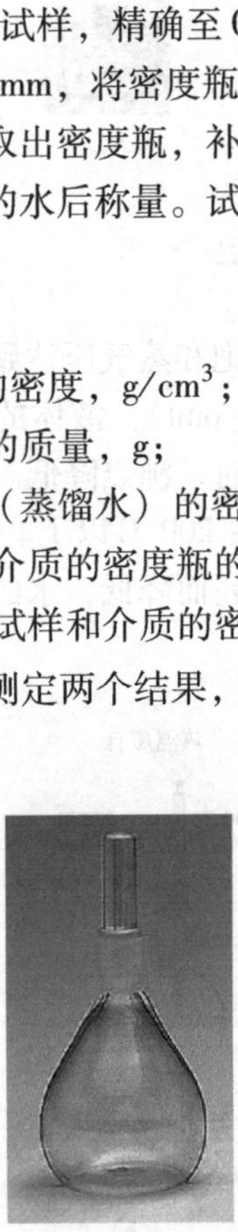

(a)

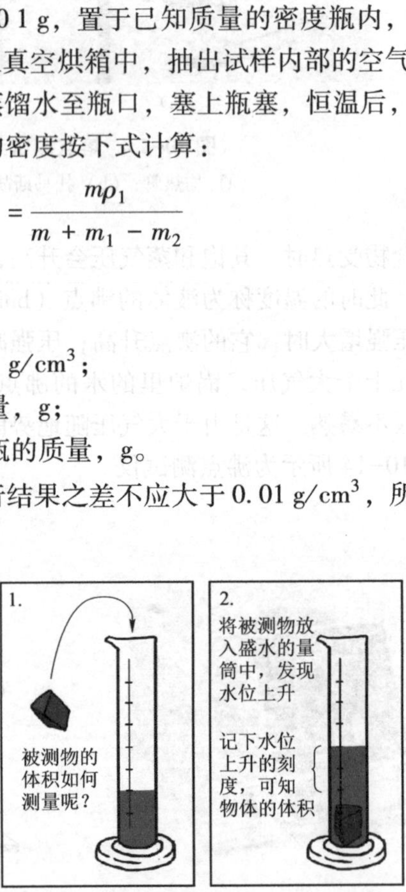

(b)

图 10-15　比重瓶（a）及排水法测体积（b）

实验一　RDX 的红外光谱分析

红外吸收光谱是物质与电磁辐射的相互作用在红外区域形成的具有特征性吸收谱带，它在分子光谱中具有重要的地位。当一束连续的电磁波（波长为 0.76～1 000 μm）照射待测物质时，若一定波长的红外光所具有的能量恰好与物质中的分子振动能级差（$\Delta E=hf$）相适应，则该波长的光被该物质选择性地吸收，振动能级由基态跃迁到激发态（同时，不可避免地伴随有转动能级的跃迁）。用于测量和记录并进行解耦分析的仪器称为红外光谱仪（也称为红外分光光度计）。红外光谱仪就是将待测物质对红外光的吸收情况，以波数 σ（或波长 λ）为横坐标，以透射比 T 为纵坐标，记录并绘制出 T-σ（或 λ）曲线，即红外吸收光谱或红外吸收曲线。红外吸收光谱的吸收峰形状、位置和强度取决于物质的分子结构。物质不同，分子结构不同，红外吸收光谱就不同，因此，红外吸收光谱主要用于结构分析和定性分析。同时，由于物质对红外光的吸收服从 Lambert-Beer 定律，所以红外吸收光谱也可用于定量分析。

一、实验目的

实验视频

① 了解红外光谱仪的结构和工作原理。

② 试样的处理与准备。

③ 红外吸收光谱的应用和分析方法。

二、实验原理

红外辐射源由硅碳棒发出，硅碳棒在电流作用下发热并辐射出 2～15 μm 范围的连续红外辐射光，这束光被反射镜折射成可变波长的红外光，并分为两束：一束是穿过参考池的参比光；另一束是通过样品池的吸收光。如果样品对频率连续变化的红外光不时地发生强度不一的吸收，那么穿过样品池而到达红外辐射检测器的光束的强度就会相应地减弱。红外光谱仪就会将吸收光束、参比光束做比较，并通过记录仪记录在图纸上形成红外光谱图。

由于玻璃和石英能吸收全部的红外光，因此不能用作样品池，制作样品池的材料应对红外光无吸收，以避免产生干扰，常用的材料有卤盐如氯化钠和溴化钾等。

红外光谱的试样可以是气体、液体或固体，一般应符合以下要求：① 试样应该是单一的纯物质，纯度应大于 98% 或商业规格，这样才便于与纯化合物的标准光谱进行对照。② 试样中不应含游离水，水本身有红外吸收，会产生光谱干扰，并且会侵蚀吸收池的盐窗。③ 试样的浓度和样品厚度应适当，应使光谱图中大部分吸收峰的透射比处于 10%～80% 范围内。

固体样品的测试一般可采用压片法和研糊法。压片法是将 1～2 mg 样品与溴化钾以 1∶100 左右的比例，经充分研磨混匀后，用压片机将试样压成半透明薄片，供检测用。研糊法是将样品研细后与少量液体石蜡油调成糊状，涂在溴化钾片上进行检测。测定液体样品的红外光谱都采用液膜法。

三、主要仪器与试剂

（1）仪器

红外分光光度计（图 10-16）、手压式压片机、玛瑙研钵、分析天平。

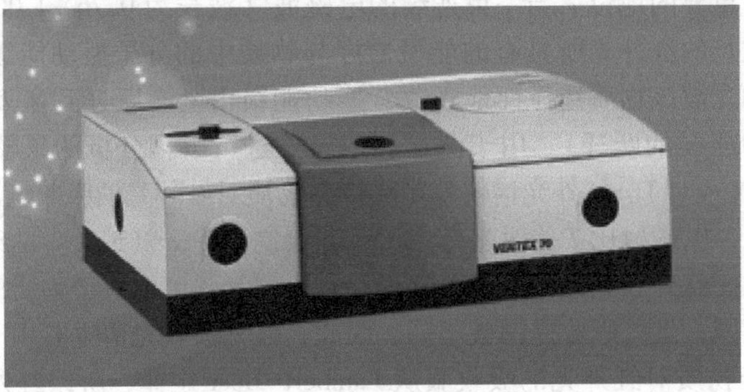

图 10-16　傅里叶变换红外光谱分析仪

（2）试剂

溴化钾、RDX。

四、实验步骤

安全预防：RDX 可发生爆炸反应，注意防护。

（1）试样的处理与谱图绘制

取 1~2 mg RDX 在玛瑙研钵中充分研细后，再加入 200 mg 干燥的溴化钾，继续研磨至完全混匀。颗粒的大小约为 2 μm。取出 100 mg 混合物装于压膜内（均匀铺撒在压模内）置于压片机上，在 18 MPa 压力下，压制 2 min，制成透明的薄片。将此片装于样品架上，放于分光光度计的样品池处。先粗测透光率是否达到 40%，达到 40% 即可进行扫谱。从 4 000 cm^{-1} 扫至 650 cm^{-1} 为止。若未达到 40%，则重新压片。扫描结束后，取下样品架，取出薄片，按要求将磨具、样品架等擦净收好。

（2）结果处理

将扫描得到的谱图与标准谱图进行对比，并找出主要吸收峰的归属。

实验二　激光粒度仪法测定铝粉的粒度

含能材料各组分的粒度及粒度级配对体系的性能影响很大。常用的测定物质粒度分布的方法有筛析法、沉降法、激光法和显微法等。激光法简单方便，易于操作，测试过程不受温度变化、介质黏度、试样密度及表面状态等因素的影响，广泛应用于化工、冶金、能源、地质、航空航天等领域。

一、实验目的

实验视频

① 了解粒度的各种检测方法。

② 掌握激光粒度仪的基本原理和操作方法。

二、实验原理

激光粒度仪主要采用激光光散射法，以 Mie 氏理论为基础，对颗粒形成的散射信号进行解析，由此获得颗粒的尺寸及分布，而 Fraunhofer 原理是对规则的颗粒衍射信号进行解析，是光散射法的一种特殊情况。仪器对试样进行光信号处理时，采用了不同的模型，即光学模型，以 Mie 氏理论为基础，对每种样品需输入各自颗粒的折射率来建立各自的光学模型，而 Fraunhofer 理论是一条相对固定的解析方法，其光学模型即 Fraunhofer 模型。

三、主要仪器与试剂

（1）仪器

激光粒度仪（图 10-17）、超声波清洗器、分析天平、50 mL 烧杯、玻璃棒。

图 10-17　激光粒度仪

（2）试剂

无水乙醇、蒸馏水。

四、实验步骤

（1）取样

准确测量 4 mg 左右（精确到 0. 000 1 mg）的铝粉。

（2）空白实验

由于铝粉在乙醇中的溶解度比在水中的高，选用无水乙醇作为分析介质。用蒸馏水清洗 NanoTrac Flex 激光粒度仪探头，然后在烧杯中加入适量无水乙醇，做空白实验。

（3）超声实验

将称量好的铝粉加入适量无水乙醇中，放入超声波清洗器中超声 3 min。

（4）测量铝粉粒度

将分散好的铝粉-乙醇溶液进行粒度测量，测量三次，求其平均值。

实验三　炸药酸度分析

含能药剂自身的酸碱性鉴定对于火炸药设计、制造具有重要的指导作用。本实验对比两种手段测试药剂 pH 的方法、原理和流程。

一、实验目的

① 掌握硝基胍和 HMX 酸度的测定方法。

② 熟悉酸度计的基本原理和操作方法。

③ 熟悉酸碱滴定法的基本原理和操作方法。

实验视频

二、实验原理

酸度计直接测定水溶液的 pH：试样用蒸馏水加热溶解，冷却后用酸度计测定溶液的 pH。

酸碱滴定法测定炸药酸度：采用丙酮-水萃取试样中的游离酸，然后以中和法测定之。

三、主要仪器与试剂

（1）仪器

酸度计（分度值 0.01pH）（图 10-18）；天平（分度值为 0.001 g）；恒温水浴（控温精度±2 ℃）；烧杯；微量滴定管（分度值 0.01 mL）；电磁搅拌器；量筒。

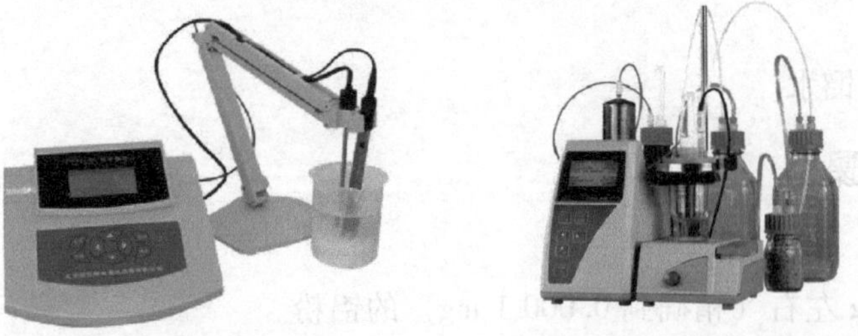

（a）　　（b）

图 10-18　酸度计（a）和全自动滴定仪（b）

（2）试剂

pH 标准物质；丙酮（分析纯）；微酸性丙酮（用 10 g/L 氢氧化钠溶液将丙酮调成微酸性）；氢氧化钠溶液（10 g/L），氢氧化钠标准溶液（$c=0.02$ mol/L）；甲基红指示剂（1 g/L）；蒸馏水。

四、实验步骤

1. 酸度计测定硝基胍的酸度

首先按照 pH 标准物质的使用说明配制相应的 pH 标准溶液。配制好的标准溶液应贮存于聚乙烯瓶或硬质玻璃瓶中。然后按仪器使用说明书，用 pH =4.0 和 6.8 的标准溶液校对好酸度计。

称取（5.00±0.01）g 试样，放入烧杯中，加入 200 mL 新煮沸并已冷却至 80 ℃的蒸馏水，将烧杯放入（80±2）℃的水浴中使试样溶解，每隔 3 min 搅拌一次，当试样全部溶解时，立即取出烧杯，用自来水迅速冷却至室温。用酸度计测定溶液的 pH。

每份试样平行测定两次，当两次 pH 测定值之差不大于 0.3 时，报出平均值，所得结果应精确到小数点后一位。

2. 酸碱滴定法分析 HMX 的酸度

称取均匀试样约 1 g，精确至 0.01 g。置于 150 mL 烧杯中，用量筒取 80 mL 微酸性丙酮加入烧杯中，将烧杯置于（60±2）℃的水浴中搅拌，待试样完全溶解后加入 20 mL 水，取出静置。待冷却至室温后，加入甲基红指示剂两滴。将烧杯置于电磁搅拌器上，在搅拌作用下，用氢氧化钠标准溶液滴定至试液变为黄色，即为终点。同时做一空白试验。酸度按下式计算：

$$w=\frac{c(V_1-V_2)\times 0.060}{m}\times 100\%$$

式中，w——酸度，%；

c——氢氧化钠标准溶液的浓度，mol/L；

V_1——滴定试样消耗的氢氧化钠标准溶液的体积，mL；

V_2——滴定空白消耗的氢氧化钠标准溶液的体积，mL；

m——试样质量，g。

每份试样平行测定两次，两次测定差应不大于 0.01%，报出平均值作为酸度。

实验四　RDX 的热重-差热分析

热分析（Thermal Analysis，TA）是指用热力学参数或物理参数随温度变化的关系进行分析的方法。国际热分析协会（International Confederation for Thermal Analysis，ICTA）于1977 年将热分析定义为：“热分析是测量在程序控制温度下，物质的物理性质与温度依赖关系的一类技术。”热分析技术能快速、准确地测定物质的晶型转变、熔融、升华、吸附、脱水、分解等变化，是测试无机、有机及高分子材料的物理及化学性能的重要手段。热分析技术在物理、化学、化工、冶金、地质、建材、燃料、轻纺、食品、生物等领域得到广泛应用。

一、实验目的

实验视频

① 了解综合热分析的工作原理和仪器装置。

② 熟悉 TG-DSC 同步热分析测试方法。

二、实验原理

热分析是在温度程序控制下测量物质的物理性质与温度关系的一类技术。试样材料在加热或冷却过程中，会发生一些物理化学反应，同时产生热效应和质量等方面的变化，这是热分析技术的基础。常用的单一热分析方法主要有差热分析（DTA）、差示扫描量热法（DSC）、热重分析法（TG）和体积热分析法等测定物质在热处理过程中的能量、质量和体积变化的分析方法。综合热分析就是在相同的热处理条件下利用多个单一的热分析单元组合在一起而构成的综合热分析仪，对实验材料同时实现多种热分析的方法。

热重分析仪有热天平式和弹簧式两种基本类型，本实验采用的是热天平式热重分析。当试样在热处理过程中，随温度变化有水分的排出或热分解等反应时放出气体，则在热天平产生失重；当试样在热处理过程中，随温度变化有氧化等反应时，则在热天平上表现出增重。

三、主要仪器与试剂

（1）仪器

STA 449 F3 Jupiter®同步热分析仪（图 10-19）、分析天平。

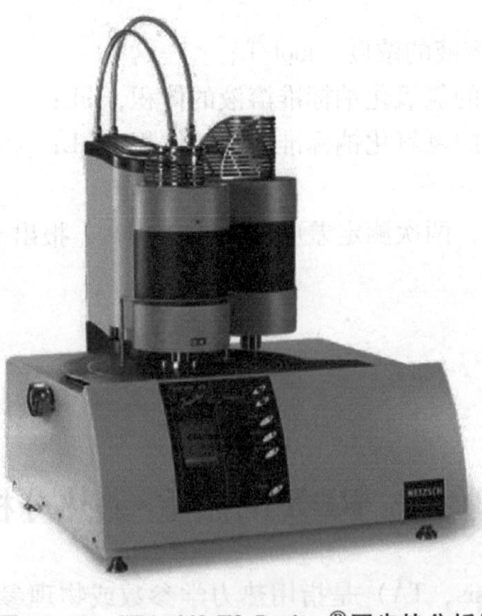

图 10-19　STA 449 F3 Jupiter®同步热分析仪

（2）测试样品

RDX。

四、实验步骤

（1）操作条件

① 实验室门应轻开轻关，尽量避免或减少人员走动。

② 计算机在进行仪器测试时，不能运行占用系统资源较大的程序。

③ 保护气体（protective）是用于在操作过程中对仪器及其天平进行保护，以免其受到在测试温度下样品所产生的毒性及腐蚀性气体的侵害。Ar、N_2、He 等气体用作保护气体，保护气体的输出压力应调整为 0.05 MPa，流速<30 mL · min^{-1}，开机后保护气体开关应始终为打开状态。

④ 吹扫气体（purge）在样品测试过程中，作为气氛气或反应气，一般为惰性气体，也可以用氧化气体（如空气），吹扫气体的输出压力应调整为 0.05 MPa，流速<100 mL · min^{-1}。

（2）样品准备

① 检查并保证样品及其分解产物绝不能与测量坩埚、支架、热电偶反应。

② 测试样品需要与坩埚底部接触良好，样品量要适量，一般炸药量为 1~2 mg。

③ 测试必须保证样品温度及天平稳定后才能开始。

（3）测试

① 基线测试。

为保证测试的精确性，一般来说，样品测试应使用基线。进入测量运行程序基线测量模式，选择温度校正文件和灵敏度校正文件，设定温度程序（一般无特殊要求时，升温速率为 10~30 ℃ · min^{-1}，本实验温度为室温-600 ℃）。开始测量，直到完成。

② 样品+基线测试。

进入测量运行程序，打开所需的测量基线，选择样品+基线测量模式，输入样品名称并称量（可以选择使用外部高精度电子天平，也可使用仪器内部天平），选择温度程序（样品测试的起始温度及升、降温程序完全相同，结束温度可以等于或低于基线结束温度）。开始测量，直到完成。

（4）结果处理

仪器测试结束后，打开分析软件，对 TG-DSC 曲线进行分析。由 TG 曲线可以得到 RDX 质量变化的起点、终点和质量变化率；由 DSC 曲线可以得到 RDX 分解的起始温度和峰值温度等信息。

实验五　炸药重结晶

实验视频

一、实验目的

① 掌握用重结晶提纯固体含能材料的原理与方法。

② 熟悉用重结晶提纯的操作方法。

二、实验原理

固体单质含能材料在溶剂中的溶解度受温度的影响很大。通常，升高温度会使溶解度增大，而降低温度则使溶解度减小。如果将固体单质含能材料制成热的饱和溶液，然后使其冷却，就有晶体析出。重结晶操作就是利用被提纯组分与杂质在溶剂中在不同温度时溶解度的差异，或者经热过滤将溶解性差的杂质滤除；或者让溶解性好的杂质在冷却结晶过程仍保留在母液中，从而达到分离纯化的目的。

重结晶实验主要包括如下环节：选择溶剂；热溶液的制备及热过滤；结晶析出；减压过滤与干燥。好的重结晶溶剂必须符合以下条件。

① 溶剂不和重结晶物质发生化学反应。

② 在高温时，重结晶物质在溶剂中的溶解度较大，而在低温时很小。

③ 杂质在溶剂中的溶解度或者是很大（重结晶物质析出时，杂质仍留在母液内），或者很小（重结晶物质溶解；在溶剂中时，可借助过滤将不溶的杂质滤去）。

④ 重结晶物质在溶剂内有较好的结晶状态，有利于与溶剂分离。

⑤ 溶剂的沸点适宜。溶剂的沸点高低，决定了操作时温度的选择。

⑥ 溶剂的市场价格、毒性、易燃性，决定了重结晶操作成本的高低与操作安全性的评价。

为了寻找合适的溶剂进行重结晶操作，可以直接从资料获得，部分溶剂参数列于表 10-4 中。有时不能选出单一的溶剂进行重结晶，则可应用混合溶剂进行实验。常用的混合溶剂有水-乙醇、水-丙酮、乙醚-苯、苯-石油醚等。

表 10-4　重结晶常用溶剂的性质

溶剂名称	沸点/℃	密度/（$g \cdot cm^{-3}$）	介电常数（15~20 ℃）	溶剂名称	沸点/℃	密度/（$g \cdot cm^{-3}$）	介电常数（15~20 ℃）
水	100	0.998	81	乙酸	118	1.049	7.1
甲酸	101	1.221	58	乙酸乙酯	77	0.901	6.1
乙腈	82	0.783	39	氯仿	61	1.486	5.2
甲醇	65	0.793	31	乙酸戊酯	148	0.877	4.8
乙醇	78	0.789	26	乙醚	35	0.713	4.3
异丙醇	82	0.789	26	丙酸	141	0.992	3.2
正丙醇	97	0.804	22	二硫化碳	46	1.263	2.63

续表

溶剂名称	沸点/℃	密度/（g·cm^{-3}）	介电常数（15~20 ℃）	溶剂名称	沸点/℃	密度/（g·cm^{-3}）	介电常数（15~20 ℃）
丙酮	57	0.792	21	间二甲苯	139	0.864	2.38
乙酐	140	1.082	20	甲苯	111	0.866	2.37
正丁醇	118	0.810	19	苯	80	0.879	2.29
甲乙酮	80	0.805	18	四氯化碳	77	0.594	2.24
吡啶	115	0.982	12	已烷	69	0.660	1.87
氯苯	132	1.107	11	石油醚	40~600	0.60~0.636 363	1.80
二氯乙烷	84	1.252	10.4				

RDX 为白色晶体，溶于丙酮、二甲基甲酰胺、二甲基亚砜，微溶于乙醇、吡啶，不溶于苯、二硫化碳、四氯化碳、氯仿、乙酸乙酯、乙醚和水。RDX 在不同溶剂中的溶解度见表 10-5。本实验选用丙酮作为溶剂。

表 10-5　RDX 在不同溶剂中的溶解度

项目	100 g 溶剂溶解 RDX 的量/g		
	20 ℃	40 ℃	60 ℃
醋酸（99.6%）	0.46	0.56	1.22
醋酸（71.0%）	0.22	0.37	0.74
丙酮	6.81	10.34	—
异丙醇	0.026	0.060	0.210
苯	0.045	0.085	0.195
氯苯	0.33	0.554	—
环已酮	4.94	9.20	13.9
二甲基甲酰胺	—	41.5	60.6
乙醇	0.12	0.24	0.58
甲基环已酮	6.81	10.34	—
醋酸甲酯	2.9	4.1	—
甲乙酮	3.23	—	—
甲苯	0.020	0.050	0.125
三氯乙烯	0.2	0.24	—
水	0.005	0.012 7	0.03

样品溶解时，用圆底烧瓶和球形冷凝管装配回流冷凝装置。一般置于水浴中加热，溶解

样品。将固体试样加入烧瓶后，先加少量溶剂，开冷凝水，升温加热至沸腾，然后分几次从管口加入少量溶剂，每次加入后均需要沸腾，直至样品全部溶解。若补加溶剂后，仍未见残渣减少，应视其为杂质，在以后的热过滤操作中将其滤去。若溶液中含有带色的杂质或树脂状杂质，可在溶液经加热全部溶解并经稍微冷却后，从冷凝管的管口加入占重结晶样品总量1%~2%的活性炭，继续煮沸 5~10 min，然后进行下一步的热过滤。

热过滤：用放了折叠滤纸（图 10-20）的保温漏斗进行热过滤（图 10-21）。分几批将含有活性炭的热溶液倒在滤纸上，趁热过滤，滤液中不应有黑色的活性炭颗粒存在。也可将布氏漏斗预热后，在布氏漏斗上进行减压过滤。

结晶：经加热过滤后的热溶液若慢慢放冷，可形成颗粒较大的结晶。若用冷水冷却，则得到颗粒细小的结晶。大颗粒结晶的纯度要超过细小颗粒结晶的纯度。若经冷却后，没有晶体析出，可用玻璃棒摩擦试管内壁，以形成晶种，促使晶体的生成与生长。也可以加入少许与试样同样结构的纯标准样品作为晶种，促进晶体生长。

减压过滤（图 10-22）与干燥：将上述已含有晶体的溶液进行减压过滤，用与重结晶相同的溶剂进行洗涤，压干后进行晒干或烘干。

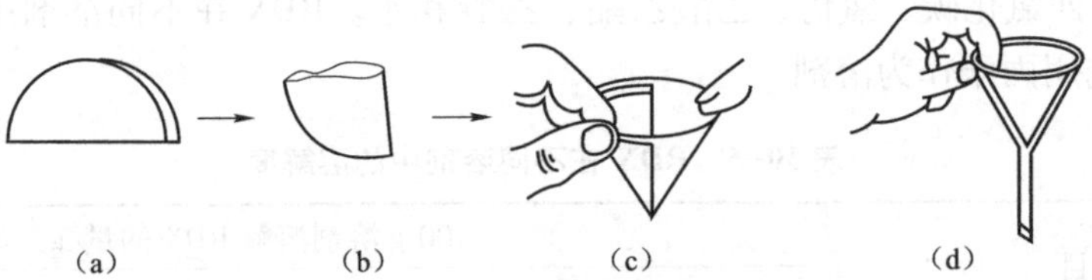

图 10-20　滤纸的折叠方式

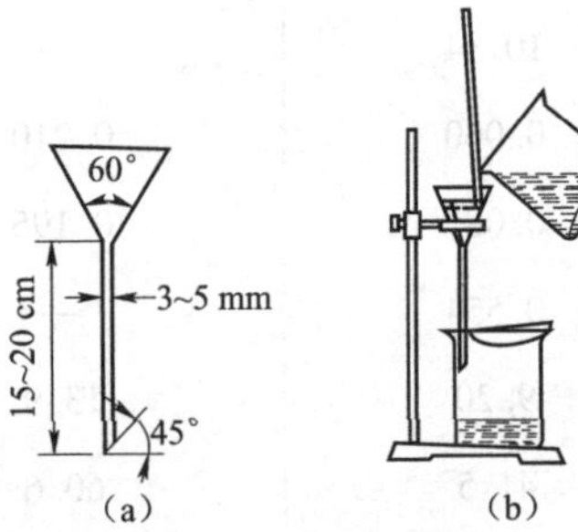

图 10-21　过滤操作

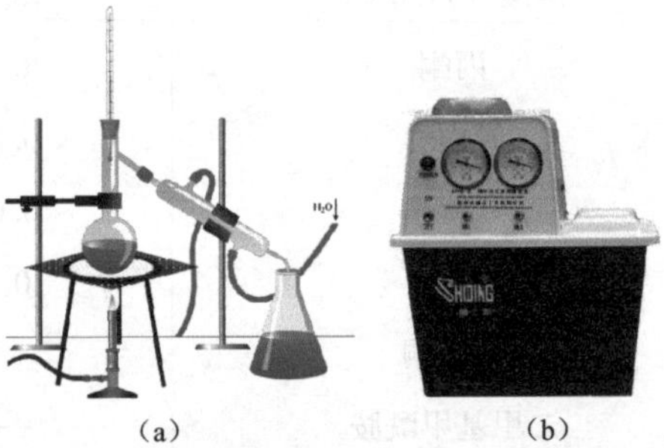

图 10-22　减压蒸馏

三、主要仪器与试剂

① 仪器真空泵，天平，圆底烧瓶，球形冷凝管，布氏漏斗。

② 试剂 RDX，丙酮（分析纯）。

四、实验步骤

称取 1.5~2.0 g 粗 RDX，加入到装有适量丙酮的 50 mL 圆底烧瓶中，并加入一粒沸石，安装球形冷凝管，接通冷却水，加热至沸腾后，观察 RDX 的溶解情况。若仍存在未溶完的

RDX，则停止加热，从球形冷凝管上端倒入几毫升丙酮，重新加热至沸腾。如此反复，直至加入的丙酮使烧瓶内的 RDX 在沸腾的状态下刚好全部溶解，再多加 5~10 mL 丙酮。

将沸腾溶液稍微冷却后，加入 0.1 g 粉状活性炭，再加热沸腾 2~3 min 后即可趁热过滤。在过滤前，应事先将布氏漏斗预热。滤液收集在烧杯内自然冷却至室温，此时应有大量结晶析出。用布氏漏斗减压过滤，用 10 mL 丙酮分两次洗涤滤饼，得到无色晶体。将其放置培养皿中干燥后称量。

思考题

1. 常见的分离提纯方法有哪些？
2. 实验室用水的纯度如何规定？具体使用要求是什么？
3. 实验室加热和冷却手段有哪些？不同手段的温度范围是什么？
4. 红外光谱的试样应满足什么样的条件？怎样制备样品？
5. 炸药酸度检测方法是什么？采用什么仪器？检测原理如何？
6. 常用的粒度分析的方法有哪些？
7. 热分析过程中为什么需要保护气？通常使用什么保护气？
8. 炸药重结晶的目的是什么？请调研资料，给出某种高能炸药重结晶的溶剂选取和工艺流程。

附 录

附录1 难溶化合物的溶度积（25 ℃）

化合物	K_{sp}	pK_{sp}	化合物	K_{sp}	pK_{sp}
AgCl	1.77×10^{-10}	9.752	$Fe(OH)_2$	4.87×10^{-17}	16.312
AgBr	5.35×10^{-13}	12.272	FeS	1.59×10^{-19}	18.799
AgI	8.52×10^{-17}	16.070	$Fe(OH)_3$	2.79×10^{-39}	38.554
Ag_2CrO_4	1.12×10^{-12}	11.951	Hg_2Cl_2	1.43×10^{-18}	17.845
AgSCN	1.03×10^{-12}	11.987	$MgCO_3$	6.82×10^{-6}	5.166
$BaCO_3$	2.58×10^{-9}	8.588	$Mg(OH)_2$	5.61×10^{-12}	11.251
$BaSO_4$	1.08×10^{-10}	9.967	$Mn(OH)_2$	4.65×10^{-14}	12.686
$Ca(OH)_2$	5.02×10^{-6}	5.299	MnS	8.52×10^{-17}	13.333
$CaCO_3$	3.36×10^{-9}	8.474	$Ni(OH)_2$	5.48×10^{-16}	15.261
CaC_2O_4	2.32×10^{-9}	8.635	NiS	1.07×10^{-21}	20.971
$CdCO_3$	1.0×10^{-12}	12.00	$PbCl_2$	1.70×10^{-5}	4.770
$Cd(OH)_2$	7.2×10^{-15}	14.14	PbS	9.04×10^{-29}	28.044
CdS	1.40×10^{-29}	28.854	$SrSO_4$	3.77×10^{-7}	6.424
CuS	1.27×10^{-36}	35.896	$ZnCO_3$	1.46×10^{-10}	9.836

附录2 部分金属配合物的稳定常数

金属离子	离子强度	$\lg\beta_1$	$\lg\beta_2$	$\lg\beta_3$	$\lg\beta_4$	$\lg\beta_5$	$\lg\beta_6$
氨配合物							
Ag^+	0.1	3.40	7.40				
Cd^{2+}	0.1	2.60	4.65	6.04	6.92	6.6	4.9
Co^{2+}	0.1	2.05	3.62	4.61	5.31	5.43	4.75
Cu^{2+}	0.1	4.13	7.61	10.48	12.59		
Ni^{2+}	0.1	2.75	4.95	6.64	7.79	8.50	8.49
Zn^{2+}	0.1	2.27	4.61	7.01	9.06		
硫氰酸配合物							
Fe^{3+}	—	2.3	4.2	5.6	6	6.4	6.4
Hg^{2+}	1	—	16.1	19.0	20.9		
硫代硫酸配合物							
Ag^+	0	8.82	13.5				
Hg^{2+}	0	29.86	32.26				

续表

金属离子	离子强度	$\lg\beta_1$	$\lg\beta_2$	$\lg\beta_3$	$\lg\beta_4$	$\lg\beta_5$	$\lg\beta_6$
EDTA 配合物							
Ag^+		7. 32					
Cd^+		16. 46					
Cu^{2+}		18. 83					
Mg^{2+}		8. 70					
Ni^{2+}		18. 66					

附录 3　部分弱酸、弱碱在水溶液中的解离常数(25 ℃, I=0)

酸	分子式	K_a	pK_a
碳酸	H_2CO_3	$K_{a1}=4.2\times10^{-36}$	6. 38
		$K_{a2}=5.6\times10^{-11}$	10. 25
氢氰酸	HCN	4.9×10^{-10}	9. 31
氢氟酸	HF	6.8×10^{-4}	3. 17
氢硫酸	H_2S	$K_{a1}=8.9\times10^{-8}$	7. 05
		$K_{a2}=1.2\times10^{-13}$	12. 92
磷酸	H_3PO_4	$K_{a1}=6.9\times10^{-3}$	2. 16
		$K_{a2}=6.2\times10^{-8}$	7. 21
		$K_{a3}=4.8\times10^{-13}$	12. 32
甲酸	HCOOH	1.7×10^{-4}	3. 77
乙酸	CH_3COOH	1.75×10^{-5}	4. 76
氯乙酸	$ClCH_2COOH$	1.38×10^{-3}	2. 86
氨	NH_3	5.7×10^{-10}	9. 24

附录 4　部分半反应的标准电极电势(25 ℃)

半反应	$E^\ominus$	半反应	$E^\ominus$
$Zn^{2+}+2e^-\rightleftharpoons Zn$	−0. 762	$Cd^{2+}+2e^-\rightleftharpoons Cd$	−0. 402
$Ni^{2+}+2e^-\rightleftharpoons Ni$	−0. 250	$Pb^{2+}+2e^-\rightleftharpoons Pb$	−0. 126
$Fe^{3+}+3e^-\rightleftharpoons Fe$	−0. 036	$Cu^{2+}+2e^-\rightleftharpoons Cu$	0. 345
$2H^++2e^-\rightleftharpoons H_2$	0. 000	$I_2+2e^-\rightleftharpoons 2I^-$	0. 535
$Fe^{3+}+e^-\rightleftharpoons Fe^{2+}$	0. 771	$Ag^++e^-\rightleftharpoons Ag$	0. 799 1
$Ce^{4+}+e^-\rightleftharpoons Ce^{3+}$	1. 61	$AsO_4^{3-}+2H_2O+2e^-\rightleftharpoons AsO_2^-+4OH^-$	−0. 71
$Mn^{2+}+2e^-\rightleftharpoons Mn$	−1. 185	$2H_2O+2e^-\rightleftharpoons H_2+2OH^-$	−0. 827 7
$Fe^{2+}+2e^-\rightleftharpoons Fe$	−0. 447	$Mn(OH)_2+2e^-\rightleftharpoons Mn+2OH^-$	−1. 56

附录5 重要概念的英文释义

中文	英文	首次出现
含能材料	Energetic materials are a class of material with high amount of stored chemical energy that can be released. Typical classes of energetic materials are e. g. explosives, pyrotechnic compositions, propellants (e. g. smokeless gunpowders and rocket fuels), and fuels.	第1章
道尔顿原子论	Dalton's Atomic Theory states that: All matter is composed of tiny, indivisible particles, called atoms, that can not be destroyed or created. Each element has atoms that are identical to each other in all their properties, and these properties are different from the properties of all other atoms. Each element has atoms that are identical to each other in all their properties, and these properties are different from the properties of all other atoms.	第2章2.1节
能级	Aufbau, from the German, means "building up, construction". The Aufbau Principle states that when building up the electron configuration of an atom, electrons are filled in orbitals, subshells, and shells in order of increasing energy.	第2章2.4节
泡利不相容原理	Pauli Exclusion principle: no two electrons in the same atom may have the same four quantum number.	第2章2.4节
洪特规则	Hund's Rule requires that p, d, or f orbitals must all be filled with one electron each before a second electron is allowed to pair in any orbital. Hund's Rule makes sense since electrons repel each other strongly beacuse of their negative charges. This repulsion forces the electrons into separate orbitals until every orbital is filled with one electron.	第2章2.4节
元素周期表	The periodic table gives you very basic but very important information about each element. Each horizontal row of the periodic table is called a period and each vertical column is called a group. Elements within groups have similar chemical and physical properties. Within a group, the closer elements are to each other, the more similar they are. The blocks of the periodic table that have s, p, d and f electrons as the differentiating electrons. Each column or group has the same number and type of outermost electrons, resulting in the chemical similarities of these elements. Most of the elements may be considered as individual atoms. A few elements, however, exist naturally as diatomic molecules. These are H_2, O_2, N_2, and the halogens. Other elements, notably sulfur and phosphorus, exist in polyatomic units such as S_8 and P_4, but are commonly represented as single atoms in chemical reactions.	第2章2.5节

续表

中文	英文	首次出现
电子亲和能	Some atoms readily attract electrons, and the electron affinity has a negative value, meaning that energy is released. Most atoms, however, do not accept additional electrons readily and the electron affinity is a positive value, indicating that energy must beneeded to add the electron.	第 2 章 2.6 节
电负性	Electronegativity is a combination of ionization energy, electron affinity, and other factors. Fluorine has the highest electronegativity, and francium the lowest.	第 2 章 2.6 节
分子结构	When elements combine with each other to form compounds, a chemical bond is formed. An understanding of how and why bonds are formed helps the chemists to predict many physical and chemical properties of molecules and compounds, including chemical reactivity, shape, solubility, physical state, and polarity. The key to bond formation is the behavior of the outermost, or valence electrons. Two atoms share valence electrons to form a covalent bond. When one atom loses electrons and another gains electrons, ions are formed. The attraction between ions to form a compound is called an ion bond.	第 3 章
离子键的形成	Representative metals will lose electrons to form positively charged ions called cations. The representative nonmetals gain electrons to form negatively charged ions called anions.	第 3 章 3.1 节
共价键	In a covalent bond, two atoms share electrons. Each atom counts the shared electrons as part of its valence shell. In this way, both atoms can consider their outer shells complete. Fox example, two chlorine atoms, each of which has seven valence electrons and needs one electron to complete its valence shell, form a covalent bond. Each atom donates an electron to the bond, which is considered to be part of the valence shell of both atoms.	第 3 章 3.2 节
路易斯共价键理论	To conveniently show this sharing of electrons, chemists draw structures of covalent molecules using Lewis Electron-Dot Structures. In the Lewis representation the outermost s and p electrons (valence electrons) are shown as dots arranged around the atomic symbol. When electrons are shared between two atoms, one atom donates one electron and the other atom donates the second electron. The shared pair of electron represents a covalent bond. If two pairs of electron are shared between to atoms, a double bond exists. When two atoms share three pairs of electron, a triple bond exists.	第 3 章 3.2

续表

中文	英文	首次出现
价电子对互斥理论	The valence-shell electron-pair repulsion theory (VSEPR theory) allows us to determine the three-dimensional shapes of covalently bonded molecules with a minimum of information. This theory states that the geometry around each atom will depend on the repulsion of the valence-shell electrons (bonding electrons and nonbonding pairs) away from each other. This repulsion, due to the negative charges, results in electron pairs being aligned as far away from each other as possible.	第3章3.2节
阿伦尼乌斯酸碱理论	Arrhenius deinition of an acid: any compound that contains hydrogen and produces H^+ (H_3O^+ when reacts with water) ions when dissolved in water. A strong acid is a water-soluble compound that completely dissociates to give H_3O^+ ions. A weak acid is a water-soluble compound that dissociates only partially producing few H_3O^+ ions.	第4章4.1节
布朗斯特-劳里酸碱质子理论	In chemistry, the Bronsted-Lowry theory is an acid-base theory, proposed independently by Johannes Nicolaus Bronsted and Thomas Martin Lowry in 1923. In this system, Bronsted acids and Bronsted bases are defined, by which an acid is a molecule or ion thatis able to lose, or "donate", a hydrogen cation (proton, H^+), and a base is a species with the ability to gain, or "accept", a hydrogen cation (proton).	第4章4.2节
路易斯电子酸碱理论	The term Lewis acid refers to a definition of acid published by Gilbert N. Lewis in 1923, specifically: An acid substance is one which can employ an electron lone pair from another molecule in completing the stable group of one of its own atoms. Thus, H^+ is a Lewis acid, since it can accept a lone pair, completing its stable form, which requires two electrons. A, Lewis base, then, is any species that donates a pair of electrons to a Lewis acid to form a Lewis adduct. For example, OH^- and NH_3 are Lewis bases, because they can donate a lone pair of electrons.	第4章4.3节

附录6 习题参考答案

第2章

1. 原子中电子运动有什么特点？波函数与原子轨道的含义是什么？两者有什么关系？概率密度和电子云的含义是什么？两者有什么关系？

解：原子中每个电子的运动状态可以用 n、l、m、m_s 4个量子数来描述，参数分别决定原子轨道的能级和电子能量、形状和电子能量、空间取向、电子自旋方向，4个量子数确定之后，电子在原子核外的运动状态也随之确定。电子的运动符合薛定谔方程，而方程的解称为“波函数”，波函数就是原子轨道。波函数绝对值的平方表示电子在核外空间各处出现的概率密度，它表示电子在核外出现的概率，即为概率密度。表示电子在核外空间某处微体积元内出现的概率，概率密度与该区域微体积元的乘积 $\psi^2 \cdot d\tau$ 等于电子在核外某区域中出现的概率。若以小黑点的疏密程度表示核外空间各点概率密度的大小，ψ^2大的地方，小黑点较密集，表示电子出现的概率密度较大；ψ^2小的地方，小黑点较稀疏，表示电子出现的概率密度较小。这种以小黑点的疏密表示概率密度分布的图形称为电子云（electron cloud）。所以，波函数绝对值的平方又称为“电子云”。电子云就是从统计概念出发对核外电子出现的概率密度 ψ^2形象化的表示。

2. 量子数 n、l、m、m_s各有什么意义？如何取值？

解：主量子数 n 表示原子核外电子到原子核之间的平均距离，还表示电子层数。主量子数 n 的取值为 1、2、3、…、n 等正整数，在光谱学上也常用大写字母 K、L、M、N、…对应地表示 n=1、2、3、4、…电子层数；角量子数代表原子轨道的形状，是决定原子中电子能量的一个次要因素。角量子数的取值受主量子数 n 的限制，l 的取值为 0、1、2、…、(n−1) 的正整数，一共可取 n 个值，其最大值比 n 小 1。l 数值不同，轨道形状也不同，也表示电子所在的电子亚层，同一电子层中可有不同的亚层，l 值相同的原子轨道属同一电子亚层；磁量子数代表原子轨道在空间的取向，每一种取向代表着一条原子轨道。磁量子数 m 的取值为 0、±1、±2、…、±l，共可取 $2l+1$ 个数值。磁量子数 m 的取值受角量子数 l 的限制；自旋量子数 m_s表示电子的自转方向，其取值只有两个，$m_s = \pm 1/2$，即顺时针方向和逆时针方向，一般用向上和向下的箭头“↑”和“↓”来表示。

3. s、$2s$、$2s^1$各代表什么意义？指出 $5s$、$3d$、$4p$ 各能级相应的量子数及轨道数。

解：s 和 $2s$ 都是轨道的名字，$2s^1$表示 $2s$ 轨道上有一个电子。

$5s$：$n=4$，$l=0$，一个轨道；

$3d$：$n=3$，$l=2$，五个轨道；

$4p$：$n=4$，$l=1$，三个轨道。

4. 在氢原子中，$4s$ 轨道和 $3d$ 轨道哪一个轨道能量高？钾原子的 $4s$ 轨道和 $3d$ 轨道哪一个能量高？说明理由。

解：氢原子 $4s$ 高。根据氢原子能量公式 $E=-13.6/n^2$，主量子数 n 越大，能量越高。$4s$ 状态 $n=4$；$3d$ 状态 $n=3$。

钾原子 $3d$ 高。因为根据能量最低原理，电子总是先进入能量较低的轨道，而电子先进入 $4s$，再进入 $3d$，所以 $3d$ 状态能量高。

5. 指出下列各元素原子的基态电子排布式的写法各违背了什么原理并予以改正。

（1）Be　$1s^2 2p^2$　　（2）B　$1s^2 2s^3$　　（3）N　$1s^2 2s^2 2p_x^2 2p_z^1$

解：（1）应改为 Be $1s^2 2s^2$，违背能量最低原理；

（2）应改为 B $1s^2 2s^2 2p^1$，违背泡利不相容原理；

（3）应改为 N $1s^2 2s^2 2p_x^1 2p_y^1 p_z^1$，违背洪特规则。

6. 试写出 s 区、p 区、d 区及 ds 区元素的价层电子构型。

解：s 区：$ns^{1\sim2}$；

p 区：$ns^2 np^{1\sim6}$；

d 区：$(n-1)d^{1\sim9} ns^{1\sim2}$；

ds 区：$(n-1)d^{10} ns^{1\sim2}$。

7. 为什么原子的最外电子层上最多只能有 8 个电子，次外电子层上最多有 18 个电子？

解：由量子数取值范围可知，当 $n=1$ 时，即仅有一层电子时，l 只能取 0，为 s 亚层，m 只能取 0，即 s 只有一个轨道，ms 可取正负，因此第一层只能填 2 个电子。同理可以得到，$n=2$ 时，该层最多填 8 个电子（l 可取 0 或 1）；$n=3$ 时，最多填 18 个电子；$n=4$ 时，最多填 32 个电子，依此类推。

8. 元素的金属性和非金属性与什么因素有关？

解：元素金属性和非金属性的相对强弱可以用电离能、电子亲和能和电负性的相对大小来衡量。

9. 为什么周期表中各周期的元素数目不一定等于原子中相应电子层的电子最大容量数（$2n^2$）？

解：因为出现能级交错现象。

10. 何为电负性？电负性大小说明元素什么性质？

解：电负性可以看作是原子形成负离子倾向相对大小的量度。用来量度原子对成键电子吸引能力的相对大小。元素的电负性越大，表示元素原子在分子中吸引电子的能力越强，生成阴离子的倾向越大，非金属性越强；反之，元素的电负性越小，表示元素原子在分子中吸引电子的能力越弱，生成阳离子的倾向越大，金属性越强。

11. 氧的电负性比氮的大，为什么氧原子的电离能小于氮原子的？

解：因为氧、氮的电子轨道为 $1s2s3d$，两个 s 轨道充满电子，氮原子的 d 轨道有 3 个电子，即半满，根据洪特规则，氧的电离能小于氮原子的。

12. Na 的第一电离能小于 Mg 的，而 Na 的第二电离能却大于 Mg 的，为什么？

解：Na 的价电子排布为 $3s^1$，而 Mg 价电子排布为 $3s^2$，s 亚层只有 1 个轨道，填充 2 个电子，为全满稳定结构，失去 1 个电子需要更多能量，所以 Na 第一电离能小于 Mg。当失去一个电子后，Na^+ 最外层第二层填充 8 个电子，为稳定结构，而 Mg^+ 的 $3s^1$ 尚未达到稳定结构，所以失去第二个电子时，Na 比 Mg 需要更多能量，所以 Na 第二电离能大于 Mg。

第 3 章

1. 解释下列概念：

离子键，共价键，配位键，金属键，配位化合物。

解：离子键：正、负离子间通过静电作用所形成的化学键。

共价键：是电负性相同或相差不大的两个元素的原子相互作用时，原子之间通过共用电子对所形成的化学键。

配位键：由一个成键原子单独提供共用电子对，另一个成键原子提供空轨道而形成的共价键。

金属键：由自由电子及排列成晶格状的金属离子之间的静电吸引力组合而成。

配位化合物：是由可以给出孤对电子或多个不定域电子的一定数目的离子或分子（称为配体）和具有接受孤对电子或多个不定域电子的空位的原子或离子（统称中心原子）按一定的组成和空间构型所形成的化合物。

2. 区别下列名词和概念：

σ 键和 π 键，配体、配位原子和配位数，单齿配体和多齿配体，外轨配键和内轨配键，高自旋配合物和低自旋配合物，极性分子和非极性分子。

解：σ 键：原子轨道沿键轴（两原子核间连线）方向以“头碰头”方式重叠所形成的共价键。

π 键：原子轨道垂直于键轴以“肩并肩”方式重叠所形成的化学键。

配体：可以给出孤对电子或多个不定域电子的一定数目的离子或分子。

配位原子：具有接受孤对电子或多个不定域电子的空位的原子。

配位数：配位个体中直接与形成体相连的配位原子的数目。

单齿配体：含有一个配位原子的配体。

多齿配体：一个配体中有两个或两个以上配位原子的配体。

外轨配键：价键理论将形成体提供同层空轨道参与杂化而形成的配位键称为外轨型配位键，简称外轨配键；将形成体提供外层和次外层空轨道参与杂化而形成的配位键称为内轨型配位键，简称内轨配键。

高自旋配合物和低自旋配合物：代表了晶体场理论中电子自旋的两种状态，当成对能大于分裂能时，配合物中的单电子较多，称为高自旋配合物；当分裂能大于成对能时，配合物的电子尽可能成对，单电子较少，称为低自旋配合物。

极性分子和非极性分子：当分子内部的电荷分布均匀时，分子为非极性分子，反之，为极性分子。

3. 简述离子键、共价键和金属键的特征，分子间力和氢键的异同点。

解：离子键存在于阴阳离子间，共价键存在于原子间；金属键存在于金属中；离子键是阴阳离子间通过静电作用形成的化学键；共价键是原子间通过共用电子对所形成的相互作用。金属键是自由电子及排列成晶格状的金属离子之间的静电吸引力。共价键有方向性；离子键无饱和性、无方向性；金属键没有固定的方向。分子间的作用力就是分子与分子之间的作用力，是一种较弱的相互作用力；氢键就是分子作用力中的一种，其相对分子作用力来说是较强的，一般是活泼的非金属原子与氢原子之间形成的，是一种特殊的分子间作用力。

4. 根据元素在周期表中的位置，试推测哪些元素之间易形成离子键，哪些元素之间易形成共价键。

解：金属元素和非金属元素之间形成离子键，非金属之间形成共价键。

5. 离子半径 $r(Cu^+)<r(Ag^+)$，所以 Cu^+ 极化力大于 Ag^+ 的，但 Cu_2S 的溶解度却大于 Ag_2S 的，何故？

解：离子间的极化作用越强，化学键的共价成分越多，物质在水中的溶解度越小。

6. 什么叫原子轨道的杂化？为什么要杂化？

解：原子在形成分子的过程中，中心原子在成键原子的作用下，其价层几个形状不同、能量相近的原子轨道改变原来状态，混合起来重新分配能量和调整伸展方向，组合成新的利于成键的轨道，这种原子轨道重新组合的过程就称为原子轨道的杂化。杂化后轨道在空间的分布使电子云更加集中，在与其他原子成键时重叠程度更大，成键能力更强，形成的分子更稳定。

第 4 章

1. 计算下列溶液的 pH。

（1）$0.01\ mol \cdot L^{-1}$ HCN；（2）$0.01\ mol \cdot L^{-1} ClCH_2COOH$（氯代乙酸）；

（3）0.01 mol·L^{-1} NaCN；（4）0.01 mol·$L^{-1}H_2SO_4$

解：（1）由于 $c_0/K_a = 0.01/6.2\times10^{-10} = 1.6\times10^7 \gg 400$，

所以可用最简式计算。

$[H^+] = \sqrt{K_a c_0} = 2.49\times10^{-6}$ mol·L^{-1}，$pH = -lg[H^+] = 5.60$。

（2）由于 $c_0/K_a = 0.01/1.4\times10^{-3} = 7<400$，

所以不可以使用最简式计算。

$$ClCH_2COOH \rightleftharpoons ClCH_2COO^- + H^+$$

$$K_a = [ClCH_2COO^-][H^+]/ClCH_2COOH$$

解出［H^+］，进而得出 pH=2.51。

（3）$CN^- + H_2O = HCN + OH^-$，其平衡表达式为：

$$K_b = [c(HCN)\cdot c(OH^-)]/c(CN^-)$$
$$= (K_w/K_a)c(CN^-)$$
$$= (1\times10^{-14}/5.0\times10^{-10})\times0.01 = 2\times10^{-7}$$
$$c(OH^-) = 4.5\times10^{-4}$$
$$pH = 14 - pOH = 14 - (-lg4.5\times10^{-4}) = 10.65$$

（4）按 H_2SO_4的第一步完全电离计算，pH=1.84。

2. 在20 ℃，1 atm（101 kPa）时，H_2S（g）在1 L水中的饱和溶解量为2.6 L，计算饱和 H_2S 水溶液的物质的量即溶液中 S^{2-}和 H^+的浓度。将溶液 pH 调至2和8时，S^{2-}浓度为多少？计算结果说明了什么？

解：由溶解度可以算出 H_2S（g）在水中的物质的量，再根据电离平衡常数可以计算出 S^{2-}和 H^+的浓度，当溶液的 pH 调至2和8时，S^{2-}浓度不断增大，说明 H^+抑制 H_2S 的电离。

3. 25 ℃时，0.500 mol·L^{-1} HCOOH 的解离度为1.88%，计算 HCOOH 的 K_a。

解：电离平衡时各相浓度见下式。

$$HCOOH \rightleftharpoons H^+ + HCOO^-$$
$$0.5(1-x) \quad 0.5x \quad 0.5x$$

则 $K_a = (0.5x)^2/[0.5(1-x)]$

$= (0.5\times0.0188)^2/0.5\times(1-0.0188)$

$= 1.801\times10^{-4}$

4. 已知0.1 mol·L^{-1} Na_2X 溶液的 pH=11.60，计算 H_2X 的 K_{a2}。

解：由 pH=11.6，则其［H^+］$=10^{-11.6}=2.51\times10^{-12}$。

根据公式［H^+］$=(K_{a2}\times c)^{0.5}$，

代入数据得到 $K_{a2} = 1.58\times10^{-5}$。

5. 在250 mL 0.20 mol·L^{-1}氨水中，需加入多少克 $(NH_4)_2SO_4$固体才能使溶液降低2个 pH 单位？

解：已知 $c_b = c(NH_3) = 0.20$ mol·L^{-1}，$K_a(NH_4^+) = 5.70\times10^{-10}$，

故 $K_b(NH_3) = \dfrac{K_w}{K_a(NH_4^+)} = 1.75\times10^{-5}$。

而 $c_bK_b>20K_w$，且 $c_a/K_a>500$，因此，

$$[OH^-]=\sqrt{K_bc_b}=1.87\times10^{-3}\ mol\cdot L^{-1}$$

pOH=2.73，pH=14.00−2.73=11.27，降低 2 个 pH 单位，故

$$9.27=14-pK_b-\lg[NH_4^+]/[NH_3]$$

$$[NH_4^+]/[NH_3]=0.95$$

$$m((NH_4)_2SO_4)=0.95\times0.2\times132=25.08\ (g)$$

6. 现有动脉血液样品 20.00 mL，其 pH=7.50，在 298 K，101 kPa 气压下酸化此试样，从样品中释放出 12.2 mL CO_2，求血液中 H_2CO_3 和 HCO_3^- 的浓度。(设 CO_2 在血液中以 H_2CO_3 的形式存在)。

解：根据物料守恒

$$c=H_2CO_3+HCO_3=pV/(nRT)=101\ 000\times12.2\times10^{-6}/(8.314\times298)=4.98\times10^{-4}(mol\cdot L^{-1})$$

$$pH=pK_{a1}-\lg n(H_2CO_3)/n(HCO_3^-)$$

得到

$$n(H_2CO_3)/n(HCO_3^-)=0.074\ 1$$

所以

$$n(H_2CO_3)=3.44\times10^{-5}\ mol$$

浓度是 $1.72\times10^{-3}\ mol\cdot L^{-1}$。

$$n(HCO_3^-)=4.64\times10^{-4}\ mol$$

浓度是 $2.32\times10^{-2}\ mol\cdot L^{-1}$。

7. 已知血液的 pH=7.40，主要是由于血液中存在磷酸及其盐的缓冲体系，此缓冲体系的共轭酸碱对是什么？两者的比例是什么？

解：$NaH_2PO_4-Na_2HPO_4$。

8. 欲配置 250 mL pH=9.20 的缓冲溶液，如若使溶液中 NH_4^+ 的浓度为 1.0 mol · L^{-1}，需要密度为 0.904 g · mol^{-1} 含 NH_3 26.0% 的浓氨水多少毫升？需加入固体 NH_4Cl 多少克？

解：

$$K^{\ominus}(NH_3\cdot H_2O)=1.8\times10^{-5}$$

$$pH=14-pK^{\ominus}+\lg([NH_3]/[NH_4^+])$$

得出

$$[NH_3]=0.871\times[NH_4^+]=0.871\ mol\cdot L^{-1}$$

浓氨水的浓度为

$$0.904\times10^3\ mol\cdot L^{-1}\times26.0\%/17\ g\cdot moL^{-1}=13.83\ mol\cdot L^{-1}$$

需要浓氨水的体积为

$$250\times10^{-3}\times0.871\ mol\cdot L^{-1}/13.83\ mol\cdot L^{-1}=1.57\times10^{-2}$$

需要 NH_4Cl 的质量为 $1.0\ mol\cdot L^{-1}\times0.25\times53.5\ g\cdot mol^{-1}=13.375\ g$

9. 0.1 mol · L^{-1} HAc 和 0.1 mol · L^{-1} NaAc 溶液等体积混合，下列哪些近似是正确的？

(1) $[Na^+]\approx[Ac^-]$；(2) $[H^+]\approx[Ac^-]$；

(3) $[OH^-]\approx[HAc]$；(4) $[HAc]\approx[Ac^-]$

解：(1)、(4) 正确。

10. 计算 112 mL 0.132 5 mol · L^{-1} H_3PO_4 和 136 mL 0.145 0 mol · L^{-1} Na_2HPO_4 的混合溶液的 pH 和缓冲容量。

解：$n(H_3PO_4) = 0.132\,5 \times 0.112\ mol = 0.014\,84\ mol$

$n(HPO_4^{2-}) = 0.145\,0 \times 0.136\ mol = 0.019\,72\ mol$

设 112 mL 0.132 5 $mol \cdot L^{-1} H_3PO_4$ 和 x mol Na_2HPO_4 反应生成 y mol NaH_2PO_4

$$\begin{array}{ccccc} H_3PO_4 & + & H_2PO_4^{2-} & \rightleftharpoons & H_2PO_4^- \\ 1\ mol & & 1\ mol & & 1\ mol \\ 0.014\,84\ mol & & x\ mol & & y\ mol \end{array}$$

$$\frac{1}{0.014\,84} = \frac{1}{x} = \frac{1}{y} \qquad x = y = 0.014\,84\ mol$$

$$H_2PO_4^- + H_2O \rightleftharpoons H_3O^+ + HPO_4^{2-} \qquad K_a = 6.23 \times 10^{-8}$$

故反应后溶液中

$$c_a = c(H_2PO_4^-) = \frac{0.014\,84}{112 + 136} \times 10^3\ mol \cdot L^{-1} = 0.059\,8\ mol \cdot L^{-1}$$

$$c_b = c(HPO_4^{2-}) = \frac{0.019\,72 - 0.014\,84}{(112 + 136) \times 10^{-3}}\ mol \cdot L^{-1} = 0.019\,7\ mol \cdot L^{-1}$$

故

$$pH = pK_a - \lg \frac{c_a}{c_b} = -\lg(6.23 \times 10^{-8}) - \lg \frac{0.059\,8}{0.019\,7} = 6.72$$

所以

$$\beta = \frac{db}{dpH} = 2.3 \times \frac{c(H_2PO_4^-)c(HPO_4^{2-})}{c(H_2PO_4^-) + c(HPO_4^{2-})} = 0.034$$

第5章

1. 将 50 mL 0.1 $mol \cdot L^{-1}$ $AgNO_3$溶液与 50 mL 6.4 $mol \cdot L^{-1}$氨水混合，计算反应平衡时 Ag^+、$Ag(NH_3)_2^+$和 NH_3的浓度。

解：可以看出氨水远远过量，$AgNO_3$将全部生成 $Ag(NH_3)^{2+}$，即

$$c(Ag(NH_3)_2^{2+}) = 0.1 \times 50 \div 100 = 0.05(mol \cdot L^{-1})$$

此时 $c(NH_3) = (50\ mL \times 6.4\ mol \cdot L^{-1} - 2 \times 50\ mL \times 0.1\ mol \cdot L^{-1}) \div 100\ mL = 3.1\ mol \cdot L^{-1}$。

查的银氨配离子累计稳定常数 $\beta_2^{\ominus} = 1.62 \times 10^7$。

设 Ag^+平衡时浓度为 x，则

$$(0.05 - x)/(3.1^2 x) = 1.62 \times 10^7$$

求得 $c(Ag^+) = 3.21 \times 10^{-10}$。

2. 将 0.3 $mol \cdot L^{-1}$ $Cu(NH_3)_4^{2+}$溶液与含有 NH_3和 NH_4Cl（浓度均为 0.2 $mol \cdot L^{-1}$）的溶液等体积混合，通过计算说明生成 $Cu(OH)_2(s)$的可能性（$K_{sp}\{Cu(OH)_2\} = 10^{-18.2}$）。

解：氨和氯化铵混合液是缓冲溶液，$pOH = pK_a = 4.754$，则 $[OH^-] = 1.76 \times 10^{-5}$。

查得 $Cu[(NH_3)_4]^{2+}$的稳定常数是 $10^{13.32}$，而溶液中游离氨的浓度是 0.1 $mol \cdot L^{-1}$，所以

$$[Cu^{2+}] = 0.15 \div (10^{13.32} \times 0.1^4) = 7.18 \times 10^{-11}$$

$[Cu^{2+}][OH^-]^2 = 7.18\times10^{-11}\times(1.76\times10^{-5})^2 = 2.23\times10^{-20}$

$K_{sp}\{Cu(OH)_2\} = 10^{-18.2} > [Cu^{2+}][OH^-]^2$，所以无沉淀生成。

3. 已知 Cd-NH_3配合物的 $\lg\beta_1 \sim \lg\beta_6$分别为2.60、4.65、6.04、6.92、6.6、4.9，则各级稳定常数和不稳定常数是多少？

解：

β	K	$K_{不稳}$
$10^{2.6}$	4.0×10^2	4.0×10^2
$10^{4.65}$	1.1×10^2	2.1
$10^{6.04}$	2.4×10	1.3×10^{-1}
$10^{6.92}$	7.5	4.0×10^{-2}
$10^{6.6}$	4.8×10^{-1}	8.9×10^{-3}
$10^{4.9}$	2.0×10^{-2}	2.1×10^{-3}

4. 在游离 NH_3的浓度为2.5 mol·L^{-1}及 Cu^{2+}浓度为 1.5×10^{-4} mol·L^{-1}溶液中，计算物种 $Cu(NH_3)^{2+}$、$Cu(NH_3)_2^{2+}$、$Cu(NH_3)_3^{2+}$、$Cu(NH_3)_4^{2+}$的浓度。

解：$[Cu(NH_3)^{2+}] = 3.3\times10^{-14}$ mol·L^{-1}

$[Cu(NH_3)_2^{2+}] = 2.5\times10^{-10}$ mol·L^{-1}

$[Cu(NH_3)_3^{2+}] = 4.7\times10^{-7}$ mol·L^{-1}

$[Cu(NH_3)_4^{2+}] = 1.5\times10^{-4}$ mol·L^{-1}

5. 等体积混合0.200 mol·L^{-1} EDTA 和0.100 mol·L^{-1} $Mg(NO_3)_2$，设溶液的 pH 为9.00，求未配位的 Mg^{2+}浓度是多少？

解：$[Mg^{2+}] = 4.6\times10^{-8}$ mol·L^{-1}

第6章

1. 将固体 $SrSO_4$ 与0.001 0 mol·L^{-1} K_2SO_4 溶液一起摇振，达到平衡后，测得溶液含 $SrSO_4$ 0.047 g·L^{-1}。试计算 $SrSO_4$ 的溶度积。

解：$K_{sp}(SrSO_4) = 3.2\times10^{-7}$。

2. 在25 ℃时，将 H_2S 通入100 mL $PbBr_2$ 饱和溶液中，生成0.135 g PbS 沉淀。试计算 $PbBr_2$ 的溶解度和溶度积。

解：$S(PbBr_2) = 1.3\times10^{-2}$ mol·L^{-1}，$K_{sp}(PbBr_2) = 9.1\times10^{-8}$。

3. 将硫化钠加入 Mn^{2+}溶液中，直到 $c(Na_2S) = 0.10$ mol·L^{-1}时，首先沉淀的是 MnS 还是 $Mn(OH)_2$？

解：在二价锰离子的弱酸性或者中性溶液中，加入硫化钠是无条件地沉淀为硫化锰。要使沉淀为氢氧化亚锰，则需要通过继续加硫化钠，至 pH 为一定范围时才可以。

4. 计算 Ag_2CrO_4 在下列溶液中的溶解度。

（1）0.1 mol·L^{-1} Na_2CrO_4溶液；（2）0.10 mol·L^{-1} $AgNO_3$溶液（不考虑铬酸银的水解）。

解：（1）$S(Ag_2CrO_4)=1.7\times10^{-6}\ mol\cdot L^{-1}$；

（2）$S(Ag_2CrO_4)=1.1\times10^{-10}\ mol\cdot L^{-1}$。

5. $MgNH_4PO_4$ 饱和溶液中，$[H^+]=2.0\times10^{-10}\ mol\cdot L^{-1}$，$[Mg^+]=5.6\times10^{-4}\ mol\cdot L^{-1}$，计算其溶度积 K_{sp}。

解：$MgNH_4PO_4$ 存在电离平衡：

$$MgNH_4PO_4 \rightleftharpoons Mg^{2+} + NH_4^+ + PO_4^{3-}$$

$$[Mg^{2+}] = c(NH_4^+) = c(PO_4^{3-}) = S = 5.6\times10^{-4} = 10^{-3.25}$$

$$H_3PO_4：pK_{a1} \sim pK_{a3} = 2.16, 7.21, 12.32；\ NH_4^+：pK_a = 9.25$$

$$[H^+] = 2.0\times10^{-10} = 10^{-9.70}$$

$$[PO_4^{3-}] = \frac{K_{a3}c}{[H^+]+K_{a3}} = \frac{10^{-12.32}\times5.6\times10^{-4}}{10^{-9.70}+10^{-12.32}} = 10^{-5.87}$$

$$[NH_4^+] = \frac{[H^+]c}{[H^+]+K_a} = \frac{10^{-9.70}\times5.6\times10^{-4}}{10^{-9.70}+10^{-9.25}} = 10^{-3.82}$$

$$K_{sp} = [Mg^{2+}][NH_4^+][PO_4^{3-}] = 5.6\times10^{-4}\times10^{-3.82}\times10^{-5.87} = 10^{-12.94} = 1.1\times10^{-13}$$

6. 将 50.0 mL 0.2 $mol\cdot L^{-1}$ $MnSO_4$ 溶液与 50.0 mL 0.02 $mol\cdot L^{-1}$ $NH_3\cdot H_2O$ 混合，是否有 $Mn(OH)_2(s)$生成？欲阻止 $Mn(OH)_2(s)$生成，应在 $NH_3\cdot H_2O$ 中加入多少克 NH_4Cl 固体？（忽略加入 NH_4Cl 后体积的变化）。

解：混合溶液中$[Mn^{2+}]=0.1\ mol\cdot L^{-1}$ $[NH_3\cdot H_2O]=0.01\ mol\cdot L^{-1}$

溶液中$[OH^-]=(K_b^{\ominus}[NH_3\cdot H_2O])^{0.5}=4.24\times10^{-4}$

离子积为

$$Q=[Mn^{2+}][OH^-]^2=1.8\times10^{-8}$$

$$K_{sp}^{\ominus}[Mn(OH)_2]=4.65\times10^{-14}$$

$Q>K_{sp}^{\ominus}$，溶液中有 $Mn(OH)_2$沉淀生成。

若控制不析出，加入 NH_4Cl 抑制 $NH_3\cdot H_2O$ 的解离，控制［OH^-］在

$$[OH^-]^2 \leqslant \frac{K_{sp}^{\ominus}}{[Mn^{2+}]}$$

即$[OH^-]\leqslant6.82\times10^{-8}\ mol\cdot L^{-1}$

则溶液中 $[NH_4^+] \geqslant \dfrac{K_b^{\ominus}[NH_3\cdot H_2O]}{[OH^-]} = 2.64\ mol\cdot L^{-1}$

需加入 NH_4Cl 的质量为 $2.64\times53.5\times(50+50)\times0.001=14.124$（g）。

7. 将含有 Ni^{2+}和 Mn^{2+}，浓度均为 0.1 $mol\cdot L^{-1}$的溶液中通 $H_2S(g)$至饱和以分离 Ni^{2+}和 Mn^{2+}，应控制溶液的 pH 在什么范围？

解：$K_{sp}^{\ominus}(NiS)=1.07\times10^{-21}$，$K_{sp}^{\ominus}(MnS)=8.52\times10^{-17}$

Ni^{2+}和 Mn^{2+}浓度相同，生成的沉淀类型相同，因而 $K_{sp}^{\ominus}$ 小的 NiS 先生成沉淀。

Ni^{2+}完全沉淀时，溶液中 S^{2-}浓度为

$[S^{2-}]=K_{sp}^{\ominus}(NiS)/[Ni^{2+}]=1.07\times10^{-20}\ mol\cdot L^{-1}$

此时溶液中［H^+］满足$[S^{2-}][H^+]^2=K_{a1}^{\ominus}K_{a2}^{\ominus}[H_2S]$

进而求得$[H^+]=0.32\ mol\cdot L^{-1}$，$pH=0.49$。
同理，当Mn^{2+}开始沉淀时，求出$pH=1.95$。
故控制pH范围0.49~1.95。

第7章

1. 用氧化数法配平下列反应式。
(1) $Zn(s)+HNO_3(aq,稀)\longrightarrow Zn(NO_3)_2(aq)+NH_4NO_3(aq)+H_2O(l)$
(2) $PbS(s)+HNO_3(aq)\longrightarrow Pb(NO_3)_2(aq)+H_2SO_4(aq)+NO(g)+H_2O(l)$
(3) $Na_2S_2O_3(aq)+I_2(aq)\longrightarrow NaI(aq)+Na_2S_4O_6(aq)$
(4) $KIO_3(aq)+KI(aq)+H_2SO_4(aq)\longrightarrow I_2(aq)+K_2SO_4(aq)$
(5) $Na_2SO_3(aq)+Cl_2(g)+H_2O(l)\longrightarrow NaCl(aq)+H_2SO_4(aq)$
解：
(1) $4Zn(s)+10HNO_3(aq,稀)\longrightarrow 4Zn(NO_3)_2(aq)+NH_4NO_3(aq)+3H_2O(l)$
(2) $3PbS(s)+14HNO_3(aq)\longrightarrow 3Pb(NO_3)_2(aq)+3H_2SO_4(aq)+8NO(g)+4H_2O(l)$
(3) $2Na_2S_2O_3(aq)+I_2(aq)\longrightarrow 2NaI(aq)+Na_2S_4O_6(aq)$
(4) $KIO_3(aq)+5KI(aq)+3H_2SO_4(aq)\longrightarrow 3I_2(aq)+3K_2SO_4(aq)+3H_2O$
(5) $Na_2SO_3(aq)+Cl_2(g)+H_2O(l)\longrightarrow 2NaCl(aq)+H_2SO_4(aq)$

2. 已知电对$Ag^+(aq)+e^-\rightleftharpoons Ag$的$E^\ominus(Ag^+/Ag)=0.800\ V$，$Ag_2C_2O_4$的溶度积$K_{sp}(Ag_2C_2O_4)=5.4\times10^{-12}$，求电对$Ag_2C_2O_4(s)+2e^-\rightleftharpoons 2Ag(s)+C_2O_4^{2-}(aq)$的标准电极电位。
解：电池反应：$2Ag^++C_2O_4^{2-}=Ag_2C_2O_4$
电池的电动势$E^\ominus=E^\ominus(Ag^+/Ag)-E^\ominus(Ag_2C_2O_4/Ag)$

$$\lg K^\ominus=z\times E^\ominus\div0.059$$

$$K_{sp}(Ag_2C_2O_4)=1/K^\ominus$$

代入数据得$E^\ominus(Ag_2C_2O_4/Ag)=0.467\ V$

3. 写出下列原电池的电极反应式和电池反应式，并计算电池电动势。
(1) $Zn|Zn^{2+}(0.1\ mol\cdot L^{-1})\parallel I^-(0.1\ mol\cdot L^{-1}),I_2|Pt$
解：负极反应：$Zn\rightarrow Zn^{2+}+2e^-$
正极反应：$I_2+2e^-\rightarrow 2I^-$
电池反应：$Zn+I_2=Zn^{2+}+2I^-$

$$E(Zn^{2+}/Zn)=E^\ominus(Zn^{2+}/Zn)+(0.059/2)\times\lg([Zn^{2+}]/[Zn])$$
$$=-0.7618+(0.059/2)\times\lg(0.10)=-0.7913(V)$$

$$E(I_2/I^-)=E^\ominus(I_2/I^-)+(0.059/2)\times\lg([I_2]/[I^-]^2)$$
$$=0.5355+(0.059/2)\times\lg(1/0.10^2)=0.5945(V)$$

$$E=E(I_2/I^-)-E(Zn^{2+}/Zn)=0.5945-(-0.7913)=1.386(V)$$

(2) $Pt|Fe^{2+}(1\ mol\cdot L^{-1}),Fe^{3+}(1\ mol\cdot L^{-1})\parallel Ce^{4+}(1\ mol\cdot L^{-1}),Ce^{3+}(1\ mol\cdot L^{-1})|Pt$
解：负极反应：$Fe^{2+}\rightarrow Fe^{3+}+e^-$

正极反应：$Ce^{4+}+e^- \rightarrow Ce^{3+}$

电池反应：$Fe^{2+}+Ce^{4+}=Fe^{3+}+Ce^{3+}$

$E=E^{\ominus}(Ce^{4+}/Ce^{3+})-E^{\ominus}(Fe^{3+}/Fe^{2+})=1.72-0.771=0.949\ (V)$

(3) $Pt|H_2(p^{\ominus})|H^+(0.001\ mol\cdot L^{-1})\ \|\ H^+(1\ mol\cdot L^{-1})|H_2(p^{\ominus})|Pt$

解：负极反应：H_2 (1) $\rightarrow 2H^+$ (1) $+2e^-$

正极反应：$2H^+$ (2) $+2e^- \rightarrow H_2$ (2)

电池反应：H_2 (1) $+2H^+$ (2) $=H_2$ (1) $+2H^+$ (2)

$E(-)=E^{\ominus}(H^+/H_2)+(0.059/2)\times\lg([H^+]^2/[H_2])$

$\quad =0+(0.059/2)\times\lg 0.001\ 0^2=-0.177\ (V)$

$E(+)=E^{\ominus}(H^+/H_2)=0\ V$

$E=E(+)-E(-)=0-(-0.177)=0.177\ (V)$

4. 已知电对

$H_3AsO_4(aq)+2H^+(aq)+2e^- \rightleftharpoons HAsO_2(aq)+2H_2O(l)$；$E^{\ominus}(H_3AsO_4/HAsO_2)=+0.560\ V$

$I_2(aq)+2e^- \rightleftharpoons 2I^-(aq)$；$E^{\ominus}(I_2/I^-)=0.536\ V$，

试计算下列反应的平衡常数：

$$H_3AsO_4+2I^-+2H^+ \rightleftharpoons HAsO_2+I_2+2H_2O$$

如果溶液的 pH=7，反应朝什么方向进行？

如果溶液中的$[H^+]=6\ mol\cdot L^{-1}$，反应朝什么方向进行？

解：(1) $H_3AsO_4+2I^-+2H^+ = HAsO_2+I_2+2H_2O$

设计成如下电池：

$(-)Pt|I^-(1\ mol\cdot L^{-1})|I_2||H_3AsO_4(1\ mol\cdot L^{-1}),H^+(1\ mol\cdot L^{-1}),HAsO_2(1\ mol\cdot L^{-1})|Pt$

$E^{\ominus}=E^{\ominus}(H_3AsO_4/HAsO_2)-E^{\ominus}(I_2/I^-)=0.560-0.536=0.024\ (V)$

$\lg K^{\ominus}=zE^{\ominus}/0.059=2\times0.024/0.059=0.814$

$K^{\ominus}=6.52$

(2) 如果溶液的 $[H^+]=6\ mol\cdot L^{-1}$，

$E(H_3AsO_4/HAsO_2)=$

$E^{\ominus}(H_3AsO_4/HAsO_2)+(0.059/2)\times\lg([H_3AsO_4][H^+]^2/[HAsO_2])$

$\quad =0.560+(0.059/2)\times\lg 6^2=0.605\ 9\ (V)$

$E(I_2/I^-)=E^{\ominus}(I_2/I^-)=0.536\ (V)$

$E(I_2/I^-)<E(H_3AsO_4/HAsO_2)$，逆反应可以自发进行。

$HAsO_2+I_2+2H_2O \longrightarrow H_3AsO_4+2I^-+2H^+$

(3) 如果溶液的 pH=7，

$E(H_3AsO_4/HAsO_2)=$

$E^{\ominus}(H_3AsO_4/HAsO_2)+(0.059/2)\times\lg([H_3AsO_4][H^+]^2/[HAsO_2])$

$\quad =0.560+(0.059/2)\times\lg(10^{-7})^2=0.176\ 5(V)$

$E(I_2/I^-)=E^{\ominus}(I_2/I^-)=0.536\ V$

$E(I_2/I^-)>E(H_3AsO_4/HAsO_2)$，反应向正方向进行。

$$H_3AsO_4+2I^-+2H^+ \rightarrow HAsO_2+I_2+2H_2O$$

5. 插铜丝于盛有 1 mol · L^{-1} $CuSO_4$ 溶液的烧杯中，插银丝于盛有 1 mol · L^{-1} $AgNO_3$ 溶液的烧杯中，两杯溶液以盐桥相连，将铜丝和银丝相接，则有电流产生而形成原电池。

（1）绘图表示电池的组成，并标明正、负极。（略）

（2）在正、负极上各发生什么反应？以方程式表示。

解：负极：$Cu-2e^- = Cu^{2+}$

正极：$Ag^++e^- = Ag$

（3）写出电池反应式。

解：$Cu+2Ag^+ = Cu^{2+}+Ag$

（4）这种电池的电动势是多少？

解：$E=E^{\ominus}(Ag^+/Ag)-E^{\ominus}(Cu^{2+}/Cu)=0.7991-(-0.345)=1.144$

（5）加氨水于 $CuSO_4$ 溶液中，电压如何变化？如果把氨水加到 $AgNO_3$ 溶液中，又是怎样的变化？

解：电压升高，电压降低。

6. 如果下列原电池的电动势是 0.200 0 V：

$Cd|Cd^{2+}(x\ mol\cdot L^{-1})\parallel Ni^{2+}(2.00\ mol\cdot L^{-1})Ni|$，则 Cd^{2+} 的浓度应该是多少？

解：用能斯特方程算

① 计算 Ni^{2+}/Ni 的电极电势：

$$E(Ni^{2+}/Ni)=E^{\ominus}(Ni^{2+}/Ni)+(0.059/2)\times\lg[Ni^{2+}]$$

② 计算 Cd^{2+}/Cd 的电极电势

$$E(Cd^{2+}/Cd)-E(Ni^{2+}/Ni)=E$$

③ 用能斯特方程表示 Cd^{2+}/Cd 的电极电势，计算 $[Cd^{2+}]$。

$$E(Cd^{2+}/Cd)=E^{\ominus}(Cd^{2+}/Cd)+(0.059/2)\times\lg[Cd^{2+}]$$

7. 铁棒放在 0.010 0 mol · L^{-1} $FeSO_4$ 溶液中作为一个半电池。另一半电池为锰棒插在 0.100 mol · L^{-1} $MnSO_4$ 溶液中，组成原电池，已知：$E^{\ominus}(Fe^{2+}/Fe)=-0.440$ V，$E^{\ominus}(Mn^{2+}/Mn)=-1.182$ V。试求：（1）电池的电动势。（2）反应的平衡常数。

解：$Mn+Fe^{2+} = Mn^{2+}+Fe$

设计成如下电池：

$(-)Mn|Mn^{2+}(0.100\ mol\cdot L^{-1})||Fe^{2+}(0.001\ mol\cdot L^{-1})|Fe(+)$

$$E(Mn^{2+}/Mn)=E^{\ominus}(Mn^{2+}/Mn)+(0.059/2)\times\lg([Mn^{2+}]/[Mn])$$
$$=-1.182+(0.059/2)\times\lg0.10=-1.2115(V)$$

$$E(Fe^{2+}/Fe)=E^{\ominus}(Fe^{2+}/Fe)+(0.059/2)\times\lg([Fe^{2+}]/[Fe])$$
$$=-0.440+(0.059/2)\times\lg0.010=-0.499(V)$$

$E=E(Fe^{2+}/Fe)-E(Mn^{2+}/Mn)=-0.499-(-1.2115)=0.713(V)$

$\lg K^{\ominus}=zE/0.059=2\times0.713/0.059=24.17$

$K^{\ominus}=1.48\times10^{24}$

8. 已知：

$$PbSO_4(s)+2e^- \rightleftharpoons Pb(s)+SO_4^{2-}(aq)；E^{\ominus}(PbSO_4/Pb)=-0.355\ V$$

$$Pb^{2+}(aq)+2e^- \rightleftharpoons Pb(s)；E^{\ominus}(Pb^{2+}/Pb)=-0.126\ V$$

求 $PbSO_4$ 的溶度积。

解：可将反应分为两个部分：

负极：$PbSO_4(s)+2e^- \rightarrow Pb+SO_4^{2-}$

电池反应为：$PbSO_4(s) \rightarrow SO_4^{2-}+Pb^{2+}$

电池电动势为 $E^\ominus=E^\ominus(Pb^{2+}/Pb)-E^\ominus(PbSO_4/Pb)=-0.126\ V-(-0.355\ V)=0.229\ V$

$E^\ominus=\dfrac{0.059}{z}\lg K^\ominus$，代入数据得 $K^\ominus=5.79\times10^7$

$$K_{sp}(PbSO_4)=1/K^\ominus=1.73\times10^{-8}$$

9. 已知 25 ℃时，$Ag^+(aq)+e^- \rightleftharpoons Ag(s)$；$E^\ominus(Ag^+/Ag)=0.799\ V$

（1）求反应 $2Ag(s)+2H^+(aq) \rightleftharpoons 2Ag^+(aq)+H_2(g)$ 的平衡常数。

（2）原电池自发反应 $2Ag(s)+2H^+(aq)+2I^-(aq) \rightleftharpoons 2AgI(s)+H_2(g)$，当 $[H^+]=[I^-]=0.1\ mol\cdot L^{-1}$，$p(H_2)=100\ kPa$ 的电势为 0.03 V，求该电池的 $E^\ominus$ 以及上述反应的平衡常数 K。

解：（1）$E^\ominus=E^\ominus(Ag^+/Ag)-E^\ominus(H^+/H_2)=0.799\ V$

由能斯特方程得 $K^\ominus=3.486\times10^{13}$。

（2）由电池的电动势能斯特方程知

$E=E^\ominus-\dfrac{0.059}{z}\lg Q^\ominus$

$0.03=E^\ominus-\dfrac{0.059}{z}\lg(1/0.1^2\times0.1^2)$，代入数据得 $E^\ominus=0.148\ V$。

$E^\ominus=\dfrac{0.059}{z}\lg K^\ominus$，代入数据得 $K^\ominus=1.03\times10^5$。

第 8 章

1. 完成下列反应方程式。

（1）Cl_2+OH^-（冷）$\longrightarrow$　　（2）$Cl_2+OH^- \longrightarrow$

（3）$Na_2CO_3+Br_2 \longrightarrow$　　（4）$HBr+H_2SO_4$（浓）$\longrightarrow$

（5）$H_2S+I_2(aq) \longrightarrow$　　（6）$HClO+HCl \longrightarrow$

（7）$Mn(OH)_2+H_2O_2 \longrightarrow$　　（8）$MnO_4^-+H_2O_2+H^+ \longrightarrow$

（9）$CH_3CSNH_2+H_2O \longrightarrow$　　（10）$Na_2S_2O_3+H_2SO_4 \longrightarrow$

（11）$Na_2S_2O_3+I_2 \longrightarrow$　　（12）$AgBr+Na_2S_2O_3 \longrightarrow$

（13）$Mn^{2+}+S_2O_8^{2-}+H_2O \longrightarrow$　　（14）$K_2S_2O_8 \xlongequal{\triangle}$

（15）$NH_4Cl+NaNO_2 \longrightarrow$　　（16）$NH_3+HgCl_2 \longrightarrow$

（17）$(NH_4)_2Cr_2O_7 \xlongequal{\triangle}$　　（18）$HNO_3 \xlongequal{h\nu,\ \triangle}$

（19）$N_2H_4+HNO_2 \longrightarrow$　　（20）$SiO_2+HF \longrightarrow$

解：（1）Cl_2+2OH^-（冷）$\longrightarrow Cl^-+ClO^-+H_2O$

（2）$3Cl_2+6OH^- \longrightarrow 5Cl^-+ClO_3^-+3H_2O$

（3）$3Na_2CO_3+3Br_2 \xlongequal{} 5NaBr+NaBrO_3+3CO_2$

（4）$2HBr+H_2SO_4 \xlongequal{} Br_2+2H_2O+SO_2$

(5) $H_2S+I_2(aq) = 2H^++2I^-+S$

(6) $HClO+HCl \longrightarrow Cl_2+H_2O$

(7) $Mn(OH)_2+H_2O_2 = MnO(OH)_2+H_2O$ 或 MnO_2+2H_2O

(8) $MnO_4^-+H_2O_2+H^+ \longrightarrow 2Mn^{2+}+8H_2O+5O_2$

(9) $CH_3CSNH_2+H_2O = CH_3CONH_2+H_2S$（酸性环境）或 $CH_3CSNH_2+3OH^- = CH_3COO^-+NH_3+S^{2-}+H_2O$（碱性环境）

(10) $Na_2S_2O_3+H_2SO_4 \longrightarrow Na_2SO_4+H_2O+SO_2\uparrow+S\downarrow$

(11) $2Na_2S_2O_3+I_2 = Na_2S_4O_6+2NaI$

(12) $AgBr+Na_2S_2O_3 = NaBr+Na_3[Ag(S_2O_3)_2]$

(13) $2Mn^{2+}+5S_2O_8^{2-}+8H_2O \longrightarrow 2MnO_4^-+10SO_4^{2-}+16H^+$

(14) $K_2S_2O_8 \xlongequal{\triangle} 2K_2SO_4+2SO_3\uparrow+O_2\uparrow$

(15) $NH_4Cl+NaNO_2 = NaCl+N_2\uparrow+2H_2O$

(16) $2NH_3+HgCl_2 = Hg(NH_2)Cl\downarrow+NH_4Cl$

(17) $(NH_4)_2Cr_2O_7 \xlongequal{\triangle} Cr_2O_3+N_2\uparrow+4H_2O$

(18) $4HNO_3 \xlongequal{h\nu,\ \triangle} 4NO_2\uparrow+O_2\uparrow+2H_2O$

(19) $N_2H_4+HNO_2 = HN_3+2H_2O$

(20) $SiO_2+4HF = SiF_4+2H_2O$

2. I_2 在水、四氯化碳和淀粉溶液中的颜色有何不同？为什么？

解：碘仅仅微溶于水，得到黄色到棕色溶液；碘在有机溶剂四氯化碳中溶解度很大，呈紫红色；碘遇淀粉靠范德华力生成络合物，溶液颜色为深蓝色。

3. 常见的难溶金属卤化物有哪些？

解：CuCl、AgCl、Hg_2Cl_2、$PbCl_2$

4. 一般弱酸的解离度随溶液浓度的增大而降低，但氢氟酸的浓溶液的解离度大于稀溶液，为什么？

解：氟化氢是弱电解质，在水中不能完全电离出氢离子，但由于电离出的 F^- 与 HF 结合成 HF_2^-，促使 HF 进一步电离，所以 HF 的电离度是随着浓度的增大而增大的。

5. 20 世纪 90 年代中国发生特大洪水时，灾民常用漂白粉进行饮用水的杀菌消毒，但有些漂白粉已经失效。为什么解：漂白粉久置于空气中（特别是潮湿的空气中）会失效呢？

解：漂白粉是氢氧化钙、氯化钙和次氯酸钙的混合物，久置于空气中会吸水与水发生反应，故而失效。

6. 有一白色固体，可能是 KI、CaI_2、KIO_3、$BaCl_2$ 中的一种或两种的混合物。根据下列事实判断固体的确切组成。

(1) 将白色固体溶于水得无色溶液；

(2) 将上述溶液用稀硫酸酸化，有白色沉淀生成，同时溶液变为黄色，再加入淀粉后溶液变蓝；向上述蓝色溶液中加入烧碱溶液，蓝色消失，但仍有白色沉淀存在。

解：白色固体组成为 CaI_2、KIO_3。

7. 将一常见的易溶于水的钠盐 A 与浓硫酸混合后加热得无色气体 B。将 B 通入酸性高锰酸钾溶液后有黄绿色气体 C 生成。将 C 通入另一钠盐 D 的水溶液中则溶液变黄、变橙，最后变为红棕色，说明有单质E生成。向E中加入氢氧化钠溶液得无色溶液F，当酸化该溶液时又有E出现。请问A、B、C、D、E、F各为何物质？写出有关的化学反应方程式。

解：A：NaCl　B：HCl　C：Cl_2　D：NaBr　E：Br_2

$2NaCl+H_2SO_4$（浓）$=\!=\!=Na_2SO_4+2HCl$

$8HCl+2KMnO_4=\!=\!=4H_2O+2KCl+2MnO_2+3Cl_2$

$Cl_2+2NaBr=\!=\!=2NaCl+Br_2$

$Br_2+2NaOH=\!=\!=NaBr+NaBrO+H_2O$

8. 解释下列现象。

（1）碘在水溶液中溶解度较小，而在CCl_4和碘化钾水溶液中溶解度较大；

解：CCl_4和I_2都是非极性分子，而H_2O是极性分子，根据相似相溶原理，可知碘单质在水溶液中溶解度很小，但在CCl_4中溶解度很大。在碘化钾的溶液中发生$I_2+I^- \rightleftharpoons I_3^-$反应，增大了$I_2$的溶解度。

（2）用浓硫酸与氯化物作用可以制得氯化氢，是否可以用同样的方法制取HBr和HI?

解：不可以，浓硫酸会与Br^-、Cl^-反生氧化还原反应。

9. 为什么在雷雨天气雨水常会有一种腥臭味?

解：氧气在雷电的条件下发生反应，生成臭氧，臭氧是一种具有刺激性臭味的淡蓝色气体。

10. 从保护环境角度出发，用H_2O_2作氧化还原剂有什么好处？试举例说明。目前工业上主要用什么方法制备过氧化氢?

解：氧化还原产物为水、氧气，不产生污染，是一种绿色的氧化还原剂。

$$H_2O_2+2Fe^{2+}+2H^+=\!=\!=2Fe^{3+}+2H_2O$$

目前工业上主要采用蒽醌法制备。

11. 影响过氧化氧稳定性的因素有哪些？如何储存过氧化氢溶液?

解：温度、纯度、溶液的酸碱度、重金属离子的存在与否。

一般在实验室里把过氧化氢装在棕色塑料瓶内并存放在阴凉处，避光、防碱，有时加入一些稳定剂，如微量的锡酸钠（Na_2SnO_3）、焦磷酸钠（$Na_4P_2O_7$）或8-羟基喹啉等抑制所含杂质的催化作用。

12. 常见的金属硫化物中，哪些易溶于水？哪些可溶于稀盐酸？哪些可溶于浓盐酸？哪些可溶于硝酸溶液？哪些可溶于王水?

解：常见硫化物中，易溶于水的有Na_2S、K_2S、$(NH_4)_2S$、BaS等；

难溶于水，但可溶于稀盐酸的有FeS、ZnS、MnS等；

难溶于稀盐酸，但可溶于浓盐酸的有SnS、CdS、CoS、NiS、PbS等；

难溶于盐酸，但可溶于硝酸的有Ag_2S、CuS、AS_2S_5、Sb_2S_5等；

难溶于硝酸，但可溶于王水的有HgS。

13. SO_2的漂白性能与Cl_2的漂白性能有何不同?

解：氯气的漂白原理：实质上是HClO的漂白。HClO具有强氧化性，能把某些有色物质氧化褪色，此过程不可逆。

SO_2的漂白原理：SO_2能与某些有色物质反应生成，不稳定的无色物质。但是此种无色物质受热后又恢复原来的颜色，此过程可逆。

14. 写出下列物质的化学式。

焦硫酸钠、过二硫酸钾、连四硫酸钠、保险粉、芒硝、海波、摩尔盐、皓矾、闪锌矿、方铅矿、重晶石、明矾、石膏

解：$Na_2S_2O_5$、$K_2S_2O_8$、$Na_2S_4O_6.2H_2O$、$Na_2S_2O_4$、$Na_2SO_4\cdot10H_2O$、$Na_2S_2O_3$、$(NH_4)_2Fe(SO_4)_2\cdot6H_2O$、$ZnSO_4\cdot7H_2O$、ZnS、PbS、$BaSO_4$、$KAl(SO_4)_2\cdot12H_2O$、$CaSO_4$

15. 现有五瓶无色溶液：Na_2S、Na_2SO_3、$Na_2S_2O_3$、Na_2SO_4、$Na_2S_2O_8$，均失去标签，试加以鉴定，并写出有关化学反应方程式。

解：分别取少量溶液，加入稀盐酸，产生的气体能使$Pb(Ac)_2$试纸变黑的溶液为Na_2S；产生有刺激性气味的气体，但不使$Pb(Ac)_2$；试纸变黑的是Na_2SO_3；产生有刺激性气味的气体，同时有乳白色沉淀生成的溶液是$Na_2S_2O_3$；无任何变化的则是Na_2SO_4和$Na_2S_2O_8$。将这两种溶液酸化，加入KI溶液，有I_2生成的是$Na_2S_2O_8$溶液，另一种溶液为Na_2SO_4。

有关反应方程式如下。

$S^{2-}+2H^+\rightleftharpoons H_2S$

$H_2S+Pb^{2+}\rightleftharpoons PbS\downarrow(黑)+2H^+$

$SO_3^{2-}+2H^+\rightleftharpoons SO_2+H_2O$

$S_2O_3^{2-}+2H^+\rightleftharpoons SO_2+S+H_2O$

$S_2O_8^{2-}+2I^-\rightleftharpoons 2SO_4^{2-}+I_2$

16. 一无色钠盐溶于水得无色溶液A，用pH试纸检验知A溶液显碱性。向A中滴加$KMnO_4$溶液，则紫红色褪去，说明A被氧化为B。向B溶液中加入$BaCl_2$溶液得不溶于强酸的白色沉淀C。向A溶液中加入盐酸，有无色气体D放出，将D通入$KMnO_4$溶液则又得到无色的B溶液。向含有淀粉的KIO_3溶液中滴加少许A，则溶液立即变蓝，说明有E生成，A过量时，蓝色消失，得无色溶液F。判断A、B、C、D、E、F各为何物质。写出有关的化学反应方程式。

解：A：$NaHSO_3$，B：SO_4^{2-}　C：$BaSO_4$，D：SO_2，E：I_2，F：I^-

$OH^-+3HSO_3^-+2MnO_4^-=\!=\!=3SO_4^{2-}+2MnO_2+2H_2O$

$SO_4^{2-}+Ba^{2+}=\!=\!=BaSO_4$

$HSO_3^-+H^+=\!=\!=SO_2+H_2O$

$3SO_2+2H_2O+2MnO_4^-=\!=\!=2MnO_2+3SO_4^{2-}+4H^+$

$3OH^-+2IO_3^-+5HSO_3^-=\!=\!=I_2+5SO_4^{2-}+4H_2O$

$IO_3^-+3HSO_3^-$（过量）$=\!=\!=I^-+3SO_4^{2-}+3H^+$

17. 完成下列制备过程并写出有关的化学反应方程式。

（1）由纯碱和硫黄制备大苏打；

解：$S+O_2=\!=\!=SO_2$

$Na_2CO_3+SO_2\longrightarrow Na_2SO_3+CO_2$

$Na_2S+H_2S+H_2O=\!=\!=Na_2SO_3+H_2S$

$H_2S+SO_2=\!=\!=3S+2H_2O$

$Na_2SO_3+S\longrightarrow Na_2S_2O_3$

（2）由黄铁矿制备过二硫酸钾。

解：$FeS_2+O_2 \xlongequal{} Fe_3O_4+6SO_2$

$SO_2+H_2O \xlongequal{} H_2SO_3$

电解硫酸氢钾得 $2HSO_4^- \longrightarrow S_2O_8^{2-}+H_2$

18. N_2H_4、NH_2OH、H_2O_2 具有很多类似性质，如容易分解、具有氧化还原性、都能作为电子对给予体等。试按酸性降低的次序排列这三种化合物。

解：
$$H_2O_2 \gg NH_2OH > N_2H_4$$

19. 举例说明铵盐热分解的类型。

解：组成铵盐的酸是挥发性的，则固体铵盐受热解时，氨气与酸一起挥发，冷却时又重新结合成铵盐。NH_4Cl 为此类铵盐。

$$NH_4Cl \xlongequal{} NH_3+HCl$$

组成铵盐的酸是难挥发性酸，则固体铵盐受热分解时，只有氨气呈气态逸出，而难挥发性的酸残留在加热的容器中，$(NH_4)_2SO_4$、$(NH_4)_3PO_4$为此类铵盐。

$$(NH_4)_2SO_4 \xlongequal{} 2NH_3\uparrow+H_2SO_4$$

$$(NH_4)_3PO_4 \xlongequal{} 3NH_3\uparrow+H_3PO_4$$

组成铵盐的酸是具有强氧化性的酸，在较低的温度下慢慢分解可得到 NH_3和相应的酸，如 NH_4NO_3。

$$NH_4NO_3 \xlongequal{} HNO_3+NH_3$$

20. 金属与硝酸反应，就金属来讲，有几种类型？就硝酸的还原产物来讲，有几种类型？在与不活泼金属反应时，为什么浓 HNO_3 被还原的产物主要是 NO_2，而稀硝酸被还原的产物主要是 NO？

解：一般情况下，金属活动顺序表中排在氢以后的金属与硝酸反应时，与浓硝酸剧烈反应，生成硝酸盐和 NO_2，与稀硝酸反应常需加热，生成硝酸盐和 NO。在反应中，硝酸均既表现氧化性，又表现酸性。当硝酸与金属活动顺序表中排在氢以前的金属如镁、锌铁等反应时，由于金属的强还原性，还原产物较为复杂。除可以生成 NO_2或 NO 外，在更稀硝酸中还可以产生 N_2O、N_2、NH_3等。一般情况下，对于同一种还原剂来说，硝酸越稀，则还原产物中氮元素的价态越低。浓硝酸被还原的主要产物是 NO_2，稀硝酸被还原的主要产物是 NO。

当浓硝酸与金属作用时，硝酸本身浓度的因素占主要地位，第一步的还原产物主要是亚硝酸，亚硝酸是不稳定的化合物，它分解为 NO_2和 NO：

$$2HNO_2 \xlongequal{} NO_2+NO+H_2O$$

而 NO_2、NO 和 HNO_3之间又有如下平衡：

$$3NO_2+H_2O \rightleftharpoons 2HNO_3+NO$$

在浓硝酸中，平衡向左移动，因此还原产物主要是 NO_2。在反应过程中，尽管有 NO 生成，但它在浓硝酸中不能存在，继续被氧化成 NO_2。

在稀硝酸中，平衡向右移动，因此还原产物主要是 NO。

21. 举例说明硝酸盐的热分解类型。

① 电化序位于 Mg 以前的金属硝酸盐，受热分解为相应的亚硝酸盐和氧气。

② 电化序位于 Mg、Cu 之间的金属硝酸盐，受热分解为相应的氧化物并放出 NO_2和 O_2。

③ 电化序位于 Cu 之后的金属硝酸盐，受热分解为相应的金属单质并放出 NO_2和 O_2。

解：一般的硝酸盐分解都有 O_2放出，故可以助燃。

22. 在用铜与硝酸反应制备硝酸铜时，应选用稀硝酸还是浓硝酸？

解：采用稀硝酸。由各自的反应方程式知，生成 1 mol 的硝酸铜，采用稀硝酸，消耗 8/3 mol，而浓硝酸则需要 4 mol。

23. 氮族元素可以形成哪些氯化物？分别写出它们的水解反应方程式。

解：NCl_3、PCl_3、PCl_5和 $BiCl_3$，方程式分别如下。

$$NCl_3+3H_2O = NH_3+3HClO$$

$$PCl_3+H_2O = P(OH)_3+3HCl$$

$$BiCl_3+H_2O = BiOCl+2HCl$$

24. 虽然单质硅结构类似于金刚石，但其熔点、硬度比金刚石的差，为什么？

解：Si 和 C 单质都可采取 sp^3杂化形成金刚石型结构，但 Si 的半径比 C 的大得多，因此 Si—Si 键较弱，键能低，使单质硅的熔点、硬度比金刚石的低得多。

第 9 章

1. 铝是活泼金属，为什么能广泛应用在建筑、汽车、航空及日用品方面？

解：铝的表面会形成一层致密的氧化铝薄膜，阻止内层的铝和外界反应。

2. 铝在电位序中的位置远在氢之上，但它不能从水中置换出氢，却很容易从氢离子浓度比水低得多的碱溶液中把氢取代出来，试说明理由，并用化学方程式解释之。

解：铝的表面会形成一层致密的氧化铝薄膜，阻止内层的铝和水反应。而在碱溶液中，外层的氧化膜可以溶于碱，然后铝与水反应，很容易取代出氢气。

3. *s* 区金属的氢氧化物中，哪些是两性氢氧化物？分别写出它们与酸碱反应的方程式。

解：氢氧化铍：

$$Be(OH)_2+2H^+ = Be^{2+}+2H_2O$$

$$Be(OH)_2+2OH^- = BeO_2^{2-}+2H_2O$$

4. 镁在空气中燃烧生成什么产物？产物与水反应有何现象发生？用方程式说明之。

解：空气中含量较多的是 N_2 和 O_2。镁在 O_2 中燃烧生成 MgO。镁在 N_2 中燃烧生成 Mg_3N_2。

$$MgO+H_2O = Mg(OH)_2$$

$$3Mg+N_2 = Mg_3N_2$$

$$Mg_3N_2+6H_2O = 2NH_3+3Mg(OH)_2$$

5. 金属 Li 和 K 如何保存？如在空气中保存，会发生哪些反应？写出相应的化学方程式。

解：

$$4Li+O_2 = 2Li_2O，4K+O_2 = 2K_2O$$

金属 Li 和 K 不与煤油作用，煤油的挥发性较低，宜放在煤油中保存。

6. 为什么不能用水，也不能用 CO_2来扑灭镁的燃烧？提出一种扑灭镁燃烧的方法。

解：

$$2Mg+O_2 = 2MgO$$

$$MgO+H_2O = Mg(OH)_2$$

$$Mg+CO_2 = MgC+O_2$$

因此，应用沙子扑灭镁燃烧。

7. 为什么选用过氧化钠作为潜水密封舱中的供氧剂？1 kg 过氧化钠在标准状况下可以得到多少升氧气？

解：
$$2Na_2O_2+2CO_2 = 2Na_2CO_3+O_2$$
$$2Na_2O_2+2H_2O = 4NaOH+O_2$$
$$V(O_2)=22.4\times n(Na_2O_2)/2=22.4\times 1\,000/(78\times 2)=143.59\ (L)$$

8. 如何用简单可行的化学方法将下列各组物质分别鉴定出来？

（1）金属钠和金属钾；

（2）纯碱、烧碱和小苏打；

（3）石灰石和石灰；

（4）碳酸钙和硫酸钙；

（5）硫酸钠和硫酸镁；

（6）氢氧化铝、氢氧化镁和碳酸镁。

解：（1）Na、K 与水反应的剧烈程度不同，最剧烈的为 K，次之为 Na。

（2）滴加稀盐酸，没有气泡的是烧碱，放出气泡慢的是纯碱，放出气泡快的是小苏打。

（3）滴加稀盐酸，没有气泡的是石灰，有气泡的是石灰石。

（4）滴加稀盐酸，没有气泡的是硫酸钙，有气泡的是碳酸钙。

（5）滴加碳酸钠，有沉淀的是硫酸镁，没有沉淀的是硫酸钠。

（6）滴加稀盐酸，有气泡的是碳酸镁。向剩余的两种物质中滴加碳酸钠，有沉淀的是氢氧化镁，剩下的物质是氢氧化铝。

第10章

1. 常见的分离提纯方法有哪些？

解：结晶和重结晶、蒸馏冷却法、过滤法、萃取法、溶解法。

2. 实验室用水的纯度如何规定？具体使用要求是什么？

解：水的纯度主要指标是水中的含盐量（即水中各种阴、阳离子的数量）的大小。含盐量的测定比较复杂，目前通常用水的电阻率或导电率来表示（常用电导仪来测定）。实验室用水分为自来水、蒸馏水、去离子水。自来水主要用于洗涤仪器，实验中加热用水、冷却用水，制备蒸馏水和去离子水。蒸馏水常用来配制溶液，做化学分析实验用。

3. 实验室加热和冷却手段有哪些？不同手段的温度范围是什么？

解：火焰加热（673～3 773 K）、介质加热（367～1 073 K）、电加热（最高可达 3 273 K）。

冷却手段主要是介质冷却，即空冷、水冷和盐冷。

4. 红外光谱的试样应满足什么样的条件？怎样制备样品？

解：红外光谱的试样可以是气体、液体或固体，一般应符合以下要求：① 试样应该是单一的纯物质，纯度应大于98%或商业规格，这样才便于与纯化合物的标准光谱进行对照。② 试样中不应含游离水，水本身有红外吸收，会产生光谱干扰，而且会侵蚀吸收池的盐窗。③ 试样的浓度和样品厚度应适当，应使光谱图中大部分吸收峰的透射比处于10%～80%范围内。固体样品一般可以采用压片法和研糊法。液体样品都采用液膜法。

5. 炸药酸度检测方法是什么？采用什么仪器？检测原理如何？

解：酸度计直接测定水溶液的 pH、酸碱滴定法测定炸药酸度；采用 pH 计、全自动滴定仪。

酸度计直接测定水溶液的 pH 时，直接将试样用蒸馏水加热溶解，冷却后用酸度计测定溶液的 pH。

酸碱滴定法测定炸药酸度时，采用丙酮-水萃取试样中的游离酸，然后以中和法测定之。

6. 常用的粒度分析的方法有哪些？

解：常用的测定物质粒度分布的方法有筛析法、沉降法、激光法和显微法等。

7. 热分析过程中为什么需要保护气？通常使用什么保护气？

解：保护气是用于在操作过程中对仪器及其天平进行保护，以免受到在测试温度下样品所产生的毒性及腐蚀性气体的侵害。Ar、N_2、He 等气体用作保护气体。

8. 炸药重结晶的目的是什么？请调研资料，给出某种高能炸药重结晶的溶剂选取和工艺流程。

解：重结晶可以对炸药达到分离提纯的目的。

溶剂的选择原则：

溶质与溶剂的化学相互作用；根据操作温度选择溶剂的沸点及溶质的热力学性质；在所选溶剂中是否有较大产率；溶质在溶剂中是否会发生结构变化；溶剂是否有利于回收；溶剂对环境及操作人员健康是否有影响；溶解度曲线类型及可操作温度弹性范围。

对于 CL-20 而言：

与烷烃和芳香烃相比，加入相同体积的氯代烷烃时，溶液过饱和度最大，操作弹性空间较小，而烷烃和芳香烃产生的过饱和度适宜，有利于晶体稳定生长。同时，随着非溶剂的不断加入，HNIW 分子被越来越多的非溶剂分子所包围，此时偶极矩大的非溶剂分子（如氯代烷烃）就会对 HNIW 分子产生极化作用，促使溶液中的 HNIW 分子产生诱导偶极矩，以具有较大偶极矩的分子构象存在，从而得到该构象分子的 HNIW 晶体。非溶剂的偶极矩越大，诱导作用就越强烈。由于 β-HNIW 的偶极矩比 ε-HNIW 的偶极矩大，三氯甲烷等溶剂的偶极矩就会强烈影响 HNIW 分子的稳定化，使得部分 β-HNIW 存在。而烷烃的偶极矩为零，对 HNIW 分子几乎没有极化作用，不会阻碍 HNIW 分子的稳定化，因此结晶时倾向于直接得到最稳定的 ε-HNIW 晶体。

另外，从环境和回收利用的角度考虑，氯代烷烃多有致癌作用，并且与乙酸乙酯混合后难以分离，回收处理困难，造成二次污染和浪费。而在一系列烷烃类溶剂中，正辛烷性质稳定，属于低毒类试剂，其沸点与所用溶剂乙酸乙酯的沸点相差将近 50 ℃，可通过减压蒸馏的方式，分别对 HNIW、乙酸乙酯和正辛烷进行回收再利用，几乎实现零排放。因此，最终选择乙酸乙酯和正辛烷分别作为 HNIW 重结晶的溶剂和非溶剂。

工艺流程如下：

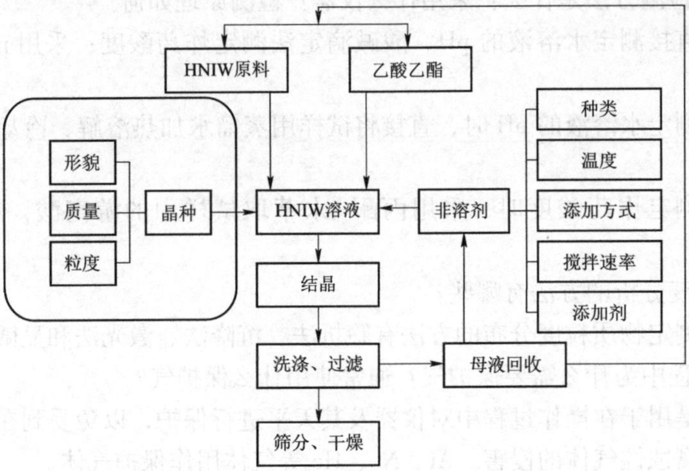
HNIW原料
乙酸乙酯
形貌
质量
粒度
晶种
HNIW溶液
非溶剂
种类
温度
添加方式
搅拌速率
添加剂
结晶
洗涤、过滤
母液回收
筛分、干燥

参考文献

[1] 王泽山，欧育湘，任务正. 火炸药科学技术.［M］. 北京：北京理工大学出版社，2002.
[2] Ulrich Teipel. 含能材料［M］. 欧育湘，译. 北京：国防工业出版社，2009.
[3] 华彤文，王颖霞，卞江，陈景祖. 普通化学原理［M］. 北京：北京大学出版社，2013.
[4] 劳允亮，盛涤伦. 火工药剂学［M］. 北京：北京理工大学出版社，2011.
[5] 彭秧，胡小丽，蒋晓慧. 化学基础实验［M］. 北京：科学出版社，2014.
[6] 曲保中，朱炳林，周伟红. 新大学化学.［M］. 北京：科学出版社，2012.
[7] 任健敏，赵三银. 大学化学实验.［M］. 北京：化学工业出版社，2011.
[8] 张恒志. 火炸药应用技术.［M］. 北京：北京理工大学出版社，2011.
[9] 任务正，王泽山. 火炸药理论与实践.［M］. 北京：中国北方化学工业总公司，2001.
[10] 王泽山. 含能材料概论.［M］. 哈尔滨：哈尔滨工业大学出版社，2006.
[11] 舒远杰，霍冀川. 含能材料实验.［M］. 北京：化学工业出版社，2012.
[12] 王一凡，古映莹. 无机化学学习指导.［M］. 北京：科学出版社，2013.
[13] 张珊，杨圣婴. AP 化学［M］. 北京：中国人民大学出版社，2011.
[14] 大连理工大学无机化学教研室. 无机化学［M］. 北京：高等教育出版社，2006.
[15] 傅献彩. 大学化学（上、下册）［M］. 北京：高等教育出版社，2010.
[16] 王莉，宋天佑. 无机化学教程习题解答［M］. 北京：高等教育出版社，2013.
[17] 刘新锦，朱亚先，高飞. 无机元素化学［M］. 北京：科学出版社，2005.
[18] 申泮文. 英汉双语化学入门［M］. 北京：清华大学出版社，2005.
[19] 徐家宁，史苏华，宋天佑. 无机化学考研复习指导［M］. 北京：科学出版社，2009.
[20] 周旭光. 无机化学［M］. 北京：清华大学出版社，2012.

彩　图

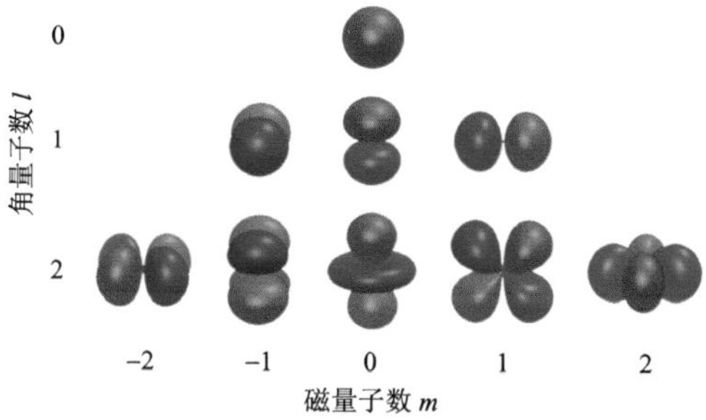

图 2-13　磁量子数

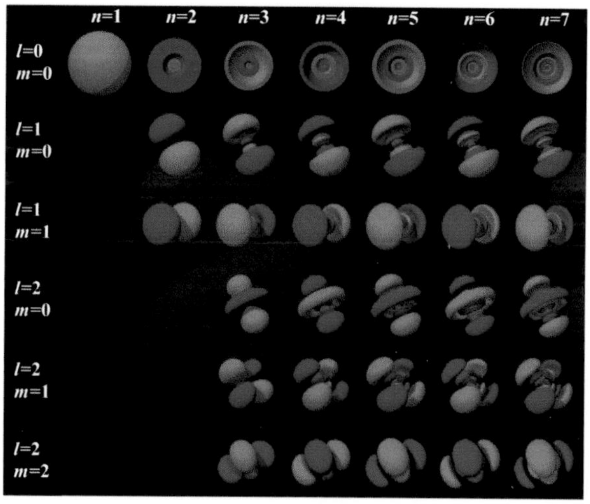

图 2-15　核外电子的运动状态

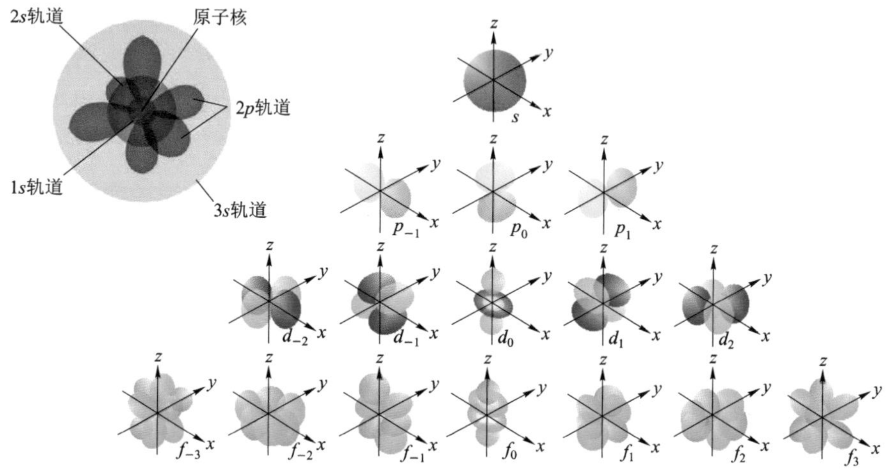

图 2-16　原子轨道的形状和空间取向

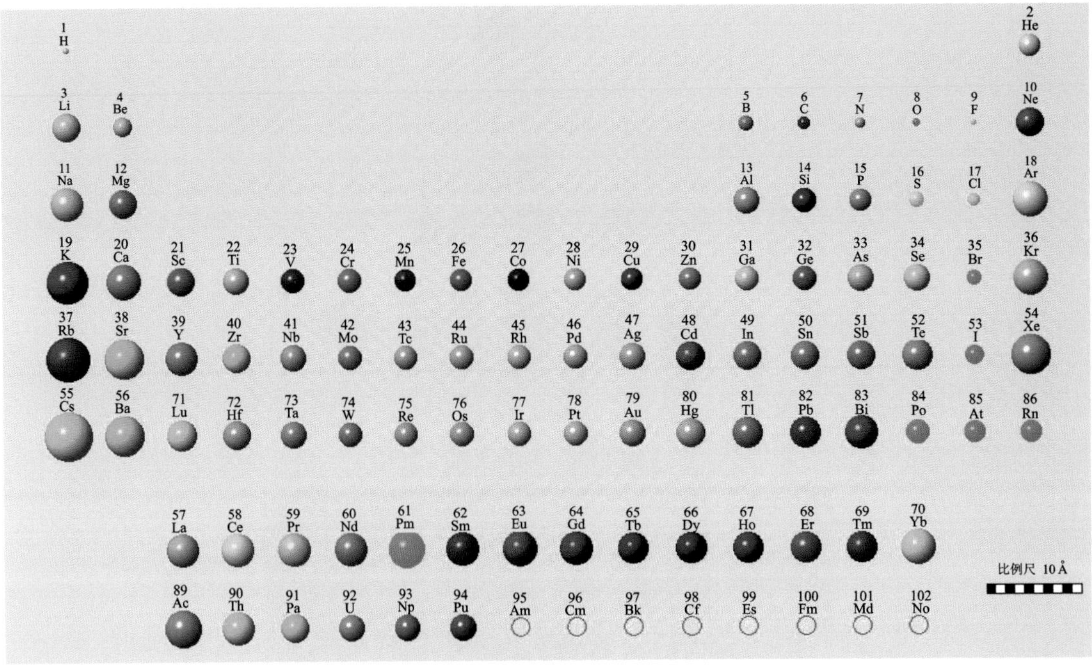

图 2-26　元素的原子半径表（单位：pm）

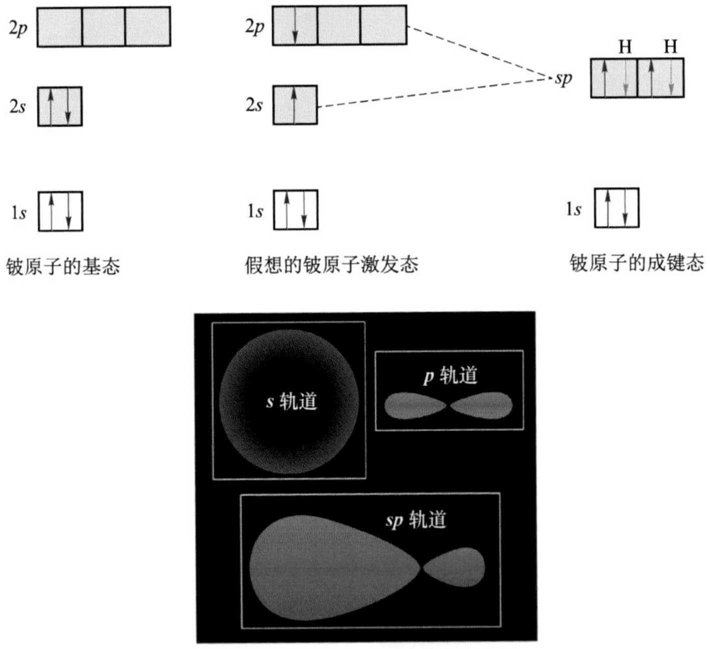

图 3-12　*sp* 杂化轨道的形成

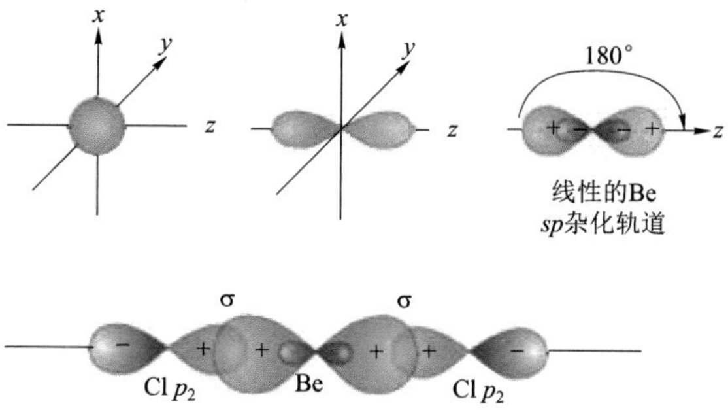

图 3-13　$BeCl_2$ 空间构型

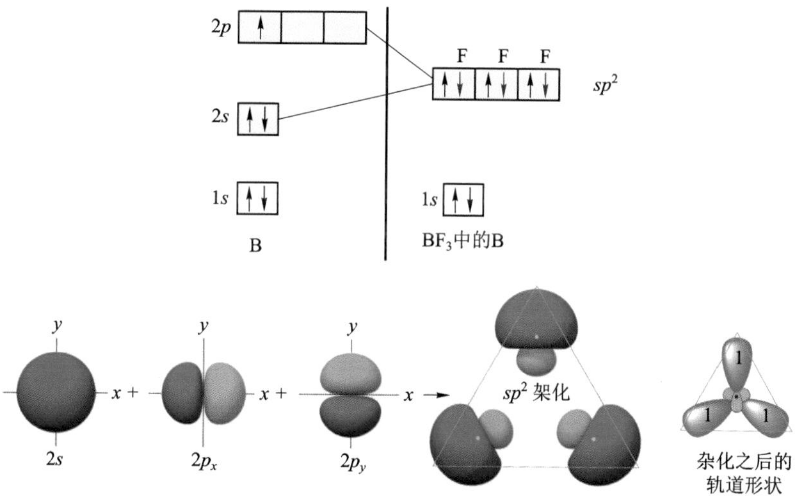

图 3-14　sp^2 杂化轨道的形成

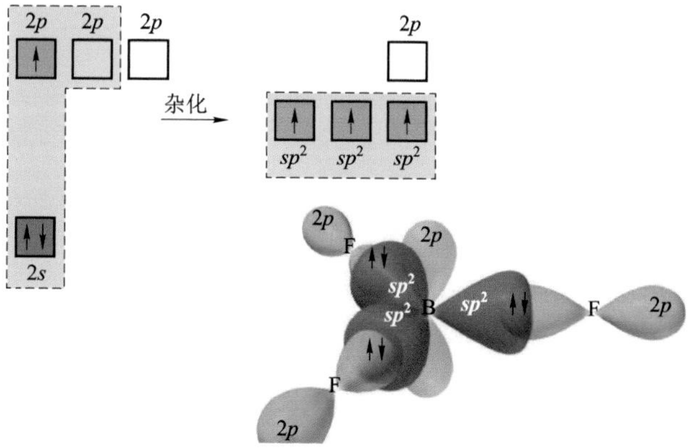

图 3-15　BF_3 分子构型

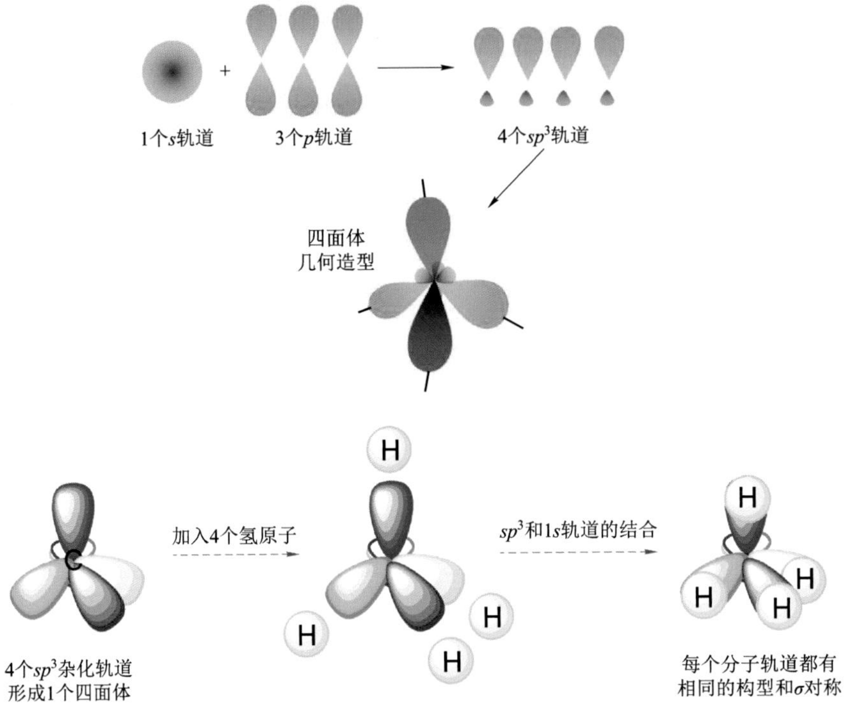

图 3-17　CH_4 的分子构型

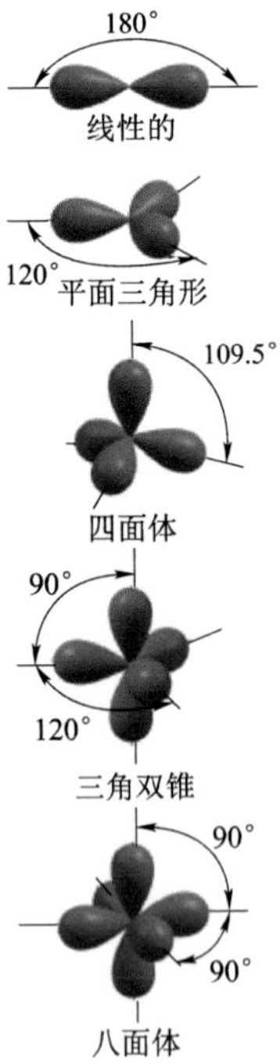

原子轨道集合	杂化轨道	几何形式	实例
s,*p*	*s*,*p*	180° 线性的	BeF_2, $HgCl_2$
s,*p*,*p*	sp^2	120° 平面三角形	BF_3, SO_3
s,*p*,*p*,*p*	sp^3	109.5° 四面体	CH_4, NH_3, H_2O, NH_4^+
s,*p*,*p*,*p*,*d*	sp^3d	90° 120° 三角双锥	PF_5, SF_4, BrF_3
s,*p*,*p*,*p*,*d*,*d*	sp^3d^2	90° 90° 八面体	SF_6, ClF_5, XeF_4, PF_6^-

图 3-20　常见的轨道杂化形式

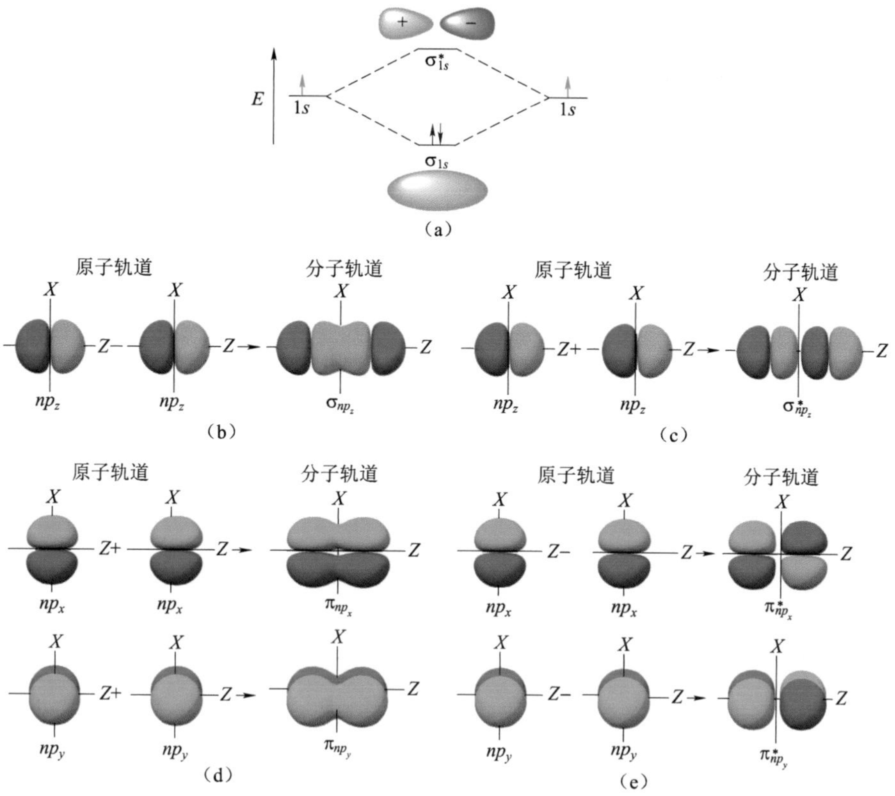

图 3-22　原子轨道构成分子轨道

(a) σ_{1s}和σ_{1s}^*轨道；(b) σ_{p_z}成键轨道；(c) $\sigma_{p_z}^*$反键轨道；(d) π_{p_x}和π_{p_y}成键轨道；(e) $\pi_{p_x}^*$和$\pi_{p_y}^*$反键轨道

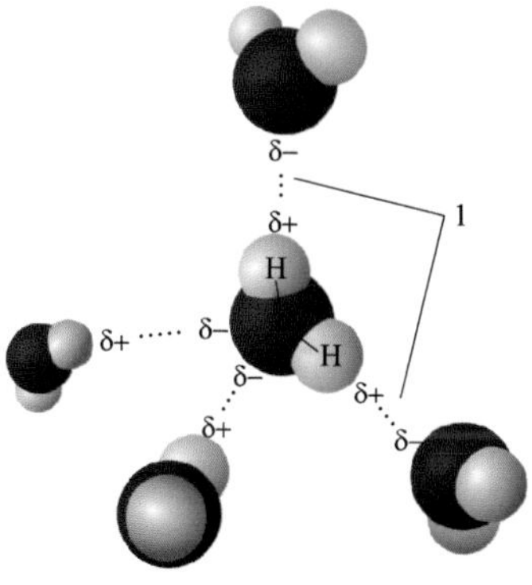

图 3-42　水分子间的氢键

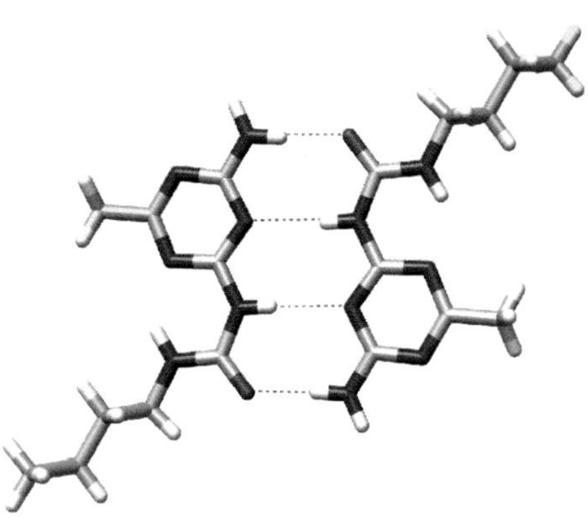

图 3-43　分子间氢键

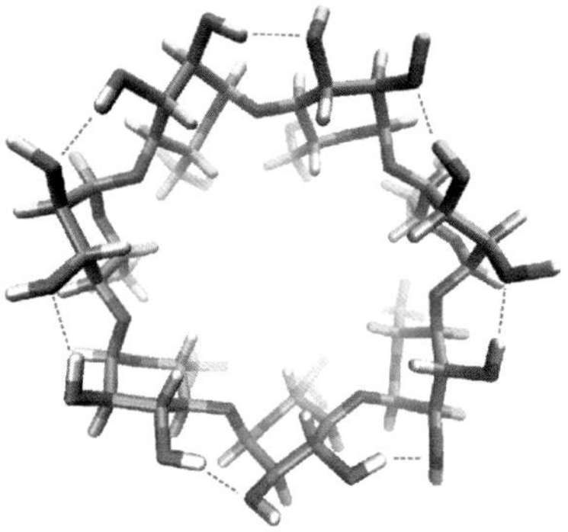

图 3-44　分子内氢键

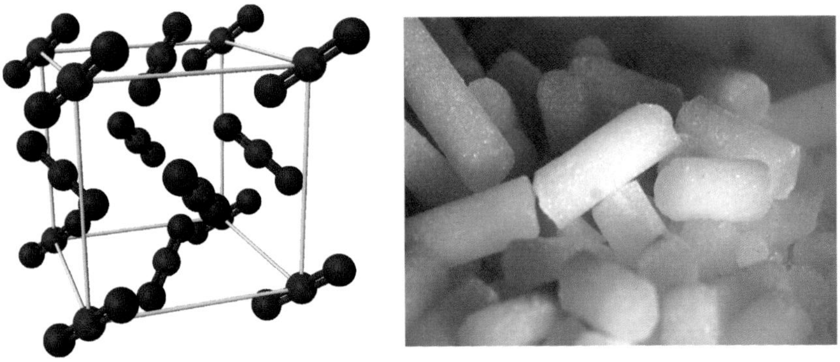

（a）　（b）

图 3-47　CO_2分子结构（a）与干冰（b）

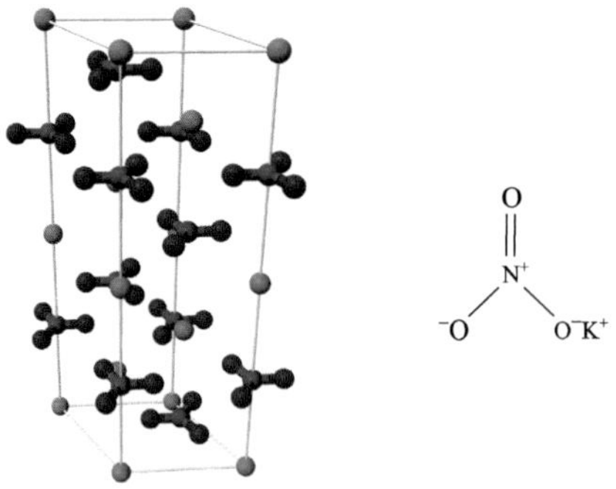

（a）　（b）

图 3-50　KNO_3的晶体结构

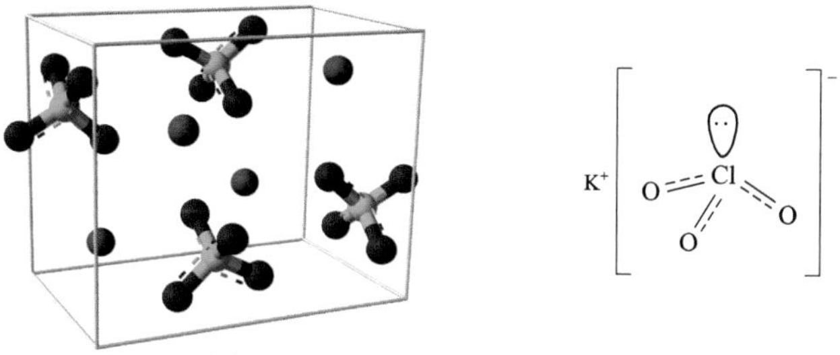

（a）　　　　（b）

图 3-51　$KClO_4$晶体结构

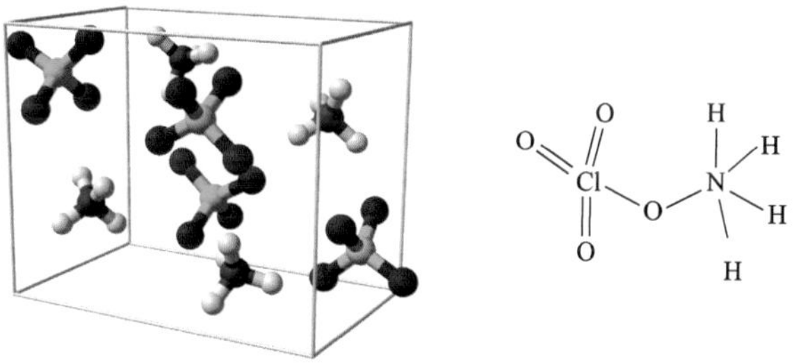

（a）　　　　（b）

图 3-52　NH_4ClO_4晶体结构

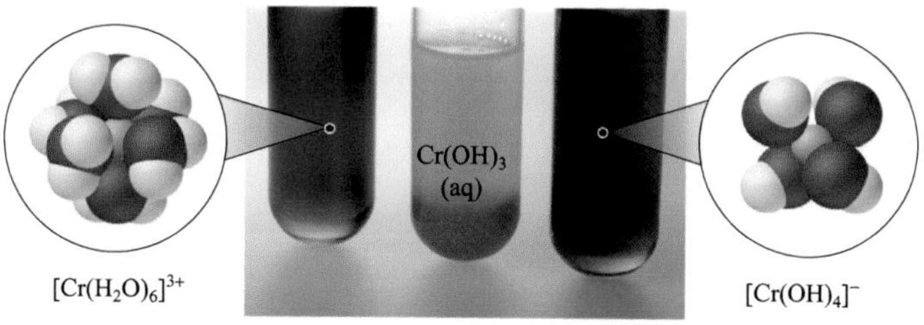

图 4-5　两性物质 $Cr(OH)_3$

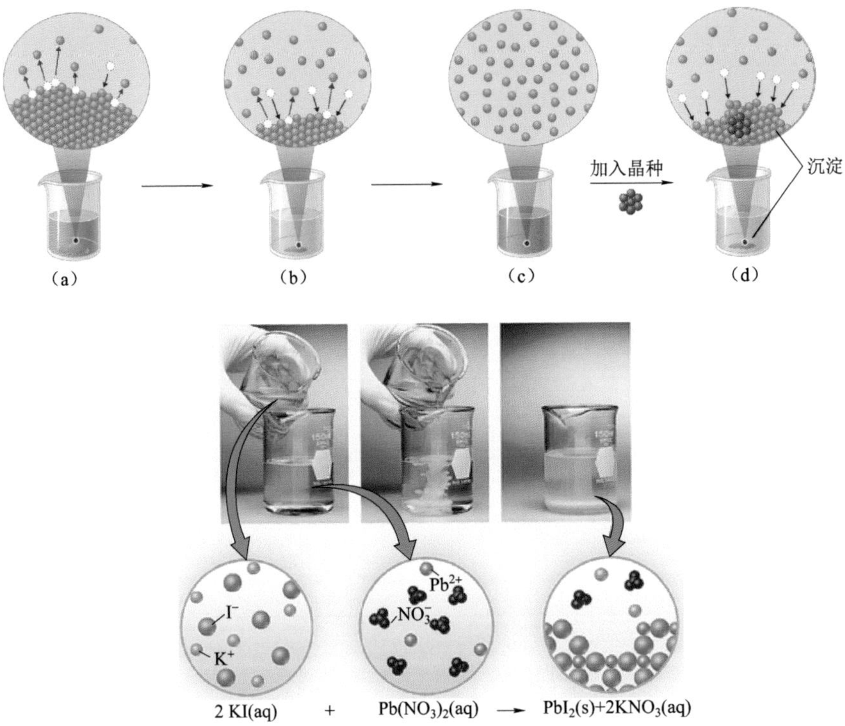

图 6-1　沉淀生成

（a）不饱和溶液；（b）饱和溶液；（c）过饱和溶液；（d）形成沉淀

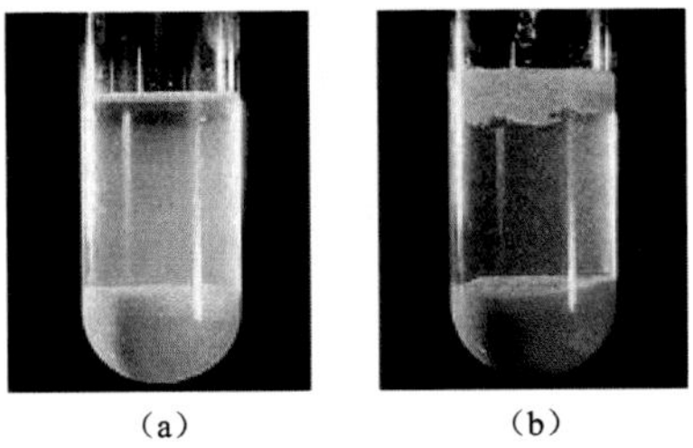

图 6-3　同离子效应

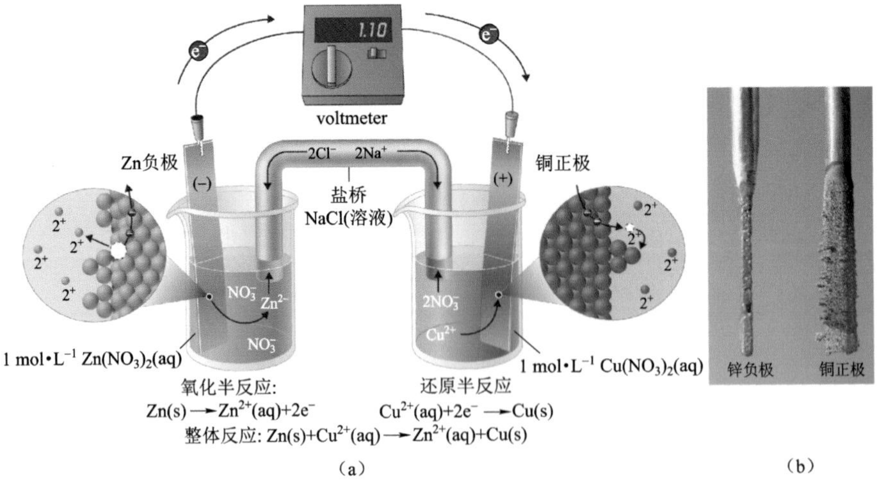

图 7-1　铜锌电池示意图

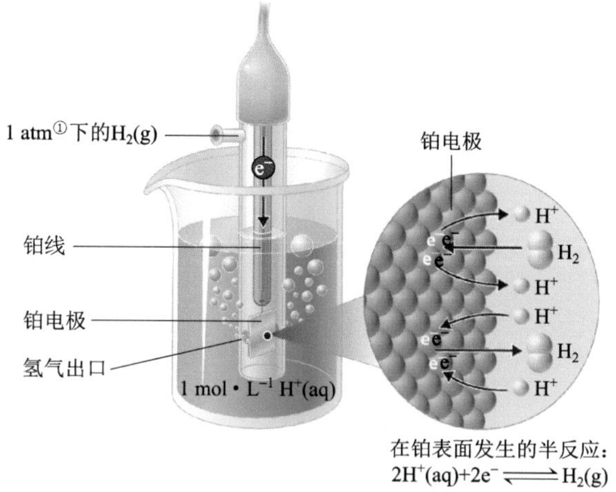

图 7-3　标准氢电极

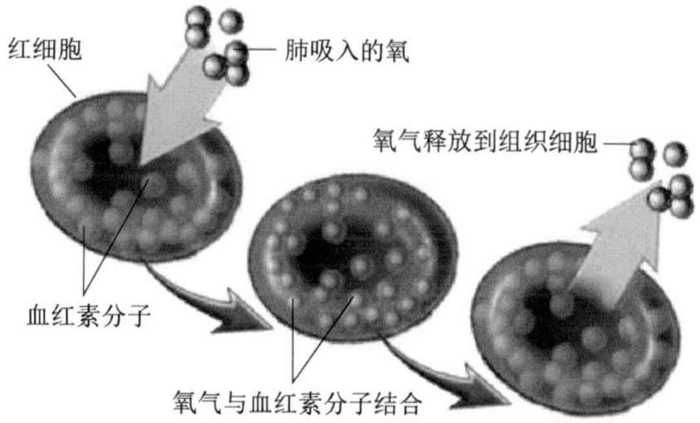

图 8-5　血红蛋白运输氧示意图

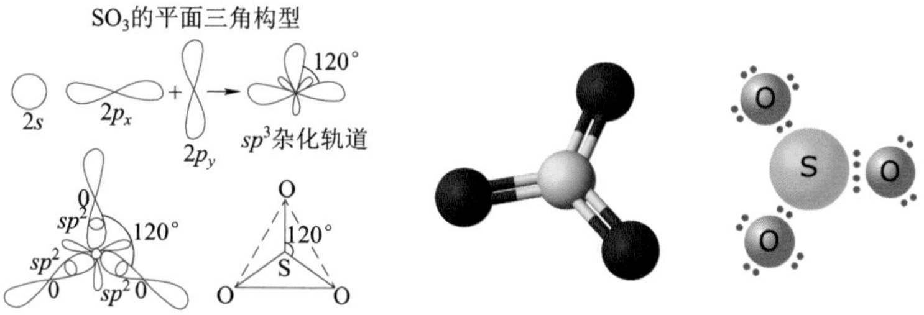

图 8-11　SO_3 分子结构

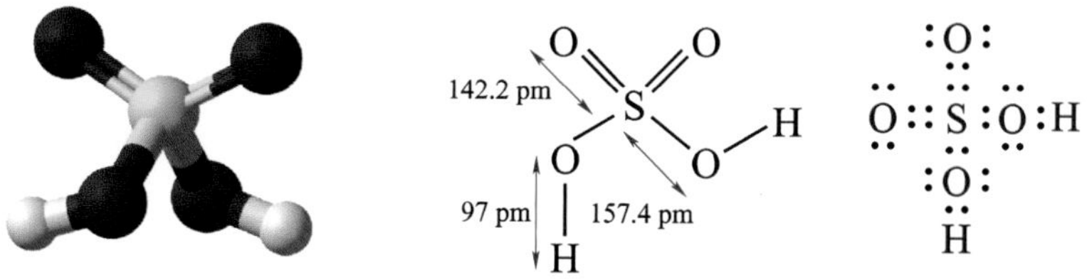

图 8-12　硫酸分子结构

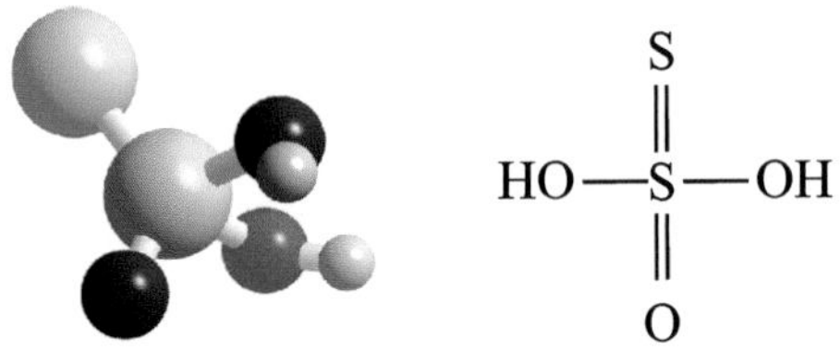

图 8-13　硫代硫酸分子结构

(a)　(b)　(c)　(d)

图 8-24　P_4 分子构型（a）及白磷（b）、红磷（c）和紫磷（d）

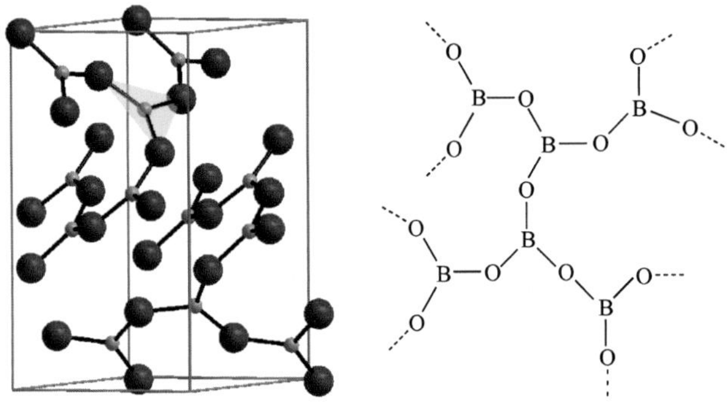

图 8-42　三氧化二硼的空间结构

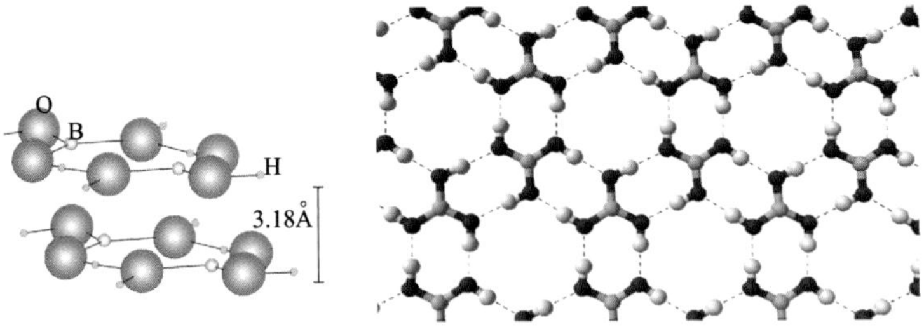

(a)　(b)

图 8-43　硼酸层状结构（a）及缔合氢键（b）

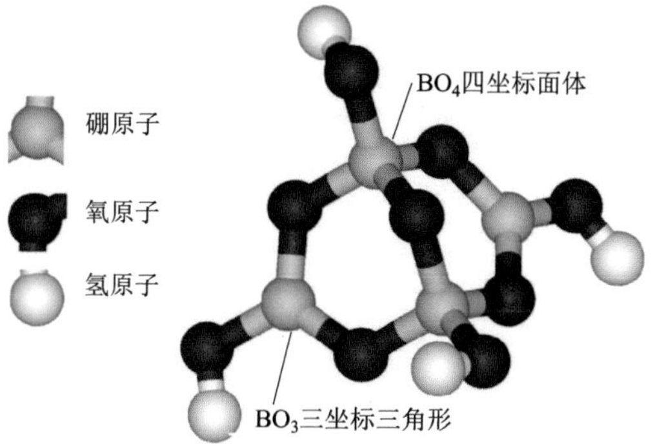

图 8-44　硼砂的酸根结构

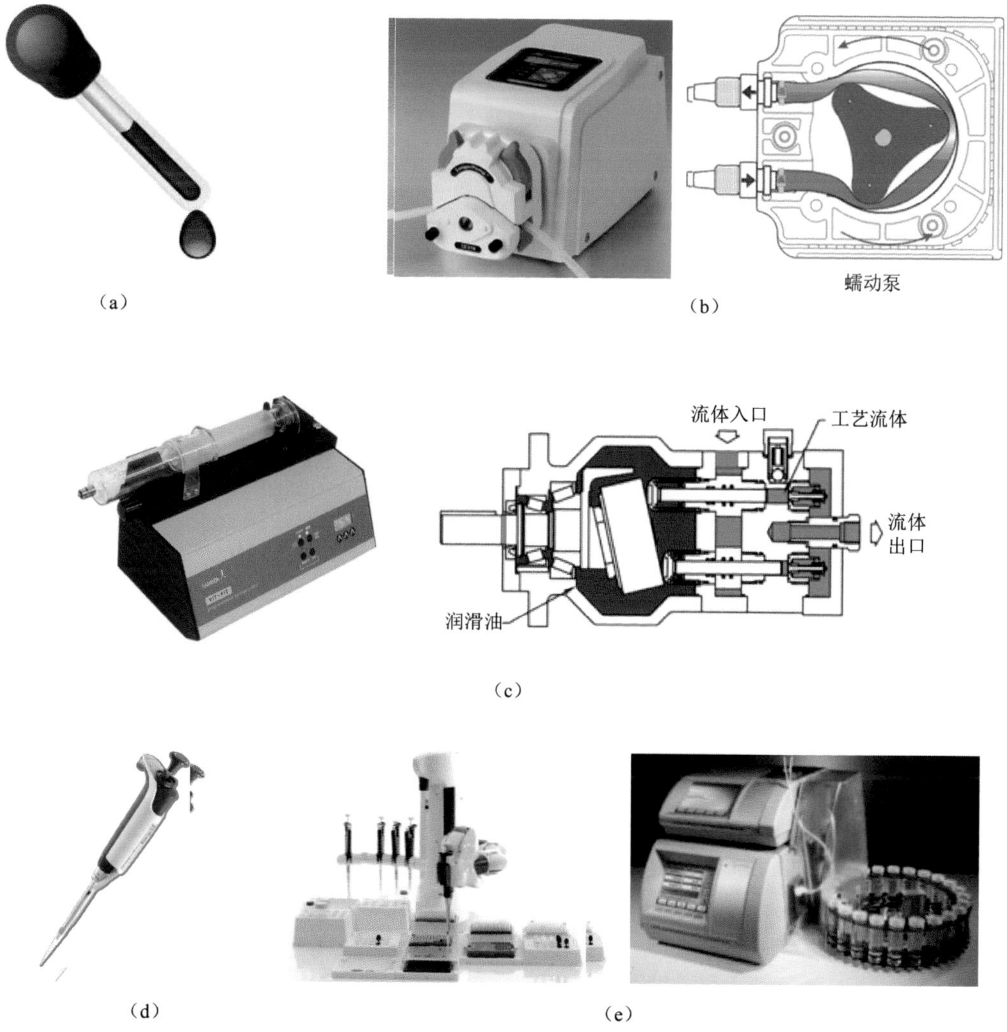

图 10-9　若干移液装置

(a) 胶头滴管；(b) 蠕动泵及其工作原理；(c) 注射泵及其工作原理；

(d) 移液器；(e) 自动加液装置

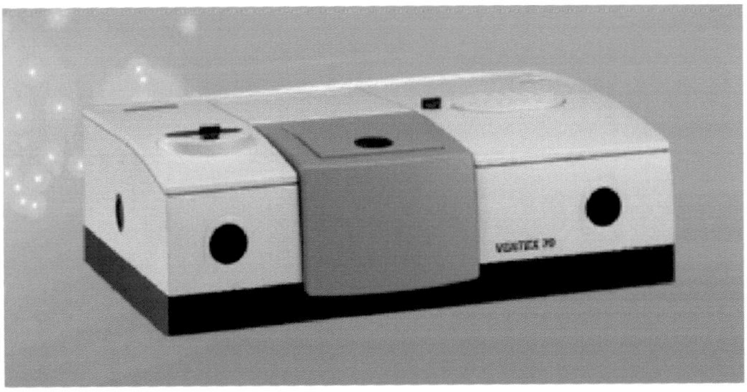

图 10-16　傅里叶变换红外光谱分析仪

图 10-17　激光粒度仪

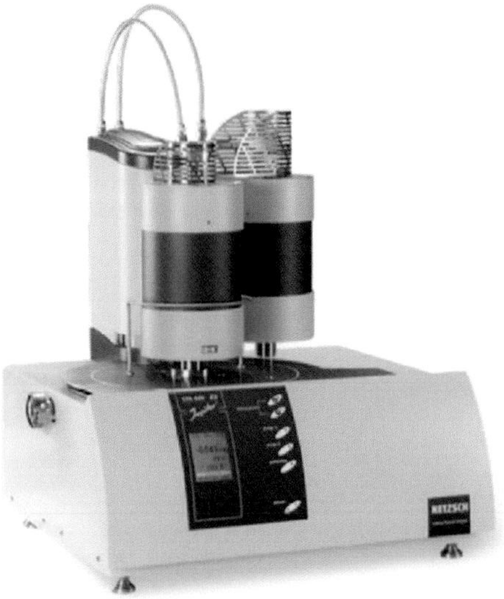

图 10-19　STA 449 F3 Jupiter®同步热分析仪

元素周期表

11A	2 IIA 2A	3 IIIB 3B	4 IVB 4B	5 VB 5B	6 VIB 6B	7 VIIB 7B	8	9 VIII 8	10	11 IB 1B	12 IIB 2B	13 IIIA 3A	14 IVA 4A	15 VA 5A	16 VIA 6A	17 VIIA 7A	8A
1 H Hydrogen 1.008																	2 He Helium 4.003
3 Li Lithium 6.941	4 Be Beryllium 9.012											5 B Boron 10.811	6 C Carbon 12.011	7 N Nitrogen 14.007	8 O Oxygen 15.999	9 F Fluorine 18.998	10 Ne Neon 20.180
11 Na Sodium 22.990	12 Mg Magnesium 24.305											13 Al Aluminum 26.982	14 Si Silicon 28.086	15 P Phosphorus 30.974	16 S Sulfur 32.066	17 Cl Chlorine 35.453	18 Ar Argon 39.948
19 K Potassium 39.098	20 Ca Calcium 40.078	21 Sc Scandium 44.956	22 Ti Titanium 47.88	23 V Vanadium 50.942	24 Cr Chromium 51.996	25 Mn Manganese 54.938	26 Fe Iron 55.933	27 Co Cobalt 58.933	28 Ni Nickel 58.693	29 Cu Copper 63.546	30 Zn Zinc 65.39	31 Ga Gallium 69.732	32 Ge Germanium 72.61	33 As Arsenic 74.922	34 Se Selenium 78.09	35 Br Bromine 79.904	36 Kr Krypton 84.80
37 Rb Rubidium 84.468	38 Sr Strontium 87.62	39 Y Yttrium 88.906	40 Zr Zirconium 91.224	41 Nb Niobium 92.906	42 Mo Molybdenum 95.94	43 Tc Technetium 98.907	44 Ru Ruthenium 101.07	45 Rh Rhodium 102.906	46 Pd Palladium 106.42	47 Ag Silver 107.868	48 Cd Cadmium 112.411	49 In Indium 114.818	50 Sn Tin 118.71	51 Sb Antimony 121.760	52 Te Tellurium 127.6	53 I Iodine 126.904	54 Xe Xenon 131.29
55 Cs Cesium 132.905	56 Ba Barium 137.327	57-71	72 Hf Hafnium 178.49	73 Ta Tantalum 180.948	74 W Tungsten 183.85	75 Re Rhenium 168.207	76 Os Osmium 190.23	77 Ir Iridium 192.22	78 Pt Platinum 195.08	79 Au Gold 196.967	80 Hg Mercury 200.59	81 Tl Thallium 204.383	82 Pb Lead 207.2	83 Bi Bismuth 208.980	84 Po Polonium [208.982]	85 At Astatine 209.987	86 Rn Radon 222.018
87 Fr Francium 223.020	88 Ra Radium 226.025	89-103	104 Rf Rutherfordium [261]	105 Db Dubnium [262]	106 Sg Seaborgium [266]	107 Bh Bohrium [264]	108 Hs Hassium [269]	109 Mt Meitnerium [268]	110 Ds Darmstadtium [269]	111 Rg Roentgenium [272]	112 Cn Copernicium [277]	113 Uut Ununtrium unknown	114 Fl Flerovium [289]	115 Uup Ununpentium unknown	116 Lv Livermorium [298]	117 Uus Ununseptium unknown	118 Uuo Ununoctium unknown

镧系	57 La Lanthanum 138.906	58 Ce Cerium 140.115	59 Pr Praseodymium 140.908	60 Nd Neodymium 144.24	61 Pm Promethium 144.913	62 Sm Samarium 150.36	63 Eu Europium 151.966	64 Gd Gadolinium 157.25	65 Tb Terbium 158.925	66 Dy Dysprosium 162.50	67 Ho Holmium 164.930	68 Er Erbium 167.26	69 Tm Thulium 168.934	70 Yb Ytterbium 173.04	71 Lu Lutetium 174.967
锕系	89 Ac Actinium 227.028	90 Th Thorium 232.038	91 Pa Protactinium 231.036	92 U Uranium 238.029	93 Np Neptunium 237.048	94 Pu Plutonium 244.064	95 Am Americium 243.061	96 Cm Curium 247.070	97 Bk Berkelium 247.070	98 Cf Californium 251.080	99 Es Einsteinium [254]	100 Fm Fermium 257.095	101 Md Mendelevium 258.1	102 No Nobelium 259.101	103 Lr Lawrencium [262]

碱金属	碱土金属	过渡金属	半金属	非金属	基本金属	卤素	惰性气体	镧系元素	锕系元素